国家出版基金项目
NATIONAL PUBLICATION FOUNDATION

新时代提高党的科技治理能力研究

许先春◎著

浙江人民出版社

目　录

导　论 |
文献综述及研究构想

　　提高党的科技治理能力是推进科技治理体系和治理能力现代化的客观要求，是建设世界科技强国、实现中华民族伟大复兴的必然抉择。2015年8月18日，中共中央办公厅、国务院办公厅印发的《深化科技体制改革实施方案》指出："推动以科技创新为核心的全面创新，推进科技治理体系和治理能力现代化"①。2020年10月29日，党的十九届五中全会通过的《中共中央关于制定国民经济和社会发展第十四个五年规划和二〇三五年远景目标的建议》，明确提出"完善国家科技治理体系"②，并作出战略部署。科技治理不仅是推进我国科技事业创新发展的需要，而且还是贡献中国科技智慧、推动构建人类命运共同体的重要方式和途径。习近平同志强调：要"深度参与全球科技治理"③，"提高我国在全球科技治理中的影响力和规则制定能力"④。

　　本课题以党的科技治理能力为研究对象。开展这项研究，旨在立足我国进入新发展阶段的实际，着眼贯彻新发展理念、构建新发展格局、推动高质量发展，对我国科技事业面临的机遇和挑战、所处的历史方位等进行分析，对以习近平同志为核心的党中央关于科技治理的一系列战略部署、政策举措及实

---

① 《中办国办印发〈深化科技体制改革实施方案〉》，《人民日报》2015年9月25日，第18版。
② 《中共中央关于制定国民经济和社会发展第十四个五年规划和二〇三五年远景目标的建议》，《人民日报》2020年11月4日，第1版。
③ 习近平：《论把握新发展阶段、贯彻新发展理念、构建新发展格局》，中央文献出版社2021年版，第276页。
④ 习近平：《论把握新发展阶段、贯彻新发展理念、构建新发展格局》，中央文献出版社2021年版，第277页。

施成效进行考察,试图探寻新时代提高党的科技治理能力的途径和方法,进而从中揭示加强党的科技治理能力建设的内在规律,归纳、总结中国特色科技治理道路的内涵和要求。

科学技术是引领人类文明进步、推动经济社会发展的第一动力。科学技术以其强大的创造力深刻地改变、塑造并拓展了我们赖以生存的世界、生产的领域、生活的空间。科学技术在极大改变人类生产方式、生活形态的同时,人类也通过科技管理、科技治理有意识地干预和调控科技发展。无论是科技管理还是科技治理,从本质上讲,都是人类发挥主观能动性对科技施加作用力的表现。当然,这种主观能动性的发挥并非无原则、无方向、无目的的,而是融入了人类的科技认知、观察思考、价值判断、目标追求和现实选择等因素。因而,科技管理也好,科技治理也好,都是极其庞大、极其复杂的社会系统工程,是人类的理性活动,表征了人类的智慧和力量。

科学技术的发展经历了漫长的历史进程。最初,科学技术是作为科学家追求个人兴趣和爱好、满足求知欲的产物而登上历史舞台的。后来,当科学技术发展到一定程度并日益显示出巨大的实践力量时,国家以及社会组织才开始对科技发展进行前瞻性的规划和调控,使其朝着自己的意愿方向发展,由此引起了科技竞争。而科技竞争反过来又加剧了国与国之间的科技规划和调控行为。有学者指出:"政府采取有组织的、制度化的形式对于科技发展进行干预始于20世纪上半叶,第二次世界大战期间,而在此前的时间里,科技的发展多半是科学家的个人行为。"[1]这种有组织的规划和调控行为,过去我们通常称之为科技管理。今天我们以新的治理理念对科技管理重新观照、审视,重新把握、认识,就可以发现,科技管理是科技治理的"前身",科技治理是科技管理的"升级版"。科技治理源于科技管理,但又有质的提升。

什么时候人们开始意识到科技管理必须转变为科技治理?这个时间点是很难精准考证的。但可以肯定的是,这一过程绝不是突如其来、无缘无故发生的,而是包含着无数的探索、实践,其间既有观念的冲突,更有理念的更新。量变是质变的基础,量变引起质变。总体上看,由科技管理到科技治理,是人类

---

[1] 曾婧婧、钟书华:《论科技治理》,《科技·经济·社会》2011年第1期。

思想认识的升华、实践方式的提升,反映了人类对科技创新与发展的规律性认识。

对已有学术成果进行系统的梳理,历来是深入研究的基础。关于科技治理,近年来国内外学术界从不同角度对其进行了研究,取得了丰硕的成果。这里,有必要对这些成果作一个简要的回顾、检视,阐明本课题的研究构想。

一、国外科技治理研究概况

治理,英文为 governance(治理、治理方式)。在英语中,与之密切相关、看似差别不大却有本质区别的词是 government(统治、统治方式)。统治是指政府对社会事务进行自上而下的管理和调控。治理是包括政府在内的多个主体对社会事务进行管理和调控,以最大限度地增进公共利益。统治所拥有的管理体制机制主要依靠政府的权威特别是政治权威,在国家层面对社会事务实行自上而下、单一向度的管理。而治理则是建立在对公共利益的需求和认同基础上,是多个主体共同在国家以及社会层面参与社会事务的过程,是上下互动、交互作用的,而不是自上而下、单一向度的管理和调控过程。正是在政治权威之外借鉴了科技共同体的"自我治理"以及合理性科学知识的专家权威,才从"统治"转向"治理",最终促进了满足公众期待且引导公众参与的有效公共政策制定。

20世纪70年代以后,西方国家以政府再造为内容进行了一系列新公共管理运动。其主要做法是将企业管理引入政府,强调部门间的竞争与效率。但由于在强调竞争的同时淡化了部门间的协调与合作,导致公共服务"碎片化"。20世纪90年代以后,西方国家又进行了以强调多部门之间沟通与协作为目的的第二轮政府改革运动,即治理运动。在这样的背景下,治理的概念频频出现在公共管理领域。新公共治理理论通过引入政府和市场之外的新的治理主体,来克服市场和政府管理的困境,从而走出"市场失灵论"以及"政府失败论"的阴影。随着治理理论的不断演进、发展,越来越多的学者倾向于全球治理委员会对于治理的定义,即治理是各种公共的或私人的个人和机构管理其共同事务的诸多方式的总和。它强调了多中心、协调以及互动。Prakash 和 Hart 更是明确提出治理就是"集体行动"这一更为简洁、包容性更强的论断,认为全球化正在重塑治理格局,治理活动必须跨越国家、部门、企业和各参与机构。①

科技治理作为公共治理在科技政策与科技管理领域的延伸,侧重于对科技创新活动进行全方面全过程谋划、部署、管理和调控,实现科技创新在健康、良性轨道上有序运行。随着公共科技议题的复杂性、不确定性和风险性日益增长,公共科技事务管理逐渐从政府垄断管制权的"统治"(government)模式向多元主体参与、民主协商的"治理"(governance)模式转变。所谓科技治理,是指运用"治理"理念和方法对公共科学技术事务进行管理,其主要特征包括:(1)强调科技管理中科学自主性发展,主张科研机构根据科技进步规律和实际情况决定科技发展具体事务;(2)主张科技专家通过组织化和制度化方式参与科技决策,不断扩大科研机构的社会影响力;(3)鼓励科技管理过程多层级、网络化合作,重视跨区域、跨部门纵向横向交流。经合组织(OECD)将这种科技治理称为"科学、技术和创新治理"(science, technology and innovation gover-nance,简称STI Governance)②。

国外学者对科技治理进行了多方面的研究,从最初的政治民主、公民参与等政治学、哲学视角探讨,发展到经济、文化、社会、生态、全球化等多视角探讨,领域也在不断扩大。本课题择要介绍其中一些代表性的观点。

关于科技治理的目的。科技治理是公共治理理论在科技领域的延伸。国外学者们总体上倾向于认为,治理既是对经济和社会进行掌控的能力,同时又是完成任务、达成目标的手段③。科技治理是为了实现对科技的更好治理,以使科技发展最大限度地实现共同目标。Jennings认为,科技治理的焦点问题在于是否能实现科技自治,即能否通过科技治理体现民主的代表性、参与性以及

---

① Aseem Prakash, Jeffrey A. Hart, *Globalization and Governance*, London: Routledge, 1999, p.338.
② United Nations ESCAP, *What is Good Governance*, http://www.unescap.org/sites/default/file/good-governance.pdf.
③ B.Guy Peters, *Is Governance for Everybody*? Policy and Society,2014,33(4), pp.301-306.

责任性的本质①。Van Eijndhoven 提出,应该将科技的发展者——高校、研究所,与科技的使用者——用户结合起来,将使用者置于科技创新的背景之下,使得科技创新的方向更符合使用者的需求②。Perry 和 May 指出,由于科学、创新、经济发展与区域政策之间某些政策边界日益模糊,必将导致科技政策在一个多层次治理、多标量环境中孕育,这种在多层次治理、多标量环境中形成的科技政策发挥了政策的互补功能,注重跨学科性、异质性、用户参与度、治理的多尺度性,倡导国家、次国家行为者和区域、机构间的协同进化③。Emerson 以及 Nabatchi 和 Balogh 从协同治理的角度进行了分析,认为协同治理就是政策决策、管理的过程和结构,能够使人们建设性地跨越公共机构、政府等级以及公共、私人与市政领域的边界,以实现其他方式无法达成的公共目标。④很多学者认为,协同治理应该成为科技治理的新范式,强调协同治理是在大系统内部不同主体制定决策、解决冲突、寻求共识、实现合作的过程,最终形成集成方案。

关于科技治理的主体及其相互关系。国外学者一般都倾向于认为,科技治理涉及政府、科学共同体、媒体和公众之间的互动。Beck 从风险社会的角度分析了科技问题,认为风险社会的风险具有全球性、不可感知性和无法确定性,这使得科技事务的复杂性加大,相关利益主体增多,对传统的政府科技管理模式提出了挑战,其管理模式应当从以往的权威决策以及行动国家(Action State)向协商国家(Negotiation State)过渡⑤。Klaus 等指出,科技治理是指科技

---

① Bruce Jennings, *Representation and Participation in the Democratic Governance of Science and Technology*, in Goggin Ed., Governing Science and Technology in a Democracy, USA: University of Tennessee Press, 1986.

② Josée C.M. Van Eijndhoven, *Technology Assessment:Product or Process*? Technological Forecasting and Social Change, 1997,54(2-3), pp.269-286.

③ Beth Perry, Tim May, *Governance, Science Policy and Regions: an Introduction*, Regional Studies, 2007,41(8), pp.1039-1050.

④ Kirk Emerson, Tina Nabatchi and Stephen Balogh, *An Integrative Framework for Collaborative Governance*, Journal of Public Administration Research and Theory, 2012, 22(1), pp.1-29.

⑤ Uirich Beck, Mark Ritter, *The Reinvention of Politics:Rethinking Modernity in the Global Social Order*, UK. Cambridge: Polity Press, 1997, p.216.

政策领域所涵盖的共存形式的社会事务,包括民间社会自律、公私问题调节和政府权威监管等方面,强调治理就是扩大参与面,提高透明度①。Irwin认为,公共对话是科技治理的重要环节,科技治理是一种新的对公民、科技与社会三方关系的再定位,是政府、科学团体与公众之间的直接对话与交流②。Braun认为,随着知识不确定性的增加,科技已很难提供客观、无偏见的知识,政策制定者已经不能仅仅依靠适当性的知识作为政策制定的基础,还应充分考虑利益与权力配置、公众参与等多种因素。因此,应重构科学、社会、政府间的关系。Lezaun和Soneryd认为,科技治理机制需构建一个由公共参与的新中心,通过公共协商机制确保公众可以及时、有效地传达科技发展意见的体系③。Joss认为,参与科技政策制定的主体不仅包括专家、学者、政策部门有关人员,还应该包括研究机构、高校、NGO组织以及普通的公众。④

关于科技治理模式。随着科技治理的不断发展,如何构建适应科技发展需要的治理模式成为学者研究的热点。国外学者对科技治理的两种主要模式——多中心治理模式和多层级治理模式进行了分析和研究。Ansell和Gash研究了多中心协同治理模式,主张由一个或多个公共机构直接与非政府利益攸关方进行正式的、共识导向的、协商的集体决策,协同治理的过程包括面对面对话、建立信任、承诺实践进程、达成理解、取得中间成果等⑤。受多中心治理理论的影响,Bevir提出多中心网络化治理模式,倡导主体间的谈判,将政府角色从决策和执行转变为指导和协商,主张赋予地方自主权,丰富治理体系的

---

① Klaus Dingwerth, Philipp Pattberg, *Global Governance as a Perspective on World Politics*, Global Governance, 2006,12(2), pp.185–203.

② Alan Irwin, *The Politics of Talk: Coming to Terms with The New Scientific Governance*, Social Studies of Science, 2006, 36(2), pp.199–320.

③ 陈喜乐、朱本用:《近十年国外科技治理研究述评》,《科技进步与对策》2016年第10期。

④ Simon Joss, *Introduction:Public Participation in Science and Technology Policy–and Decision–Making–Ephemeral Phenomenon or Lasting Change*? Science and Public Policy, 1999, 26 (5), pp.290–293.

⑤ Chris Ansell, Alison Gash, *Collaborative Governance in Theory and Practice*, Journal of Public Administration Research and Theory, 2008, 18(4), pp.543–571.

主体层次,实现治理主体多元化和决策合理化。[①]

　　Parsons研究了多层级科技治理模式,认为这种模式可以更好地弥补以往科技政策制定模式——"集权化的从上至下"的不足[②]。Grespy探讨了国家与地区政府间针对科技政策制定、监管和转化的协商、互助及博弈过程。Grespy倡导多个行动者之间共享特定资源,注重各级政府政策的特殊性,不主张完全统一的科技政策,而主张各地与中央政府之间的互助和博弈,但保留中央政府在科技政策制定和施行中的权威性,以协调中央政府和各区域以及各区域之间的利益均衡。Rhodes认为,多层次治理模式所体现的是一种半自治权力,由平等行为主体相互支持,而不是成为几个独立的分支机构,其要实现的是一种自上而下、自下而上的治理模式。在多层级治理模式中,需实现公共权力和私人权力的分离,而这一过程本身需要中央政府的干预和指导。Phil和Jason倡导建立一种开放式管理框架,将公众参与视为一个节点,科技治理应涉及五个关键组成部分,即科学目的、信任、包容、公平、创新速度和方向。[③]

　　关于科技治理的新趋势新现象。随着新一代信息技术的发展,在科技治理中运用新技术手段来提高治理效能,成为一种新的趋势。不少学者对此进行了研究,这里仅以数字治理为例。比如,Luna认为,数字政府是与新公共管理阶段相关联的改革,有利于增进绩效目标,提高有效性、透明度和责任[④]。Dawes研究了电子政务,认为电子政务的概念是由治理理论与数字政府融合而形成的,是为了解答公共治理实践中如何更好提供公共服务的问题。电子政务不再满足于信息通信技术与公共管理的简单结合,而是期望公民通过信息通信技术来影响公共决策、提升公共服务、改善政府运行等,其实质是借助信

[①] 陈喜乐、朱本用:《近十年国外科技治理研究述评》,《科技进步与对策》2016年第10期。

[②] Wayne Parsons, *Modernising Policy-making for the Twenty First Century: The Professional Model*, Public Policy and Administration, 2001, 16(3), pp.93–110.

[③] 陈喜乐、朱本用:《近十年国外科技治理研究述评》,《科技进步与对策》2016年第10期。

[④] Dolore Edwiges Luna, Abel Duarte-Valle, et al. *Digital Governance and Public Value Creation at the State Level*, Information Polity, 2015, 20(2–3), pp.167–182.

息通信技术来扩大民主参与以及推进行政改革①。Morabito 研究了数字治理，认为信息通信技术的日益普及正在促进知识社会的形成，彻底改变了人类的生活、交流和工作方式，导致出现了与这些新技术发展的治理新领域——数字治理。②Engvall 和 Flak 研究认为，数字治理是由电子政务发展而来，治理和数字化是数字化治理的基本要素。数字治理与传统治理形式都有着不同。数字治理侧重于在治理中使用信息通信技术，是治理数字化转型的综合呈现③。

关于科技治理的困境与对策。科技治理问题无论是理论基础，还是主体参与、管理模式，其政策框架均在不断完善中，且其政策在实践过程中也暴露出一些亟待解决的问题。国外学者对此进行了研究，大体概括为四个方面：

一是科技风险问题。由于科技政策制定过程的复杂性、科技创新成果的不确定性、科技应用的未知性，科技治理的风险大大增加，出台任何一项举措务必严谨论证、科学决策。针对科技风险问题，学者们认为要通过政策实践来构建风险预评估制度，建立科技治理主体间的信任框架，通过信息共享交流、联盟博弈与合作来降低科技风险。还有些学者将风险等级划分为简单、复杂、不确定和模糊四种，主张采取不同措施进行风险分析和风险管理，以防范和规避风险。不少学者进一步研究了"善治"（Good Governance）、"充分善治"（Good Enough Governance）问题。

二是决策体制机制问题。不同主体的科技需求具有多样性，不同科学家对不同领域的科技认知会有所不同甚至各执己见，这往往导致科技决策过程中会出现"科技—政策缺口"现象，进而导致公众对政府、科研机构、专家产生信任危机。Nowotny 指出，在政策咨询和制定过程中，政策科学家及政府机构通过参与人数较少、层次较低的公众意见来拟定其对公共领域相关科技问题

① Sharon S. Dawes, *The Evolution and Continuing Challenges of E-Governance*, Public Administration Review, 2008, 68（1）, pp.86–102.

② Vincenzo Morabito, *Digital Governance*, Trends and Challenges in Business Innovation, Springer, 2014, pp.145–161.

③ Tove Engvall, Leif Skiftenes Flak, *Digital Governance as a Scientific Concept*, Public Administration and Information Technology, in Yannis Charalabidis, Leif Skiftenes flak, Gabriela Viale Pereira, Ed. Scientific Foundation of Digital and Transformation, Springer, 2022, pp.25–50.

的看法,导致科技治理中所采纳的公众意见是被"塑造"出来的,无法真正反映各主体的真实想法,致使广大公众在实际上对科技治理问题的参与空间变小①。Ansell和Gash认为,协同治理可以避免对抗决策的高成本,扩大民主参与,甚至能在公共管理中重归理性,但是协同治理也面临着强大的利益攸关方操纵进程、公共机构对协作缺乏真正的承诺、不信任成为真诚谈判的障碍等难题。②

三是公众参与问题。针对科技决策与公众参与问题,学者们认为,应改变由单一政策专家参与的智囊式咨询与自由决策者单一决策的框架体系,完善咨询体系和决策程序。学者们提出通过公众对话和论坛辩论等方式来加强政策学习,推动知识共享,聚合共同的价值观和政策理念,形成对科技事项的"通用公共态度",促进公众对科技发展的信任感和认同度。Pidgeon和Rogers-Hayden指出,应加强上游公众参与程度,加大新兴技术治理上游阶段开放力度,确保公众能够更早地参与新兴技术的讨论,在研发过程的早期就与科学家、利益相关者一道对新兴技术研发的关键决策施加影响,实现科技治理进程的风险预判和"预先治理",而不仅仅是对后期政策进行"弥补性治理"③。

四是全球化引发的治理难题。科技治理全球化导致主权国家或者区域共同体成为博弈主体,政策、法规或协议的出台需要各国进行合作、联盟或博弈,但由于政治、文化和社会等因素的影响,不可避免地出现国家及区域共同体之间的分歧和对抗。针对同一个科技治理问题,各国间政策学习阻碍增大,政策方案出台难度加大且执行难以量化,甚至出现政策中断现象。如何构建各国广泛参与且以国际协议为基础的科技治理框架,如何包容各国及区域共同体之间的分歧及差异,寻求对话与协商机制,是今后科技治理全球化进程中亟须解决的难点。④

---

① Helga Nowotny, *Engaging with the Political Imaginaries of Science: Nera Misses and Future Targets*, Public Understanding of Science, 2014, 23(1), pp.16-20.

② Chris Ansell, Alison Gash, *Collaborative Governance in Theory and Practice*, Journal of Public Administration Research and Theory, 2008, 18(4), pp.543-571.

③ 陈喜乐、朱本用:《近十年国外科技治理研究述评》,《科技进步与对策》2016年第10期。

④ 陈喜乐、朱本用:《近十年国外科技治理研究述评》,《科技进步与对策》2016年第10期。

　　总体上看,国外学者对科技治理进行了卓有成效的研究。这主要得益于科技治理在西方国家尤其是发达国家有深厚的实践基础,涌现了形形色色的典型案例,积累了极为丰富的探索经验,至今仍被各国学习和借鉴。可以说,国外学术界对科技治理的研究,是与科技治理实践相生相伴而成的,是建立在实践基础之上的理性反思。从国外研究进展及相关文献中,可以看出其在以下几个方面的理论贡献:

　　一是明确了治理的理念。将治理从公共治理领域引入科技创新实践中,实现了从科技管理到科技治理的观念转型。正是这一根本性的认识跃升,给此前一直以来奉为圭臬的科技管理指明了治理的前进方向。

　　二是确立了科技治理的主体。科技治理已经不再是政府单方面的科技决策,而是政府、科学共同体、公众等多方参与的共同行为,其目的是为了增进科技福祉与公共利益。这已经是国外学术界的共识。科技管理与科技治理的根本区别,首先就反映在治理主体的不同。

　　三是倡导建立主体间的信任框架。由于多主体的共同参与,使得科技治理方案达成一致的难度加大,而这恰恰要求重新建构科技治理主体间的关系。国外学者们提出建立主体间的信任框架,本质上是要求主体间相互沟通,加强信息共享,解决不同主体和利益相关者之间的隔阂,在此基础上形成共识,进而凝聚行动力量。实践证明,主体间的信任框架,能够有效克服科技治理的决策障碍、执行障碍,使得科技治理方案得以部署和实施。

　　四是强化公众的有效参与。从相关文献梳理中,我们发现,国外学者始终把公众作为科技治理力量的重要一极。他们不仅极为重视公众全程参与科技治理,更重要的是他们对公众如何有效参与科技治理进行了多层面的探讨,强调要在继续规范公众参与程序的基础上,尝试开发新的路径,勾画新的公众参与平台和空间。比如有学者提出要认识到公众参与科技治理的连续性和变化性,前期注重信息公开及数据获取,政策执行过程中注重多主体间互相监督,后期注重市场应用和实际效果。还有学者提出在公共辩论和论坛之前,应将参与者划分为利益攸关方、已有自身意见的参与者和并无明确看法的"沉默公众",这样区分的目的在于使公众能够充分思考并顺利表达自己的意见,避免利益攸关方与持有观点的参与者过度占用公共辩论时间,避免公共辩论中公众意见收集的片面性。①

二、国内科技治理研究进展

我国科技管理模式形成于计划经济体制下,是一种较为封闭、主要依靠行政手段的垂直管理结构,在当时的历史条件下,发挥了积极的作用,取得了很好的效果。但是也正是由于历史的、复杂的原因,这种管理结构导致科技创新活动多由行政命令主导,缺乏多主体参与、多手段运用。党的十一届三中全会以后,伴随着党对市场经济体制的探索,党和国家逐渐摆脱了思想观念上的束缚,开始对科技管理模式进行重构。在管理主体上,越来越注重科技活动主体间的互动。在管理手段上,越来越注重行政、经济、市场、文化、制度、激励等多种因素、多种手段的综合运用。这种摆脱了计划经济体制的束缚、引入了新的理念、日用而不觉的科技管理,实际上已经包含了科技治理的因素在内。随着治理的理念、治理的方式在科技管理中所占的分量越来越重,随着治理理论在科技政策中所发挥的作用越来越大,人们头脑中所秉持的科技管理理念就逐渐向科技治理理念转变。

受国外治理理论、科技治理研究的影响,我国学者也开展了这方面的探讨。早在2001年,我国就有学者从治理结构的角度指出,生命技术的突破给整个社会的治理结构、社会的伦理提出深刻的挑战,同时也给我国科技管理制度带来了挑战②。2003年,有学者从全球治理出发,探讨了政府在科技全球化背景下所扮演的角色、政府的行为及其政策工具。③2004年,有学者在论述科技治理时指出,科技治理是科技活动的管理机制,包括权利、责任、地位、规则、制度等。④2006年,有学者在论文中指出,科技治理的主体是国家政府、市场(跨

---

① Javier Lezaun, Linda Soneryd, *Consulting Citizens-Technologies of Elicitation and The Mobility of Publics*, Public Understanding of Science, 2007, 16(3), pp.279-297.

② 方新:《科技发展对治理结构的挑战》,《民主与科学》2001年第1期。

③ 董新宇、苏竣:《科技全球治理下的政府行为研究》,《中国科技论坛》2003年第6期。

④ 苏竣、董新宇:《科学技术的全球治理初探》,《科学学与科学技术管理》2004年第12期。

国公司)和公民社会。①随后,特别是2008年国际金融危机爆发后,各国加强了科技战略谋划,我国也提出了发展战略性新兴产业等举措。党和国家对科技工作的重视提到了新的高度,制定并实施了一系列直逼国际科技潮头的科技战略规划、重大科技项目,这在客观上提供了科技治理的丰富实践和坚实土壤,极大地推动了学术界对这一问题的研究。

通过检索相关文献发现,截至2022年4月,题目中直接出现科技治理或以科技治理为主题、关键词的论文,约有200篇。与其他学科相比较,专门研究科技治理的论文数量并不算多,才刚刚起步。从内容上看,这些论文涉及科技治理的方方面面,表明我国学者的研究领域比较广泛。从某种意义上讲,研究内容的充实是一门学科成熟的表现。学术界对科技治理的研究不断拓宽视野,不断充实内容,产生了诸多有分量的成果。特别是一些新兴的科技领域,比如数据安全、人工智能、区块链等,都有学者进行了探究。这表明了一种新的趋向,即新兴科技领域的治理问题因其新颖而更具未知性、探索性,更容易引起研究者的重视。当然,从客观上讲,这也是实践提出的新课题、新要求。学者们在对科技治理进行理论研究的同时,还极为关注现实,从对策研究的角度提出了相关建议,对于实际工作具有启发意义。其中不少论文甚至是直接针对科技治理某一领域、某一方面存在的问题而展开论述的,这充分体现了学术研究的时代性、现实性。这些都是十分可喜的现象,表明学术研究的与时俱进、常研常新。

与论文相比,专门论述科技治理的著作显得相对较少,屈指可数。这其中,有的专著以国家创新体系的主导者、区域创新体系的主导者为对象,研究了中央和地方、地方与地方之间科技治理关系及其运作模式,比如《中国央地府际科技治理研究》②。有的专著研究了高等学校、科研院所、科技社团三大科技创新主体及其科技治理能力,比如《中国特色科技创新治理体系——主体、能力与战略》。有的专著研究了地方科技治理体系、地方科技发展和科技体制

---

① 邢怀滨、苏竣:《全球科技治理的权力结构、困境及政策含义》,《科学学研究》2006年第3期。

② 曾婧婧著:《中国央地府际科技治理研究》,湖北人民出版社2014年版。

14

改革,比如《上海科技治理体系的探索与变革》①。有的专著将项目治理理论运用在政府投资的科技项目上,研究了政府项目治理问题,比如《政府投资科技项目治理:理论与方法》②。有的专著从混合治理的视角研究了区域技术创新网络这一重要的组织形式,并对中国科技企业孵化器和大学科技园进行了实证研究,比如《区域技术创新网络的混合治理机制及其实证研究》③。有的专著从网络空间治理的目标和现实出发,研究了网络空间治理模式的构建及相关保障制度机制的建立健全问题,比如《中国网络空间治理模式研究》④。有的专著结合近年来飞速发展的数字化进程,研究了数字治理、数据安全问题,比如《数字治理:数字时代的治理现代化》⑤、《数字化转型与数字治理》⑥、《数字治理与数据安全》⑦,等等。

　　国内学术界的研究成果很多,在此,我们仅从与本课题研究相关的角度,作一些简要的归纳和概述。

　　关于科技治理与科技管理的区别及特征。有学者指出,从发展路径看,科技治理主要经历了科学治理、技术治理和科技治理三个阶段。随着科学技术政策和管理进入科技治理时代,运用治理理念、治理方法和治理战略解决科技发展中的利益纠纷与冲突,协调各参与方在科技活动中的利益和政策需求,减少因认知差异所导致的政策执行阻碍,已经成为我国科技体制改革的关键所在。论者认为,科技治理与原先的科技管理不同,科技治理是将公共治理的理念和方法运用到科技创新过程当中,注重通过纵向跨层级和横向跨部门跨领域的交流进行治理,强调治理过程中充分协商和治理主体的多元化。论者指出,当前我国正快速推进国家治理体系和治理能力现代化,科技治理体系现代化无疑是国家治理体系的重要组成部分,其标志是法治化、文明化、民主化和

---

① 周海源著:《上海科技治理体系的探索与变革》,上海人民出版社2021年版。
② 丁荣贵、孙华等著:《政府投资科技项目治理:理论与方法》,电子工业出版社2012年版。
③ 洪进、杨洋著:《区域技术创新网络的混合治理机制及其实证研究》,科学出版社2020年版。
④ 雷志春著:《中国网络空间治理模式研究》,华中科技大学出版社2021年版。
⑤ 张建锋编著:《数字治理:数字时代的治理现代化》,电子工业出版社2021年版。
⑥ 张晓著:《数字化转型与数字治理》,电子工业出版社2021年版。
⑦ 张莉主编:《数据治理与数据安全》,人民邮电出版社2019年版。

科学化,主要特征是治理主体的多元化、治理客体的立体化、治理程序的合法化、治理方式的规范化、治理手段的文明化等。[1]还有学者将"科学与治理"的核心内容归纳为制度化咨询、信息公开和预防原则、公众参与、对研究的规范。[2]有的研究者认为科技治理的核心议题是科技收益与风险的平衡,以及科技公共决策的知识合法性和参与合法性基础,实质是各类行动主体和利益相关者在观念和利益上的协调和妥协。[3]

关于国外科技治理体系对我国的借鉴与启示。这是国内学术界科技治理研究中的一个热点问题。学者们普遍认为,充分了解发达国家成功的科技治理体制机制、模式和方法,对于优化和完善我国科技治理体系至关重要。这方面,中国科学技术发展战略研究院课题组的研究成果很有代表性。课题组具体分析了英国、法国、德国、美国、日本、韩国科技治理的发展历程,指出:每个国家的科技治理都会依据国家自身的体制特点而有所不同,但创新治理中的三个主体却是相同的,即政府、市场和社会大众。政府科技管理体制按照组织结构大致分为三类:多元分散型、高度集中型、分散与集中相结合型。一般说来,发达国家由于市场发展较为完善,政府对科技管理的直接介入较少,通常采用分散型的科技管理体制,代表国家是美国。高度集中型是政府较多地参与到国家的科技科研活动中,比较典型的国家有日本和韩国。分散与集中相结合型是介于多元分散型与集中型之间,这种体制在欧洲国家、欧盟国家中较为常见,如英国、法国和德国等。中国科学技术发展战略研究院课题组提出了重新认识科技创新在国家战略全局中的地位和定位、加强创新顶层设计、全方位一体化推进科技创新体系及治理体系改革、合理配置研发资源、合力推动创新型国家建设等建议。[4]

在众多的研究成果中,对美国科技治理体系的研究占了很大比例,这也表

---

① 赵胤:《从科技管理走向科技治理》,《人民论坛》2019年第7期。

② 樊春良:《科学与治理的兴起及其意义》,《科学学研究》2005年第1期。

③ 王奋宇、卢阳旭、何光喜:《对我国科技公共治理问题的若干思考》,《中国软科学》2015年第1期。

④ 中国科学技术发展战略研究院课题组:《国内外科技治理比较研究》,《科学发展》2017年第6期。

明了学术界对美国科技治理体系的关注程度。比如,有学者分析了美国的主
要科技管理机构及其职能,重点研究了美国科技管理体制的多元分散特点,指
出政府的主要科技职能是科技的管理者、科研任务的实施者和资助者、科研成
果的购买者①。有研究者论述了美国科技体系治理结构的四个特点:一是美国
在科技治理中非常重视科技立法,二是建立高效的科技管理与决策机构,三是
重视高级科技政策咨询机构在科技治理过程中的作用,四是加大科技治理过
程中的国际合作力度。论者提出美国科技体系治理结构对我国的四点启示:
在立足我国国情的基础上完善科技治理结构,正确定位政府的科技职能并加
大科技发展支持力度,改革科技体制为科技发展提供制度保障,加强科技法制
建设以推进科技治理依法进行。②

关于央地府际科技治理模式与科技治理工具。有学者对国外特别是美国
的"联邦—州研发合作"、中国的"省部科技合作"进行了专门研究,认为这两者
都强调了中央与地方政府、地方政府之间,以及公私部门之间的沟通与协调,
并由此形成一整套治理机制。从中国的实际而言,它是以中央和地方政府间
纵向科技合作为主轴,带动以建设区域创新系统为目标的政府间横向科技合
作,以及以省部产学研为代表的公私部门间科技合作,由此形成了纵向跨级、
横向跨域、公私合作的网络化治理结构。"协商、谈判、合作"就是治理的三个关
键词。③论者指出,央地府际科技治理模式可分为:以中央集权说为基础的中
央主导、地方参与型科技治理;以分权说为基础的中央与地方均等合作型科技
治理;以地方分权与自治为基础的地方主导、中央辅助型科技治理。论者分析
了国际上关于科技治理工具的分类,结合科技治理的分层结构,提出了央地府
际科技治理的三种科技治理工具。一是结构式强制工具,指基于权威所产生
的具有强制性的政策工具,包括管制、法律规范、制度建设等。二是合同式诱
导工具,指基于合同的政府部门对科技的治理,包括公共采购、政府补助、津

---

① 田旭、孙晓燕著:《经济转轨时期地方政府的科技职能研究》,经济科学出版社2009年版,
第238、258页。
② 刘远翔:《美国科技体系治理结构特点及其对我国的启示》,《科技进步与对策》2012年第
6期;李麒麟:《国外研发体系综述及对我国的启示》,《中国科技信息》2018年第10期。
③ 曾婧婧、钟书华:《论科技治理》,《科学·经济·社会》2011年第1期。

贴、服务外包、贷款、税收减免或增加等。三是互动式影响工具,指基于影响力的政府部门对科技的治理,包括政府公益广告、动员、宣传、科技论坛、研讨会等。①

关于数字治理问题。学者们对由于数字技术的普及应用所催生的治理现象进行了多方面的研究。有学者梳理了国内有关数字治理的相关文献,认为数字治理问题研究始于2004年,研究的内容和成果主要包括:对数据治理与数字治理进行了区分,明确了数字治理的概念与内涵,总结了我国基层数字治理的经验,等等。论者认为,数字治理是现代信息技术与治理理论融合的新型治理模式,体现了治理的核心——公民的参与互动,数字治理的本质就是利用现代数字化技术促进公民与政府之间的互动。②有学者对数字治理、数据治理、智能治理与智慧治理概念及其关系进行了辨析,认为它们相互之间既有共性和联系,又存在差异性和区别性。就联系而言,它们之间存在着同构性关联、互镜式发展以及螺旋式演进的内在联系。就区别而言,数字治理侧重于"治理行为的抽象性",数据治理侧重于"治理对象的数据性",智能治理侧重于"治理方法的智能性",智慧治理侧重于"治理价值的整合性"。它们的实践依据也不一样,治理活动的具体内容也不一样。论者认为,智慧治理事关人的全面发展和社会的整体进步,具有从根本上变革传统政府治理模式的趋向,是对传统整体性治理、网络治理和数字治理等公共治理范式的整体超越③。有学者研究了数字治理在城市治理领域的运用,指出在当下的数字时代,提高数字治理能力是城市治理现代化最为关键的一个方面。要对政务数据、企业数据和社会数据进行有效整合,实现数据资源的价值最大化。要通过改革破除不合理的体制机制障碍,促进数据资源共享。要通过提升数字治理能力,加快城市治理的数字化转型④。有学者认为要重视数据权与数据主权问题,指出在大数据时

---

① 曾婧婧著:《中国央地府际科技治理研究》,湖北人民出版社2014年版;曾婧婧、钟书华:
《论科技治理工具》,《科学学研究》2011年第6期。

② 黄建伟、陈玲玲:《国内数字治理研究进展与未来展望》,《理论与改革》2019年第1期。

③ 颜佳华、王张华:《数字治理、数据治理、智能治理与智慧治理概念及其关系辨析》,《湘潭大学学报(哲学社会科学版)》2019年第5期。

④ 汪玉凯:《提高数字治理能力是城市治理现代化的关键》,《国家治理》2020年第43期。

代,数据的自由流通、开放和共享是实现数据价值和潜能的重要方式,但随之而来的数据权与数据主权问题不容小觑。数字治理时代如何界定数据权归属,如何维护国家数据主权,如何保护个人、企业与国家数据安全是数据治理研究的重要问题。①

关于政府科技治理能力建设问题。有学者对我国政府科技治理能力建设进行了研究,指出在我国的科技治理体系中,政府负责政策制定与资源分配,统筹治理工具的创新使用、治理议程的发起与执行、治理实践环节的权责分配,是科技治理议题的发起者、执行者与监督者。政府要以制度创新提升科技治理能力,优化辅助性制度;强化价值观培育,增强参与治理的各主体的权责意识;扩大事务性授权,引导科学共同体同公众开展合作;加强体制机制改革,构建符合我国实际的科技治理体系。②有学者从科技奖励制度的角度研究了科技治理问题,指出要调整和完善中国科技奖励制度的基本框架,形成具有中国特色的结构合理、运行良好、激励效果显著、社会影响深远的科技奖励制度。③还有学者对科技创新智库在科技治理中的作用进行了研究,指出科技创新智库是我国科技决策咨询制度的重要组成部分,是推进科技治理现代化和提升科技治理能力的重要力量,也是中国特色新型智库建设的重要任务④。

关于科技争议与科技善治问题。一段时间以来,围绕全民食盐加碘、转基因食品是否安全、是否应建设 PX 项目(即对二甲苯化工项目)、"邻避"等涉及科技的议题不时见诸报端。有学者对当代中国社会不断涌现的由科学技术(研究和运用)所引发的科技争议进行了研究,指出科技争议的产生源于公众对于科技发展和应用的潜在危害的担忧。面对日益增多的科技争议,政府部门需要转变对公众的认识,正视、尊重和适应科技公民这样一个理性、有知识、能够挑战官方叙述的有知公民群体的出现,推动科学公民身份教育走入课堂,

① 王洛忠、闫倩倩、陈宇:《数字治理研究十五年:从概念体系到治理实践》,《电子政务》2018年第4期。

② 朱本用:《我国政府科技治理能力建设研究》,《广西大学学报(哲学社会科学版)》2020年第6期。

③ 赵万里、付连峰:《我国科技奖励制度的运行状况及改革思路》,《探求》2021年第1期。

④ 丁明磊:《科技创新智库的国际化发展路径研究》,《数字图书馆论坛》2017年第3期。

提高社会成员对科学技术知识作用的批判认知①。有学者专门研究了食品安全中的科技治理与社会信任问题,指出当代中国的食品安全问题异常复杂而广泛,一种食品要获得社会大众的认可,离不开公众对它的信任,信任来自食品生产过程的透明化。真正安全放心的食品既离不开科学技术的检测与监控,更需要建构"通透体系"以获得食品领域中的公共信任。②

近年来科技治理日益受到社会重视,而如何以更合理的方式促进创新与社会价值融合、实现科技发展社会目标,成为各国科技治理面临的重要课题。有学者论述了"负责任研究与创新"与科技治理范式重构问题,并指出:21世纪初在欧美兴起的"负责任研究与创新"(Responsible Research and Innovation,简称RRI)是一种内蕴伦理责任的技术创新集体方法和综合途径,其主要特点是将创新置于技术演进与社会导向的动态匹配过程,鼓励多方利益攸关者对科技创新的潜在目标、动机、影响、社会价值等进行持续"预测、反思、协商和反馈",构建交互、适应性质询环境,从而实现对创新活动的实时纠偏。论者提出,科技治理应该促进创新活动承担起道德伦理、社会民生、环境友好等社会责任,促进创新向社会可持续和公众满意方向演进,使创新活动更优质地服务于社会,构建一种高效、适合我国具体国情的责任共担、利益共享、广泛参与的"责任式"科技治理范式。③

科技伦理、科技向善问题,也是学术界关注较多的议题。近年来发生的不少事件,比如"基因编辑婴儿"事件等,凸显了在前沿科技领域伦理规划和监管方面存在的问题。有学者指出,科技伦理是科技创新活动必须遵循的价值理念和行为规范,科技伦理治理的根本宗旨是防止"不道德"的科研行为。要加强科技风险预警和伦理治理,建立健全科技伦理治理体系,促进高质量和负责任的研究和创新。要从统筹科技发展和安全治理、实现国家科技自立自强的

---

① 杨萌、尚智丛:《科技公民身份视域下的科技争议——以全民食盐加碘政策为例》,《自然辩证法研究》2018年第2期。

② 王华:《食品安全中的科技治理与社会信任》,谭宏、徐杰舜主编:《人类学与江河文明》,黑龙江人民出版社2014年版,第313—318页。

③ 薛桂波、赵一秀:《"责任式创新"框架下科技治理范式重构》,《科技进步与对策》2017年第11期;赵延东、廖苗:《负责任研究与创新在中国》,《中国软科学》2017年第3期。

战略高度来重视和加强科研机构伦理审查机制,让科研机构伦理审查机制成为国家科技治理体系和治理能力现代化建设的基础性制度安排。①有研究者提出,当前亟须完善科技伦理治理学术研究机制,健全科技伦理监管制度,建立科技人员自律机制。特别是要健全多学科研究协同机制。科技伦理研究涵盖自然科学、工程技术等多个领域,涉及哲学、法学、社会学等多个专业。随着高新科技迅猛发展,科技伦理研究越来越呈现跨学科趋势。这就需要健全多学科研究协同机制,加强科技伦理专业研究人员与其他学科专家学者的交流、对话和合作,集思广益、群策群力,为我国科技伦理治理决策提供学理支持,为现实科技伦理问题解决提供咨询建议。②

此外,学者们还从其他一些角度对科技治理进行了研究。比如,有学者对我国科学基金运行机制进行了研究,指出科学基金对促进基础研究、调整国家与科学之间的关系等方面产生了深远影响。新时代科学基金要加大基础研究和学科前沿探索的资助力度,着力解决产业发展中的科学问题,推动国际科技合作和科技外交,规范科研诚信并构建健康的科学共同体生态圈。③有学者对中外民间科学基金会的分类与功能进行了研究,指出民间科学基金会发挥着拓展科研经费来源、对科学进行风险投资、创新科研评价与激励、推动科技治理等功能,不断对由国家和市场主导的主流创新系统进行补充和调节,是西方发达国家保持创新活力和竞争力的隐秘源泉之一。民间科学基金会可以通过智库、公共对话平台和政策倡导者三种角色来推动科技治理。我国民间科学基金会与欧美高度发达的民间科学基金会相比,存在着数量少、规模小、定位模糊、管理不完善等不足,特别是缺乏大型的科研资助型基金会。论者提出了掌握我国民间科学基金会的现状和发展趋势、改革社会组织管理体制机制、完善公益税收政策及舆论倡导等建议。④

总体上看,近年来国内学术界对科技治理的研究呈现逐步深入的态势,取

① 李建军:《如何强化科技伦理治理的制度支撑》,《国家治理》2021年第2期。
② 江畅:《健全科技伦理治理机制》,《人民日报》2020年7月13日,第9版。
③ 许志星、赖德胜:《新时代科学基金的战略定位与历史使命》,《治理现代化研究》2021年第2期。
④ 杨辉:《民间科学基金会的分类与功能》,《自然辩证法研究》2018年第9期。

得了诸多有分量的成果。学者们澄清了相关的基本概念,论证了科技治理的战略意义,从不同角度对科技治理进行了分析,为后续研究打下了坚实的基础。国内学术界的研究具有很多特点,此处扼要介绍其中比较突出的几点:

一是明确了科技治理的基本要求。学者们普遍认为,开展科技治理,就是要将治理理念所强调的多元主体、多重机制、广泛参与、民主协商和利益协调等要素充分融入科技创新活动中,克服科技管理原有的主体单一、机制薄弱、参与度低、统筹不足、协调不力等问题。

二是对国外治理理念进行了辩证吸收。国内学术界关于科技治理的研究,是在借鉴国外研究成果的基础上进行的。国外学者思考问题的视角、富有创见的观点,开拓了国内学者的研究视野和思路。同时,由于我国的国家制度、政治经济文化等方面的体制机制,均与西方发达资本主义国家有着本质的不同,因而,国内学者们对于西方治理理论、科技治理实践中一些植根于政治制度、体制机制的理念、做法、举措,采取了辩证扬弃的态度。在这些研究成果中,还显示出一种新的研究趋向——国内外科技治理比较研究。

三是结合我国实际进行了富有自身特色的提炼和归纳。我国有着独特的国情、独特的文化传统,这些都决定了我国的科技治理模式必然不同于西方发达国家。如何探究适合我国国情的科技治理模式,如何对我国科技治理活动作出客观合理的解读、说明和分析,一直是学者们研究的热点。比如,有学者总结归纳出国内目前的中央与地方政府间纵向科技治理、地方政府跨部门间横向科技治理以及多主体间网络化科技治理三种科技治理模式。①这样的研究很接地气,为我们理解中央与地方政府、地方政府与地方政府之间的科技治理活动提供了比较新颖的观察视角。

四是以强烈的问题导向积极探索解决方案。问题是时代的声音,也是工作的突破口。我国科技事业不断向前推进,提出了许多过去没有碰到过的、亟须解决的科技治理问题。学术界对这些前沿问题进行了思考和探索。其中一个特别值得注意的现象是,随着互联网、大数据、云计算、人工智能等新一代信

---

① 曾婧婧、钟书华:《科技治理的模式:一种国际及国内视角》,《科学管理研究》2011年第1期。

息技术的快速应用,我国平台经济、金融科技如雨后春笋般发展,其正面效应与负面影响同时呈现。学术界也因此对科技监管展开了热烈的讨论①。虽然国外学术界对科技监管也有很深入的探讨和研究,但是由于我国平台经济、金融科技发展更为迅猛,国内学术界的研究更为具象具体:直面存在的难题,奔着问题去、瞄着问题走,贯穿着敏锐的问题意识。

国内学术界关于科技治理的研究,本质上是对我国科技治理实践的呼应与反思。科技创新作为引领发展的第一动力,在我国现代化建设全局中居于核心地位,日益凸显出其重要性,发挥着不可替代的作用。科技治理问题,源于科技治理实践。对科技治理的认识深化,反过来又指导科技治理实践。

三、本课题研究构想

综上所述,国内外学术界对科技治理进行了多视角、多层面的探讨,为我们深化研究奠定了基础。本课题引入国际学术界治理理论研究的前沿成果和最新方法,敏锐地抓住国内学术界从"科技管理"研究到"科技治理"研究转向的契机,结合党的长期执政能力建设实践,选择以党的科技治理能力为研究对象。

党的科技治理能力,就是党正确判断科技形势,制定实施符合国情的科技发展战略,实现高水平科技自立自强,推动科技事业创新发展的本领和水平。党的科技治理活动虽然主要体现在科技领域,但却贯穿和渗透于各项工作之中,事关党和国家工作全局,影响并决定着中华民族复兴进程。党的科技治理能力有广义和狭义之分。狭义的科技治理能力是有效组织科技创新、推动科技事业健康有序发展,广义的科技治理能力还包括运用科技推动经济社会发展、提升治国理政效能。本课题就是从广义的角度来研究科技治理能力的。因而,本课题着重从两条线索把握党的科技治理能力:一是党推动科技发展的

---

① 比如:杨东:《监管科技:金融科技的监管挑战与维度建构》,《中国社会科学》2018年第5期;李赞鹏:《我国金融科技监管改革与路径探讨》,《管理与现代化》2021年第1期;沈艳、龚强:《中国金融科技监管沙盒机制设计研究》,《金融论坛》2021年第1期;等等。

能力,二是运用科技治国理政的能力。这两者紧密联系,都是本课题的研究范围。党的科技治理能力是检验党治国理政成效、各领域各方面工作的重要标准,也是党的长期执政能力建设的综合体现。

党的科技治理能力,是一个内涵十分丰富的概念。从它的主体讲,既涉及党的整体,涉及各级党组织,也涉及广大党员、干部;从它的内容讲,既指党作为一个政治组织通过科技治理活动完成所担负的历史使命的能力,也指各级党员、干部贯彻党的科技方针政策、处理科技工作中遇到的问题的能力。从时间段看,本课题主要研究新时代以来党的科技治理理论与实践,重在反映党的十八大以来,以习近平同志为核心的党中央在科技治理方面的原创性思想、变革性实践、突破性进展、标志性成果。

本课题不是单纯地研究党的科技工作,也不是按科技管理思路论述党的科技工作,而是注重从"治理"的角度来开展研究,出发点、落脚点都在治理这个维度。从"科技管理"到"科技治理",虽然仅一字之差,但理念迥异,内涵外延均有巨大变化。从我国科技实践看,我们党也正是以治理的视野、治理的思路、治理的方法来领导和推动科技工作,因而使得新时代的科技工作具有新的内涵和要求,大大增强了科技工作的系统性、预见性、创造性、实效性。本课题试图从学理上再现党的科技治理实践,力图聚焦治理这个维度,从科技治理层面来观照和审视党的科技活动,从治理角度研究和解读新时代党的科技工作。这是本课题研究的一个特点。

1. 研究目的和意义

当今世界正在经历百年未有之大变局,科技创新是影响世界百年未有之大变局的关键变量。新一轮科技革命和产业变革突飞猛进,围绕科技制高点的竞争日趋激烈。我国发展面临着前所未有的复杂环境,诸多矛盾叠加、风险挑战显著增多,我们比过去历史上任何时期都更加迫切需要科学技术解决方案,都更加迫切需要提高党的科技治理能力。提高党的科技治理能力,是统筹中华民族伟大复兴战略全局和世界百年未有之大变局作出的战略部署,是加强党的长期执政能力建设的重大任务,是推进科技治理体系和治理能力现代化的客观要求,是中国共产党发展科技事业的经验总结,是推动经济社会高质量发展的迫切需要。

本课题的新颖之处在于,从治理理论和执政能力建设的双重角度研究新时代如何提高党的科技治理能力。这是一项富有探索性的工作。一是拓展了治理理论的研究视野。治理理论是国内外学术研究的一个热点。随着国际局势的深刻调整,特别是随着经济全球化的深入发展,全球问题不断凸显,国内外学术界日益关注全球治理问题并进行了深入研究。但是目前的一些研究成果,主要集中在全球治理模式、治理体系变革、公共治理、经济治理、生态治理、外交治理等领域。关于科技治理的研究虽然也在深入推进,但总体上看还是显得相对滞后。与经济、生态、外交等治理研究相比,科技治理研究亟须加强。近些年来,国内学者对公共治理进行了持续深入的研究,但研究的焦点多集中在社会管理、民生建设、外交政策等公共领域,科技治理成为公共治理研究的一个薄弱环节。

二是深化了党的长期执政能力建设研究。科技治理是党治国理政的一个基本方式。近年来,随着世界进入动荡变革期,我国发展面临的机遇和挑战都发生了深刻复杂的变化,科技的重要性全面上升。如何有效领导和推进科技工作是党在长期执政条件下面临的一项重要任务。科技治理的水平和能力,直接关系到党治国理政的成效。因而,本课题从科技角度深化了党的长期执政能力建设研究,有助于加强和改善党的全面领导,巩固党的执政地位,厚植党的执政根基。

本课题的应用价值在于:当前,我国已进入新发展阶段,构建新发展格局是全面建设社会主义现代化国家的路径选择。科技自立自强是决定我国生存和发展的基础能力,构建新发展格局最本质的特征是实现高水平的自立自强。本课题成果对于党和国家制定新的科技发展战略、努力实现高水平科技自立自强,对于建成世界科技强国、实现第二个百年奋斗目标,具有现实意义和参考价值。

总之,本课题力图从学理上建构党的科技治理能力体系,从规律上揭示加强党的科技治理能力建设的内在规律,从对策上探寻新形势下提高党的科技治理能力的途径和方法。

2. 研究的重点难点及思路方法

本课题研究的重点包括：分析科技治理与科技管理的区别；揭示科技治理体系与科技治理能力的内在联系；研究党的科技治理能力的构成与体现；探讨如何转变科技治理理念、完善科技治理体制、创新科技治理方式、提高科技治理水平；总结党提高科技治理能力的经验教训及启示；分析中国特色科技治理道路的特色所在。

本课题研究的难点在于：分析党的科技治理能力包括哪些方面、它们之间有何内在联系；探寻哪些重大科技事件对党的科技治理能力产生了什么样的影响；从实证研究的角度分析若干重大科技决策、科技治理举措提出的原因、过程及实践效果；等等。

本课题研究的基本思路，主要包括三个方面：一是梳理考证。以蓬勃发展、日新月异的新一轮科技革命和产业变革为宏观背景，以我国经济社会发展中的重大科技治理问题为线索，以党和国家关于科技工作的战略部署为依据，具体地、历史地考察我们党推动科技发展、有效治国理政的实践进程与理论创新。二是辩证分析。探讨我们党在什么样的历史条件下、采取什么样的措施积极应对新科技革命挑战、不断提升党的科技治理能力。三是形成对策。在总结规律和经验的基础上，结合新形势新任务提出加强党的科技治理能力建设的对策建议。

在具体的研究方法上，本课题研究既注重分析党和国家的科技治理实践，同时又注重建立在实践基础之上的理论创新，力求坚持理论和实践的统一；既充分尊重和考证历史发展脉络，同时又注重科学地分析和梳理历史，力求坚持历史和逻辑的统一。作为一项跨学科的综合性课题，本课题还将借鉴和运用全球治理理论、公共治理理论、科学史、哲学、党史、经济学、统计学、社会学、生态学、军事战略学、党建等多学科的研究方法，注重从多角度、多层面开展研究。在论述某些方面的问题时，既注重宏观研究又注重微观分析。

3. 研究框架

本课题按照"总—分—总"的逻辑结构谋篇布局。第一章主要论述提高党的科技治理能力的重大意义。第二章至第十章，从九个方面展开，论述了如何提高党的科技治理能力的问题。结语，从十个方面对中国特色科技治理道路进行归纳和总结。

党的科技治理能力涉及科技工作的方方面面。本课题着重从正确判断科技形势的能力、制定实施科技发展战略的能力、实现高水平科技自立自强的能力、深化科技体制改革的能力、满足人民高品质生活需要的能力、统筹发展和安全的能力、深度参与全球科技治理的能力、培养造就创新型人才的能力、领导和统揽科技工作的能力九个方面展开研究。这九个方面分别揭示了科技治理的前提基础、战略目标、关键因素、动力机制、价值追求、重大原则、世界担当、人才保障、政治保证。它们相互作用、相互影响，构成有机统一的整体。

关于正确判断科技形势的能力。这是我们党提升科技治理效能的前提和基础。新一轮科技革命和产业变革的典型特征是：广泛交叉，深度融合；协同发展，整体跃进；信息先导，智能互联；更新迭代，快捷转化；彰显价值，注重人文；生态重塑，安全凸显。当前，我国科技事业处于"三跑并存、两个飞跃"的历史方位，"跟跑""并跑""领跑"并重、"并跑""领跑"分量不断加大，正在从量的积累向质的飞跃、从点的突破向系统能力提升，是一个即将突破和跨越的关键时期。我们党的科技治理活动，就是建立在对科技形势进行正确判断的基础上。

关于制定实施科技发展战略的能力。科技发展战略是最高意义、最高层次的顶层科技设计。在国家科技治理体系中，科技发展战略居于统率、总揽、引领地位，起着顶层决定性、全局指导性、根本支撑性、全域覆盖性的作用。科技治理的一切政策举措，都要服从、服务于国家科技发展战略。提高党的科技治理能力，必须制定前瞻务实的科技发展战略，确立科技支撑的主攻方向与战略目标，形成实施创新驱动发展的优势与路径。党的十八大以来，以习近平同志为核心的党中央创造性发展了科教兴国战略，作出了加快建设创新型国家步伐、深入实施创新驱动发展战略、建设世界科技强国的重大决策，提出"三步走"的奋斗目标。

关于实现高水平科技自立自强的能力。坚定不移走中国特色自主创新道路，实现高水平科技自立自强，是党的科技治理能力的关键因素和重要标志。

我国与发达国家科技实力的差距,主要体现在自主创新能力上。构建新发展格局最本质的特征是实现高水平的自立自强,必须把这个问题放在能不能生存和发展的高度加以认识。强化国家战略科技力量,是催生新发展动能、推动高质量发展的必然选择,是优化国家创新体系、引领科技创新综合实力系统提升的有效途径。当务之急,是加强原创性、引领性科技攻关,坚决打赢关键核心技术攻坚战,加快解决"卡脖子"问题,努力多出"从0到1"的原创性成果。

关于深化科技体制改革的能力。科技创新和体制创新是科技工作的两个轮子,坚持"双轮驱动"是科技发展的必然规律。从科技发展的内生动力来说,科技领域是最需要不断改革的领域,科技体制改革是推进自主创新最为紧迫的重大任务。新型举国体制在保留原有举国体制集中力量办大事思想内核的基础上,关注新的重点领域,以新的主体结构和新的技术支撑整合创新主体及要素,成为新发展阶段科技治理尤其是在涉及国家战略需求领域的重要组织实施方式。要推动政府职能从研发管理向创新服务转变,改进创新公共服务。建立健全现代科研院所制度,抓好完善评价制度等基础改革,赋予科研机构和人员更大自主权。

关于满足人民高品质生活需要的能力。党的科技治理能力及成效,最终都要落实到满足人民高品质生活需要上。这体现了我们人民至上的执政理念,彰显了共产党人的价值追求。提高党的科技治理能力,必须把满足人民对美好生活的向往作为科技创新的落脚点,把惠民、利民、富民、改善民生作为科技创新的重要方向,着力增强满足人民高品质生活需要的能力,不断增强人民群众获得感、幸福感、安全感。要大力发展数字经济,着力推动数字经济和实体经济深度融合,支撑现代化经济体系;发展民生科技,增进民生福祉;发展生态科技,建设人与自然和谐共生的现代化。

关于统筹发展和安全的能力。统筹发展和安全,增强忧患意识,做到居安思危,是我们治党治国必须始终坚持的一个重大原则。面向未来,新科技革命和产业变革将是最难掌控但必须面对的不确定性因素之一。必须更好地贯彻总体国家安全观,办好发展和安全两件大事,防范化解影响我国现代化进程的各类科技安全风险。要深刻把握各种风险挑战交叉传导的复杂关系,着力防范各类风险挑战内外联动、累积叠加,科学预判风险、主动防范风险、有效化解风险。要聚焦重点,抓纲带目,筑牢国家安全屏障。本课题重点聚焦三个方面:筑牢国家粮食安全的科技根基,开展网络综合治理,走中国特色强军之路。

关于深度参与全球科技治理的能力。 在全球化、信息化、网络化深入发展的条件下,创新要素更具有开放性、流动性,不能关起门来搞创新。中国共产党是坚持胸怀天下的马克思主义政党,具有宽广的天下情怀和强烈的世界担当。能否积极融入全球创新网络,通过国际科技合作增强自身科技创新水平,也是我们党提高科技治理能力的重要途径。必须着力构建开放创新生态,更加主动地融入全球创新网络,深度参与全球科技治理,着力推动构建人类命运共同体,依靠科技推进高质量共建"一带一路"。

关于培养造就创新型人才的能力。 人才是创新的根基,是创新的核心要素,创新驱动实质上是人才驱动。没有人才优势,就不可能有创新优势、科技优势、产业优势。培养造就创新型人才,目的在于为科技创新提供人才保障和智力支撑。要提高党管人才工作水平,牢固确立人才引领发展的战略地位,深入实施新时代人才强国战略,着力夯实创新发展人才基础。要改进和完善人才培养支持机制,加快形成有吸引力的引才用才机制,健全以创新能力、质量、实效、贡献为导向的科技人才评价体系。改进科技项目组织管理方式,实行"揭榜挂帅""赛马"等制度,为高水平科技自立自强提供源源不断的人才支撑和智力支持。

关于领导和统揽科技工作的能力。 坚持党对科技工作的集中统一领导,是党的领导在科技领域中的具体体现,是建设世界科技强国的根本政治保证。党对科技工作的领导优势,体现在党的科学理论和正确路线方针政策、党的科技治理能力、党的严密组织体系和强大组织能力等各方面。坚持党对科技工作的领导,最关键的就是要坚持党总揽全局、协调各方的领导核心地位,把重点放在把方向、谋全局、定政策、促改革、抓大事上。

我们党在开展科技治理的实践中,走出了一条中国特色的科技治理道路。中国特色科技治理道路,深刻回答了"建设什么样的科技治理体系、怎样开展科技治理"这个根本问题,科学揭示了我国科技事业发展的内在规律,凝聚着我们党探索科技治理的思想结晶和实践成果。这条道路,是中国特色社会主义道路在科技领域的具体体现,反映了我们党对共产党执政规律、社会主义建设规律、人类社会发展规律认识的深化与升华。中国特色科技治理道路是一个有着内在逻辑的有机整体,本课题将其概括为"十个坚持"。即:坚持党对科技事业的全面领导,不断提高党的科技治理能力;坚持以人民为中心的发展思想,不断满足人民对高品质生活的需要;坚持建设世界科技强国的奋斗目标,着力提升我国科技整体实力和国际竞争力;坚持以新发展理念为引领,着力推动经济社会高质量发展;坚持走中国特色自主创新道路,努力实现高水平科技自立自强;坚持深化科技体制改革,充分激发创新活力;坚持系统观念,增强科技治理的系统性、整体性、协同性;坚持统筹发展和安全,有效防范化解风险挑战;坚持融入全球创新网络,深度参与全球科技治理;坚持深入实施新时代人才强国战略,着力培养创新型人才。这些都极富中国特色,彰显了中国特色社会主义科技治理体系的显著优势。

第一章
科技治理：党治国理政的时代课题

当今世界正经历百年未有之大变局，我国发展面临的国内外环境发生深刻复杂变化，新一轮科技革命和产业变革突飞猛进，围绕科技制高点的竞争日趋激烈。提高党的科技治理能力，是统筹中华民族伟大复兴战略全局和世界百年未有之大变局作出的重大战略部署，是加强党的长期执政能力建设的必然要求，是中国共产党发展科技事业的经验总结，是推动经济社会高质量发展的迫切需要。我们要从战略和全局的高度，深刻认识提高党的科技治理能力的重要性、必要性和紧迫性。

一、统筹两个大局作出的重大战略部署

习近平同志指出："领导干部要胸怀两个大局，一个是中华民族伟大复兴的战略全局，一个是世界百年未有之大变局，这是我们谋划工作的基本出发点。"①我们必须从世界百年未有之大变局和中华民族伟大复兴战略全局的高度，充分认识提高党的科技治理能力的重大战略意义，坚持在大局下思考、在大局下行动，更加主动地做好科技工作。

1. 世界百年未有之大变局

科学判断和全面把握国际形势的发展变化，正确应对世界多极化和经济全球化以及科技创新的发展趋势，在日益激烈的综合国力竞争中牢牢掌握我

---

① 《习近平谈治国理政》第3卷，外文出版社2020年版，第77页。

国发展的主动权,在风云变幻的国际环境中坚持和发展中国特色社会主义,这是我们必须高度重视、长期面对并不断解决好的重大课题。

习近平同志在论述国际局势时,用得最多、给人印象最深刻的重大判断,就是"当今世界正经历百年未有之大变局"①。早在2012年12月26日,他就敏锐地捕捉到国际体系加速演变和深度调整过程中出现的大变局态势,指出:"国际金融危机发生五年来,对世界经济格局以及政治、安全形势产生了深刻影响。美国、欧盟等陷入重重危机、捉襟见肘,新兴市场国家和发展中大国群体性崛起对西方在国际格局中的地位产生重大冲击,西亚北非局势动荡引发苏东剧变以来最大范围的地缘政治变局,非国家行为体大量涌现并日益成为国际舞台上的重要力量。这个大变局,可以说是前所未有的。"②这里已提出了"大变局"的概念,并且指明是前所未有的大变局。2012年12月18日,他在中央经济工作会议上论述了大变局,使用的表述是"世界正处于百年不遇的大变局之中"③。2017年12月28日,习近平同志接见回国参加2017年度驻外使节工作会议的全体使节并发表讲话,首次公开使用了"百年未有之大变局"④这一概念。此后,习近平同志在不同场合,从不同角度,对世界百年未有之大变局进行了分析。

大变局纷繁复杂、变乱交织,各种新旧因素、力量、矛盾叠加碰撞,其发展变化之快、力度规模之大、涉及范围之广、触及利益之深前所未有。国际体系、全球秩序、国家关系深刻演变,政治局势、经济版图、地区安全深刻调整,利益格局、社会思潮、全球治理深刻重塑。百年未有之大变局凸显出两个重要特征。一,新一轮科技革命和产业变革既是百年未有之大变局的一个重要推动力量,同时又成为影响和决定百年未有之大变局的关键变量。二,国际力量对

① 中共中央党史和文献研究院编:《习近平关于防范风险挑战、应对突发事件论述摘编》,中央文献出版社2020年版,第140页。
② 曲青山:《中国共产党百年与百年大变局》,《中共党史研究》2021年第3期,第8页。
③ 中共中央党史和文献研究院编:《习近平关于中国特色大国外交论述摘编》,中央文献出版社2020年版,第20页。
④ 李伟红、丁林:《习近平接见2017年度驻外使节工作会议与会使节并发表重要讲话》,《人民日报》2017年12月29日,第1版。

比深刻调整呈现出"东升西降"的趋势，以美国为首的西方发达国家虽然仍占据优势，但发展势头已出现下降之势，而以中国为代表的东方国家整体实力在持续走强。这两个重要特征叠加汇合、同步交织，使得我国的科技治理问题变得异乎寻常地突出。提升党的科技治理能力，已经成为应对百年未有之大变局的必然要求。

世界多极化深入发展，国际格局加速演变，各种力量出现新的分化组合，这是当今国际形势的一个突出特点。这种多极化格局，不同于历史上列强争霸、瓜分势力范围的局面，极少数大国或大国集团垄断世界事务、支配其他国家命运的时代已经一去不复返了。当今世界，大国之间的关系经历着重大而深刻的调整，大国博弈更加激烈，既相互借重又相互制衡、既相互合作又相互竞争。各种全球性、区域性的合作组织和国际会议空前活跃，方兴未艾。新兴市场国家和发展中国家群体性快速崛起，地位迅速上升，成为国际舞台上十分重要的力量，这是近代以来国际力量对比中最具革命性的变化。总体上看，和平的力量持续壮大，人类命运共同体理念深入人心，和平与发展仍然是时代主题，和平、发展、合作、共赢的时代潮流更加强劲。同时，国际环境日趋复杂，世界仍然很不安宁，霸权主义和强权政治阴魂不散，地区冲突和局部战争时有发生，恐怖主义仍然猖獗，不少国家民众饱受战火摧残，难民危机持续蔓延，人类所处的安全环境仍然堪忧。新冠肺炎疫情全球大流行加剧了百年未有之大变局的演变，国际政治、经济、科技、文化、安全等格局都在发生深刻调整，全球秩序加快从旧秩序向新秩序切换。世界进入动荡变革期，人类面临的共同挑战日益增多，我国发展面临的不稳定、不确定因素显著增加，今后一个时期将面对更多逆风逆水的外部环境。

当今世界，各国国情、社会制度千差万别，发展阶段、发展道路各不相同，利益诉求也多种多样。随着文化多样化深入发展，各种思想文化相互激荡，交流交融交锋更加频繁，各国人民之间的理解日益加深，这为解决分歧创造了有利条件。但是，由于冷战思维仍然存在，一些国家不是以对话解决争端、以协商化解分歧、以有效管控危机缓和紧张，而是动辄以霸凌行径相威胁、为一己之私挑起事端，致使弱肉强食的现象时有发生，热点问题和矛盾冲突不断激化，地缘博弈色彩明显加重，国际竞争摩擦呈上升之势。

当今世界,经济全球化、社会信息化持续推进,新一轮科技革命和产业变革蓬勃推进,人类的发展进步日新月异。与此同时,全球发展深层次矛盾长期累积,未能得到有效解决。受国际金融危机影响,世界经济进入转型调整期。科技进步曾经是推动经济社会发展的重要引擎,但如今对全球经济的拉动作用明显减小,新的经济增长还在孕育之中。发达国家经济政策逆转,实行贸易和投资保护,全球贸易体系面临新的挑战。经济全球化遭遇波折,进程放缓。受新冠肺炎疫情影响,世界经济增长乏力,陷入低迷。全球市场萎缩,国际投资锐减,产业链供应链受到冲击。发展的空间不平衡加剧,收入分配不平等令人担忧,贫富差距鸿沟有待弥合。这些问题与债务规模攀升、劳动生产率增速放缓、人口老龄化加剧、结构性改革进展缓慢等中长期问题因素叠加,世界经济的下行压力整体加大。这是当今世界面临的严峻挑战,也是一些国家社会动荡的重要原因。

面对错综复杂的国际形势,我们必须端起历史规律的望远镜,运用正确的历史观观察形势、认识形势,把握历史发展大趋势。习近平同志强调:"既要把握世界多极化加速推进的大势,又要重视大国关系深入调整的态势。既要把握经济全球化持续发展的大势,又要重视世界经济格局深刻演变的动向。既要把握国际环境总体稳定的大势,又要重视国际安全挑战错综复杂的局面。既要把握各种文明交流互鉴的大势,又要重视不同思想文化相互激荡的现实。"①这"四个既、四个又"蕴含着丰富的历史思维,为我们在风云变幻的国际局势中看准、看清、看透世界发展大势提供了科学的方法论。

面对错综复杂的国际形势,我们必须着眼全局,运用正确的大局观分析形势、判断形势,透过纷繁复杂的现象把握本质。尽管当今世界霸权主义和强权政治依然存在,但国际关系民主化不可阻挡;尽管传统和非传统安全威胁交织涌现,但安全稳定是人心所向;尽管单边主义、贸易保护主义、逆全球化思潮不断有新的表现,但合作共赢是大势所趋;尽管文明优势、文明冲突等论调不时沉渣泛起,但不同文明交流互鉴是各国人民共同愿望。这"四个尽管、四个但"体现了强烈的辩证思维,避免我们在光怪陆离、林林总总的国际乱象中舍本逐

---

① 习近平:《论坚持推动构建人类命运共同体》,中央文献出版社2018年版,第539—540页。

末、迷失方向。

大变局既催生新的机遇，也带来了风险挑战。对于当今世界正在经历的百年未有之大变局，我们要有清醒的认识，增强紧迫感和忧患意识。百年大变局不是一时一事、一域一国、一地一区、一点一滴之变，而是深刻而宏阔的世界之变、全球之变、时代之变、历史之变。百年未有之大变局是各种因素综合作用的结果，科技创新是其中的一个关键变量。全球创新版图正在加速重构，创新多极化趋势日益明显，科技创新成为各国实现经济再平衡、打造国家竞争新优势的核心，深刻影响和改变国家力量对比，重塑世界经济结构和国际竞争格局。科技创新在应对人类共同挑战、实现可持续发展中发挥着日益重要的作用。而美国等西方国家将科技经济问题政治化、武器化，对我国进行各种围堵、打压、捣乱、颠覆活动，使得我国发展的外部环境更趋复杂严峻。我们要有识变之智、应变之方、求变之勇，根据形势变化及时调整战略策略，积极推进科技治理体系和治理能力现代化，在日趋激烈的国际竞争中掌握主动。我们党作为领导中国这样一个大国的执政党，必须善于抓住机遇，准确把握新一轮科技革命和产业变革的发展态势，把谋事和谋势、谋当下和谋未来统一起来，加快发展我国科技事业；必须积极进取、勇于创新，大幅提高我国的科技实力、综合国力和国际竞争力；必须把握大局、审时度势，因势而为、精准施策，不断把中国特色社会主义科技事业推向前进。

2. 中华民族伟大复兴战略全局

2012年11月29日，习近平同志在参观《复兴之路》展览时，深情阐述了中国梦。习近平同志指出："每个人都有理想和追求，都有自己的梦想。现在，大家都在讨论中国梦，我以为，实现中华民族伟大复兴，就是中华民族近代以来最伟大的梦想。"[1] 2013年3月23日，习近平同志在莫斯科国际关系学院发表演讲时指出，中国梦"基本内涵是实现国家富强、民族振兴、人民幸福"[2]。

---

[1] 习近平：《论中国共产党历史》，中央文献出版社2021年版，第2页。

[2] 中共中央文献研究室编：《习近平关于实现中华民族伟大复兴的中国梦论述摘编》，中央文献出版社2013年版，第3页。

习近平同志关于中国梦的深情阐述,高屋建瓴,既充满着厚重的历史底蕴,又洋溢着豪迈的自信、远大的志向,在中华儿女心中引起强烈反响。中国梦,反映了当代亿万中国人民的共同心声。习近平同志对中国梦的深刻解读,引起了中华民族对自身光荣、责任、使命的热切关注,激发了全国人民奋力实现中华民族伟大复兴这一光荣梦想的豪情壮志。

为什么要提出中国梦,意义在哪里? 面对风云变幻的国际形势和艰巨繁重的国内改革发展稳定任务,要紧紧抓住机遇,妥善应对挑战,实现"两个一百年"的目标,就需要凝心聚力,凝聚社会共识,形成强大的精神力量。怎样凝聚、靠什么凝聚? 伟大的使命和艰巨的任务,需要提出一个主题、一个核心概念来反映我们党的奋斗目标和深刻理念,感召和激励人民与我们党共同奋斗。在当今中国,什么思想和概念最能赢得人心、取得共识? 就是中华民族伟大复兴的中国梦。中国梦就这样产生了。中国梦是一种形象的表达,是一个最大公约数,是一种易于为群众接受的表述。中国人民发自内心地拥护实现中国梦,中国梦反映了中华民族的"共同利益""共同理想""共同追求""共同愿景""共同期盼"。这是中华民族近代以来一代一代人为之执着奋斗的目标。习近平同志指出:"我们现在所做的一切,都是为了实现这个既定目标。"①中国梦的提出,在中华民族复兴征程上举起了一面高扬的旗帜,反映了以习近平同志为核心的党中央的历史责任感、使命感和担当精神。中国梦生动形象表达了全体中国人民的共同理想追求,为坚持和发展中国特色社会主义注入新的内涵和时代精神。

中国是一个有着5000多年历史的文明古国,曾经创造出世界上独领风骚的灿烂文明。然而在进入近代以后,中国逐渐落伍了。1840年鸦片战争以后,中国逐步沦为半殖民地半封建社会,西方列强对中国的侵略步步紧逼,封建统治日益腐败,祖国山河破碎、战乱不已,人民饥寒交迫、备受奴役。对于一个曾经为世界文明和人类发展作出巨大贡献的伟大民族来说,再没有什么比家国沦丧、山河破碎更让人感到屈辱痛心的了,因此近代以来中华民族苦苦追寻的

---

① 习近平:《在华盛顿州当地政府和美国友好团体联合欢迎宴会上的演讲》,《人民日报》2015年9月24日,第2版。

最大梦想就是实现中华民族伟大复兴。

为了摆脱凌辱和压迫，为了摆脱贫穷和落后，中华民族的无数仁人志士苦苦探索救国救民的道路。从鸦片战争开始，经过太平天国运动、戊戌变法、义和团运动，中国人民进行了不屈不挠的斗争。1851年爆发持续14年之久的太平天国农民起义被镇压了；1860年开始经营达30年的封建地主阶级内部的洋务自救在甲午战争中惨败了；1898年改良派发起的戊戌变法不过百日就夭折了；轰轰烈烈的义和团运动在帝国主义侵略者和清朝统治者的联合镇压下遭到失败。这些斗争和探索，每一次都在一定的历史条件下推动了中国的进步，但又一次一次地失败了。孙中山先生领导的辛亥革命，推翻了统治中国几千年的君主专制制度，对中国社会进步具有重大意义，但也未能改变中国半殖民地半封建的社会性质和人民的悲惨命运。

只有中国共产党成立以后，中国人民才逐步找到了通向中华民族伟大复兴的新航道。我们党团结带领中国人民，浴血奋战、百折不挠，创造了新民主主义革命的伟大成就。以毛泽东同志为核心的党的第一代中央领导集体把马克思主义基本原理同中国革命的具体实践相结合，创立了新民主主义理论，开辟了农村包围城市、武装夺取政权的道路，从而为中国人民昭示了夺取民主革命胜利的正确方向。经过艰苦卓绝的浴血奋战，经过北伐战争、土地革命战争、抗日战争和解放战争，打败日本帝国主义侵略者，推翻国民党反动统治，建立了中华人民共和国。"新民主主义革命的胜利，彻底结束了旧中国半殖民地半封建社会的历史，彻底结束了旧中国一盘散沙的局面，彻底废除了列强强加给中国的不平等条约和帝国主义在中国的一切特权，为实现中华民族伟大复兴创造了根本社会条件。"①中国人民从此站立起来了，中华民族重新有尊严地自立于世界民族之林。新中国成立后，我们党孜孜以求，对中国现代化建设进行了艰辛探索。党团结带领中国人民，自力更生、发愤图强，创造了社会主义革命和建设的伟大成就，"为实现中华民族伟大复兴奠定了根本政治前提和制

---

① 习近平：《在庆祝中国共产党成立100周年大会上的讲话》，《人民日报》2021年7月2日，第2版。

度基础"①。

党的十一届三中全会以后,以邓小平同志为核心的党的第二代中央领导集体坚持解放思想、锐意进取,深刻总结国内国际的历史经验,作出把党和国家工作中心转移到经济建设上来、实行改革开放的历史性决策,成功开创了中国特色社会主义。党的十三届四中全会以后,以江泽民同志为核心的党的第三代中央领导集体在严峻关头坚持和捍卫了中国特色社会主义,确立了社会主义市场经济体制的改革目标和基本框架,开创全面改革开放新局面,推进党的建设新的伟大工程,成功把中国特色社会主义事业推向21世纪。党的十六大以后,以胡锦涛同志为总书记的党中央抓住重要战略机遇期,着力推动科学发展,着力保障和改善民生,促进社会公平正义,成功在新形势下坚持和发展了中国特色社会主义。经过改革开放以来的持续努力,我们党团结带领中国人民创造了改革开放和社会主义现代化建设的伟大成就。我们"实现了从高度集中的计划经济体制到充满活力的社会主义市场经济体制、从封闭半封闭到全方位开放的历史性转变,实现了从生产力相对落后的状况到经济总量跃居世界第二的历史性突破,实现了人民生活从温饱不足到总体小康、奔向全面小康的历史性跨越,为实现中华民族伟大复兴提供了充满新的活力的体制保证和快速发展的物质条件"②。

党的十八大以来,以习近平同志为核心的党中央坚持和加强党的全面领导,自信自强、守正创新,开展了许多具有新的历史特点的伟大斗争,在全面建成小康社会的伟大实践中奋力推动中国特色社会主义的航船继续乘风破浪、坚毅前行,创造了新时代中国特色社会主义的伟大成就。我们党统筹推进"五位一体"总体布局、协调推进"四个全面"战略布局,坚持和完善中国特色社会主义制度、推进国家治理体系和治理能力现代化,坚持依规治党、形成比较完善的党内法规体系,战胜一系列重大风险挑战,实现第一个百年奋斗目标,明确实现第二个百年奋斗目标的战略安排,"党和国家事业取得历史性成就、发

① 习近平:《在庆祝中国共产党成立100周年大会上的讲话》,《人民日报》2021年7月2日,第2版。
② 习近平:《在庆祝中国共产党成立100周年大会上的讲话》,《人民日报》2021年7月2日,第2版。

生历史性变革，为实现中华民族伟大复兴提供了更为完善的制度保证、更为坚实的物质基础、更为主动的精神力量"①。

中国共产党团结带领中国人民所进行的一切探索和实践，就是为了把我国建设成为社会主义现代化强国，实现中华民族伟大复兴。中国共产党100年来所进行的一切奋斗、一切牺牲、一切创造，归结起来就是一个主题：实现中华民族伟大复兴。历史证明，只有中国共产党才能肩负起国家独立、人民解放和实现中华民族伟大复兴的神圣使命。在中国共产党的坚强领导下，中华民族找到了建设中国特色社会主义的正确道路，赋予民族复兴以强大生机。经过一代又一代共产党人和中国人民的艰苦奋斗，中华民族迎来了从站起来、富起来到强起来的伟大飞跃，实现中华民族伟大复兴进入了不可逆转的历史进程！

伟大梦想不是等得来、喊得来的，而是拼出来、干出来的。实现伟大梦想，必须进行伟大斗争，建设伟大工程，推进伟大事业，这就客观上要求我们党必须加强党的长期执政能力建设，妥善应对各种复杂局面，有效防范化解各种风险挑战。科技事业就是许多具有新的历史特点的伟大斗争的一个重要领域，科技工作是我们党治国理政活动中关系全局的一个重要方面。可以说，在迈向民族复兴的伟大征途中，每走一步都离不开科技创新，每一个跨越都要以科技为支撑。我国科技事业的创新发展，本身就是实现中华民族伟大复兴的中国梦的内在要求。建成世界科技强国，本身就是建设社会主义现代化强国的重要指标。

总之，当今世界正经历百年未有之大变局，我国正处于实现中华民族伟大复兴关键时期。我们既要妥善应对世界百年未有之大变局，牢牢掌握发展的主动权，为实现中华民族伟大复兴创造有利的历史机遇和国际环境，同时又要牢牢把握中华民族伟大复兴战略全局不动摇，保持战略定力，坚定不移推进全面建设社会主义现代化国家、实现中华民族伟大复兴的历史进程。这些都对我国科技事业提出了新的更大挑战，同时也对我们党提高科技治理能力提出了新的更高要求。我们能不能实现第二个百年奋斗目标，要看我们能不能有

---

① 习近平：《在庆祝中国共产党成立100周年大会上的讲话》，《人民日报》2021年7月2日，第2版。

效实施创新驱动发展战略,实现高水平科技自立自强。我们必须向科技创新要答案,坚定不移走中国特色自主创新道路,推动以科技创新为核心的全面创新。我们党关于推进科技治理体系和治理能力现代化的重大战略部署,关于提高科技治理能力的一系列决策举措,就是在这样的时代背景和实践基础上提出来的。

二、加强党的长期执政能力建设的必然要求

提高党的科技治理能力是加强党的长期执政能力建设的重大战略任务。党的执政能力,就是党提出和运用正确的理论、路线、方针、政策和策略,领导制定和实施宪法和法律,采取科学的领导制度和领导方式,动员和组织人民依法管理国家和社会事务、经济和文化事业,有效治党治国治军,建设社会主义现代化国家的本领。执政能力建设贯穿于党的各方面建设之中,是党的各方面建设的综合体现。党的执政能力是检验党治国理政成效、各领域各方面工作的重要标准。党执政以后的全部实践活动,都是围绕着执政展开,都是围绕着提高执政水平、巩固执政地位来进行的。党的各方面建设,最终都应该体现到把握党的执政规律、提高党的执政能力上来,体现到增强党的执政意识、巩固党的执政地位上来。党的科技治理能力本身就是党的执政能力建设的重要内容和方面,提高党的科技治理能力是加强党的执政能力建设的题中应有之义。

从历史上看,党的科技治理能力本身就是党的执政能力建设的重要内容和方面,是加强党的执政能力建设的题中应有之义。从现实来看,新时代加强党的长期执政能力建设对党的科技治理能力提出了新要求,赋予党的科技治理以新的时代内涵。我们党历来重视包括科技治理能力在内的执政能力建设,在各个历史时期都进行了探索和实践。高度重视并持之以恒加强党的执政能力建设,是党和国家各项事业蓬勃发展的重要保证。

1. 新民主主义革命时期、社会主义革命和建设时期的探索

以毛泽东同志为核心的党的第一代中央领导集体对党的执政能力建设进

行了艰辛探索。早在新民主主义革命时期，党就在敌人重重包围、物质条件紧缺的环境下开始了局部执政、建设革命根据地的实践。党在开展武装斗争的同时，在根据地内创造性地加强生产、发展经济和保障供给，加强教育科学文化事业、破除封建陋习和迷信活动，赢得了人民群众的衷心拥护。深入开展调查研究，加强思想政治工作，创办各级各类军政学校培养人才，掀起大规模生产运动，实行精兵简政，开展整风运动等集中性教育，等等，都体现了党在局部执政条件下提升执政能力的探索。1949年3月，在党的七届二中全会上，毛泽东同志充分估计了革命胜利以后国内外斗争的新形势，要求全党同志牢记"两个务必"，警惕资产阶级糖衣炮弹的进攻。毛泽东同志把执掌全国政权比作"进京赶考"，要求各级干部学习新中国建设所需要的各种经济本领、管理本领。

新中国成立后，党领导开展了稳定物价和统一财经等重大斗争，保障了人民群众的正常生活，打破了敌对势力"共产党军事上一百分，经济上零分"的梦呓。紧接着，党又经受了抗美援朝、土地改革和各项民主改革的考验，开展了政治、经济、文化、科技、教育等多方面的建设，国民经济迅速得到全面恢复和初步发展，充分显示出中国共产党善于驾驭复杂局面、建设新世界的能力。1956年底，我国基本上完成了对生产资料私有制的社会主义改造，标志着社会主义制度在我国已经基本建立。这是中国历史上最深刻最伟大的社会变革，也是中国共产党执政能力、执政成效的集中体现，开辟了中国走向国家富强和民族振兴的光辉道路。党的八大以后，党带领人民全面开展了社会主义建设。党既注重大力发展生产力，同时又注重思想文化建设，注重人民群众物质文化需求的满足。遗憾的是，后来由于指导思想上犯了"左"的错误，对形势的分析和对国情的认识出现了主观主义的偏差，党的执政能力建设经历了挫折，致使社会主义建设事业遭受严重损失。

回顾这段历程可以看出：我们党加强执政能力建设的探索实践是以局部执政为起点的，不同时期的局部执政虽然面临不同的环境和任务，但都丰富了党的执政经验，为党在全国执政奠定了坚实的实践基础。党不仅经受了由局部执政到掌握全国政权的重大考验，而且还经受了在外部封锁状态下创造性地开展社会主义革命和建设的重大考验。这种探索实践的成果集中体现为：

坚持马克思列宁主义基本原理同中国革命具体实践相结合,创立了毛泽东思想,成功开辟了一条适合中国特点的新民主主义革命、社会主义革命和建设道路。党创造了新民主主义革命的伟大成就,"为实现中华民族伟大复兴创造了根本社会条件"[1]。党创造了社会主义革命和建设的伟大成就,"为实现中华民族伟大复兴奠定了根本政治前提和制度基础"[2]。注重思想理论建设、加强作风建设、切实维护人民利益、大力发展生产、学习经济建设和科学文化及管理知识等,是这一时期党加强执政能力建设留给我们的深刻启示。在科技发展方面,取得了"两弹一星"、人工合成牛胰岛素、超级杂交水稻等成就,极大提高了我国的国际地位。钢铁工业、石油工业、交通运输业、农田水利建设等大量运用科学技术,充分显示了我国科技工作者自力更生、奋发图强的创业精神。

2. 改革开放和社会主义现代化建设新时期的实践

党的十一届三中全会以后,以邓小平同志为核心的党的第二代中央领导集体在改革开放的新环境中开始了党的执政能力建设的新探索。邓小平同志明确提出"走自己的路,建设有中国特色的社会主义"的伟大号召,确立党在社会主义初级阶段的基本路线,制定现代化建设"三步走"发展战略,强调改革开放是决定中国命运的关键一招,勇敢打开对外开放的大门。牢牢把握发展这个硬道理,狠抓科学技术这个第一生产力,加快发展经济,有步骤地开展经济体制改革、科技体制改革,进行政治体制改革和民主法制建设,推动社会主义精神文明建设,开创党的建设新的伟大工程,大力惩治腐败现象,等等,都是党在改革开放条件下加强执政能力建设的重大举措。党的执政能力建设取得了丰硕的理论成果和实践成果,集中体现为:我们党形成了邓小平理论,成功开辟了中国特色社会主义道路。

党的十三届四中全会以后,以江泽民同志为核心的党的第三代中央领导集体在国内外形势十分复杂、世界社会主义出现严重曲折的严峻考验面前,坚

---

[1] 习近平:《在庆祝中国共产党成立100周年大会上的讲话》,《人民日报》2021年7月2日,第2版。

[2] 习近平:《在庆祝中国共产党成立100周年大会上的讲话》,《人民日报》2021年7月2日,第2版。

持党的十一届三中全会以来的路线不动摇，成功稳住了改革和发展的大局。党的十四大确立了社会主义市场经济体制的改革目标，这是前无古人的伟大创举，给党的执政能力建设提出了新的更高要求。建立社会主义市场经济体制，确立社会主义初级阶段的基本经济制度和分配制度，推动经济结构的战略性调整，大力推进国有企业改革和发展，实施科教兴国战略、可持续发展战略、西部大开发战略，实行依法治国、建设社会主义法治国家，实施"引进来"与"走出去"相结合的对外开放战略，加强党的作风建设，以整风精神开展"三讲"教育，等等，都体现了党在社会主义经济条件下提升执政能力的探索和努力。在这个过程中，我们党形成了"三个代表"重要思想，成功把中国特色社会主义推向21世纪。

党的十六大以后，以胡锦涛同志为总书记的党中央，结合全面建设小康社会的实践进程大力加强执政能力建设。坚持以人为本、全面协调可持续发展，加快转变经济发展方式，实施创新驱动发展战略、建设创新型国家，建设社会主义新农村，建设资源节约型、环境友好型社会，着力保障和改善民生，促进社会公平正义，实施互利共赢的开放战略，加强党的执政能力和先进性建设，等等，都是党在新世纪新阶段提升执政能力的重大部署。党的十六届四中全会专门研究党的执政能力建设问题，强调要不断提高驾驭社会主义市场经济的能力、发展社会主义民主政治的能力、建设社会主义先进文化的能力、构建社会主义和谐社会的能力、应对国际局势和处理国际事务的能力。我们党形成了科学发展观，成功在新形势下坚持和发展了中国特色社会主义。

回顾这段历程可以看出：在深化改革、扩大开放、发展社会主义市场经济的条件下，各种严峻考验纷至沓来。我们从容应对一系列关系国家主权和安全的突发事件，战胜在政治、经济领域和自然界出现的困难和风险，经受住一次又一次考验，保证了改革开放和现代化建设的航船始终沿着正确的方向破浪前进。科学判断党所处的历史方位，围绕不断提高党的领导水平和执政水平、提高拒腐防变和抵御风险能力这两大历史性课题，坚持科学执政、民主执政、依法执政，着力从思想和作风、体制和机制、方式和方法、素质和本领等方面提升能力，是这一时期党加强执政能力建设留给我们的深刻启示。在科技发展方面，"863"计划、"973"计划等先后实施，高温超导、人类基因组测序等取得重大突破,载人航天、西气东输、南水北调等重大工程捷报频传,我国科技事业实现了跨越式发展。

3. 新时代加强党的长期执政能力建设

随着中国特色社会主义进入新时代,党的执政能力建设也相应进入一个新的发展阶段。立足中华民族伟大复兴战略全局和世界百年未有之大变局,以习近平同志为核心的党中央郑重提出了"加强党的长期执政能力建设"①、"全面增强执政本领"②的重大战略任务。以习近平同志为核心的党中央提出新发展理念,深入推进供给侧结构性改革,统筹稳增长、促改革、调结构、惠民生、防风险;坚持全面深化改革,增强改革系统性、整体性、协同性;注重制度和治理能力建设,着力抓好重大制度创新;提高保障和改善民生水平,不断增强人民群众获得感、幸福感、安全感;全面提高对外开放水平,实施更大范围、更宽领域、更深层次对外开放;推动共建"一带一路"高质量发展,积极参与全球治理体系变革;等等。这些重大的方针政策,有力促进了我国经济社会发展。

以习近平同志为核心的党中央紧密结合新的时代条件和实践要求,深刻回答了新时代坚持和发展什么样的中国特色社会主义、怎样坚持和发展中国特色社会主义,建设什么样的社会主义现代化强国、怎样建设社会主义现代化强国,建设什么样的长期执政的马克思主义政党、怎样建设长期执政的马克思主义政党等重大时代课题,形成习近平新时代中国特色社会主义思想,推动党和国家事业取得历史性成就、发生历史性变革。这是新时代中国共产党人治国理政成效的集中体现。坚持党对一切工作的领导,坚持以人民为中心的发展思想,统筹推进"五位一体"总体布局、协调推进"四个全面"战略布局,深入实施创新驱动发展战略、努力实现高水平科技自立自强,加快建设创新型国家、世界科技强国,积极推进国家治理体系和治理能力现代化,坚持推动构建人类命运共同体,牢记初心使命、推进自我革命,等等,成为新时代加强党的长

---

① 中共中央党史和文献研究院编:《十九大以来重要文献选编》上,中央文献出版社2019年版,第43页。

② 中共中央党史和文献研究院编:《十九大以来重要文献选编》上,中央文献出版社2019年版,第48页。

期执政能力建设的鲜明特征。在科技发展方面,量子反常霍尔效应、干细胞研究等取得原创性突破,悟空、墨子、天眼等重大科技成果相继问世,载人深潜、国产航母、移动通信等跻身世界前列,我国科技事业密集发力,实现了历史性、整体性、格局性的重大变化。

加强党的长期执政能力建设,是立足于党的历史方位提出来的。"我们党历经革命、建设、改革,已经从领导人民为夺取全国政权而奋斗的党,成为领导人民掌握全国政权并长期执政的党;已经从受到外部封锁和实行计划经济条件下领导国家建设的党,成为对外开放和发展社会主义市场经济条件下领导国家建设的党。"[①]党所处的历史方位的变化,明确提出了加强党的长期执政能力建设的重大课题。

加强党的长期执政能力建设,是进行伟大斗争、建设伟大工程、推进伟大事业、实现伟大梦想的联结点。当前,国际形势继续发生深刻复杂变化,我国正处于实现中华民族伟大复兴关键时期。党的长期执政能力如何,已经越来越成为巩固党的执政地位、坚持和发展中国特色社会主义的关键性因素。加强党的长期执政能力建设,已经突出地摆在我们党的面前,成为一项刻不容缓的重大任务。这是时代的要求,人民的要求,是党站在时代前列引领中国经济社会发展的实践需要,也是我们党必须经受住的严峻考验。

4. 提高党的科技治理能力是党的长期执政能力建设的内在要求

习近平同志指出:"国家治理体系和治理能力是一个国家制度和制度执行能力的集中体现。国家治理体系是在党领导下管理国家的制度体系,包括经济、政治、文化、社会、生态文明和党的建设等各领域体制机制、法律法规安排,也就是一整套紧密相连、相互协调的国家制度;国家治理能力则是运用国家制度管理社会各方面事务的能力,包括改革发展稳定、内政外交国防、治党治国治军等各个方面。"[②]这就深刻揭示了国家治理体系和国家治理能力的辩证统一关系。

---

① 习近平:《论坚持全面深化改革》,中央文献出版社2018年版,第93页。
② 习近平:《论坚持全面深化改革》,中央文献出版社2018年版,第46页。

第一,国家治理体系是治国理政的根本依据。治理国家,使人民安居乐业、社会稳定有序,就要健全各项制度、完善治理体系。国家治理作为一项庞大的社会系统工程,其一切工作和活动都必须严格依照国家制度来展开、遵循国家治理体系来进行。人类社会发展史表明,任何一种发展道路,总是体现为一定的制度安排;治国理政的先进理念和成功实践,如果不转化为成熟定型的制度,并得到有效贯彻执行,就很难持续长久发挥效能。制度在治理国家中起着根本性、全局性、稳定性、长期性的作用,好的制度规范、指导、形成好的治理。国家治理体系作为国家制度的集成,全面规定了国家各方面事业发展的性质定位、相互关系、运行规则。好的治理体系,为提高国家治理能力奠定坚实的基础。

第二,国家治理能力是把国家治理体系、国家制度优势转化为国家治理效能的基本依托。如果没有有效的治理能力,再好的制度也难以发挥出本身的作用。只有构建起完备的国家治理体系、形成高效的国家治理能力,国家制度才能得到切实执行,才能真正取得实际成效。制度好不好,要看治理效能好不好;治理效能好不好,又取决于制度是否科学完善。好的治理、强大的治理能力又会完善形成更好的制度。

第三,国家治理体系和国家治理能力虽然紧密联系,但又不是一码事,两者之间不能简单地画等号。不是国家治理体系越完善,国家治理能力自然而然就越强;也不能说国家治理能力越强,国家治理体系就不需要完善了。综观世界各国各有其治理体系,而各国治理能力由于客观情况和主观努力的差异又有或大或小的差距,甚至同一个国家在同一种治理体系下不同历史时期的治理能力也有很大差距。正是考虑到这一点,我们党才把国家治理体系和治理能力现代化结合在一起提。

由此可见,国家治理体系和治理能力是一个相辅相成、相互促进的有机整体,两者相互作用,单靠哪一个治理国家都不行。坚持和发展中国特色社会主义,离不开制度,也离不开治理。只有把制度与治理有机结合起来,才能把我国制度优势更好转化为国家治理效能。而治理能力,就是制度与治理有机结合的载体,彰显着制度优势和治理效能。

治国理政是庞大而复杂的社会系统工程,必须坚持统筹兼顾、整体谋划,加强各种方式方法、政策举措之间的协同配合，综合运用政治、经济、法治、科技、文化、教育等手段，在共同推进上着力，在一体建设上用劲。科技治理体系和治理能力是国家制度及其执行能力在科技领域的具体体现，包括科技治理的组织领导体系、政策法规体系、力量构成体系、资源要素体系等，是一个复杂、巨大的系统。我们党在运用国家科技治理体系，规范、管理、推动科技领域各方面工作中体现出来的本领和水平，就是科技治理能力。新时代，创新在我国现代化建设全局中居于核心地位，科技自立自强是国家发展的战略支撑，因而，科技治理就成为新时代党治国理政的一项极为重要、极为关键的工作，提高党的科技治理能力也就相应成为提高党的长期执政能力的一项重大战略任务。

三、中国共产党发展科技事业的经验总结

1840年鸦片战争以后，由于西方列强入侵和封建统治腐败，中国逐步成为半殖民地半封建社会，国家蒙辱、人民蒙难、文明蒙尘，中华民族遭受了前所未有的劫难。由于封建统治者闭关自守，中华民族屡次与科技革命失之交臂，在国力实力上逐步陷入被动挨打的局面，面临着严峻的生存危机。当时的中国，社会政治环境动荡不安，科学技术水平落后，科技人才极为匮乏。在中国共产党创建前后，一大批有志于马克思主义的知识分子通过各种途径传播马克思主义和科学知识。在建党初期，中国共产党人就产生对科技发展的最初认识，进行了有效实践。

重视科技事业是我们党的一个光荣传统，也是中国革命、建设和改革事业不断取得胜利的一个宝贵经验。党历来重视发挥科技创新在推进党和国家事业中的源头性、根本性作用，在不同历史时期都围绕党的中心任务大力发展科技事业。

1. 以毛泽东同志为核心的党的第一代中央领导集体的科技探索与实践

以毛泽东同志为核心的党的第一代中央领导集体高度关注科技问题，极为注重科技事业的创建和发展，积极有效地开展科技工作。我们党围绕军事

斗争实践、打破经济封锁等,在革命根据地、敌后抗日根据地和解放区开展了一系列科技实践活动,取得了相当不错的成绩,有力地推动了中国革命的发展。在土地革命战争时期,与战争密切相关的医疗、军工、通信等是党最早领导建立的科技部门。其中,医疗卫生工作是党和红军在革命根据地建立较早、发展较快的一个科技工作部门,不仅建有红军医院、红军军医学校等,而且还创办《健康报》《红色卫生》等刊物传播卫生防疫知识以及各种疾病治疗经验。军需工业方面,1927年红军在茅坪步云山办修械所,1928年在茨坪办红四军军械处。军需工业技术得到初步发展,研制枪械弹药,开展兵工生产,在一定程度上提高了革命队伍的战斗力。无线电技术方面,1931年红军利用战斗中缴获的无线电器材,建立第一个无线电队。无线电通信技术发展较快,大大密切了党中央、各苏区及红军各部队间的联系,同时也为掌握敌情动态、粉碎敌军进攻创造了条件。"在各革命根据地,党和政府积极开展生产实验、技术推广和技术发明,从而有力促进了苏区工农业生产的发展。"[1]抗日战争时期,党形成了为革命战争和边区建设服务的科技工作指导思想,确立了科学、教育、生产三位一体的科技发展方针,注重加强科技部门的协调合作与集中统一领导。[2]1938年党的六届六中全会强调,把提高军事技术、建立必要的军火工厂作为当前的紧急任务。我们党先后创办了延安自然科学院、中国医科大学、延安农业学校等机构,除完成科技研究任务外,在科技教育方面也发挥了重要作用。在科技人才政策方面,党中央发布了《大量吸收知识分子的决定》《关于党员参加经济建设和技术工作的决定》等,陕甘宁边区参议会通过了《关于培养知识分子与普及群众教育的决议》。"各抗日根据地把科技工作作为一项重要的具体革命工作来抓,有计划、有组织地开展军事、工业、农业、医疗卫生等各方面的科学技术研究活动,并大力进行科学技术的实际应用工作和科技知识的宣传

---

① 邱若宏著:《中国共产党科技思想与实践研究——从建党时期到新中国成立》,人民出版社2012年版,第99页。

② 邱若宏著:《中国共产党科技思想与实践研究——从建党时期到新中国成立》,人民出版社2012年版,第133、137、140页。

普及工作。"①解放战争时期,党中央和各解放区制定颁布了《关于争取和改造知识分子及对新区学校教育的指示》等一系列决议和指令,提出种种学习科技知识和发展科技事业的方针政策,科学技术与革命战争、生产实践的结合更加紧密,为变革社会关系、进行社会改造创造了条件。总之,党在新民主主义革命时期的科技活动,为打破封锁、开展军事斗争、赢得民主革命胜利奠定了坚实的物质技术基础,为改善根据地面貌、开展生产、发展经济、提高人民群众生活水平作出了实质性贡献,为新中国科技事业发展提供了可资借鉴的经验与人才基础。

新中国成立后不久,党中央又适时提出了"向科学进军"的历史任务,在国家经济比较困难时期下大力气抓了"两弹一星"的研制工作,为中国科技的发展奠定了深厚的基础。1953年,新中国开始第一个五年计划建设时,毛泽东同志就提出要学习先进的科学技术,建设我们的国家。1956年,周恩来同志代表党中央提出了"向科学进军"的口号。1958年,毛泽东同志提出现在要来一个技术革命,并要求把党的工作重点放到技术革命上来。1959年底至1960年初,毛泽东同志在边读边议苏联《政治经济学教科书》社会主义部分时,明确地提出:建设社会主义,原来要求是工业现代化,农业现代化,科学文化现代化,现在要加上国防现代化。这样,毛泽东同志就完整地提出了"四个现代化"的思想。1963年1月29日,周恩来同志在上海市科学技术工作会议上的讲话中,强调科学技术现代化是关键。他说:"我们要实现农业现代化、工业现代化、国防现代化和科学技术现代化,把我们祖国建设成为一个社会主义强国,关键在于实现科学技术的现代化。"以毛泽东同志为核心的党的第一代中央领导集体,不仅明确提出了"四个现代化"的战略目标,而且还阐明了科学技术现代化在"四个现代化"中的关键地位。

为了尽快改变我国经济和技术落后的状况,毛泽东同志多次对科技工作作出指示,阐明了关于发展科学技术的理论、方针和政策。毛泽东同志关于发展科学技术的思想,主要包括:第一,科学技术这一仗一定要打,而且必须打

---

① 邱若宏著:《中国共产党科技思想与实践研究——从建党时期到新中国成立》,人民出版社2012年版,第160页。

好。要争取用几十年的时间实现科学技术的现代化,否则就会挨打。第二,发展科学技术不能跟在别人后面爬行,要打破常规,迎头赶上。要有计划地在科学技术上赶超世界水平,先接近,后超过。第三,大力发展国防科技。"再穷也要有一根打狗棒"。①中国必须掌握尖端国防科学技术,先进武器必须要搞。第四,发展科学文化事业,必须发挥知识分子的作用。搞技术革命,没有科技人员不行。中国要培养大批知识分子。第五,对外国的科学、技术和文化,要努力向外国学习,要有批评地学。不加分析地一概排斥和不加分析地一概照搬,都不是马克思主义的态度,都对我们的事业不利。在党中央、毛泽东同志的领导下,我国科技事业稳步发展,极大地提升了我国的综合实力和国际竞争力。但是,由于后来的"左"的错误,我国没有抓住第二次世界大战后蓬勃兴起的新科技革命的发展机遇,落后于时代的步伐。

2. 以邓小平同志为核心的党的第二代中央领导集体的科技探索与实践

20世纪七八十年代,以邓小平同志为核心的党的第二代中央领导集体在开创改革开放伟大事业之时,正值世界新科技革命渐入佳境、取得长足进展之际。对于刚刚走上改革开放征途的中国来说,新科技革命浪潮可谓是一股劲风扑面而来。国门甫一打开,中国一下子就卷入了新科技革命的快车道。在扑面而来的新科技革命浪潮面前,邓小平同志对迎接新科技革命挑战、发展我国科技事业进行了探索和实践。

科学技术是第一生产力的重大战略思想,是邓小平同志总结第二次世界大战以来特别是20世纪七八十年代世界新科技革命发展的新趋势和新经验,经过长久思考而提出来的。早在1975年9月26日,他在听取中国科学院的工作汇报时,就充分肯定了中国科学院《关于科技工作的几个问题》(汇报提纲)中关于"科技技术也是生产力"的观点,明确指出:"科学技术叫生产力,科技人员就是劳动者!"②1977年8月8日,邓小平同志在科学和教育工作座谈会上强

---

① 陈建新、赵玉林、关前主编:《当代中国科学技术发展史》,湖北教育出版社1994年版,第170页。

② 《邓小平文选》第2卷,人民出版社1994年版,第34页。

调要把科技和教育摆在促进经济社会发展的首要位置，指出："我们国家要赶上世界先进水平，从何着手呢？我想，要从科学和教育着手。"①1978年3月18日，邓小平同志在全国科学大会上分析了新科技革命的发展变化，强调："科学技术作为生产力，越来越显示出巨大的作用。"②他重申了"科学技术是生产力"这一马克思主义基本观点，旗帜鲜明地提出"知识分子是工人阶级的一部分"，深刻阐述了"四个现代化，关键是科学技术的现代化"等著名论断。全国科学大会向全党全国发出了"树雄心，立大志，向科学技术现代化进军"的号召，要求"全党动员，大办科学"。这次大会澄清了长期以来束缚科学技术发展的重大理论是非问题，迎来了我国科学技术事业发展的春天。

1988年9月5日，邓小平同志在会见捷克斯洛伐克总统胡萨克时指出："马克思说过，科学技术是生产力，事实证明这话讲得很对。依我看，科学技术是第一生产力。"③随后，他在9月12日听取关于价格和工资改革初步方案汇报时，强调"对科学技术的重要性要充分认识"，指出："马克思讲过科学技术是生产力，这是非常正确的，现在看来这样说可能不够，恐怕是第一生产力。"④1992年初，他在南方谈话中再一次重申了这个观点，指出："经济发展得快一点，必须依靠科技和教育。我说科学技术是第一生产力。近一二十年来，世界科学技术发展得多快啊！高科技领域的一个突破，带动一批产业的发展。我们自己这几年，离开科学技术能增长得这么快吗？要提倡科学，靠科学才有希望。"⑤科学技术是第一生产力这一重要论断，是对马克思"生产力中也包括科学"⑥思想的创造性发展，是对社会生产力发展规律的科学认识和时代特征的准确把握。

科学技术是第一生产力的新论断，深刻揭示了科学技术在现代社会中的先导作用，是邓小平同志关于发展科学技术的核心思想、核心理念，为我国科

---

① 《邓小平文选》第2卷，人民出版社1994年版，第48页。
② 《邓小平文选》第2卷，人民出版社1994年版，第87页。
③ 《邓小平文选》第3卷，人民出版社1993年版，第274页。
④ 《邓小平文选》第3卷，人民出版社1993年版，第275页。
⑤ 《邓小平文选》第3卷，人民出版社1993年版，第377—378页。
⑥ 《马克思恩格斯选集》第2卷，人民出版社2012年版，第777页。

技事业的长远发展奠定了坚实的思想基础。我们党制定的一系列科技发展战略和科技政策,都是遵循这一重大战略思想不断探索、不断实践而形成的。以科学技术是第一生产力为根本遵循,邓小平同志主持制定了"经济建设必须依靠科学技术、科学技术工作必须面向经济建设"①的战略方针,启动了科技体制改革的步伐,确立了"尊重知识,尊重人才"②的政策导向,提出了"发展高科技,实现产业化"③的战略思路。这些探索和实践,极大地提升了我国的科技实力和国际竞争力,也极大地促进了改革开放事业的发展。我国改革开放之所以能深入推进,我国之所以能大踏步赶上时代,科学技术功不可没。

3. 以江泽民同志为核心的党的第三代中央领导集体的科技探索与实践

党的十三届四中全会以后,以江泽民同志为核心的党的第三代中央领导集体继承和实践邓小平同志关于科学技术是第一生产力的重大战略思想,作出了实施科教兴国战略的重大决策,确定了依靠科技和教育推进中国特色社会主义的治国方略。特别是江泽民同志提出的科学技术"是先进生产力的集中体现和主要标志"④,与时俱进地丰富和发展了邓小平同志"科学技术是第一生产力"的重大战略思想。

早在1989年12月19日,江泽民同志就在国家科学技术奖励大会上指出:"科技进步对社会生产力发展越来越具有决定性的作用,并且正在人类社会生活的各个领域发生广泛而深刻的影响。"⑤1991年5月23日,他在中国科学技术协会第四次全国代表大会上强调:"当今世界,科学技术飞速发展并向现实生产力迅速转化,愈益成为现代生产力中最活跃的因素和最主要的推动力量。"⑥1992年10月12日,江泽民同志在党的十四大报告中强调:"振兴经济首先要振

---

① 中共中央文献研究室编:《十二大以来重要文献选编》中,人民出版社1986年版,第662页。
② 《邓小平文选》第2卷,人民出版社1994年版,第40页。
③ 《邓小平文选》第3卷,人民出版社1993年版,第409页。
④ 江泽民:《论"三个代表"》,中央文献出版社2001年版,第156页。
⑤ 江泽民:《论科学技术》,中央文献出版社2001年版,第2页。
⑥ 江泽民:《论科学技术》,中央文献出版社2001年版,第20页。

兴科技",必须把教育摆在优先发展的战略地位"。①1993年11月14日,党的十四届三中全会通过的《中共中央关于建立社会主义市场经济体制若干问题的决定》中,大力推进科技进步、促进科技经济一体化、培养高素质人才是其中的重要内容。1994年8月,中央领导在北戴河研究制定"九五"计划及2010年远景目标时,就提出了科技兴国的问题。

1995年5月6日,中共中央、国务院在科学分析经济科技发展趋势和国内外形势的基础上,作出了《中共中央、国务院关于加速科学技术进步的决定》,正式提出了科教兴国战略。同年5月26日,中共中央、国务院召开了全国科学技术大会。这次大会是继1956年党中央发出"向科学进军"的伟大号召并制定第一个长期的全国科学技术发展规划和1978年党中央召开的全国科学大会之后我国科技发展史上的第三个里程碑。江泽民同志在会上号召全党和全国人民坚定不移地实施科教兴国战略,把经济建设转移到依靠科技进步和提高劳动者素质的轨道上来,加速实现国家的繁荣强盛。

着眼于大力推进我国的科技进步与创新,江泽民同志对我国科技发展的若干重大问题进行了深入的思考,作出了一系列重要部署。一是坚持贯彻"依靠、面向"的方针。江泽民同志把"依靠"具体化为"经济建设要转移到依靠科技进步和提高劳动者素质的轨道上来",把"面向"具体化为"科学技术要面向经济建设主战场",从而丰富和发展了我国科技工作的基本方针。他将"把经济建设转移到依靠科技进步和提高劳动者素质的轨道上来"上升到"是十一届三中全会决定的工作重点转移的进一步深化,是把这个转移推到一个更高的阶段"的高度来认识,并指出"同样具有战略意义"②。这表明江泽民同志对科技进步和提高劳动者素质的重视程度。二是强调"基础研究是科技进步和创新的先导与源泉"③,要"继续加强基础科学研究","形成和发展我国自身的科技优势"。④三是指出发展高科技、实现产业化是实施科教兴国战略的突破口。"要努力发展高科技,实现产业化,把高技术产业作为我国优先发展的产业,尽

---

① 《江泽民文选》第1卷,人民出版社2006年版,第232、233页。

② 江泽民:《论科学技术》,中央文献出版社2001年版,第21页。

③ 《江泽民文选》第3卷,人民出版社2006年版,第262页。

④ 江泽民:《论科学技术》,中央文献出版社2001年版,第90页。

快建设一批对国民经济发展举足轻重、规模较大的高技术产业,使我国在世界高科技及其产业领域占有一席之地。"①四是必须全面贯彻党的教育方针,"以提高国民素质为根本宗旨"②,全面推进素质教育。江泽民同志反复强调:"教育是发展科学技术和培养人才的基础,在现代化建设中具有先导性全局性作用,必须摆在优先发展的战略地位。"③五是坚持以信息化带动工业化,发挥后发优势,实现社会生产力的跨越式发展。六是大力推进科技兴农,"坚定不移地实施科技、教育兴农的发展战略"④。江泽民同志指出:"我们的农业科技必须有一个大的发展,必然要进行一次新的农业科技革命。"⑤他强调要逐步建立起适应我国农业发展和国际竞争要求的新型农业科技创新体系。七是实施可持续发展战略,强调"要把控制人口、节约资源、保护环境放到重要位置"⑥,"努力开创生产发展、生活富裕和生态良好的文明发展道路"⑦。八是着眼于世界新军事变革的发展态势,积极推进中国特色军事变革。"必须明确把军事斗争准备的基点放到打赢信息化条件下的局部战争上","实现建设信息化军队、打赢信息化战争的战略目标"⑧。九是加强科普工作,提高全民族科学文化素质。科普工作是实施科教兴国战略的重要任务。江泽民同志指出:"要把科普工作作为实施科教兴国战略的重要任务和社会主义精神文明建设的重要内容,切实加强起来。"⑨

以科技和教育这两个关键环节为依托并将科教兴国战略辐射到各个领域,这是以江泽民同志为核心的党的第三代中央领导集体推动我国科技事业的一个主要特点。江泽民同志把科教兴国战略贯彻到科技、教育、经济、社会、农业、军事、法治、人与自然和谐发展等若干重大领域,从而推动了科技事业以

---

① 《江泽民文选》第1卷,人民出版社2006年版,第431—432页。

② 《江泽民文选》第2卷,人民出版社2006年版,第329页。

③ 《江泽民文选》第3卷,人民出版社2006年版,第560页。

④ 江泽民:《论社会主义市场经济》,中央文献出版社2006年版,第149页。

⑤ 江泽民:《论科学技术》,中央文献出版社2001年版,第81页。

⑥ 《江泽民文选》第1卷,人民出版社2006年版,第463页。

⑦ 《江泽民文选》第3卷,人民出版社2006年版,第295页。

⑧ 《江泽民文选》第3卷,人民出版社2006年版,第606页。

⑨ 江泽民:《论科学技术》,中央文献出版社2001年版,第174—175页。

及现代化建设各个领域、各个方面工作的大发展。党中央大力实施科教兴国战略，领导全党全国人民掀起了实施科教兴国战略的热潮，为把中国特色社会主义事业成功推向21世纪奠定了坚实的科技基础。

4. 以胡锦涛同志为总书记的党中央的科技探索与实践

党的十六大以后，以胡锦涛同志为总书记的党中央在全面建设小康社会的历史进程中，继续坚持实施科教兴国战略。胡锦涛强调，贯彻落实科学发展观，"促进人的全面发展也好，促进经济发展和社会全面进步也好，优化经济结构也好，做到'五个统筹'也好，实现经济发展和人口、资源、环境相协调也好，都离不开科技进步和创新。因此，我们必须坚定不移实施科教兴国战略，把经济发展真正转到依靠科技进步和提高劳动者素质的轨道上来，坚定不移依靠科技进步和创新来实现全面协调可持续发展"[1]。

当人类社会跨入21世纪的时候，世界性的新科技革命又出现了一些新特点新趋势。一是发展势头更加迅猛，新的重大突破正在孕育。二是竞争更加激烈，科学技术成为综合国力竞争的焦点。三是科技创新不断涌现，"世界各国尤其是发达国家纷纷把推动科技进步和创新作为国家战略"[2]。胡锦涛同志明确提出了"更好实施科教兴国战略"的要求，从贯彻落实科学发展观，推动社会主义经济建设、政治建设、文化建设、社会建设全面发展的高度，对我国科技事业作出了一系列战略部署。他多次强调：科技工作"要为全面、协调、可持续发展提供强有力的科技支撑"[3]，要"依靠科技进步和创新来实现全面、协调、可持续发展"[4]。

把科技工作的着力点更多地放在解决影响我国经济社会发展的重大科技

① 《胡锦涛文选》第2卷，人民出版社2016年版，第189页。
② 中共中央文献研究室编：《十六大以来重要文献选编》下，中央文献出版社2008年版，第184—185页。
③ 中共中央文献研究室编：《十六大以来重要文献选编》中，中央文献出版社2006年版，第115页。
④ 中共中央文献研究室编：《十六大以来重要文献选编》中，中央文献出版社2006年版，第114页。

问题上,"着力提高利用科技手段解决当前和未来我国经济社会发展重大问题的能力"①,这是以胡锦涛同志为总书记的党中央在继续推进科教兴国战略的过程中所体现出来的一个显著特点。主要体现在"五个结合"上。一是把科技工作与转变发展方式结合起来,提出"要以科技进步推动经济增长方式转变"②,强调"加快转变经济发展方式,最根本的是要靠科技的力量,最关键的是要大幅度提高自主创新能力"③。二是把科技工作与建设社会主义新农村结合起来,提出要"加快农业科技进步","提高我国农业科技整体实力"④,为走中国特色农业现代化道路、建设社会主义新农村提供科技支撑。强调"必须紧紧抓住世界科技革命方兴未艾的历史机遇,坚持科教兴农战略,把农业科技摆上更加突出的位置,下决心突破体制机制障碍,大幅度增加农业科技投入,推动农业科技跨越发展,为农业增产、农民增收、农村繁荣注入强劲动力"⑤。三是把科技工作与建设资源节约型、环境友好型社会结合起来,强调"突破能源资源对经济发展的瓶颈制约,改善生态环境,缓解经济社会发展与人口资源环境的矛盾,必须依靠科技进步和创新"⑥。四是把科技工作与构建社会主义和谐社会结合起来,强调"要坚持把以人为本、改善民生作为科技事业发展的根本出发点和落脚点,使科技进步和创新成果惠及广大人民群众"⑦。五是把科技工作与人才强国战略结合起来,把人才问题提升到国家战略的层面,提出大力实

① 中共中央文献研究室编:《十六大以来重要文献选编》下,中央文献出版社2008年版,第62页。

② 中共中央文献研究室编:《十六大以来重要文献选编》中,中央文献出版社2006年版,第1093页。

③ 中共中央文献研究室编:《十七大以来重要文献选编》中,中央文献出版社2011年版,第1004页。

④ 中共中央文献研究室编:《十六大以来重要文献选编》下,中央文献出版社2008年版,第281页。

⑤ 中共中央文献研究室编:《十七大以来重要文献选编》下,中央文献出版社2013年版,第726页。

⑥ 中共中央文献研究室编:《十六大以来重要文献选编》中,中央文献出版社2006年版,第825页。

⑦ 胡锦涛:《在中国科学院第十四次院士大会和中国工程院第九次院士大会上的讲话》,《人民日报》2008年6月24日,第2版。

施人才强国战略，走人才强国之路。

以胡锦涛同志为总书记的党中央，牢牢把握科技工作的着力点，将科技工作与破解制约和影响经济社会发展的一系列难题结合起来，为实施科教兴国战略赋予了鲜明的时代特征。我国科技事业跃上了一个新台阶，为在新的形势下坚持和发展中国特色社会主义奠定了坚实的科技基础。

从上述回顾我们党领导和开展科技工作的实践可以看出，我们党总是根据时代和事业发展的需要，适时制定符合实际的科技工作方针、政策，提出并实施正确的科技发展战略，为中国革命、建设和改革事业提供了坚实的科技支撑。对于党在不同时期开展的科技活动，我们过去并没有使用"科技治理"一词来加以概括，也很少从科技治理的角度来观察和分析。当前，新一轮科技革命和产业变革突飞猛进，各国围绕科技创新这个制高点展开的国际竞争越来越激烈，形势和任务的发展，都一再凸显了科技治理能力在国际较量中的极端重要性。从今天的眼光看，我们党的科技活动反映了党关于推动我国科技事业发展的思考、探索与实践，本质上就是党开展科技治理的生动体现。这些科技治理活动，是我们党大力发展科技事业、推动我国科技进步与创新的辉煌篇章，也构成了我们党在中国特色社会主义新时代继往开来、奋勇前进的现实基础。

四、推动经济社会高质量发展的迫切需要

党的十八大以来，中国特色社会主义进入新时代。以习近平同志为核心的党中央高度重视创新发展，坚持科技创新在国家现代化建设全局中的核心地位，就我国科技发展的根本方向、奋斗目标、方针政策、工作举措等提出一系列新理念新思想新战略。我们党坚持把科技作为引领发展的第一动力，深入实施科教兴国战略、创新驱动发展战略、新时代人才强国战略，我国成功进入创新型国家行列。基础研究和原始创新取得重要进展，关键核心技术攻关稳步推进，重大创新成果竞相涌现。国家战略科技力量加快壮大，科技体制改革深入实施，国家创新体系整体效能不断提升。新技术新业态新模式蓬勃发展，产业链供应链自主可控能力持续增强。民生科技领域取得显著成效，国防科

技创新取得重大成就。在以习近平同志为核心的党中央坚强领导下,我国科技事业密集发力,实现了历史性、整体性、格局性重大变化,为经济社会高质量发展提供了不竭动力,为实现中华民族伟大复兴提供了更为坚实、更为可靠的基础。

从"十四五"时期起,我国进入了全面建设社会主义现代化国家、向第二个百年奋斗目标进军的新发展阶段。新发展阶段是我国社会主义发展进程、现代化建设进程、中华民族伟大复兴进程中的一个重要阶段。习近平同志指出,"进入新发展阶段明确了我国发展的历史方位"[①]。我国继续发展具有多方面优势和条件,前景十分光明,但是发展不平衡不充分问题仍然突出,面临的挑战也十分严峻。提高党的科技治理能力,是应对新发展阶段面临机遇和挑战的有力保证,是推动经济社会高质量发展的迫切需要。

1. 新发展阶段我国面临新的机遇和挑战

习近平同志在庆祝中国共产党成立100周年大会上庄严宣告:"经过全党全国各族人民持续奋斗,我们实现了第一个百年奋斗目标,在中华大地上全面建成了小康社会,历史性地解决了绝对贫困问题,正在意气风发向着全面建成社会主义现代化强国的第二个百年奋斗目标迈进。"[②]

全面建成小康社会并乘势而上开启全面建设社会主义现代化国家新征程,标志着中华民族伟大复兴向前迈出了新的一大步。这是中国共产党100年来特别是改革开放以来艰辛探索、开拓进取的丰硕成果。我们始终坚持以经济建设为中心,不断解放和发展社会生产力,经济建设取得重大成就。我国经济实力、科技实力、综合国力跃上新的大台阶,中国人民在富起来、强起来的征程上迈出了决定性的步伐;我们始终坚持中国特色社会主义政治发展道路,大力发展社会主义民主政治,民主法治建设迈出重大步伐。掌握着自己命运的中国人民焕发出前所未有的积极性、主动性、创造性,在坚持和发展中国特色

---

① 习近平:《论把握新发展阶段、贯彻新发展理念、构建新发展格局》,中央文献出版社2021年版,第487页。
② 习近平:《在庆祝中国共产党成立100周年大会上的讲话》,《人民日报》2021年7月2日,第2版。

社会主义的伟大实践中展现出气吞山河的强大力量；我们坚持马克思主义在意识形态领导的指导地位，不断加强社会主义精神文明建设，思想文化建设取得重大进展。改革开放铸就的伟大改革开放精神，极大丰富了民族精神内涵，成为当代中国人民最鲜明的精神标识；我们坚持共享发展、发展为民，着力提高保障和改善民生水平，社会事业全面进步。社会治理社会化、法治化、智能化、专业化水平持续提升，平安中国建设取得重大进展，一个和谐稳定、安定有序、欣欣向荣的社会主义中国巍然屹立在世界东方；我们坚定不移实施可持续发展战略，加快推进绿色发展，生态文明建设成效显著。中国人民生于斯、长于斯的家园更加美丽宜人，中国成为全球生态文明建设的重要参与者、贡献者、引领者；我们着眼于实现中国梦强军梦，不断推进国防和军队现代化建设，强军兴军开创新局面。人民军队维护国家主权、安全、发展利益的能力显著增强，成为保卫人民幸福生活、保卫祖国和世界和平牢不可破的强大力量；我们全面准确贯彻"一国两制"方针，坚持推进祖国和平统一大业，港澳台工作取得新进展。海内外全体中华儿女的民族认同感、文化认同感大大增强，同心共筑中国梦的意志更加坚强；我们始终坚持独立自主的和平外交政策，始终不渝走和平发展道路、奉行互利共赢的开放战略，中国特色大国外交深入展开。我国国际地位和国际影响显著上升，成为国际社会公认的世界和平的建设者、全球发展的贡献者、国际秩序的维护者；我们坚持加强和改善党的领导，持续推进党的建设新的伟大工程，全面从严治党成效卓著，开辟了自我革命的新境界。我们党在革命性锻造中坚定走在时代前列，始终是中国人民和中华民族的主心骨。

在看到成绩的同时，也要清醒地认识到，我国发展不平衡不充分的问题仍然突出，实现高质量发展还有许多短板弱项。我国经济正处在转变发展方式、优化经济结构、转换增长动力的攻关期，发展前景向好，但与此同时也面临着结构性、体制性、周期性问题相互交织叠加所带来的困难和挑战，加快推进质量变革、效率变革、动力变革的任务十分艰巨。特别是新冠肺炎疫情导致我国经济面临前所未有的压力，转型发展、结构调整、协调发展等压力和需求前所未有。

我国进入新发展阶段，发展不平衡不充分问题更加凸显。进入新发展阶段，我们必须坚持以推动高质量发展为主题。以往那种单纯依靠要素投入来拉动经济增长的粗放型发展模式是不可持续的,单纯追求经济总量和增长速度的做法已经难以为继。新发展阶段的发展要求和衡量标准更高了,一些原来不是问题的问题、一些过去勉强能够支撑发展的基础和条件,在新发展阶段将无法满足高质量发展的要求。提质增效、转型升级势在必行,推动质量变革、效率变革、动力变革已经成为刻不容缓的选择。"十四五"时期我国所进入的新发展阶段,是一个将强未强、由大变强的阶段,是实现中华民族伟大复兴的关键阶段,是更加接近中华民族伟大复兴的奋斗目标,同时还存在很多短板弱项的阶段。如果各种困难和矛盾在这个阶段得不到有效解决,将会严重影响到第二个百年奋斗目标的实现,严重影响到中华民族伟大复兴的进程。因此,我国进入新发展阶段,解决发展不平衡不充分问题也就更加迫切了。

现阶段,对我国来说,发展不平衡,主要是指各区域各方面存在失衡、差距分化现象,制约了整体发展水平提升。发展不充分,主要是指质量还不够高,我国全面实现社会主义现代化还有相当长的路要走,发展任务仍然十分艰巨。我国发展不平衡不充分问题表现在许多方面,比如:科技创新能力不适应高质量发展要求,实体经济困难较多,农业基础地位还不稳固,城乡区域发展和收入分配差距仍然较大,市场经济秩序仍需规范,社会文明水平尚需提高,生态环保任重而道远,教育、医疗、养老、住房、食品安全等方面还存在不少薄弱环节,公共服务水平与人民群众期待相比还存在明显差距,社会治理体系和治理能力有待加强,一些领域腐败问题多发。全面深化改革进入深水区,深层次的体制机制问题不断显现,重点领域关键环节改革任务仍然艰巨,前进道路上遇到的急流险滩暗礁更多。中国特色社会主义到了一个愈进愈难、愈进愈险而又不进则退、非进不可的时候。突如其来的新冠肺炎疫情对我国经济社会发展造成前所未有的冲击,给全面建设社会主义现代化国家、走好实现第二个百年奋斗目标新的赶考之路带来新挑战新考验。

面对我国外部环境和内部条件所发生的深刻复杂变化,习近平同志反复强调,要"以辩证思维看待新发展阶段的新机遇新挑战"[①]。我国国家制度和国

[①] 习近平:《论把握新发展阶段、贯彻新发展理念、构建新发展格局》,中央文献出版社2021年版,第371页。

家治理体系优势显著,为构建新发展格局、推动高质量发展提供了根本制度保障。我国经济潜力足、韧性强、回旋空间大、政策工具多的基本特点没有变,经济稳中向好、长期向好的基本面没有变。我国具有全球最完整、规模最大的工业体系,有强大的生产能力、完善的配套能力,有超大规模内需市场,正处于新型工业化、信息化、城镇化、农业现代化快速发展阶段,投资需求潜力巨大。我国拥有14亿人口的超大规模市场和巨大需求潜力,拥有各类市场主体1.6亿多户,拥有全球最完整、规模最大的产业体系和上中下游产业链,是世界上唯一拥有联合国产业分类目录中所有工业门类的国家,500余种主要工业产品中有220多种产量位居世界第一,制造业占全球比重达到27%,超大规模经济体的优势日益凸显,对世界经济的影响力不断上升。随着居民收入水平提高和中等收入群体扩大,我国市场的潜力和成长性进一步释放,超大规模的优势更加突出。我国人口质量红利不断显现,拥有1.7亿多名受过高等教育或拥有各类专业技能的人才,形成了一支由普通工人、技能人才、工程师、科学家组成的结构完整、规模宏大的人才队伍,科技创新能力不断增强,将会为推动"十四五"时期高质量发展提供更加强劲、更可持续的动力。我国物质基础雄厚,人力资源丰富,市场空间广阔,社会大局稳定,这些都是我国继续发展的显著优势和有利条件。

综观全局,当前和今后一个时期,我国发展仍然处于重要战略机遇期,但机遇和挑战都有新的发展变化。要充分认识到,危和机是同生并存的,克服了危即是机。机遇更具有战略性、可塑性,挑战更具有复杂性、全局性,挑战前所未有,应对好了,机遇也就前所未有。能否转危为机,关键看我们能否准确识变、科学应变、主动求变。面对复杂形势和艰巨任务,我们要在危机中育先机、于变局中开新局,勇于开顶风船,善于化危为机。具体到我国科技事业来说,我们必须立足我国科技发展实际,准确把握机遇和挑战的发展变化,着力提高科技治理能力,推动我国科技事业创新发展,为坚持和发展中国特色社会主义奠定更为坚实的科技基础。

2. 贯彻新发展理念、推动高质量发展的必然抉择

习近平同志指出:"新时代新阶段的发展必须贯彻新发展理念,必须是高

质量发展。"①进入新发展阶段,我国经济社会发展必须坚定不移贯彻新发展理念,以推动高质量发展为主题,以深化供给侧结构性改革为主线,加快构建新发展格局。这是党的十九届五中全会提出的关于"十四五"时期经济社会发展指导思想的重要内容和要求,也是党的十八大以来工作经验的科学总结。

2008年国际金融危机爆发后,世界经济持续低迷,我国经济进入调整期,各种深层次矛盾凸显,发展的难度日益增大。表现在发展速度上,就是曾经以两位数高增长的经济增速放缓,降到8%以内。"速度焦虑""转型迷茫""悲观心理"纷纷涌现,国际上唱衰中国的声音也多了起来。对我国经济形势究竟怎么看? 到底该怎么干? 这是摆在党中央面前最大的经济命题,也是对我们党执政的重大考验。2013年7月25日,习近平同志在中央政治局常委会会议上,提出我国经济发展正处于增长速度换挡期、结构调整阵痛期、前期刺激政策消化期的"三期叠加"阶段。2013年12月10日,在中央经济工作会议上,习近平同志作出了我国经济发展进入新常态的重大判断。2014年11月9日,习近平同志在亚太经合组织工商领导人峰会开幕式上的演讲中,概要分析了中国经济发展新常态下速度变化、结构优化、动力转换三大特点②。2014年12月9日,习近平同志在中央经济工作会议上从消费需求、投资需求、出口和国际收支、生产能力和产业组织方式、生产要素相对优势、市场竞争特点、资源环境约束、经济风险积累和化解、资源配置模式和宏观调控方式九个方面的趋势性变化分析了我国经济发展进入新常态的原因,指出新常态下我国经济发展的主要特点是:增长速度从高速转向中高速,发展方式从规模速度型粗放增长转向质量效率型集约增长,经济结构正从增量扩能为主转向调整存量、做优增量并举,发展动力正从传统增长点转向新的增长点。这些变化,是我国经济向形态更高级、分工更优化、结构更合理的阶段演进的必经过程。实现这样广泛而深刻的变化是一个新的巨大挑战。"认识新常态,适应新常态,引领新常态,是当前

---

① 习近平:《论把握新发展阶段、贯彻新发展理念、构建新发展格局》,中央文献出版社2021年版,第421页。

② 习近平:《谋求持久发展,共筑亚太梦想——在亚太经合组织工商领导人峰会开幕式上的演讲》,《人民日报》2014年11月10日,第2版。

和今后一个时期我国经济发展的大逻辑。"①

认识、适应和引领经济发展新常态，对科技工作提出了新要求。在经济发展新常态下，推动经济发展，要更加注重提高发展质量和效益，从过去主要看增长速度有多快转变为主要看质量和效益有多好；稳定经济增长，要更加注重供给侧结构性改革，实现由低水平供需平衡向高水平供需平衡的跃升；调整产业结构，要更加注重加减乘除并举，做好去产能、去库存、去杠杆、降成本、补短板工作；保护生态环境，要更加注重促进形成绿色生产方式和消费方式，坚定不移走绿色低碳循环发展之路；保障和改善民生，要更加注重对特定人群特殊困难的精准帮扶，持续提高基本公共服务数量和质量；等等。这些都要求我们充分发挥创新引领发展第一动力作用，深入实施创新驱动发展战略，推动传统产业转型升级，发展战略性新兴产业和现代服务业，优化重组经济结构，全面提升经济发展科技含量。其实质就是让创新成为驱动经济社会发展的新引擎，培育新的经济增长点，使经济社会发展加快从要素驱动、投资规模驱动为主真正转到依靠科技进步和人力资本质量提升的轨道上来，努力实现以比较充分就业和提高劳动生产率、投资回报率、资源配置效率等为支撑的有质量、有效益、可持续的发展，使我国经济变得既大又强，为未来发展提供源源不断的内生动力。

新常态要有新政策、新举措。新常态表面看是发展速度问题，实际上暴露的是经济发展方式和经济结构不合理等深层次问题，必须对我国经济发展思路和工作着力点进行重大调整。2015年，以习近平同志为核心的党中央把供给侧结构性改革作为经济发展的主线和主攻方向，明确提出了供给侧结构性改革的重大战略决策。这是一剂破解我国经济发展难题的治本良方。我国经济发展面临的问题，供给和需求两侧都有，但矛盾的主要方面在供给侧。需求侧管理主要是通过调节税收、财政支出、货币信贷等来刺激或抑制需求，而供给侧管理则是主要通过优化要素配置和调整生产结构来提高供给体系质量和效益。习近平同志指出："供给侧结构性改革，重点是解放和发展社会生产力，

---

① 习近平：《论把握新发展阶段、贯彻新发展理念、构建新发展格局》，中央文献出版社2021年版，第33页。

用改革的办法推进结构调整,减少无效和低端供给,扩大有效和中高端供给,增强供给结构对需求变化的适应性和灵活性,提高全要素生产率。"他特别强调:"这不只是一个税收和税率问题,而是要通过一系列政策举措,特别是推动科技创新、发展实体经济、保障和改善人民生活的政策措施,来解决我国经济供给侧存在的问题。"①这些都表明,推动供给侧结构性改革,必须向科技创新寻求解决之道。2018年12月19日召开的中央经济工作会议,提出深化供给侧结构性改革要贯彻巩固、增强、提升、畅通"八字方针"。习近平同志特别强调:"提升,就是要提升产业链水平,注重利用技术创新和规模效应形成新的竞争优势,加快解决关键核心技术'卡脖子'问题,强化工业基础能力建设,培育和发展新的产业集群,保持好全球最完整的产业体系,提升我国在全球供应链、产业链、价值链中的地位。"②

认识、适应和引领经济发展新常态,需要我们牢固树立和坚决践行新的发展理念。党的十八届五中全会在深刻总结国内外发展经验教训、深刻分析国内外发展大势的基础上,提出了创新、协调、绿色、开放、共享的新发展理念。新发展理念针对的是我国发展中的突出矛盾和问题,关注的是怎样发展得更好的问题,主要解决"发展起来以后"出现的问题。比如,科技自立自强成为决定我国生存和发展的基础能力,但还存在诸多"卡脖子"问题。比如,各地区各部门都要抓创新发展,但具体到各种关键核心技术,不是每个地区每个部门都能干的,要看自身是否具备条件和可能,不能盲目上项目。比如,加快推动经济社会发展全面绿色转型已经形成高度共识,而我国能源体系高度依赖煤炭等化石能源,生产和生活体系向绿色低碳转型的压力都很大,实现美丽中国的目标任务极其艰巨。这些都要求我们坚持问题导向,更加精准地贯彻新发展理念,注重通过科技创新切实解决好发展不平衡不充分的问题,真正实现高质量发展。

第一,坚持创新发展,全面塑造发展新优势。创新发展理念位于新发展理

---

① 习近平:《论坚持全面深化改革》,中央文献出版社2018年版,第240页。
② 习近平:《论把握新发展阶段、贯彻新发展理念、构建新发展格局》,中央文献出版社2021年版,第300页。

念之首,是针对我国创新能力不强、适应不了高质量发展需要而提出来的,注重的是解决发展新动力、培育发展新动能问题。必须坚持把发展基点放在创新上,增强自主创新能力,塑造更多依靠创新驱动、更多发挥先发优势的引领型发展。

第二,坚持协调发展,着力形成平衡结构。协调发展理念注重的是解决我国长期存在的发展不平衡这一突出问题,强调的是发展整体性、协同性。坚持协调发展,要求我们以科技创新为途径,大力激发和释放创新驱动的原动力,打造发展新引擎,促进各区域各领域各方面协同配合、均衡一体发展。

第三,推动绿色发展,促进人与自然和谐共生。绿色发展理念是针对我国发展中出现的资源浪费、污染严重、不可持续等问题提出来的,注重的是解决人与自然和谐问题。生态环境问题本质上是发展方式和生活方式问题,归根到底要把科技创新作为根本解决之道。坚持绿色发展,要求我们从碳循环机理、污染防治、生态修复改善、生物多样性、全球气候变化等方面深入研究生态文明建设规律,依靠科技创新破解绿色发展和循环经济难题,突破资源环境瓶颈制约,努力建设人与自然和谐共生的现代化。

第四,坚持开放发展,开拓合作共赢新局面。开放发展理念是顺应我国经济深度融入世界经济、同全球很多国家相互信赖程度都比较高而提出来的,注重的是解决发展内外联动、相互促进问题。开放发展,就是必须奉行互利共赢的开放战略,更好利用国内国际两个市场两种资源,强调全球配置资源能力,发展更高水平的开放型经济,构建全方位、多层次、宽领域的全面开放新格局,积极参与全球经济治理和公共产品供给,构建广泛的利益共同体。要充分认识到,引领商品、资本、信息等全球流动的本质力量是科技创新。我们要积极融入全球创新网络,在更高水平上开展国际经济和科技创新合作,为我国发展营造有利的开放生态和外部环境。

第五,坚持共享发展,着力增进人民福祉。共享发展理念是针对我国基本公共服务供给不足、收入差距较大、民生领域有短板、消除贫困任务艰巨等问题提出来的,注重的是解决社会公平正义问题。坚持共享发展,就是必须顺应人民过上美好生活的新期待,提高社会发展水平、改善人民生活、增强人民健康素质,使全体人民在共建共治共享发展中有更多获得感、幸福感、安全感。

这就要求我们依靠科技创新建设低成本、广覆盖、高质量的公共服务体系,大幅增加普惠型、共享型公共科技产品供给,为促进人的全面发展、全体人民共同富裕作出科技贡献。应对人口老龄化、消除贫困、创新社会治理,迫切需要依靠科技创新支撑民生改善。

以深化供给侧结构性改革为主线,是实现高质量发展的必然要求和基本途径。贯彻落实新发展理念,目的也是为了推动经济社会高质量发展。"高质量发展,就是能够很好满足人民日益增长的美好生活需要的发展,是体现新发展理念的发展,是创新成为第一动力、协调成为内生特点、绿色成为普遍形态、开放成为必由之路、共享成为根本目的的发展。"①高质量发展,就是从"有没有"转向"好不好"。推动高质量发展,是适应我国社会主义主要矛盾变化的必然要求,是保持经济持续健康发展的内在需要。解决我国社会主义主要矛盾,要求在经济发展的基础上进一步推动高质量发展。当前我国存在的发展不平衡不充分问题,实质上就是发展质量不高的问题。这就决定了我们必须牢牢坚持以高质量发展为主题,补齐高质量发展的短板弱项,以质的大幅提升引领量的有效增长,以量的有效增长促进质的大幅提升,从而使质的大幅提升与量的有效增长有机结合、相互促进。虽然这些年来我国供给侧结构性改革取得很大成效,但长期积累的结构性问题仍然突出。目前,我国产业总体上仍处于国际分工产业链、价值链中低端,供给体系质量和效率不高,高端供给存在明显不足,关键核心技术"卡脖子"问题十分突出,创新能力不适应高质量发展要求。"十四五"时期供给侧结构性这一经济运行主要矛盾没有变,经济社会发展的主线及工作着力点就不能变。

科技不仅是实现高质量发展的着力点,而且还是供给侧结构性改革的突破口。推动我国经济社会高质量发展,深化供给侧结构性改革,既给我国科技事业带来了大发展的机遇,同时也对提高党的科技治理能力提出了更为迫切的要求。推进供给侧结构性改革,促进经济提质增效、转型升级,迫切需要依靠科技创新培育发展新动力。当前,全球新一轮科技革命和产业变革同我国

---

① 习近平:《论把握新发展阶段、贯彻新发展理念、构建新发展格局》,中央文献出版社2021年版,第215页。

经济优化升级交汇融合,将助推我国加快构建新发展格局,有力有效推动高质量发展。围绕突破关键核心技术,我国坚持自主创新、自力更生、发奋图强,在关键核心技术创新上的重大突破,将为我国经济社会高质量发展增添新的动能和优势。我们必须高瞻远瞩,增强危机感和责任感,以高度的清醒和坚定,大力提升科技治理能力,加快推动科技创新同经济社会发展深度融合,努力实现高水平科技自立自强,为全面建设社会主义现代化国家奠定坚实科技根基,为建成世界科技强国、实现中华民族伟大复兴贡献科技力量。

第二章

正确判断科技形势的能力

党的科技治理能力,首先表现为正确判断科技形势的能力。进入21世纪以来,新一轮科技革命和产业变革加速推进,全球科技创新呈现出新的发展态势和特征。世界主要国家都在寻找科技创新的突破口,抢占未来发展的先机和主导权。对世界科技形势主要特点、发展趋势的把握和判断,是党制定和实施科技发展战略、大力推进科技创新的基础和前提。

一、新科技革命发展概况

科技创新是推动经济社会发展、人类文明进步的强大武器。"纵观人类发展历史,创新始终是推动一个国家、一个民族向前发展的重要力量,也是推动整个人类社会向前发展的重要力量。创新是多方面的,包括理论创新、体制创新、制度创新、人才创新等,但科技创新地位和作用十分显要。"[1]一部科学技术史,就是科学技术不断产生、不断变革并不断推动经济社会发展的历史。习近平同志以深邃的战略眼光,对世界科技革命史进行了考察,指出:"自古以来,科学技术就以一种不可逆转、不可抗拒的力量推动着人类社会向前发展。十六世纪以来,世界发生了多次科技革命,每一次都深刻影响了世界力量格局。"[2]从科学技术对生产力的作用和经济社会发展的影响来看,近现代科学技

---

① 中共中央文献研究室编:《习近平关于科技创新论述摘编》,中央文献出版社2016年版,第4页。

② 中共中央文献研究室编:《习近平关于科技创新论述摘编》,中央文献出版社2016年版,第27页。

术经历了三次重大的科技革命。每一次科技革命都使生产力发展产生一次飞跃,对经济社会的发展、对人们的生产和生活方式产生巨大而深远的影响。与这三次科技革命相对应,人类渐次进入大机器工业时代、电气化时代、信息化时代。

综观科学技术发展的历史,可以分为古代科学技术时期、近代科学技术时期和现代科学技术时期。16世纪以前是古代科学技术时期。这一时期自然科学虽然早已产生,但主要局限在某一领域、某一局部,总的看来,还没有得到独立的、系统的发展。科学技术主要表现为经验形态,还没有形成比较完备的理论体系,没有在社会生活中占据重要地位。16—19世纪是近代科学技术发展时期。近代科学技术是文艺复兴的产物,开始于16世纪资本主义萌芽时期,大体持续到19世纪70年代结束,前后经历了约400年时间。这一时期,伴随着资本主义生产方式从萌芽、发展到代替封建主义生产方式取得主导地位,自然科学获得了相对独立的、系统的发展,科学技术得到比较全面的、迅速的进步,并且显示出它对生产力和经济社会发展的巨大推动作用。

正是在近代科学技术发展时期,人类发生了影响深远的第一次科技革命。这场科技革命开始于18世纪中叶,由纺织机的出现拉开序幕,又由蒸汽机的发明推向高潮。作为人类历史上不曾有过的科技革命,其理论基础是牛顿力学,其技术基础是机械技术,其主要标志是蒸汽机的发明和广泛使用。第一次科技革命发端于英国,是与英国工业革命同时发生的,因而又被学术界称为产业革命或工业革命。这次科技革命确立了以蒸汽动力技术为主导的工业技术体系,极大地推动了纺织业、交通运输业、钢铁工业和机械工业的发展,实现了生产方式从手工工具到机械化的转变,人类由此进入大机器工业时代。第一次科技革命促使社会生产发生革命性变革,生产力飞速发展,在不到100年的时间里,创造出比过去一切世代总和还要多得多的物质财富。这场科技革命在促进生产力巨大发展的同时,使社会面貌发生了翻天覆地的变化。资本主义生产体制得以确立,资本主义最终战胜了封建主义,率先完成工业革命的西方资本主义国家逐步确立起对世界的统治地位。

19世纪末、20世纪初是科学技术发展史上的一个重要转折时期。这一时期爆发了物理学革命,产生了现代物理学的两大基础理论——相对论和量子力学,开辟了科学技术发展的新纪元。因而,19世纪末、20世纪初以来,科学技术的发展进入了现代科学技术时期。这个时期的科学技术,无论在宏观领域还是在微观领域,都取得了辉煌的成就,并且迅速转化为一系列尖端技术和新兴产业,极大地推动了经济社会发展,深刻地改变了人们的生产生活。

在现代科学技术发展时期,发生了人类历史的第二次科技革命和第三次科技革命。第二次科技革命开始于19世纪后期,其科学技术基础主要是电磁理论及电力技术,其主要标志是电力的发明和广泛应用。发电机、电动机的发明和应用,形成了以电力技术为主导的工业技术体系,促成了化工技术、钢铁技术、内燃机技术等技术的发展,进而相继出现了汽车制造、石油化工、新型冶炼等一系列工业部门。第二次科技革命使生产工具从蒸汽机转变为发电机、电动机,实现了生产方式的电气化,人类由此从大机器工业时代进入电气化时代。这次科技革命创造了巨大的生产力,推动了资本主义国家经济的大发展,同时也给整个世界带来了广泛而深远的影响。

第三次科技革命开始于20世纪中叶。这次科技革命是在现代自然科学的基础上,以信息技术为核心和先导,进而形成以信息技术、新能源技术、新材料技术、生物技术、空间技术、海洋技术等高技术为支柱的综合性科技革命。第三次科技革命使人类的生产方式加速向工业化与信息化相融合转变,劳动生产率得到极大提高,社会生产力和人类文明达到了前所未有的新高度,人类由此进入信息化时代。从影响范围和功能来看,这次新科技革命是以往历次科技革命所无法比拟的,因而又被称为新科技革命。新科技革命可以说是名副其实的世界性的科技革命。这场新科技革命发生于20世纪40年代末50年代初,首先从美国开始,然后扩大到西欧和日本,进而扩散到其他国家。无论是发达国家还是发展中国家,各国的生产、生活方式乃至经济、政治、文化、社会、军事等各个领域,都受其影响而发生了巨大而深远的变化。

第三次科技革命即新科技革命,是近现代以来人类历史上最为重大的科技革命。这场声势浩大、影响广泛的新科技革命起源于何时?学术界对此有不同的看法。有的学者将某一重大标志性事件看作新科技革命的起点。我们认为,新科技革命是一个连续、动态的过程,其起点不是一两件事,而是一个时间段内发生的一系列重大科技事件。这些科技事件显示了未来科技发展的基本学科,表征了未来科技发展的演化方向,共同汇合成新科技革命的巨大潮流。新科技革命开始的标志性事件主要包括:1942年,第一座原子能反应堆建成,标志着人类在利用能源上的革命性变化;1946年,世界上第一台电子计算机问世,为信息技术的发展奠定了基础;1948年,系统论、信息论、控制论问世,标志着人类思维方式发生了革命性变革;1953年,DNA双螺旋结构的发现,开辟了现代生物技术的新纪元;1957年,第一颗人造卫星发射成功,开创了人类的太空时代。根据这些重大的标志性事件,可以认为新科技革命肇始于20世纪中叶。

在我们党的文献中,也是将新科技革命的起点界定为20世纪中叶。早在1994年2月6日,江泽民同志在为《现代科学技术基础知识(干部选读)》一书作序时指出:"本世纪以来,特别是二次世界大战以后,以电子信息、生物技术和新材料为支柱的一系列高新技术取得重大突破和飞速发展,极大地改变了世界的面貌和人类的生活。科学技术日益渗透于经济发展和社会生活各个领域,成为推动现代生产力发展的最活跃的因素,并且归根到底是现代社会进步的决定性力量。"[1]2006年1月9日,胡锦涛同志在全国科学技术大会上指出:"发轫于上个世纪中叶的新科技革命及其带来的科学技术的重大发现发明和广泛应用,推动世界范围内生产力、生产方式、生活方式和经济社会发展观发生了前所未有的深刻变革,也引起全球生产要素流动和产业转移加快,经济格局、利益格局和安全格局发生了前所未有的重大变化。"[2]这些都清楚地表明,我们党所说的新科技革命,指的是20世纪中叶以来世界范围内蓬勃兴起的科技革命。

新科技革命从20世纪中叶开始,一直持续到现在,其间风起云涌,高潮迭起。将新科技革命进一步细分,可以更加生动地描述新科技革命的发展进程,更加详细地展现新科技革命所发生的细微变化,更加清晰地了解新科技革命在何时出现了何种新的趋势和走向。从宏观上看,新科技革命的发展日新月

---

[1] 江泽民:《论科学技术》,中央文献出版社2001年版,第42页。

[2] 中共中央文献研究室编:《十六大以来重要文献选编》下,中央文献出版社2008年版,第184页。

异、突飞猛进,这是总的趋势。从微观上看,科技发展的广度和深度、科技突破的领域、科技竞争的重点,在不同时期、不同阶段又有所不同、有所侧重,因而使新科技革命又呈现出阶段性的特点。大体说来,新科技革命经历了四个发展阶段。

20世纪40年代至60年代是第一阶段,其间原子能、电子计算机和空间技术逐渐走向成熟。正因为如此,不少学者指出:新科技革命是以原子能、电子计算机和空间技术的发展为主要标志的[1]。这场影响深远、声势浩大的新科技革命,首先是从原子能技术的突破开始的。原子能的利用是在人工控制的条件下,将物质内部结构的能量释放出来加以利用。1942年第一座原子能反应堆建成,人类开始依靠科学技术的力量开发和利用原子能,这对于经济社会发展具有不可估量的影响。1946年世界上第一台电子数字式计算机(ENICA)诞生,它的运算速度为每秒钟5000次。此后,电子计算机开始迅速发展并广泛运用于社会各领域,极大地改变了人类的生产方式和生活方式。1953年,美国生物化学家沃森和英国物理学家克里克提出了DNA分子结构的双螺旋模型,证实了基因就是DNA分子,从此生命科学研究在分子水平上展开,分子生物学成为生命科学基础研究的前沿,开辟了现代生物学的全新局面。1957年苏联成功发射了第一颗人造卫星,此后空间技术迅速发展,把人类的科学研究和生产实践的领域扩展到宇宙空间,这对社会生产力的发展具有划时代的意义。随着时间的推移,科学研究不断深入,科技成果不断涌现。许多科学技术不断走向成熟,进而从实验室走向现实社会生活,得到广泛应用。科学技术越来越融入人类的生产、生活中,科学技术越来越直接地转换为生产力,成为经济社会发展的内生变量。

20世纪70年代以后,新科技革命进入第二阶段,各个领域出现了异常活跃的态势。这一时期,科学技术对于生产力发展的贡献率不断上升,愈益成为生产力和经济社会发展的直接推动力。一大批高新技术迅速发展,其中代表性的技术主要包括信息、新能源、新材料、生物、激光、空间、海洋技术等。这七大

---

[1] 朱丽兰等编著:《科教兴国——中国迈向21世纪的重大战略决策》,中共中央党校出版社1995年版,第118—119页。

高新技术成为新科技革命的支撑技术和骨干技术,初步构建了新科技革命的技术框架体系,为其后新科技革命的迅猛发展奠定了坚实的基础。随着高科技在社会各领域的渗透和扩散,知识、技术、智力、管理等生产要素的重要性日渐凸显,高科技因素在经济形态中的含量不断提高。新的产业不断涌现,产业结构不断升级,经济结构不断调整、优化,社会结构、生产方式、生活方式等都发生了巨大变化。

到20世纪90年代,新科技革命进入第三阶段。这一时期,新科技革命在继续保持强劲发展态势的同时,又出现了一些新的重大变化。一是信息技术一马当先、飞速发展并得到广泛应用,成为新科技革命的先导和核心技术,成为世纪之交新科技革命的主要标志。"信息技术的发明创造和广泛应用,有效地促进了硬件制造与软件开发相结合,物质生产与服务管理相结合,实体经济与虚拟经济相结合,形成了经济社会发展的强大驱动力。"①信息技术引发了全球范围的信息革命和信息浪潮,推动着世界从传统的工业社会向现代信息社会转变。在信息技术产业的发展中,互联网的发展最令人瞩目。与互联网的迅速发展相对应,网络经济应运而生,电子商务在全球迅猛发展。信息网络化推动了远程教育、远程医疗、电子商务、电子邮件、虚拟现实的发展,使人们的生产、学习和生活方式发生深刻的变化。这一特点,是此前以往的科技革命所不曾具备的。二是在信息技术的带动下,高新技术革命来势迅猛,科技正向着从未有过的广度和深度进军,一系列高新科技纷至沓来,发展速度令人目不暇接。科技创新频率越来越快,成为新科技革命的另一个显著标志。三是科技知识空前快速地生产、传播和转化,科学、技术、生产的关系越来越密切,高新技术产业在整个经济中的比重不断增加,催生了新的生产管理和组织形式,推动了全球产业结构转型和优化升级。科学技术转化为现实生产力的周期大大缩短,成为世纪之交新科技革命的第三个突出特点。四是各国更加重视科技人才,围绕科技人才的竞争越来越激烈。

进入21世纪,新科技革命进入第四阶段。这是一个新的更高的发展阶段,

---

① 江泽民:《论中国信息技术产业发展》,中央文献出版社、上海交通大学出版社2009年版,第13—14页。

新科技革命发展的势头更加迅猛。信息技术快速发展势头始终不减,新一轮重大技术突破孕育兴起。在信息技术继续保持快速发展态势的同时,又出现了一个新的、不容忽视的特点:科技创新不断涌现。科技创新出现群体性突破态势,表现为新的技术群和新的产业群蓬勃发展。在重大创新中起核心作用的已不再是一两门科学技术,而呈现出信息科学与技术、生命科学与生物技术、新能源技术、纳米与新材料技术、航空航天科技、先进制造和新能源与环保技术等前沿技术领域群体突破的态势。"人类社会步入了一个科技创新不断涌现的重要时期,也步入了一个经济结构加快调整的重要时期。"①自主创新能力已经成为国家核心竞争力的决定性因素,各国更加注重科技创新尤其是自主创新,纷纷把推动科技进步和创新作为国家战略。

总之,20世纪中叶以来,新科技革命在全球范围内蓬勃发展。经过半个多世纪的发展,新科技革命取得了长足进展,给人类社会带来了前所未有的深刻变革。科学技术作为支撑、驱动、引领经济社会发展的主要力量,比历史上任何时期都更加深刻地决定着经济发展、社会进步、人民幸福。

二、新一轮科技革命和产业变革的孕育兴起

如前所述,新科技革命进入21世纪后,发展到第四个阶段。这个新的发展阶段,在我们党的文献中,通常称为"新一轮科技革命和产业变革"②。对新一轮科技革命和产业变革,我们党经历了一个不断深化的认识过程。

1. 新一轮科技革命和产业变革初见端倪

新一轮科技革命和产业变革并非空穴来风、突然发生的。唯物辩证法告诉我们,事物的发展变化都要经历一个从量变到质变的过程。发轫于20世纪中叶的新科技革命,经过几十年的发展之后,到21世纪,步入了一个加速发展

---

① 中共中央文献研究室编:《十六大以来重要文献选编》下,中央文献出版社2008年版,第184页。

② 中共中央文献研究室编:《习近平关于科技创新论述摘编》,中央文献出版社2016年版,第24页。

的时期。科技进步不断突破人类认识的已有境界,不同学科之间、产业之间深度交叉融合。科学发现正在为技术创新和生产力发展开辟更加广阔的道路,科技成果产业化周期更加缩短,技术更新速度越来越快,一些重要科技领域发生革命性突破的先兆已经初显端倪,科学技术的新突破正在孕育之中。如何从正在进行的、如火如荼的新科技革命进程中,敏锐地捕捉到新一轮科技革命和产业变革的蛛丝马迹,进而把握其趋势走向和发展规律,这对我们党来说,是一个严峻的新考验。对这个问题,认识越早、应对越及时,就越主动;认识越慢、见事越迟,就越被动。

早在2000年9月7日,江泽民同志在联合国千年首脑会议上关于经济全球化问题的发言中就指出:"在科学技术飞速发展的今天,联合国还特别应致力于推动国际社会在人力资源开发和科技领域向发展中国家提供帮助,使其赶上新一轮技术进步的浪潮。人类只有携手努力,才能共同战胜发展过程中所面临的挑战,一个和平、繁荣、公正的新世界才能真正呈现在我们面前。"[1]这里,已经明确提出了"新一轮技术进步"的概念,表明党的领导人已经敏锐地观察和认识到新一轮技术进步已经到来。2002年2月5日,江泽民同志在全国金融工作会议上的讲话中指出:"美国在世界上已率先实现了新一轮的产业结构调整升级,信息产业、知识经济发展较快;科技发展居世界领先水平,并有一套较完善的、与技术创新相适应的风险投资机制,特别是有较强的创新能力和较高的劳动生产率,整个经济有活力。"[2]这表明,我们党已经观察到美国等发达国家新一轮科技进步和产业结构调整的新迹象。2008年10月28日,一直关心关注我国信息技术产业发展的江泽民同志在《新时期我国信息技术产业的发展》一文中指出:"当今世界,信息技术快速发展势头始终不减,正处于新一轮重大技术突破的前夜。"[3]江泽民同志用"前夜"一词,点明了新一轮技术突破所处的方位。

进入21世纪,一些重要科技领域显现发生革命性突破的先兆,新科技革命

---

① 江泽民:《论社会主义市场经济》,中央文献出版社2006年版,第541页。

② 《江泽民文选》第3卷,人民出版社2006年版,第429页。

③ 江泽民:《论中国信息技术产业发展》,中央文献出版社、上海交通大学出版社2009年版,第21页。

即将在很多重要领域产生新的重大突破。根据当时新科技革命发展的态势和已有的研究进展情况,专家们对即将发生的重大突破进行了分析和预测。在信息科技领域和方向上,可能发生的重大突破包括:新的网络理论,网络云计算,人机交互与语言文字图像的智能处理,海量数据挖掘与管理,光电子、量子、基因计算等。在生命科学和生物技术领域,可能发生的重大突破包括:基因组科学,基因遗传、变异与修复机理,干细胞与再生医学,蛋白质组学,脑与神经生物学,生物芯片,生物信息学技术,生物高科技及生物新产业等。在能源科技领域和方向上,可能发生的重大突破包括:先进可再生能源和核能的开发,高效制氢与存储技术,不可再生资源的高效、清洁和循环利用,深部地球、海洋和空间资源的开拓等。在先进材料与制造领域,可能发生的重大突破包括:制备使役过程精确控制及全寿命成本控制,极端条件下材料结构和性能演化规律,近终尺寸形貌加工以及材料器件一体化等。在纳米科技领域,可能发生的重大突破包括:纳米电子学、纳米材料学、纳米生物学、纳米医学等。在空间科技和海洋科技领域,可能发生的重大突破包括:天基信息系统、深空探测及空间科学实验、深海探测、深海开发技术等。一些重要基本科学也正孕育着重大突破,比如:对暗物质、暗能量、反物质的探测,将深化人类对宇宙和物质世界的认识。探索对构成物质的分子、原子和电子的精确调控,进而在能量、信息的储存、传输、处理等领域实现新突破。合成生物学的出现打开了从非生命的物质向人造生命转化的大门,为探索生命起源和进化开辟了新途径。专家们预计,在未来30—50年内,世界科学技术将会继续出现重大创新,很有可能在信息科学、生命科学、物质科学、脑与认知科学、地球与环境科学、数学与系统科学以及自然科学与社会科学的交叉领域中形成新的科学前沿,出现新的科学飞跃,为人类社会发展打开新的广阔前景。正因如此,一些专家指出现在正处于新突破的前夜。这是一个积累力量的阶段,是量变即将产生质变飞跃的阶段。[①]

胡锦涛同志敏锐地观察到世界科技革命发展的这一新态势。2004年6月

---

① 许先春著:《新科技革命与中国特色社会主义理论体系》,浙江人民出版社2020年版,第255—256页。

2日,他在中国科学院第十二次院士大会、中国工程院第七次院士大会上的讲话中指出:"世界科学技术酝酿着新的突破,一场新的科技革命和产业革命正在孕育之中。"①这是在目前已公开的报道中,党的领导人关于"新的科技革命和产业革命"的最早表述,表明我们党已经从科技革命和产业变革这两个层面来观察和把握新科技革命发展趋势。2004年12月29日,胡锦涛同志在中国科学院考察工作时指出:加快提高我国科技自主创新能力,对于我们全面建设小康社会、加快推进社会主义现代化,对于我国应对世界新一轮科技革命和产业革命的挑战,具有十分重大的意义。这里,已经明确使用了"新一轮"的提法。"新一轮"的表述,比此前"新的"内涵更丰富,表明人类在已有的、已发生的新科技革命的基础上,即将迎来新一轮科技革命和产业变革。"新一轮"还表明新科技革命是继承性与创新性的辩证统一,是一个不断发展、动态推进的过程。2006年1月9日,胡锦涛同志在全国科学技术大会上指出:"进入二十一世纪,世界新科技革命发展的势头更加迅猛,正孕育着新的重大突破。"②2008年6月23日,他在中国科学院第十四次院士大会和中国工程院第九次院士大会上的讲话中指出:"世界科技发展突飞猛进,创新创造日新月异,世界科技正孕育着新的重大突破。"③2010年6月7日,他在中国科学院第十五次院士大会、中国工程院第十次院士大会上的讲话中指出:"当前,经济社会发展的迫切要求,日益突出的全球性问题,科学技术体系的内在演进,都在孕育重大科技突破。"④这一连串的"孕育"表明:在我们党看来,新一轮科技革命和产业变革虽然尚处在孕育之中,但已经是初露端倪。

---

① 中共中央文献研究室编:《十六大以来重要文献选编》中,中央文献出版社2006年版,第112页。

② 中共中央文献研究室编:《十六大以来重要文献选编》下,中央文献出版社2008年版,第184页。

③ 中共中央文献研究室编:《十七大以来重要文献选编》上,中央文献出版社2009年版,第500页。

④ 中共中央文献研究室编:《十七大以来重要文献选编》中,中央文献出版社2011年版,第747页。

2. 新一轮科技革命和产业变革加速演进

习近平同志十分关注新一轮科技革命和产业变革的新趋势新变化,分别用"正在孕育兴起""蓄势待发""重构""重塑""方兴未艾""突飞猛进"等判断,形象生动地阐明了新一轮科技革命和产业变革的发展态势,勾勒出新一轮科技革命和产业变革从初露端倪到迅猛发展的进程。

关于"正在孕育兴起"。2013年3月4日,习近平同志在参加全国政协十二届一次会议科协、科技界委员联组讨论时的讲话中指出:"当今世界,新科技革命和全球产业变革正在孕育兴起,新技术突破加速带动产业变革,对世界经济结构和竞争格局产生了重大影响。"[1]他说:"我很注意这方面的情况。综合起来看,现在世界科技发展有这样几个趋势:一是移动互联网、智能终端、大数据、云计算、高端芯片等新一代信息技术发展将带动众多产业变革和创新,二是围绕新能源、气候变化、空间、海洋开发的技术创新更加密集,三是绿色经济、低碳技术等新兴产业蓬勃兴起,四是生命科学、生物技术带动形成庞大的健康、现代农业、生物能源、生物制造、环保等产业。面对世界科技发展新趋势,世界主要国家纷纷加快发展新兴产业,加速推进数字技术同制造业的结合,推进'再工业化',力图抢占未来科技和产业发展制高点。一些发展中国家也加大科技投入,加速发展具有比较优势的技术和产业,谋求实现跨越发展。"[2]针对当时国际国内讨论得比较热烈的"第三次工业革命"即将到来等观点,习近平同志指出:"虽然对'第三次工业革命'还有不同看法,但恰好说明人们正在探讨世界科技创新发展趋势,以求抢占先机。对此,我们必须高度重视、密切跟踪、迎头赶上。"[3]

关于"加快积累和成熟中""即将出现"。2013年9月30日,十八届中央政

---

[1] 中共中央文献研究室编:《习近平关于科技创新论述摘编》,中央文献出版社2016年版,第75页。

[2] 中共中央文献研究室编:《习近平关于科技创新论述摘编》,中央文献出版社2016年版,第75页。

[3] 中共中央文献研究室编:《习近平关于科技创新论述摘编》,中央文献出版社2016年版,第76页。

治局以实施创新驱动发展战略为题举行第九次集体学习。这次中央政治局集体学习创造性地采取了走出中南海的形式,把课堂搬到了中关村,将调研、讲解、讨论结合起来进行。习近平同志在主持学习时指出:"历次产业革命都有一些共同特点:一是有新的科学理论作基础,二是有相应的新生产工具出现,三是形成大量新的投资热点和就业岗位,四是经济结构和发展方式发生重大调整并形成新的规模化经济效益,五是社会生产生活方式有新的重要变革。这些要素,目前都在加快积累和成熟中。即将出现的新一轮科技革命和产业变革与我国加快转变经济发展方式形成历史性交汇,为我们实施创新驱动发展战略提供了难得的重大机遇。"①这里,习近平同志从五个方面分析了新一轮科技革命和产业变革何以能发生的要素和条件。他强调:"我们必须增强忧患意识,敏锐把握世界科技创新发展趋势,紧紧抓住和用好新一轮科技革命和产业变革的机遇,不能等待、不能观望、不能懈怠。"②

关于"蓄势待发""重构""重塑""历史关口"。2016年5月30日,习近平同志在全国科技创新大会、两院院士大会、中国科协第九次全国代表大会上的讲话中强调:"当今世界,新一轮科技革命蓄势待发。"③2018年5月28日,习近平同志在中国科学院第十九次院士大会、中国工程院第十四次院士大会上的讲话中指出:"进入21世纪以来,全球科技创新进入空前密集活跃的时期,新一轮科技革命和产业变革正在重构全球创新版图、重塑全球经济结构。"④2019年11月5日,习近平同志在第二届中国国际进口博览会开幕式上的主旨演讲《开放合作,命运与共》中指出:"当前,新一轮科技革命和产业变革正处在实现重大突破的历史关口。"⑤

---

① 中共中央文献研究室编:《习近平关于科技创新论述摘编》,中央文献出版社2016年版,第24页。

② 中共中央文献研究室编:《习近平关于科技创新论述摘编》,中央文献出版社2016年版,第78页。

③ 习近平:《为建设世界科技强国而奋斗——在全国科技创新大会、两院院士大会、中国科协第九次全国代表大会上的讲话》,《人民日报》2016年6月1日,第2版。

④ 习近平:《在中国科学院第十九次院士大会、中国工程院第十四次院士大会上的讲话》,《人民日报》2018年5月29日,第2版。

⑤ 《习近平谈治国理政》第3卷,外文出版社2020年版,第210页。

关于"加速演变""深入推进""方兴未艾""突飞猛进"。2020年7月21日，习近平同志在企业家座谈会上指出："当今世界正经历百年未有之大变局，新一轮科技革命和产业变革蓬勃兴起。"①2020年8月20日，习近平同志在合肥主持召开扎实推进长三角一体化发展座谈会时指出："当前，新一轮科技革命和产业变革加速演变，更加凸显了加快提高我国科技创新能力的紧迫性。"②2020年11月20日，习近平同志在给2020中国5G＋工业互联网大会的贺信中指出："当前，全球新一轮科技革命和产业变革深入推进，信息技术日新月异。"③2020年11月23日，习近平同志向世界互联网大会·互联网发展论坛致贺信，指出："当今世界，新一轮科技革命和产业变革方兴未艾，带动数字技术快速发展。"④2021年5月28日，习近平同志在中国科学院第二十次院士大会、中国工程院第十五次院士大会、中国科协第十次全国代表大会上的讲话中强调："当前，新一轮科技革命和产业变革突飞猛进，科学研究范式正在发生深刻变革，学科交叉融合不断发展，科学技术和经济社会发展加速渗透融合。"⑤

3. 紧紧抓住历史性机遇

习近平同志反复强调，要"抓住新一轮科技革命和产业变革的历史性机遇"⑥，"顺应当代科技革命和产业变革大方向"⑦。习近平同志关于抓住科技发展机遇的思想，与我们党关于我国科技事业发展重要战略机遇期的判断一脉

---

① 习近平：《在企业家座谈会上的讲话》，《人民日报》2020年7月22日，第2版。

② 习近平：《论把握新发展阶段、贯彻新发展理念、构建新发展格局》，中央文献出版社2021年版，第365页。

③ 《习近平向2020中国5G＋工业互联网大会致贺信》，《人民日报》2020年11月21日，第1版。

④ 《习近平向世界互联网大会·互联网发展论坛致贺信》，《人民日报》2020年11月24日，第1版。

⑤ 习近平：《在中国科学院第二十次院士大会、中国工程院第十五次院士大会、中国科协第十次全国代表大会上的讲话》，《人民日报》2021年5月29日，第2版。

⑥ 习近平：《习近平谈"一带一路"》，中央文献出版社2018年版，第169页

⑦ 习近平：《共同构建人与自然生命共同体——在"领导人气候峰会"上的讲话》，《人民日报》2021年4月23日，第2版。

相承而又与时俱进。

回顾历史可以看出,能否善于抓住发展机遇,历来是关系革命和建设兴衰成败的重大问题,也是我们党和国家的事业取得胜利的基本经验。过去我们抓住了重要历史机遇,也丧失过某些机遇。邓小平同志在总结历史经验和教训的基础上,提出了抓住机遇、加快发展的思想。在邓小平理论指导下,我们紧紧抓住时代主题转换的历史机遇,坚持改革开放,取得了举世瞩目的巨大成就。进入21世纪,面对风云变幻的国际形势和国内艰巨繁重的改革发展任务,中国共产党人清醒地认识到激烈的国际竞争对我国经济社会发展带来的机遇和挑战。2002年11月,江泽民同志在党的十六大报告中指出:"综观全局,二十一世纪头二十年,对我国来说,是一个必须紧紧抓住并且可以大有作为的重要战略期。"①正是在这个战略判断的基础上,党的十六大提出了到2020年集中力量全面建设小康社会的奋斗目标。党的十六大以后各项事业发展的成就,充分证明了重要战略机遇期的判断以及建立在这一重大判断之上的各项战略决策都是正确的、富有成效的。

在21世纪初,国际形势继续发生深刻而复杂的变化,世界多极化和经济全球化在曲折中发展,我国既面临着必须紧紧抓住的发展机遇,也面临着必须认真应对的严峻挑战。这种机遇和挑战并存的情况,不仅表现在经济、政治、文化、社会发展等领域,也突出地表现在科学技术领域。胡锦涛同志在全面审视新科技革命发展的最新态势和我国科技发展现状的基础上,提出了"两个重要战略机遇期"的重要论断:"本世纪头二十年,是我国经济社会发展的重要战略机遇期,也是我国科技事业发展的重要战略机遇期。"②这是一个极富世界眼光和战略意识的科学判断。这一重要论断,丰富和发展了江泽民同志在党的十六大报告中提出的"重要战略机遇期"的思想,拓展了"重要战略机遇期"的内涵。胡锦涛同志在关于"两个重要战略机遇期"的战略判断中,指出21世纪头20年也是我国科技事业发展的重要战略机遇期。这就为我们迎接新科技革命挑战、推进新世纪的科技工作提供了理论指导。2012年11月,党的十八大报告

---

① 《江泽民文选》第3卷,人民出版社2006年版,第542页。
② 《胡锦涛文选》第2卷,人民出版社2016年版,第402页。

指出:"综观国际国内大势,我国发展仍处于可以大有作为的重要战略机遇期。"①这表明,尽管我国发展面临的机遇前所未有,风险挑战前所未有,但我国发展的重要战略机遇期并没有变,变化的是重要战略机遇期的内涵和条件。

党的十八大后,国际国内环境发生了更加深刻复杂的变化,我国发展面临着一系列新的风险挑战,各种矛盾和问题比较多地显现出来。在这种情况下,我国发展的重要战略机遇期是否还存在? 我们还能不能为我国的发展争取良好的国际环境? 具体到科技工作来说,面对国际竞争日益加剧的局面,面对新一轮科技革命和产业变革加速演进的态势,我国科技事业发展的重要战略机遇期是否还存在? 我们还能不能有效利用科技事业发展的重要战略机遇期?这些都是必须进行清醒认识并作出准确判断的重大问题。

2015年10月29日,党的十八届五中全会通过《中共中央关于制定国民经济和社会发展第十三个五年规划的建议》,科学分析了我国发展面临的有利和不利因素,作出了这样的综合判断:"我国发展仍处于可以大有作为的重要战略机遇期,也面临诸多矛盾叠加、风险隐患增多的严峻挑战。"正是在这一判断的基础上,党的十八届五中全会强调:"我们要准确把握战略机遇期内涵的深刻变化,更加有效地应对各种风险和挑战,继续集中力量把自己的事情办好,不断开拓发展新境界。"②这表明,尽管诸多矛盾叠加、风险隐患增多,但我国发展的战略机遇期仍然没变。不过,战略机遇期虽然总体上没有变化,但其内涵却发生了深刻变化。这同样体现了变与不变的辩证统一。

党的十九大以来,世界百年未有之大变局进入加速演变期,国际局势更加动荡复杂,不稳定性不确定性显著增加,我们面临着更多逆风逆水的外部环境。新冠肺炎疫情影响广泛深远,逆全球化、单边主义、民粹主义、保护主义倾向上升。我们党在21世纪之初提出的重要战略机遇期,当时指的是21世纪头20年。在20年后的今天,对战略机遇期如何认识和判断,是一个事关全局的重大问题。过去大环境相对平稳,我们是顺势而上、开顺风船,机遇比较好把握。

---

① 《胡锦涛文选》第3卷,人民出版社2016年版,第625页。

② 中共中央文献研究室编:《十八大以来重要文献选编》中,中央文献出版社2016年版,第788页。

而现在世界进入动荡变革期,地缘政治挑战风高浪急,暗礁和潜流又多,我们要顶风而上、开顶风船,把握和抓住机遇的难度就大大增加了,对应变能力提出了更高要求。

对这一问题,以习近平同志为核心的党中央在制定"十四五"规划期间进行了深入思考。2020年5月23日,习近平同志在参加全国政协十三届三次会议经济界委员联组会时指出:"要科学分析形势、把握发展大势,坚持用全面、辩证、长远的眼光看待当前的困难、风险、挑战"。①2020年8月24日,他在经济社会领域专家座谈会上强调:"进入新发展阶段,国内外环境的深刻变化既带来一系列新机遇,也带来一系列新挑战,是危机并存、危中有机、危可转机",要"深刻认识我国社会主要矛盾发展变化带来的新特征新要求,深刻认识错综复杂的国际环境带来的新矛盾新挑战,增强机遇意识和风险意识,准确识变、科学应变、主动求变,勇于开顶风船,善于转危为机,努力实现更高质量、更有效率、更加公平、更可持续、更为安全的发展"。②这一时期,习近平同志在一系列重要讲话中反复强调要在危机中育先机、于变局中开新局。2020年10月召开的党的十九届五中全会明确提出要"善于在危机中育先机、于变局中开新局,抓住机遇,应对挑战,趋利避害,奋勇前进③。2021年1月11日,习近平同志在省部级主要领导干部学习贯彻党的十九届五中全会精神专题研讨班上指出:"当前和今后一个时期,虽然我国发展仍然处于重要战略机遇期,但机遇和挑战都有新的发展变化,机遇和挑战之大都前所未有,总体上机遇大于挑战。"④

这些都表明,以习近平同志为核心的党中央在战略机遇期问题上的判断是:危和机并存,危中有机,危可转机。这里面的辩证关系告诉我们:机遇更具

① 习近平:《论把握新发展阶段、贯彻新发展理念、构建新发展格局》,中央文献出版社2021年版,第351页。

② 习近平:《正确认识和把握中长期经济社会发展重大问题》,《求是》2021年第2期,第5—6页。

③《中共中央关于制定国民经济和社会发展第十四个五年规划和二〇三五年远景目标的建议》,《人民日报》2020年11月4日,第1版。

④ 习近平:《把握新发展阶段,贯彻新发展理念,构建新发展格局》,《求是》2021年第9期,第7页。

有战略性、可塑性,挑战更具有复杂性、全局性。挑战虽然前所未有,但我们妥善应对了,就能化危为机、坏事变好事,那么机遇也就会前所未有地呈现出来。概括来说,国际国内形势深刻变化下的时和势总体上对我有利,我国发展仍然处于可以大有作为的重要战略机遇期,但战略机遇期的内涵已经出现深刻变化。它不再是依靠原有要素低成本优势、依赖规模扩张外延发展的机遇,而是通过提升教育和人力资本素质、实施创新驱动发展的机遇;不再是单纯依靠扩大出口、吸引外资加快发展的机遇,而是扩大内需、实现结构优化和动力转换,加快构建新发展格局的机遇;不再是依靠简单加入全球产业分工体系发展的机遇,而是发挥大国影响力、积极参与全球治理和规则制度制定、保护和拓展我国发展利益主动发展的机遇。我们必须准确把握和深刻认识战略机遇期内涵的这些变化,既增强信心,坚定不移地执行既定的长期发展战略,又主动适应环境变化,及时主动进行必要的策略调整,将机遇和潜力化为现实,将风险和挑战化为动力,不断开拓发展新境界。

由此可见,从党的十六大作出我国处于重要战略机遇期的判断以来,无论条件发生了怎样的变化,这一判断始终没变。同时,我们又根据形势的发展变化,不断深化对重要战略机遇期的内涵的认识和理解。新发展阶段的重要战略机遇,对科技创新提出了更高的要求。提高党的科技治理能力,就是应对新发展阶段新机遇新挑战的必然抉择,是实现高水平科技自立自强的内在要求,是推进科技治理体系和治理能力现代化的客观需要,是建设世界科技强国的重大战略任务。

三、新一轮科技革命和产业变革的主要特点

新一轮科技革命和产业变革新在哪里?它有哪些基本特点和主要特征?这是我们必须要准确把握的,也是制定科技政策、开展科技治理的前提。

总体上讲,新一轮科技革命和产业变革具有如下一些基本特征:

1. 广泛交叉,深度融合

任何一门学科的发生发展都是有其内在规律的,学科分化是一门学科保

持其生命力的常规状态。在20世纪中叶以前,科学内部结构发展的主要趋势表现为学科的分化。由于研究对象不同,从总体的科学中分化出一个个具体研究某一领域的学科,各门学科都在发展中形成了各具特点的科学方法和知识体系,比如数学、物理、化学、天文学、地球科学与生命科学,等等。随着科学的发展和进步,现代科学呈现出分科越来越细、知识越来越专的局面。而到了20世纪中叶新科技革命兴起后,科学继续沿着分化的方向发展,同时又开始呈现出交叉、融合的新趋势。科学家们认识到单一的理论和方法暴露出局限性,难以解释复杂的现象和问题。于是不同领域的科学家开展交流合作,一系列边缘学科、交叉学科不断涌现。比如,在生命科学方面,出现了分子发育生物学、分子神经生物学、分子进化生物学、分子生态学等新兴科学。新科技革命不仅兴起了一大批高新技术,而且还导致高新技术之间不断融合。比如,激光技术应用于信息技术并与信息技术融合,形成了激光通信技术、激光存储技术;应用于新材料领域并与新材料技术融合,形成了激光加工技术;应用于生物工程中,用激光处理过的植物种子和昆虫的卵会产生永久性遗传变异,可用来培育优良品种;等等。各门学科之间发生了研究方法与知识体系的融汇、综合,并由此产生了新的科学前沿和充满活力的新兴学科、交叉学科。这些新兴学科、交叉学科的研究对象不再局限于某一狭小的领域,而是涉及自然与社会各方面的复杂系统。

进入21世纪,科学技术向着更加分化、更加综合的方向发展,学科交叉融合的特征更加明显,甚至成为科学技术发展的"新常态"。科学技术在分化与综合两个方面都得到进一步的发展。一方面,继续沿着本学科的内在结构进一步分化和深入,比如:研究极端时空尺度的物质结构、相互作用及其运动规律,研究非常规条件下以至于极端条件下的物质性状和规律,等等。另一方面,向着更加综合的方向发展。科学技术的综合主要包括这样几种形式:一是将某些学科中具有普遍性的知识加以抽象概括而建立新的学科;二是将诸多学科的知识运用于某个复杂对象的研究而建立新的学科;三是将一门学科的某些理论、方法或手段移植于另一门学科之中而产生新学科的综合;四是技术的集成、融合,这种集成、融合不仅表现在单一的技术领域之内,而且表现在不同的技术领域之间,比如纳米、生物、信息等技术领域愈益深入、全面的融合。

又比如,元宇宙作为虚拟现实、数字孪生、物联网、云计算等高新技术深度融合的载体,展现出一种新的科技运用方式、人类生活方式,未来将推动相关产业进入爆发式增长期。

习近平同志在分析新一轮科技革命和产业变革时指出:"学科交叉融合加速,新兴学科不断涌现,前沿领域不断延伸"①,"物质结构、宇宙演化、生命起源、意识本质等一些重大科学问题的原创性突破正在开辟新前沿新方向,一些重大颠覆性技术创新正在创造新产业新业态"②。这些都深刻揭示了新一轮科技革命和产业变革的一个鲜明特点:广泛交叉、深度融合。新一代信息通信技术促进了知识传播和创新交流,带动了新兴学科和新技术的创新发展,变革突破的能量正在不断积蓄。比如,脑科学与数理、信息等学科领域的结合,正在催生脑—机交互技术,将极大带动人工智能、复杂网络技术发展,促进精神疾病和神经退行性疾病防治;个性化定制的骨骼、心脏外膜等应用相继出现;新材料领域不断与信息技术、先进制造技术融合,金属材料、半导体材料、先进储能材料、生物医用材料等不断创新,有力支撑相关应用领域发展甚至带动新的应用领域出现。当前,前沿引领技术、关键共性技术、现代工程技术等从点状突破向链式变革发展,颠覆性创新创造了新的技术轨道和经济范式,产生明显的催化、叠加、倍增效应。

2. 协同发展,整体跃进

在以往历次科技革命中先后出现的新的科学技术,比如蒸汽动力技术、电力技术,虽然也带动了其他技术的发展,但它们出现时,多是单一的,各门学科、各项技术之间的联系还较为松散。而发轫于20世纪中叶的新科技革命却不是像以往那样单一推进。新的科学技术的突破,不再只是表现为单一学科、单一技术的发展,而是表现出集群发展的新态势,表现为新的学科群、技术群和产业群的竞相崛起。新科技革命中产生的新学科、新技术、新产业,是一群

---

① 中共中央文献研究室编:《习近平关于科技创新论述摘编》,中央文献出版社2016年版,第81页。

② 习近平:《为建设世界科技强国而奋斗——在全国科技创新大会、两院院士大会、中国科协第九次全国代表大会上的讲话》,《人民日报》2016年6月1日,第2版。

一群出现的,因而被称为科技集群。这些科技集群不仅数量众多、门类广泛,而且相互之间还呈现出极强的关联性、综合性、交叉性。科技集群的研究对象不仅仅局限于客观世界的某种物质结构及其运动形式的某个共同方面,其概念和方法在多门学科中都具有普遍的适用性和意义。比如海洋科技就是综合众多科技而不断发展的,电子技术、遗传工程技术、光导纤维技术的迅速发展提高了海洋开发的能力。人类开发海洋的活动已在海底、海面和海空全面展开,进入了一个综合、立体开发的时代。海洋地质学、海洋水文学、海洋气象学、海洋生物学等学科,海洋探测技术、海洋采矿技术、海洋电力技术、深海技术等技术,海洋工程装备、海洋风电、海洋电子信息、海洋公共服务等产业,逐渐成为一个庞大的科技集群。

进入21世纪,新一轮科技革命和产业变革继续以科技集群的形式向纵深推进,呈现出全方位发展的态势,整体跃进的特征更加明显。一是,各种学科相互交叉、渗透、融合,导致新技术不断涌现,系统性、革命性、群体性突破频频发生。新一轮科技革命和产业变革呈现出协同发展态势,往往是若干关联度高的科技领域几乎同时或先后相继取得重大突破。目前已经形成了许多新的科技集群,主要包括信息科技集群、新能源科技集群、新材料科技集群、生物科技集群、空间科技集群、海洋科技集群、节能环保科技集群、地球深部开发利用科技集群、激光科技集群、先进制造科技集群,等等。当然,科技集群的划分标准可以有许多种,但无论具体的划分标准有何不同,都揭示了新科技革命呈现出协同发展的新态势。二是,科技集群的大量出现带动科学技术的整体性跃升,使得新一轮科技革命和产业变革呈现出频频发生质变的新特点。正如习近平同志所指出的:"信息技术、生物技术、新材料技术、新能源技术广泛渗透,带动几乎所有领域发生了以绿色、智能、泛在为特征的群体性技术革命。"[1]他还具体分析了群体跃进的代表性领域,指出:"以人工智能、量子信息、移动通信、物联网、区块链为代表的新一代信息技术加速突破应用,以合成生物学、基因编辑、脑科学、再生医学等为代表的生命科学领域孕育新的变革,融合机器

---

[1] 中共中央文献研究室编:《十八大以来重要文献选编》中,中央文献出版社2016年版,第19页。

人、数字化、新材料的先进制造技术正在加速推进制造业向智能化、服务化、绿色化转型,以清洁高效可持续为目标的能源技术加速发展将引发全球能源变革,空间和海洋技术正在拓展人类生存发展新疆域。"①三是,新一轮科技革命和产业变革中,颠覆性科技创新不断涌现,并迅即应用到经济社会各个领域,使得由科技创新引发的质变扩散辐射到整个社会,进而形成更为强大的驱动引领力量。

3. 信息先导,智能互联

新科技革命出现了很多新的科技集群,在这些科技集群中有带头的技术,这就是信息技术。20世纪90年代以来,以微电子和计算机技术、通信和网络技术、软件和系统集成技术为代表的信息技术一马当先,飞速发展并得到广泛应用。信息技术成为当代最先进、最活跃的生产力,成为创新速度最快、通用性最广、渗透性最强的高技术。"信息技术已渗透到各个学科和领域,有力地带动着物质科学、生命科学以及新能源、新材料、航空航天等工程技术的进展,促进了各学科广泛交叉、融合发展,极大地提高了人类认识、保护、适应和改造自然的水平。"②特别是互联网的普及,使知识积累和传播的速度明显加快,为科学技术的全面突破创造了条件。信息技术向最广泛的应用领域进军,同科技、经济和文化结合形成了新的产业,即信息产业。信息产业具备增长速度高、技术进步快、经济效益好以及产业关联度强等主导产业所应有的基本特征。在信息技术的推动下,信息产业已成为世界上增长最快、规模最大、渗透性最强的主导产业,成为拉动经济社会发展的火车头。随着信息技术和信息产业的发展,信息网络扩展到全世界,深刻地改变着人类的生产方式和生活方式。信息网络的应用,使得传统的生产方式逐步让位于信息化的生产方式,人们的生活方式、思维观念也受到越来越广泛和深刻的影响。信息技术引发了全球范围的信息革命和信息浪潮,信息化是新科技革命的最鲜明特点、最主要标志、最

---

① 习近平:《在中国科学院第十九次院士大会、中国工程院第十四次院士大会上的讲话》,《人民日报》2018年5月29日,第2版。

② 江泽民:《论中国信息技术产业发展》,中央文献出版社、上海交通大学出版社2009年版,第14页。

强大驱动力。正是在这个意义上，新科技革命又被人们称为信息革命，我们所处的时代被称为信息化时代。

进入21世纪以来，信息技术作为新一轮科技革命和产业变革的先导和核心技术，发展势头更加迅猛，信息化泛在的特征更加明显。"大数据、云计算、移动互联网等新一代信息技术同机器人和智能制造技术相互融合步伐加快"[1]，有力地推动社会生产和消费从工业化向自动化、智能化转变。伴随着新一代信息技术在全社会广泛而迅速应用，"移大山"（移动互联网、大数据、3D打印）、"智云物"（谐音"制云雾"，指智慧城市、云计算、物联网）给人类社会传统的生产、生活方式乃至人们的思维、消费方式带来了翻天覆地的革命性变化。

伴随着信息化的快速发展及广泛应用，智能化浪潮席卷而至，人工智能蓬勃发展、蒸蒸日上，为经济社会发展增添了强大的新动能。人工智能本质上是为了研制出具有人类智能的机器，能够模拟、延伸和扩展人类智能的理论、方法、技术及应用形式。云计算和大数据的快速发展为人工智能提供了基础支撑，深度学习带来的算法突破提高了复杂任务处理的准确度和效率，极大地推动了语音识别、计算机视觉、机器学习、自然语言处理、机器人等人工智能技术的发展。近年来，国内外互联网巨头纷纷通过各种方式在人工智能领域加速布局。IBM沃森已经应用到了医疗、法律、政府决策等领域。在政府层面，由于人工智能在国家服务业、制造业、军事等领域的应用前景，各国纷纷在战略上开始布局人工智能。比如，美国于2016年成立人工智能委员会，日本于2016年开始执行的"第五期科学技术基本计划"中安排专门经费开展物联网及人工智能系统研发。我国将人工智能写入"十三五"规划纲要以及战略性新兴产业目录，全面发展上中下游产业链。2016年5月18日，国家发展改革委、科技部、工业和信息化部、中央网信办四部委联合发布了《"互联网＋"人工智能三年行动实施方案》。2017年7月8日，国务院印发《新一代人工智能发展规划》。2018年10月31日，习近平同志在十九届中央政治局第九次集体学习时强调：人工智能是新一轮科技革命和产业变革的重要驱动力量，"是引领这一轮科技

---

① 习近平：《为建设世界科技强国而奋斗——在全国科技创新大会、两院院士大会、中国科协第九次全国代表大会上的讲话》，《人民日报》2016年6月1日，第2版。

革命和产业变革的战略性技术,具有溢出带动性很强的'头雁'效应"①。大数据、互联网、人工智能同实体经济深度融合,催生了产业互联网、智能制造等数字化产业新业态。5G网络、人工智能、移动物联网等技术的广泛应用,推动各种智能终端与移动互联网连接,人类正在迈向万物互联、智能互联的时代,由此引发人类生产生活、组织方式的巨大变化。新一代信息技术通过数字化、智能化促进了各行业、各领域的交叉融合,推动产业快速变革。虚拟现实和增强现实、人机界面、传感器及信息物理系统等新兴领域迅猛发展,促进了网络空间与物质世界相互渗透和融合发展。新一代智能技术与制造、能源、交通、农业等技术结合,带动了智能制造、智能电网、智慧城市、智能交通、智能农业的迅速增长,正在深刻改变着我们这个日益丰富多彩的世界。加快发展新一代人工智能是事关世界各国能否抓住新一轮科技革命和产业变革机遇的重大战略问题。以人工智能为引领的数字技术加速推动经济社会发展向数字化、智能化转型。

4. 更新迭代,快捷转化

新一轮科技革命和产业变革的一个最新特点,就是更新迭代速度加快,科技一体化加速推进,科技创新链条更加灵巧。这是此前历次科技革命所不具备的。习近平同志以高瞻远瞩的战略眼光,深刻指出:"传统意义上的基础研究、应用研究、技术开发和产业化的边界日趋模糊,科技创新链条更加灵巧,技术更新和成果转化更加快捷,产业更新换代不断加快。"②科技创新链条之所以变得更加灵巧,原因主要有四个方面:

一是科技创新速度明显加快,科学技术的成果越来越多地得到推广和应用。由于科学知识的积累具有继承性,生产能力的提高,科学实验的手段越来越先进,科学探索的领域不断拓展,因而自20世纪中叶新科技革命爆发以来,科学技术成果的增长呈现指数增长的特点,科学技术发展明显地呈现出加速

---

① 中共中央党史和文献研究院编:《习近平关于网络强国论述摘编》,中央文献出版社2021年版,第119页。

② 习近平:《在中国科学院第十七次院士大会、中国工程院第十二次院士大会上的讲话》,《人民日报》2014年6月10日,第2版。

发展的趋势。进入21世纪,全球知识创造速度明显加快,论文数量增长率不断攀升,同期发明专利授权量不断增加。科技创新更加活跃,科技知识更新频率越来越快,一系列高新科技纷至沓来,发展速度令人目不暇接。"在农耕时代,一个人读几年书,就可以用一辈子;在工业经济时代,一个人读十几年书,才够用一辈子;到了知识经济时代,一个人必须学习一辈子,才能跟上时代前进的脚步。"①科技推广和应用的范围、速率和效能也在迅速扩大、提升。比如,随着北斗高精度和人工智能、大数据、云计算、5G通信等新技术的结合,北斗已不仅仅是卫星导航定位系统,而是延伸到了工业互联网、物联网、车联网等新兴应用领域,应用到电子商务、移动智能终端制造、智能可穿戴设备等方面,成为泛在、融合、智能的综合时空服务体系,广泛进入大众消费和民生领域,被誉为贴近百姓生活的大国重器。2020年7月31日,北斗三号全球卫星导航系统正式建成开通。这标志着我国建成了独立自主、开放兼容的全球卫星导航系统,中国北斗从此走向了服务全球、造福人类的时代舞台。这意味着,在世界任何一个地方,都能够获得北斗系统的开放、免费、高质量的导航、定位和授时服务。据统计,截至2022年4月,在轨服务的北斗卫星共计45颗,空间和地面基础设施均已形成较为完备的服务能力。北斗导航系统的海外市场拓展取得积极成效,目前全世界一半以上的国家和地区都开始使用北斗系统。中国北斗导航系统实现了对"一带一路"沿线国家及地区的覆盖,在服务"一带一路"沿线国家及地区建设方面大显身手,成为一张引人瞩目的国家名片。

二是科技成果的产业化周期越来越短,科学、技术、生产愈益呈现出一体化趋势。据国外有关专家所作的调查和统计,从科学发现到技术发明,再形成批量生产,变成商品,在18世纪大约平均需要100年,19世纪缩短为50年,20世纪上半叶缩短为30年,第二次世界大战以后缩短为7年。随着科学技术发展,科技成果转化为商品的周期逐渐缩短为3—5年,有的甚至2—3年就可以商品化了。现在一个最新的趋势是,某些技术在研发之初就已充分考虑到市场应用问题,新技术研发出来后,很快就可以实现市场化。科研、开发和产品

---

① 习近平:《在中央党校建校80周年庆祝大会暨2013年春季学期开学典礼上的讲话》,《人民日报》2013年3月3日,第2版。

更新几乎同时进行的例子俯拾皆是。比如,人类基因组、超导、纳米材料等许多基础研究成果在中间阶段就已申请了专利,正以前所未有的速度转化为产品投入市场,产品更新速度与技术更新速度几乎同步。比如,生命科学与生物医药技术创新持续加速,推动一个覆盖面更广、技术要求更高、综合性更强的新型产业——大健康产业蓬勃发展。由于科学技术转化为现实生产力的周期大大缩短,科学研究、技术创新、产业发展、社会进步相互促进和一体化趋势更加明显,一系列重大科技成果以前所未有的速度应用到各领域,并转化为现实生产力。

三是全球创新创业进入高度密集活跃期,人才、知识、技术、资本等创新资源全球流动的速度、范围和规模达到空前水平。这既是全球创新创业发展到一定阶段的产物,同时也是全球创新创业进入高度密集活跃期的一个重要表现。创新创业活动越来越密集,重大原创性、颠覆性技术不断涌现,催生新经济、新产业、新业态、新模式。

四是科技创新的精准度更高。新一轮科技革命和产业变革蓬勃发展,使得科技研究、技术开发和产业化的边界日趋模糊,产学研用各个环节交互相融。很多科研项目在立项之时,就有明确的问题导向、目标导向和应用导向,这使得科学发现、技术创新一旦形成,就能直接对经济社会发展产生立竿见影的作用,而不是像过去那样还要经过许多烦琐的环节才能见到成效。科技创新链条变得更加灵巧,意味着科技对经济社会发展的驱动、支撑和引领作用愈加直接、愈加显著。

5. 彰显价值,注重人文

进入21世纪以来,"科学技术和经济社会发展加速渗透融合"[①],科学技术与社会、自然科学与人文社会科学紧密结合的趋势也愈益明显,由此使得新一轮科技革命和产业变革呈现出一个新特点:更加注重科技的人文价值。

科学是一个综合性概念,既包括自然科学,又包括社会科学。在认识世界

---

① 习近平:《在中国科学院第二十次院士大会、中国工程院第十五次院士大会、中国科协第十次全国代表大会上的讲话》,《人民日报》2021年5月29日,第2版。

和改造世界的过程中,社会科学与自然科学同样重要。当今世界,各种学科的综合化趋势日益深入,自然科学与社会科学相互结合、相互促进明显加强,社会经济和科技已经形成一个复杂的大系统。自然科学的发展丰富了社会科学理论,社会科学理论为自然科学研究提供了方法论、认识论。当代社会历史的客观进程、当代重大的科学技术问题以及经济社会发展问题,都具有高度的综合性、关联性和复杂性。解决这些综合性问题、关联性问题、复杂性问题,单靠某一门学科、某一种技术是不可能解决的。必须通过自然科学、技术科学和社会科学的各主要部门进行多方面的广泛合作,综合运用多学科的知识和方法,把自然科学、技术科学和人文社会科学结合成为一个创造性的综合体,才能真正解决这些综合性、关联性、复杂性问题。当代人类面临的需要解决的问题的高度综合性、关联性和复杂性,决定了当代自然科学、技术科学与人文社会科学的结合,是当今科学技术发展的新趋势和新特点。自然科学、技术科学和社会科学的相互渗透与结合形成了共同研究的重大课题。这些课题的解决对于推动经济社会发展具有十分重要的作用。科学技术的概念、方法和手段向人文社会科学的渗透,以及人文社会科学的价值、伦理观念和理论在科学技术中的广泛应用,都会引起自然科学、技术科学和社会科学的深刻变革。当代许多富有创造性的理论成果正是出现在各门自然科学、技术科学和社会科学相互交汇之处。习近平同志敏锐地观察到"学科之间、科学和技术之间、技术之间、自然科学和人文社会科学之间日益呈现交叉融合趋势",深刻指出:"科学技术从来没有像今天这样深刻影响着国家前途命运,从来没有像今天这样深刻影响着人民生活福祉。"[1]

科学技术具有二重性。一方面,科学技术极大地提高了社会生产力水平,推动了经济社会发展。另一方面,伴随着生产力的提高而出现的许多复杂的社会问题,如贫富差距、环境污染等,不仅没有随着科学技术的进步而消失,反而还有进一步加剧的趋势。解决这些复杂的社会问题,离不开科学技术。必须克服科技与人文脱节的弊端,着力打通科技与人文的桥梁,让科技与人文相

---

[1] 习近平:《在中国科学院第十九次院士大会、中国工程院第十四次院士大会上的讲话》,《人民日报》2018年5月29日,第2版。

向而行、良性互动,让人文助力科技发展,使科技更加人性化、更有温度、更能体现人的主体地位和价值追求。新一轮科技革命和产业变革蓬勃发展,推动人类反思传统的科技单向度发展模式。人类越来越认识到,必须克服科学技术的消极性、片面性,加强对科学技术的引导,强化科技伦理治理,着力推动科技向善,使科学技术与经济社会同向发展、同向进步,使科学技术进步真正服务于人类社会。

6. 生态重塑,安全凸显

伴随经济全球化在曲折中发展,创新全球化也呈现曲折发展的总体态势,也因此导致科技全球化生态重塑。与此同时,随着全球化问题不断显现,科技治理面临的挑战和问题层出不穷,科技安全的重要性日益彰显,甚至成为制约科技创新的重要变量。

科技创新全球化是指科技活动超越了国家和地区的范围,各国科技创新的相互依存关系不断加强,科技创新要素在全球范围内自由流动、合理配置,科技创新的成果全球共享,科技创新的规则与制度环境在全球范围内渐趋一致的发展过程。

经济全球化是社会生产力和科学技术发展的客观要求和必然结果。其显著特征是,经济资源跨越国界在全球范围内流动和配置,世界各民族国家的经济相互依赖和经济联合的程度日益加深,整个经济呈现一种全球化的趋势,相互渗透,交往、联系更加密切。信息技术和网络技术的发展,为经济全球化进程提供了坚实的技术基础;反过来,经济全球化造成经济资源的全球流动,提高了世界范围内各种经济主体的相互依赖性,必然带动科技资源的全球流动,从而促进全球性科技合作与竞争关系的发展。在经济全球化的大背景下,科技扩散的速度不断提高,范围不断扩大,科技创新全球化的趋势越来越明显。经济全球化推动了科技创新全球化,反过来,科技创新全球化又进一步促进了经济全球化的发展。

科技创新全球化从人类科技活动的初期就开始萌芽,在20世纪得到较快发展。尤其是20世纪90年代以来,随着信息技术的发展和冷战的结束,创新全球化以其更加迅猛的速度冲击着世界的每一个角落,国际间科技、经济的交流合作不断扩大,几乎每个国家都不同程度地参与了超越国界的科技合作进程,科技创新、经济活动越来越趋于全球化。创新全球化主要表现为:知识和信息在世界各国传播,技术转移频繁,科技人员在全球范围内流动,全球科技活动日趋活跃,跨国公司的研发全球化、联盟化趋势加速发展,创新要素在全球优化集成,科技创新在国际上迅速扩散和推广,创新方式和形态更加多元开放,国家间科技合作不断深入,重大国际科技项目持续开展,前沿技术成为大国博弈的主疆域,主要经济体聚焦关键领域抢占制高点,等等。

当今世界正在经历百年未有之大变局,国际政治和经济关系正在经历深刻变革。由于西方主要发达国家对经济全球化的态度发生逆转,全球化遭遇逆流,科技创新全球化进程也受到一定程度的影响。一些国家实施高新技术出口管制或技术禁运,技术性贸易壁垒加剧,科技要素跨境活动受到限制。科技成为个别国家封锁、遏制其他国家的武器,成为排他性、功利性尤其是意识形态斗争的工具。大国博弈、地缘竞争、贸易管制等导致全球创新网络面临割裂化、碎片化风险。全球经济低迷,公平和效率、增长和分配、技术和就业等矛盾更加突出,网络安全、重大传染性疾病、数据安全、生命伦理、气候变化等非传统安全威胁持续蔓延,全球治理体系面临新的挑战。科技发展落后的国家将在信息安全、隐私保护、情报搜集等方面处于劣势,"科技主权"将成为继边防、海防、空防之后一个全新的大国博弈空间。特别是新冠肺炎疫情的全球蔓延,使得人类面临着过去从来没有过的、巨大的公共卫生安全挑战和压力。

科技安全在任何时代都是存在的,但是在世界百年未有之大变局加速演进并与世纪疫情叠加共振的今天,科技安全的重要性、紧迫性、危害性、严重性更加凸显。一个最为明显的例子就是网络安全威胁和风险日益突出,并日益向政治、经济、文化、社会、生态、国防等领域传导渗透。网络和新兴数字技术发展带来了网络攻击、隐私泄露、情报窃取等新的科技安全问题。欧洲议会《全球趋势2035》报告预测,到2035年,将会有越来越多的个人、国家或组织掌握先进的网络入侵技术,新型网络安全威胁将层出不穷,网络安全防护的任务将不限于防止敌人窃取机密资料,反颠覆、反破坏也将成为重点。维护国家关键信息基础设施安全,有效应对国家级、有组织的高强度网络攻击,对世界各国来说都是非常棘手的难题。

总之,人类面临的全球性问题越来越复杂,既加剧了全球治理的难度,又凸显了维护科技安全的极端重要性。解决日益严重的全球性问题,离不开科技的力量。科技在全球治理体系变革中承担着更大的责任和使命,日益成为破解全球治理难题的重要力量。伴随着全球治理体系变革的呼声日益高涨,科技在全球治理中的地位和作用日益上升。

四、我国科技事业发展的历史方位

新中国成立以来,党中央高度重视科技事业,团结带领广大科技工作者和全国各族人民自力更生、艰苦奋斗,建立起全面独立的科研体系,形成了规模宏大的科学技术队伍,取得了一个又一个举世瞩目的科技成就。多复变函数论、陆相成油理论、人工合成牛胰岛素、"两弹一星"、超级杂交水稻、汉字激光照排、三峡工程、人类基因组测序等基础科学突破和工程技术成果,为我国经济社会发展提供了坚强支撑,为国防安全作出了历史性贡献,也为我国成为一个有世界影响的大国奠定了重要基础。经过新中国成立以来特别是改革开放以来的持续努力,我国科技实力不断提升,为在新的起点上建设世界科技强国奠定了坚实的基础。

随着中国特色社会主义进入新时代,我国科技事业也进入了新时代。党中央在深入研判国内外发展形势、科学分析世界科技创新竞争态势、总结我国科技发展实践的基础上,针对我国科技事业面临的突出矛盾和问题,坚持把科技作为引领发展的第一动力,深入实施科教兴国战略、人才强国战略、创新驱动发展战略,加快推进以科技创新为核心的全面创新,推动我国科技事业取得历史性成就、发生历史性变革。

党的十八大以来,在党中央的坚强领导下,我国科技事业取得长足进展。科技在提高国家综合实力、推动经济持续健康发展、决战决胜脱贫攻坚、保障和改善民生等方面发挥着越来越重要、越来越显著的作用。特别是"十三五"时期,我国重大创新不断涌现,为全面建成小康社会提供了强大的科技支撑。

第一,系统推进基础研究和关键核心技术攻关,科技创新能力实现新跃升。支持基础研究发展的政策体系不断完善。2014年12月3日,国务院印发

《关于深化中央财政科技计划(专项、基金等)管理改革的方案》。其中,国家自然科技基金专门支持基础研究,国家科技重大专项和国家重点研发计划也对基础研究予以经费支持。2018年1月19日,国务院印发《关于全面加强基础科学研究的若干意见》,明确了基础研究领域的发展目标,并从完善布局、建设高水平研究基础、壮大人才队伍、提高国际化水平、优化发展机制与环境五个方面对基础研究进行了全面部署。"十三五"期间,我国基础研究占研发投入比重首次超过6%。基础研究整体实力显著加强,化学、材料、物理、工程等学科整体水平明显提升,不少学科居世界前列。在干细胞、脑科学、合成生物等前沿方向上取得一批重大原创成果,高速铁路、关键元器件和基础软件研发取得积极进展。"成功组织了一批重大基础研究任务,'嫦娥五号'实现地外天体采样返回,'天问一号'开启火星探测,'怀柔一号'引力波暴高能电磁对应体全天监测器卫星成功发射,'慧眼号'直接测量到迄今宇宙最强磁场,500米口径球面射电望远镜首次发现毫秒脉冲星,新一代'人造太阳'首次放电,'雪龙2号'首航南极,76个光子的量子计算原型机'九章'、62比特可编程超导量子计算原型机'祖冲之号'成功问世。散裂中子源等一批具有国际一流水平的重大科技基础设施通过验收。"①上海光源、全超导托卡马克核聚变装置等重大科研基础设施为我国开展世界级科学研究奠定了重要物质技术基础。一批企业牵头的国家技术创新中心建成。国家重点实验室建设步伐加快,对高水平科研的支撑作用进一步增强。"战略高技术领域取得新跨越。在深海、深空、深地、深蓝等领域积极抢占科技制高点。'海斗一号'完成万米海试,'奋斗者'号成功坐底,北斗卫星导航系统全面开通,中国空间站天和核心舱成功发射,'长征五号'遥三运载火箭成功发射,世界最强流深地核天体物理加速器成功出束,'神威·太湖之光'超级计算机首次实现千万核心并行第一性原理计算模拟,'墨子号'实现无中继千公里级量子密钥分发。'天鲲号'首次试航成功。'国和一号'和'华龙一号'三代核电技术取得新突破。"②

① 习近平:《在中国科学院第二十次院士大会、中国工程院第十五次院士大会、中国科协第十次全国代表大会上的讲话》,《人民日报》2021年5月29日,第2版。
② 习近平:《在中国科学院第二十次院士大会、中国工程院第十五次院士大会、中国科协第十次全国代表大会上的讲话》,《人民日报》2021年5月29日,第2版。

我国在量子通信、高温铁基超导、中微子振荡等诸多前沿领域取得的重大突破，有力证明了中华民族的强大创新创造力。我国成功发射世界首颗量子科学实验卫星"墨子号"，在国际上率先实现千公里级的星地量子通信，取得了天地一体化广域量子通信技术的重大突破。它的应用必将对人类社会产生重大影响。超导是战略性技术储备。我国科技工作者通过40K以上铁基高温超导体的发现及若干基本物理性质研究，显著改善了通信信号，明显提升了磁共振成像准确度，得到全球科学家的普遍高度认可。中微子振荡是高能物理领域的顶尖研究，我国率先发现中微子振荡的第三种模式，并测量出振荡概率。这一重要成果是对物质世界基本规律的一个新的认识，对中微子物理未来发展方向起到了决定性作用，并将有助于增进人类对中微子基本特性的理解。这一系列前沿科技成果，从多个层面提升了我国原始创新和自主创新能力。

第二，新型举国体制锻造大国重器，重大科学工程彰显科技实力。我国在航空航天、深海潜水和天文研究等领域完成了一系列全球领先的重大工程，展现出强大的举国体制优势。从第一艘载人飞船"神舟五号"顺利升空，到首个具备补加功能的载人航天科学实验空间实验室"天宫二号"成功交会对接，再到"嫦娥五号"探测器地外天体首次采样返回，重大航天工程稳步推进。中国首次火星探测任务"天问一号"探测器成功发射，迈出了我国自主开展行星探测第一步。"天问一号"成功着陆火星，"祝融号"火星车驶抵火星表面并开展科学巡测，标志着首次火星探测任务取得圆满成功。空间站天和核心舱、"天舟二号"货运飞船、"神舟十二号"载人飞船发射成功并完成对接。深潜技术不断突破，从载人潜水器"蛟龙号"工作范围覆盖全球99.8%的海洋区域，到"奋斗者"号创造出10909米的中国载人深潜新纪录，我国自主研发的核心材料等关键设备，在大深度载人深潜领域达到了世界领先水平。"海牛Ⅱ号"刷新深海海底钻机钻探深度世界纪录。射电望远镜，被誉为"中国天眼"的500米口径球面射电望远镜，在口径、灵敏度、分辨率、巡星速度等关键指标上全面超越国际先进水平，为我国开展天文学研究和跨国天文探测合作提供了重要平台，有利于我们在科学前沿实现重大原创性突破。

重大装备不仅是工业能力的体现，更是科技创新的结晶，能够带动和提升相关产业的科技创新。超级计算机为能源、医药、飞机制造、汽车等广泛领域提供高性能计算服务,是国家创新能力的体现。我国的"银河""天河""神威"等一系列超级计算机在计算能力上一度占据全球首位,数量上也超越美国跃居世界第一。超级计算机依靠其突出的运算能力,为我国实现百万核规模的全球10公里高分辨率地球系统数值模拟、"天宫一号"返回路径的数值模拟和精确预测等提供了强有力的算力支持,成为新时代创新驱动发展的国之利器。高铁动车是现代交通的重要方式,也是我国装备制造业科技水平的重要标志,极大地推动了我国铁路运输的运营水平和运载效率。速度快、能耗低、安全性强、智能化水平高的"复兴号"成为中国高铁的代表,展现出中国人民勇攀高峰、创新创造的伟力,成为亮丽的中国名片。

第三,全方位推动科技与经济社会深度融合,着力引领产业向中高端迈进,形成支撑引领高质量发展的新动能。 重大专项引领重点产业跨越发展,移动通信、新药创制、核电等取得重大成果。高端产业取得新突破。C919大飞机准备运营,时速600公里高速磁浮试验样车成功试跑,最大直径盾构机顺利始发。北京大兴国际机场正式投运,"复兴号"高铁投入运营,港珠澳大桥开通营运。人工智能、区块链、北斗导航卫星全球组网、新能源汽车等加快应用。数字经济发展基础不断夯实,新一代数字技术创新不断加快,自主可控能力持续提升。数字经济与实体经济加速融合,产业数字化和数字产业化加速推进,数字经济服务社会、保障民生能力大幅增强。智能制造取得长足进步,图像识别、语音识别走在全球前列,5G移动通信技术率先实现规模化应用。新能源汽车加快发展。消费级无人机占据一半以上的全球市场。一大批新兴产业群快速崛起,越来越多的科技成果进入经济社会主战场,促进了社会生产力的极大发展。高新技术企业突破20万家。大型企业数量快速增长,产业竞争力不断增强,企业科技水平整体提高。独角兽企业集中涌现,中国成为全球初创企业的重要集聚地。北京、上海、粤港澳国际科技创新中心加快建设,21家国家自主创新示范区和169家高新区等推动形成一批创新增长点、增长带、增长极。运用科技手段构建精准扶贫新模式,为贫困地区培育科技产业、培养科技人才,实现科技特派员对建档立卡贫困村科技服务和创业带动的全覆盖,科技在支撑打赢脱贫攻坚战方面发挥了重要而独特的作用。通过科技水平的提高推动污染防治和环境治理,煤炭清洁高效燃烧、钢铁多污染物超低排放控制等多项关键技术的推广应用,极大地促进了空气质量改善,绿色发展方式加快确立,生态保护水平不断提升。

第四,加速推进科技体制改革,形成创新创业新生态。2015年8月18日,中共中央办公厅、国务院办公厅印发《深化科技体制改革实施方案》,明确提出了到2020年要完成的143项改革任务。2016年1月18日,中共中央、国务院印发《国家创新驱动发展战略纲要》,强调要围绕科技计划体系,科研经营管理,扩大高校和科研机构自主权,落实科研成果转化的股权、期权和分红激励等推进改革。"十三五"期间,科技计划管理、成果转化、资源开放共享等初步实现改革目标。我们在科技计划改革方面着力破解长期以来困扰科技创新的重复、分散、封闭、低效这些问题,形成了新的国家科技计划体系,建立了更加公开透明而且是专业化的管理运行机制,进一步激发了科研人员的创新活力,提高了科技计划的整体绩效。特别是加强部门协同和部省联动,建立了"共同凝练科研需求、共同设计研发任务、共同组织实施项目"的"三个共同"机制,取得了明显成效。推进"揭榜挂帅"首批试点。基础性的科技创新制度全面建立,科技、产业、金融、成果转化和知识产权保护的通道更加畅通。国务院和有关科技部门围绕促进"大众创业、万众创新"相继出台了一系列政策措施,创新创业积极性大幅提升,全社会创新创业热情不断激发,"双创"主体规模持续扩大。以科创板为代表的多层次资本市场加快形成,成果转化引导基金、众创空间等为创新创业提供了良好环境。科技界加强科研诚信和作风学风建设,科技生态持续净化,科学家精神和正确的价值导向得到进一步倡导和弘扬。深入推进科技人才队伍建设,科技领军人才和创新团队加快涌现。积极融入全球创新网络,科技开放合作迈出主动布局新步伐。

第五,积极推进疫情防控科研攻关,为确保人民生命健康和安全提供强大科技支撑。面对新冠肺炎疫情,我们坚持以科学为先导,充分运用近年来科技创新成果,坚持科研、临床、防控一线紧密配合和产学研用各方相互协同,打了一场成功的科技抗疫战。科技界为党和政府科学应对疫情提供了科技和决策支撑。迅速开展新冠肺炎疫情科研应急攻关,成功分离出世界上首个新冠病毒毒株,研发应用多款疫苗,科技在控制传染、病毒溯源、疾病救治、疫苗和药物研发、复工复产等方面提供了有力支撑。积极参与国际科技抗疫交流合作,提供中国方案,为应对全球共同挑战作出中国新贡献。

经过坚持不懈的努力,我国开始进入世界科技前沿领域,逐步引领全球科技发展方向,我国科技事业进入了新的历史方位。"从总体上看,我国在主要科技领域和方向上实现了邓小平同志提出的'占有一席之地'的战略目标,正处在跨越发展的关键时期。"①

我国科技所处的"跨越发展的关键时期"到底是一个什么样的时期? 这是一个跟跑、并跑、领跑"三跑"并存且并跑、领跑"两跑"分量不断加大的时期,是从量变迈向质变的飞跃、从点的突破迈向整体跃升的时期。简言之,就是"三跑并存、两个飞跃"。这也是我国科技事业发展的历史方位。习近平同志指出:"这些年来,在党中央坚强领导下,在全国科技界和社会各界共同努力下,我国科技事业密集发力、加速跨越,实现了历史性、整体性、格局性重大变化,重大创新成果竞相涌现,一些前沿方向开始进入并行、领跑阶段,科技实力正处于从量的积累向质的飞跃、点的突破向系统能力提升的重要时期。"②

关于我国科技事业所处的历史方位,习近平同志从三个方面进行了阐述。一是我国科技整体能力持续提升,科技创新取得新的成就。"我国科技事业密集发力、加速跨越,实现了历史性、整体性、格局性重大变化,重大创新成果竞相涌现。"③二是经过坚持不懈的努力,"一些重要领域方向跻身世界先进行列,某些前沿方向开始进入并行、领跑阶段"④。这是我国科技事业正在实现跨越发展的一个重要标志。三是"我国科技实力正在从量的积累迈向质的飞跃、从点的突破迈向系统能力提升"⑤。这是对我国科技事业跃升的总体把握,表明

① 习近平:《为建设世界科技强国而奋斗——在全国科技创新大会、两院院士大会、中国科协第九次全国代表大会上的讲话》,《人民日报》2016年6月1日,第2版。

② 习近平:《在中国科学院第十九次院士大会、中国工程院第十四次院士大会上的讲话》,《人民日报》2018年5月29日,第2版。

③ 习近平:《在中国科学院第十九次院士大会、中国工程院第十四次院士大会上的讲话》,《人民日报》2018年5月29日,第2版。

④ 习近平:《为建设世界科技强国而奋斗——在全国科技创新大会、两院院士大会、中国科协第九次全国代表大会上的讲话》,《人民日报》2016年6月1日,第2版。

⑤ 习近平:《在中国科学院第二十次院士大会、中国工程院第十五次院士大会、中国科协第十次全国代表大会上的讲话》,《人民日报》2021年5月29日,第2版。

我国科技事业正在引发质变、实现整体性跃升。

习近平同志以宏阔的视野,将我国科技事业置身于世界科技发展全局中,用"跟跑""并跑""领跑"等词语来描述我国科技水平和状况。早在2013年3月4日,他在参加全国政协十二届一次会议科协、科技界委员联组讨论时就强调要增强创新自信,指出:"我们在一些领域已接近或达到世界先进水平,某些领域正由'跟跑者'向'并行者'、'领跑者'转变,完全有能力在新的起点上实现更大跨越。"[①]跟跑是第一个阶段,指的是我国科技水平同发达国家的科技水平相比差距较大,我们只能跟在别人后面学习、引进,在消化吸收的基础上进行创新。在跟跑阶段,发达国家是我们学习、追赶的对象。我们的目的首先就是要赶上世界先进水平,只有在赶上的基础上才能实现超越。并跑是第二个阶段,表明我国科技水平整体提升,在一些领域已经与其他国家不相上下,处在同一个水平线上。在并跑阶段,比的是科技创新能力,特别是自主创新能力。谁最终能在竞争中脱颖而出,取决于自主创新能力。必须打好关键核心技术攻坚战,才能实现弯道超车。领跑是第三个阶段,指科技水平居于世界前列,一些领域处于领先地位。在领跑阶段,我们进入世界科技前沿,掌握了一些重要领域的优势,占据主导地位并引领该领域发展方向,成了别人学习、追赶的对象。2018年5月28日,习近平同志在中国科学院第十九次院士大会、中国工程院第十四次院士大会上提出了我国整体科技水平实现从跟跑向并行、领跑的战略性转变之后,还要力争"在重要科技领域成为领跑者,在新兴前沿交叉领域成为开拓者,创造更多竞争优势"[②]。这是更高的目标。

目前,我国在量子信息、高温超导、5G通信、中微子振荡、纳米催化、高速铁路、民用无人机等领域处于领先地位,取得大批世界领先的原创成果。在互联网、人工智能、大数据应用等领域中美双雄并峙。在信息、生命科学等领域的大部分基础技术和关键共性技术方面,我国还处于跟跑地位。我国成功发射的首颗量子科学实验卫星"墨子号",就是科技创新加快,由跟跑、并跑向并跑、

---

① 中共中央文献研究室编:《习近平关于科技创新论述摘编》,中央文献出版社2016年版,第36页。

② 习近平:《在中国科学院第十九次院士大会、中国工程院第十四次院士大会上的讲话》,《人民日报》2018年5月29日,第2版。

领跑转变的一个典型案例。始于20世纪初的量子力学革命,给人类带来了激光、晶体管、电脑、核能等突破性技术和成果,被称作"第一次量子革命"。21世纪初,量子调控和量子信息技术的迅猛发展,标志着第二次量子革命的兴起。量子通信事关国家信息和国防安全,这个战略性领域已经成为当今发达国家和地区优先发展的信息科技和产业高地,竞争极为激烈。美国对量子通信的理论和实验研究开始较早,并最先将其列入国家战略。美国国防部支持的"高级研究与发展活动"计划将量子通信应用拓展到卫星通信、城域以及长距离光纤网络。欧盟着眼于合力构建量子互联网,2008年发布的《量子信息处理与通信战略报告》明确了欧洲在未来5年和10年的量子通信发展目标。欧盟还启动了量子通信技术标准化研究,并成立"基于量子密码的安全通信"工程,这是继欧洲核子中心和国际空间站后又一大规模的国际科技合作。日本也不甘落后,制定了量子信息技术长期发展路线图。日本国立信息通信研究院计划在2020年实现量子中继,到2040年建成极限容量、无条件安全的广域光纤与自由空间量子通信网络。虽然在全球量子通信竞赛中,中国起步并非最早,但是在科学家们的不懈努力下,目前中国在量子通信领域已经实现了弯道超车。[1]2016年8月16日,我国成功发射了世界首颗量子科学实验卫星"墨子号",使人类首次完成卫星和地面之间的量子通信,构建起天地一体化的量子保密通信与科学实验体系。量子卫星的成功发射,不仅具有重要的科学意义和实用价值,而且使得我国在量子太空国际竞赛中掌握主动权,在第二次量子革命中由跟跑者向领跑者转变。此外,"神威·太湖之光"也是我国科技由跟跑、并跑向并跑、领跑转变的一个缩影。这些都彰显了我国的科技实力。

---

[1] 刘诗瑶:《量子通信,中国领跑》,《人民日报》2016年8月22日,第20版。

图2—1 经济社会发展统计图表:"十三五"时期经济社会发展主要指标
(科技篇)

指　标	单　位	2020年绝对量	2020年比上年增长(%)	2016—2020年平均增速(%)［累计］
一、科技投入				
研究与试验发展(R&D)人员全时当量①	万人年	523.5	9.0	6.8
研究与试验发展(R&D)经费支出	亿元	24393.1	10.2	11.5
其中:基础研究	亿元	1467.0	9.8	15.4
研究与试验发展(R&D)经费投入强度②	%	2.40	0.16(百分点)	［0.34］(百分点)
国家公共财政支出中科学技术支出占比	%	4.11	-0.38(百分点)	［0.13］(百分点)
每万名就业人员中研发人员	人	100.6	6.5	7.0
研究与试验发展(R&D)人员中本科及以上学历人员占比	%	63.6	-0.1(百分点)	［13.1］(百分点)
二、科技实力				
专利申请数	件	5194154	18.6	13.2
专利授权数	件	3639268	40.4	16.2
有效专利数	件	12192897	25.4	17.4
每万人口发明专利拥有量	件	15.8	18.8	20.2
技术市场成交额	亿元	28251.5	26.1	23.5
三、企业科技活动③				
有研究与试验发展(R&D)活动企业所占比重	%	36.7	2.5(百分点)	［17.5］(百分点)
研究与试验发展(R&D)人员全时当量①	万人年	346.0	9.8	5.6
研究与试验发展(R&D)经费支出与营业收入之比	%	1.4	0.1(百分点)	［0.5］(百分点)
新产品开发经费支出	亿元	18623.8	9.6	12.6

指　标	单　位	2020年绝对量	2020年比上年增长(%)	2016—2020年平均增速(%)[累计]
新产品销售收入与营业收入之比	%	22.0	2.1(百分点)	[8.4](百分点)
四、科技产业化情况				
高技术制造业增加值	亿元	—	7.1	10.3
装备制造业增加值	亿元	—	6.6	8.4
"三新"经济增加值相当于GDP的比重	%	17.08	0.78(百分点)	[2.28](百分点)
高新技术产品进出口额	亿美元	14584	6.6	3.9

注:①研究与试验发展(R&D)人员全时当量指研究与试验发展(R&D)人员实际从事研究与试验发展(R&D)活动时间计算的工作量,反映研究与试验发展(R&D)活动的人力投入。②研究与试验发展(R&D)经费投入强度指研究与试验发展(R&D)经费支出与国内生产总值(GDP)之比。③为规模以上工业企业数据。

资料来源:《求是》2021年第24期。

"十三五"以来,我国科技实力和创新能力大幅提升,科学研究持续突破,科技前沿不断推进,创新成果集中涌现,为经济转型升级和高质量发展提供了源源不断的动力。全社会研发投入从2015年的1.42万亿元增长到2020年的2.44万亿元左右,研发投入强度从2015年的2.06%增长到2020年的2.40%,其中基础研究经费比2015年增长近一倍,2020年达到1467亿元。技术市场合同成交额翻了一番,2020年达到2.83万亿元。2020年科技进步贡献率超过60%,实现预期目标。2020年我国公民具备科学素质的比例达到10.56%,圆满完成"公民具备科学素质的比例超过10%"的目标任务。国家统计局公布的最新数据显示,根据初步测算结果,2021年我国全社会研发投入达27864亿元,比上年增长14.2%,增速比上年加快4.0个百分点,延续了"十三五"以来两位数的增长态势。按不变价计算,研发投入增长9.4%,高于"十四五"规划提出的年均增长不低于7%的预期目标,实现良好开局。研发投入强度再创新高,2021年达到2.44%,比上年提高0.03个百分点。基础研究投入恢复到疫情前增长水平。在

2021年我国研发经费投入中，基础研究经费为1696亿元，比上年增长15.6%，增速较上年加快5.8个百分点，恢复到疫情前两位数的增长水平。基础研究经费占研发经费比重历史性地达到6.09%，比上年提高0.08个百分点[1]。2021年，我国研发人员总量达540万人/年，是2012年的1.7倍。中国内地入选世界高被引科学家从2014年的111人，增长到2021年的935人，增长7.4倍，涌现出一批世界顶尖科技人才。[2]

科技创新产出数量快速增加，质量不断提升。我国SCI论文数量多年稳居世界第二位，高被引论文数达42920篇，占世界份额24.8%。每万人口发明专利拥有量从2012年的3.2件，提升至2021年的19.1件。PCT专利申请量从1.9万件增至7.3万件，世界第一。科技创新为经济稳定增长提供坚实支撑。2021年技术合同成交额达到37294.8亿元，技术合同成交额占GDP比重达到3.26%。高技术产品出口额从2012年的6011.7亿美元提高到9800亿美元，占商品出口额比重约为29%。高新技术企业数从2012年的3.9万家增加到2021年的33万家，增长5.7倍。680余家企业进入全球研发投入2500强榜单，在无人机、电子商务、云计算、人工智能、移运通信等领域成长起一批具有国际影响力的创新型企业。[3]

世界知识产权组织发布的2021年全球创新指数(GII)报告显示，我国创新综合能力排名已从2013年的第35位跃升到2021年的第12位，是排名最高的中等收入经济体，9年间稳步提升了23个位次。整体上，我国科技创新实现量质齐升，创新型国家建设取得决定性成就。

"经过多年努力，我国科技整体水平大幅提升，我们完全有基础、有底气、有信心、有能力抓住新一轮科技革命和产业变革的机遇，乘势而上，大展宏图。"[4]同时也要清醒地认识到，同实现中华民族伟大复兴的中国梦的奋斗目标相比，同我们面临的新形势新任务新要求相比，我国科技在创新能力、资源配

---

[1] 陆娅楠：《去年我国研发投入约2.79万亿元》，《人民日报》2022年2月9日，第1版。

[2]《党的十八大以来我国科技创新量质齐升》，《科技日报》2022年3月25日，第5版。

[3]《党的十八大以来我国科技创新量质齐升》，《科技日报》2022年3月25日，第5版。

[4] 习近平：《在中国科学院第二十次院士大会、中国工程院第十五次院士大会、中国科协第十次全国代表大会上的讲话》，《人民日报》2021年5月29日，第2版。

置、体制政策、人才队伍、视野格局等方面存在诸多不适应的地方。我国科技对经济社会发展的支撑还不到位,还存在一些短板和弱项,无法满足经济社会发展、民生生态改善、国家安全保障等对科技的需求。我国基础科学研究短板依然突出,企业对基础研究重视不够。科技原始创新能力还不强、重大原创性成果缺乏,底层基础技术、基础工艺能力不足,工业母机、高端芯片、基础软硬件、开发平台、基本算法、基础元器件、基础材料等瓶颈仍然突出。关键核心技术受制于人的局面没有得到根本性改变,被西方一些国家"卡脖子"的现象仍然存在。我国技术研发聚焦产业发展瓶颈和需求不够,科技投入产出效益较低,科技成果转化能力不强。许多产业仍处于全球价值链中低端,科技对经济增长的贡献率还不够高。我国科技管理体制机制还不能完全适应建设世界科技强国的需要,科技体制改革许多重大决策落实还不平衡、不到位,还没有形成合力,政策措施落实力度需要继续加强。科技创新政策与经济、产业政策的统筹衔接还不够,全社会鼓励创新、包容创新的机制和环境有待优化、完善。一些深层次制度障碍还没有得到根本破除,需要进一步攻坚克难。人才发展体制机制还不完善,激发人才创新创造活力的激励机制还不健全,科技评价体系亟须改革和调整,科技生态需要进一步完善。科技人才队伍结构适应不了经济社会发展需求,世界级大师缺乏,顶尖人才和团队比较缺乏。以全球视野谋划科技开放合作还不够,创新资源开放共享水平有待提高,开展国际科技合作的力度还需要进一步加大。科普工作的效率和水平有待提升,科学精神和创新文化需要进一步弘扬。当前,美国等西方国家把科技这一人类文明进步的成果作为推行其霸权主义、强权政治的手段,将"科技软实力"武器化,对我国实行科技封锁,阻碍正当的科技人文交流。如何积极有效应对西方发达国家对我国实施科技制裁、"长臂管辖"、"脱钩"等遏制我国科技发展的图谋,是摆在我们面前一项重大而紧迫的任务。我国科技工作存在的这些问题,很多是长期存在的难点,有其复杂的历史原因。也有很多是在发展中出现的问题,是新的实践中出现的新情况。这些都需要我们采取有效措施,下大气力加以解决。

"三跑并存、两个飞跃"的历史方位,是一个十分特殊的时期,也是我们必须闯过的一个关口。过去我们曾以跟跑为主,引进国外先进技术,提升我国科技特别是产业技术水平。跟跑时无须自己定方向，只要紧紧跟随先行者，加速跟上、缩短差距就行。而现在，我们已进入跟跑、并跑、领跑并重的时期，并且并跑、领跑分量不断加大，情况发生了很大改变。科学研究、技术开发进入高度不确定状况，前面无人领航，自身也没有产业链条，市场前景和需求不明，甚至不知是否有人会跟随我们。还要看到，中国在发展，世界也在发展。当我们在向前奔跑的同时，竞争对手也在向前奔跑。如果我们不努力增强自主创新能力，那么一段时间跑下来，在一些领域的差距非但没有缩小，反而有越拉越大、被人越甩越远的风险，以后再要赶上就更困难了。"三路并存、两个飞跃"是需要我们下大气力突破和跨越的时期。我们必须坚定不移深入实施创新驱动发展战略，着力提高科技治理能力，在新的历史起点上奋力开创经济社会发展新局面。

第三章
制定实施科技发展战略的能力

　　科技发展战略是一个宏观性概念,指的是一个政党、一个国家为推动科技创新和经济社会发展而制定的总体目标、作出的总体部署。它是一个政党、一个国家为实行有效科技治理而采取的关于科技发展的路线方针政策的总称,是最高意义、最高层次的顶层科技设计,在国家科技治理体系中居于统率、总揽、引领地位,起着顶层决定性、全局指导性、根本支撑性、全域覆盖性的作用。各种具体的科技政策举措,都是以国家的科技发展战略为依据,从科技发展战略中派生而来。科技治理的一切工作,都要朝着国家的科技发展目标而奋斗、围绕国家的科技发展战略来展开。历史表明,科技发展战略正确,则国家的科技实力、综合国力强大,就能掌握发展的主动权;科技发展战略出现失误或偏差,则国家的科技实力、综合国力就会落后于其他国家,在国际竞争中就处于被动地位。在某种程度上可以说,科技发展战略的制定和实施,表征着一个政党、一个国家的科技治理水平。提高党的科技治理能力,必须制定前瞻务实的科技发展战略,确立科技支撑的主攻方向与战略目标,形成实施创新驱动发展的优势与路径。

一、加快建设创新型国家

　　建设创新型国家的重大战略思想,本质上是科教兴国战略的深化。科教兴国战略是我们党为开展科技治理而实施的一个根本性的发展战略。改革开放以来,我国科技工作始终围绕着科教兴国战略这根主线而层层展开、逐步推进,其他科技发展战略都是由科教兴国战略演化而来。这一历程大体可分为四个阶段。

一是酝酿和孕育阶段。在扑面而来的新科技革命浪潮面前,邓小平同志敏锐地指出:"科学技术是第一生产力"①,我们国家赶上世界先进水平"要从科学和教育着手"②,"经济发展得快一点,必须依靠科技和教育"③。邓小平同志高度重视科技和教育工作的思想和实践探索,表明以邓小平同志为核心的党的第二代中央领导集体已经在酝酿和孕育科教兴国战略。二是提出和实施阶段。党的十三届四中全会以后,以江泽民同志为核心的党的第三代中央领导集体把科教兴国战略确立为基本国策,明确提出和实施科教兴国战略。江泽民指出:"科教兴国,是指全面落实科学技术是第一生产力的思想,坚持教育为本,把科技和教育摆在经济社会发展的重要位置,增强国家的科技实力及向现实生产力转化的能力,提高全民族的科技文化素质,把经济建设转到依靠科技进步和提高劳动者素质的轨道上来,加速实现国家繁荣强盛。"④三是继续推进阶段。党的十六大以后,以胡锦涛同志为总书记的党中央采取一系列重大措施继续实施和推进科教兴国战略。四是深入实施和创造性发展阶段。党的十八大以来,以习近平同志为核心的党中央深入实施和创造性发展了科教兴国战略。

我们党在酝酿、制定和实施科技兴国战略的过程中,始终困扰着我们而又不得不面对的难题就是如何推进科技创新特别是自主创新。实行改革开放以后,我们面临着如何引进消化吸收外国先进技术的问题。因此,邓小平同志较多的是从这个角度强调创新,指出引进国外先进技术,不是简单的吸收,"自己还要有所创造"⑤,"要提高创新"⑥。党的十三届四中全会以后,江泽民同志联系国际竞争日趋激烈的态势,从国家兴衰成败的高度反复强调创新的重要性。江泽民同志指出:"创新是一个民族进步的灵魂,是一个国家兴旺发达的不竭

---

① 《邓小平文选》第3卷,人民出版社1993年版,第274页。

② 《邓小平文选》第2卷,人民出版社1994年版,第48页。

③ 《邓小平文选》第3卷,人民出版社1993年版,第377页。

④ 《江泽民文选》第1卷,人民出版社2006年版,第428页。

⑤ 中共中央文献研究室编:《邓小平思想年谱(1975—1997)》,中央文献出版社2011年版,第131页。

⑥ 《邓小平文选》第2卷,人民出版社1994年版,第129页。

动力,也是一个政党永葆生机的源泉。"①他高度重视自主创新,反复强调:"如果自主创新能力上不去,一味靠技术引进,就永远难以摆脱技术落后的局面。"②江泽民同志关于自主创新的论述,奠定了建设创新型国家的思想基础。

党的十六大以后,以胡锦涛同志为总书记的党中央推进科教兴国战略的最突出贡献和最鲜明标志,是提出了建设创新型国家的重大战略思想。胡锦涛同志反复强调:自主创新能力"是国家竞争力的核心"③,要把提高自主创新能力"摆在突出位置"④、"摆在全部科技工作的首位"⑤、"作为科技发展的首要任务"⑥。2005年10月8日,在党的十六届五中全会上,胡锦涛同志强调要"把建设创新型国家作为面向未来的重大战略"。⑦以胡锦涛同志为总书记的党中央,敏锐地看到进入21世纪科技创新不断涌现,自主创新能力"已经成为国家核心竞争力的决定性因素"⑧,及时地提出了建设创新型国家的重大战略思想。2005年底颁布的《国家中长期科学和技术发展规划纲要(2006—2020年)》,是我国在社会主义市场经济条件下制定的第一个中长期科技发展规划,是提出建设创新型国家的重要标志,确定了"自主创新、重点跨越、支撑发展、引领未来"的指导方针,提出了到2020年使我国自主创新能力显著增强、进入创新型国家行列的奋斗目标。

2006年1月,中共中央、国务院召开了21世纪的第一次全国科学技术大会,我国迎来了又一个科学的春天。这次会议对实施《国家中长期科学和技术

① 《江泽民文选》第3卷,人民出版社2006年版,第64页。
② 《江泽民文选》第1卷,中央文献出版社2006年版,第432页。
③ 《胡锦涛文选》第2卷,人民出版社2016年版,第404页。
④ 《胡锦涛文选》第2卷,人民出版社2016年版,第404页。
⑤ 中共中央文献研究室编:《十七大以来重要文献选编》上,中央文献出版社2009年版,第499页。
⑥ 中共中央文献研究室编:《十七大以来重要文献选编》上,中央文献出版社2009年版,第501页。
⑦ 中共中央文献研究室编:《十六大以来重要文献选编》中,中央文献出版社2006年版,第1028页。
⑧ 中共中央文献研究室编:《十六大以来重要文献选编》中,中央文献出版社2006年版,第119页。

发展规划纲要(2006—2020年)》、建设创新型国家作出全面部署。2006年1月9日,胡锦涛在大会上指出:"建设创新型国家,核心就是把增强自主创新能力作为发展科学技术的战略基点,走出中国特色自主创新道路,推动科学技术跨越式发展;就是把增强自主创新能力作为调整产业结构、转变增长方式的中心环节,建设资源节约型、环境友好型社会,推动国民经济又快又好发展;就是把增强自主创新能力作为国家战略,贯穿到现代化建设各个方面,激发全民族创新精神,培养高水平创新人才,形成有利于自主创新的体制机制,大力推进理论创新、制度创新、科技创新,不断巩固和发展中国特色社会主义伟大事业。"①全国科学技术大会后,1月26日,中共中央、国务院作出了《关于实施科技规划纲要增强自主创新能力的决定》。2月7日,国务院发出《关于印发实施〈国家中长期科学和技术发展规划纲要(2006—2020年)〉若干配套政策的通知》。

以胡锦涛同志为总书记的党中央在谋划21世纪的第一个中长期科技发展规划时,就已经将眼光瞄准了世界科技前沿,观察和把握世界主要发达国家的新动向。当时,世界上公认的创新型国家约20个,包括美国、日本、德国、芬兰、韩国等。党中央提出用15年时间使我国进入创新型国家行列。这是一个与全面建成小康社会相统一的目标,是与"我国经济社会发展的重要战略机遇期""我国科技事业发展的重要战略机遇期"②这"两个重要战略机遇期"③相统一的目标。从2006年1月部署实施《国家中长期科学和技术发展规划纲要(2006—2020年)》、提出建设创新型国家,到2020年正好还有15年时间。抓住和用好科技事业发展的重要战略机遇期,通过15年的持续努力,到我国进入创新型国家行列之时,也就是实现全面建成小康社会奋斗目标之时。建设创新型国家与全面建成小康社会,二者在实现目标的时间上是吻合的,把时间定为15年也是合适的。通过15年的努力建设创新型国家,既是一个鼓舞人心的目标,又是一个量力而行、经过努力奋斗可以达到的目标。

建设创新型国家,是科教兴国战略的深化和提升,"是国家发展战略的核

---

① 《胡锦涛文选》第2卷,人民出版社2016年版,第402—403页。

② 《胡锦涛文选》第2卷,人民出版社2016年版,第402页。

③ 中共中央文献研究室编:《十六大以来重要文献选编》下,中央文献出版社2008年版,第901页。

心"①。建设创新型国家,体现了科技发展的阶段性特征与国家发展的未来目标的辩证统一。努力建设创新型国家,就是对科教兴国战略最好的坚持和推进;在新的形势下继续推进科教兴国战略,就必须大力提高自主创新能力,坚持走中国特色自主创新道路,努力建设创新型国家。"走中国特色自主创新道路,核心就是要坚持自主创新、重点跨越、支撑发展、引领未来的指导方针。"②"自主创新、重点跨越、支撑发展、引领未来"这16个字,是对1956年制定"十二年科技规划"时提出的"重点发展、迎头赶上"、改革开放以后确立的"有所为、有所不为"、2000年制定"十五"计划时提出的"有所为、有所不为,总体跟进,重点突破"的丰富和发展。"自主创新",是16字方针的核心。也正是因为高度重视自主创新,可以说,建设创新型国家的重大战略思想,拓展了科教兴国战略的内涵,凝聚了自主创新的目标,明确了自主创新的导向,增添了新的富有时代特色的内容。

党的十八大以来,以习近平同志为核心的党中央明确提出了"加快建设创新型国家"③的要求,在新时代的科技实践中大力推进建设创新型国家进程。2013年6月,习近平同志对国防科技大学研制成功天河二号超级计算机系统作出批示,强调要"坚持以我为主,勇于自主创新,不断强化前沿技术研究,为推动我国科技进步、建设创新型国家作出更大贡献"④。2013年11月12日,党的十八届三中全会通过的《中共中央关于全面深化改革若干重大问题的决定》,把加快建设创新型国家纳入深化经济体制改革的目标中,指出要"紧紧围绕使市场在资源配置中起决定性作用深化经济体制改革,坚持和完善基本经济制度,加快完善现代市场体系、宏观调控体系、开放型经济体系,加快转变经济发展方式,加快建设创新型国家,推动经济更有效率、更加公平、更可持续发展"⑤。2014年8月18日,习近平同志在中央财经领导小组第七次会议上指出:

---

① 《胡锦涛文选》第2卷,人民出版社2016年版,第629页。

② 《胡锦涛文选》第2卷,人民出版社2016年版,第403页。

③ 《习近平谈治国理政》第3卷,外文出版社2020年版,第24页。

④ 倪光辉:《习近平对天河二号超级计算机系统研制成功作出重要批示》,《人民日报》2013年6月19日,第1版。

⑤ 中共中央文献研究室编:《十八大以来重要文献选编》上,中央文献出版社2014年版,第512页。

要"以建设创新型国家为目标,在构建国家创新体系特别是保护知识产权、放宽市场准入、破除垄断和市场分割、建设协同创新平台、加大对创新型小微企业支持力度、完善风险投资机制、财税金融、人才培养和流动、科研院所改革等方面提出管长远的改革方案"①。

2015年10月29日,党的十八届五中全会通过的《中共中央关于制定国民经济和社会发展第十三个五年规划的建议》,将"迈进创新型国家和人才强国行列"列入"十三五"时期经济社会发展的主要目标。2016年1月18日,中共中央、国务院印发《国家创新驱动发展战略纲要》,明确提出了我国科技事业从2016年到2050年"三步走"的战略目标。"第一步,到2020年进入创新型国家行列,基本建成中国特色国家创新体系,有力支撑全面建成小康社会目标的实现。""第二步,到2030年跻身创新型国家前列,发展驱动力实现根本转换,经济社会发展水平和国际竞争力大幅提升,为建成经济强国和共同富裕社会奠定坚实基础。""第三步,到2050年建成世界科技创新强国,成为世界主要科学中心和创新高地,为我国建成富强民主文明和谐的社会主义现代化国家、实现中华民族伟大复兴的中国梦提供强大支撑。"②其中的第一、第二步都对创新型国家建设在不同时限要达到的目标提出了明确要求。

2016年7月28日,国务院印发的《"十三五"国家科技创新规划》,首次将科技创新作为一个整体进行顶层规划,"是我国迈进创新型国家行列的行动指南"。《"十三五"国家科技创新规划》充分体现了需求驱动与创新驱动紧密结合,特别强调实施创新驱动发展战略,支撑供给侧结构性改革这条主线。这个《规划》共分八篇二十七章,其中第一篇就是"迈进创新型国家行列",提出:"系统谋划创新发展新路径,以科技创新为引领开拓发展新境界,加速迈进创新型国家行列,加快建设世界科技强国。"③《"十三五"国家科技创新规划》明确提出

---

① 中共中央文献研究室编:《习近平关于科技创新论述摘编》,中央文献出版社2016年版,第67页。
② 《中共中央、国务院印发〈国家创新驱动发展战略纲要〉》,《人民日报》2016年5月20日,第1版。
③ 《国务院关于印发〈"十三五"国家科技创新规划〉的通知》,中华人民共和国中央人民政府网站,http://www.gov.cn/zhengce/content/2016-08/08/content_5098072.htm。

了建设创新型国家的基本原则：坚持把支撑国家重大需求作为战略任务；坚持把加速赶超引领作为发展重点；坚持把科技为民作为根本宗旨；坚持把深化改革作为强大动力；坚持把人才驱动作为本质要求；坚持把全球视野作为重要导向。"十三五"时期科技创新的总体目标是：国家科技实力和创新能力大幅跃升，创新驱动发展成效显著，国家综合创新能力世界排名进入前15位，迈进创新型国家行列，有力支撑全面建成小康社会目标实现。这一总体目标是综合性的目标，包含自主创新能力全面提升、科技创新支撑引领作用显著增强、创新型人才规模质量同步提升、有利于创新的体制机制更加成熟定型、创新创业生态更加优化五个方面的内涵和要求。

2017年10月18日，习近平同志在党的十九大报告中，对实现第二个百年奋斗目标作出分两个阶段推进的战略安排，提出到2035年基本实现社会主义现代化，到本世纪中叶把我国建成富强民主文明和谐美丽的社会主义现代化强国，并且把跻身创新型国家前列作为到2035年必须实现的奋斗目标之一。这是重大的政策改变，表明我们党将跻身创新型国家前列的时间由2030年调整为2035年，以与到2035年基本实现社会主义现代化的奋斗目标相呼应。党的十九大报告在论述贯彻新发展理念、建设现代化经济体系时，对"加快建设创新型国家"作出一系列部署。为加强和改善党的全面领导，把党的领导贯彻到党和国家机关全面正确履行职责各领域各环节，进一步优化政府机构设置和科学配置权限职能，党的十九大作出了深化党和国家机构改革的重大部署。在2018年的党和国家机构改革中，"为加快建设创新型国家、优化配置科技资源、推动科技创新人才队伍建设"①，重新组建了科学技术部。

以习近平同志为核心的党中央不仅明确提出了加快建设创新型国家的重大战略任务，而且还紧锣密鼓作出了部署，积极加以推进。其原因在于以下三个方面：

第一，新一轮全球科技竞争，突出地把加快建设创新型国家的重大任务提到了我们面前。国家发展模式的战略抉择决定着一个国家的前途和命运。一些国家采取资源型的发展模式，主要依靠自身丰富的自然资源增加国民财富，

---

① 习近平：《论坚持全面深化改革》，中央文献出版社2018年版，第439页。

如中东石油国家。一些国家采取依附型的发展模式,主要依附于发达国家的资本、市场和技术,如一些拉美国家。一些国家采取创新型的发展模式,大幅度提高自主创新能力,形成日益强大的竞争优势。国际上将那些把科技创新作为国家发展主导战略的国家称之为创新型国家。在新一轮全球科技竞争中,发达国家正是利用其技术优势获取最大利益。发展中国家如果不能提高自主创新能力,就将进一步拉大与发达国家的差距。综观全球,许多国家纷纷把科技创新作为国家战略,大幅度增加科技投入,着力增强国家创新能力和国际竞争力。中国作为一个发展中大国,特定的国情决定了我们不可能选择资源型和依附型的发展模式,必须增强自主创新能力,走创新型国家的发展模式,加快推动我国经济发展"从资源依赖型转向创新驱动型"[①]。

第二,我国科技发展的阶段性特征,也突出地把加快建设创新型国家的重大任务提到了面前。中国特色社会主义进入新时代,我国社会主要矛盾已经转化为人民日益增长的美好生活需要和不平衡不充分的发展之间的矛盾。不平衡不充分表现在很多方面,其中,创新能力不强是其中的一个重要方面。发展质量和效益、生态环境保护、社会治理和民生领域等方面存在的短板和弱项,都与创新能力不强有关,归根到底都是受创新能力不强所影响。总体上讲,我国科技事业蓬勃发展,为经济社会发展作出了重大贡献。但是,与发达国家比,我国科技水平还相对落后。尤其是自主创新能力不强,成为制约我国经济社会发展的一个突出难题。时不我待,正是立足于"自主创新能力亟待提高"这样一种判断,以习近平同志为核心的党中央准确把握我国科技发展的阶段性特征,明确提出了加快建设创新型国家的重大战略任务。

第三,加快建设创新型国家的基本条件已经具备。经过新中国成立以来特别是改革开放以来的不懈努力,我国经济社会持续快速健康协调发展,科技研发人员总数和科技人力资源总量位居世界前列,建立起了比较完善的学科体系,高新技术产业迅速崛起,全社会科技水平整体得到提高,部分重要领域的研究开发能力已跻身世界先进行列。总体上看,我国科技发展具有坚实的

---

① 中共中央文献研究室编:《十六大以来重要文献选编》下,中央文献出版社2008年版,第186页。

基础,已经具备了加快建设创新型国家的良好条件。同时,随着科教兴国战略的持续、全面推进,我国科技实力不断增强,科技竞争力得到提高,部分重要领域的研究开发能力已跻身世界先进行列。当前,我国科技事业正处于"三跑并存、两个飞跃"的历史方位,跟跑的领域正在推进,并跑、领跑分量不断加大,这也为建设创新型国家打下了良好基础。

"十三五"时期我国创新型国家建设取得决定性成就。面对错综复杂的外部形势和国内高质量发展对科技创新提出的迫切需求,在以习近平同志为核心的党中央的坚强领导下,我们贯彻落实新发展理念,深入实施创新驱动发展战略,创新型国家建设稳步推进,科技实力跃上新的大台阶。

"十三五"期间,基础研究占研发投入比重首次超过6%,跟过去相比这是一个大跨越。在量子信息、铁基超导、干细胞等方面取得原创成果,高速铁路、关键元器件和基础软件研发取得重要进展,涌现了"嫦娥五号""奋斗者"号等一批国之重器。重大专项引领重点产业跨越发展,移动通信、新药创制、核电等取得积极成果。国家实验室加快建设,国家重点实验室体系有序重组,一批企业牵头的国家技术创新中心相继建成。科技体制改革深入推进,"放管服"改革以及计划管理、成果转化、资源共享、评价奖励、收入分配等改革取得实质进展,创新体系更加健全,创新生态更加优化,创新能力显著提升。科研人员减负专项行动、"四唯"清理行动取得成效,激发了科技人员和创新主体的积极性、主动性、创造性。2015年,当我们提出建设创新型国家的奋斗目标时,我国在世界上的排名是第29位。经过"十三五"时期5年来的努力,到2020年,我国排名已经跃升到第14位,成功实现了到2020年进入创新型国家行列前15名的目标。这是具有里程碑意义的关键一步,为实现第二步到2035年跻身创新型国家前列、第三步到2050年建成世界科技强国奠定了坚实的基础。

二、深入实施创新驱动发展战略

当今世界,科学技术日益成为经济社会发展的主要驱动力量,创新成为解决人类面临的能源资源、生态环境、自然灾害、人口健康等全球性问题的重要途径。面对世界新科技革命正孕育突破、新一轮产业革命蓄势待发、科技创新和产业发展相互结合、经济全球化和信息化交叉发展的态势,以胡锦涛同志为总书记的党中央作出了实施创新驱动发展战略的重大决策。

创新驱动发展战略从酝酿到正式提出,经历了一个长时期的形成过程。对这一重大战略思想进行追根溯源,可以追溯到创新、自主创新思想。江泽民同志关于自主创新的一系列重要论述,为以胡锦涛同志为总书记的党中央提出实施创新驱动发展战略奠定了思想基础。2007年12月3日,胡锦涛同志在中央经济工作会议上明确指出:"必须坚持创新驱动。"①2008年国际金融危机发生后,中央认识到必须抓住国际新一轮经济科技调整的机遇,化危为机,推动经济发展更多依靠创新驱动。2010年3月5日,十一届全国人大三次会议通过的《政府工作报告》强调:"要大力推动经济进入创新驱动、内生增长的发展轨道。"②2010年10月,党的十七届五中全会通过的《中共中央关于制定国民经济和社会发展第十二个五年规划的建议》提出:增强科技创新能力,完善科技创新体制机制,推动我国经济发展更多依靠科技创新。2012年6月11日,胡锦涛同志在中国科学院第十六次院士大会、中国工程院第十一次院士大会上的讲话中,提出要"把推动科技创新驱动发展作为重要任务","推动我国经济社会发展尽快走上创新驱动的轨道"③。2012年7月6日,胡锦涛同志在全国科技创新大会上的讲话中提出:"必须把创新驱动发展作为面向未来的一项重大战略,一以贯之、长期坚持,推动科技实力、经济实力、综合国力实现新的重大跨越。""要坚持把创新驱动发展战略贯彻到现代化建设整个进程中,激发全社会创造活力,让建设创新型国家成为全社会共同行动。"④2012年11月8日,党的十八大报告中正式提出"实施创新驱动发展战略"。

党的十八大作出了实施创新驱动发展战略的重大决策,明确提出:"科技

---

① 中共中央文献研究室编:《十七大以来重要文献选编》上,中央文献出版社2009年版,第77页。

② 中共中央文献研究室编:《十七大以来重要文献选编》中,中央文献出版社2011年版,第567页。

③ 中共中央文献研究室编:《十七大以来重要文献选编》下,中央文献出版社2013年版,第974页。

④ 《胡锦涛文选》第3卷,人民出版社2016年版,第599页。

创新是提高社会生产力和综合国力的战略支撑,必须摆在国家发展全局的核心位置。"①这是综合分析国内外科技发展大势、立足国家发展全局,高瞻远瞩作出的重大战略抉择,意义十分重大而深远,今天无论怎么评价都不过分。正是由于贯彻落实了这一重大决策,我国科技事业才取得了历史性成就、发生了历史性变革,综合国力和国际竞争力大幅提升。"党的十八大提出的实施创新驱动发展战略,就是要推动以科技创新为核心的全面创新,坚持需求导向和产业化方向,坚持企业在创新中的主体地位,发挥市场在资源配置中的决定性作用和社会主义制度优势,增强科技进步对经济增长的贡献度,形成新的增长动力源泉,推动经济持续健康发展。"②这就是党的十八大作出实施创新驱动发展战略的目的所在。

党的十八大以来,以习近平同志为核心的党中央高度重视科技创新,作出了深入实施创新驱动发展战略的重大决策。2012年12月7—11日,习近平同志在广东考察工作期间就指出:"我们要大力实施创新驱动发展战略,加快完善创新机制,全方位推进科技创新、企业创新、产品创新、市场创新、品牌创新,加快科技成果向现实生产力转化,推动科技和经济紧密结合。"③2013年2月2—5日,习近平同志在甘肃调研考察期间指出:"实施创新驱动发展战略,是加快转变经济发展方式、提高我国综合国力和国际竞争力的必然要求和战略举措,必须紧紧抓住科技创新这个核心和培养造就创新型人才这个关键,瞄准世界科技前沿领域,不断提高企业自主创新能力和竞争力。"④2013年3月4日,习近平同志在参加全国政协十二届一次会议科协、科技界委员联组讨论时指出:"我们要抓住和用好我国发展的重要战略机遇期,深入实施创新驱动

---

① 《胡锦涛文选》第3卷,人民出版社2016年版,第629页。

② 中共中央文献研究室编:《习近平关于科技创新论述摘编》,中央文献出版社2016年版,第17页。

③ 中共中央文献研究室编:《习近平关于科技创新论述摘编》,中央文献出版社2016年版,第13页。

④ 中共中央文献研究室编:《习近平关于科技创新论述摘编》,中央文献出版社2016年版,第13页。

发展战略,不断开创国家创新发展新局面,加快从经济大国走向经济强国。"①2014年6月9日,习近平同志在中国科学院第十七次院士大会、中国工程院第十二次院士大会上指出:"今天,我们比历史上任何时期都更接近中华民族伟大复兴的目标,比历史上任何时期都更有信心、有能力实现这个目标。而要实现这个目标,我们就必须坚定不移贯彻科教兴国战略和创新驱动发展战略,坚定不移走科技强国之路。"②2015年5月27日,习近平同志在华东七省市党委主要负责同志座谈会上的讲话中指出:"要深入实施创新驱动发展战略,推动科技创新、产业创新、企业创新、市场创新、产品创新、业态创新、管理创新等,加快形成以创新为主要引领和支撑的经济体系和发展模式。"③

　　2015年10月召开的党的十八届五中全会,提出了创新、协调、绿色、开放、共享的新发展理念。10月29日,习近平同志在十八届五中全会第二次全体会议上的讲话中指出:"创新发展注重的是解决发展动力问题。我国创新能力不强,科技发展水平总体不高,科技对经济社会发展的支撑能力不足,科技对经济增长的贡献率远低于发达国家水平,这是我国这个经济大个头的'阿喀琉斯之踵'。新一轮科技革命带来的是更加激烈的科技竞争,如果科技创新搞不上去,发展动力就不可能实现转换,我们在全球经济竞争中就会处于下风。为此,我们必须把创新作为引领发展的第一动力,把人才作为支撑发展的第一资源,把创新摆在国家发展全局的核心位置,不断推进理论创新、制度创新、科技创新、文化创新等各方面创新,让创新贯穿党和国家一切工作,让创新在全社会蔚然成风。"④党的十八届五中全会通过的《中共中央关于制定国民经济和社会发展第十三个五年规划的建议》在阐述"坚持创新发展,着力提高发展质量和效益"时,明确提出深入实施创新驱动发展战略,并作出一系列战略部署。

---

① 中共中央文献研究室编:《习近平关于科技创新论述摘编》,中央文献出版社2016年版,第14页。
② 中共中央文献研究室编:《习近平关于科技创新论述摘编》,中央文献出版社2016年版,第15—16页。
③ 中共中央文献研究室编:《习近平关于科技创新论述摘编》,中央文献出版社2016年版,第8—9页。
④ 习近平:《论坚持全面深化改革》,中央文献出版社2018年版,第171页。

至此,深入实施创新驱动发展战略作为贯彻落实创新发展理念的一个标志性的重大战略,正式写入党的中央全会,开始发挥其巨大的实践影响力。

继党的十八大提出实施创新驱动发展战略之后,党的十八届五中全会提出,创新是引领发展的第一动力,必须把发展基点放在创新上,塑造更多依靠创新驱动、更多发挥先发优势的引领型发展。

以习近平同志为核心的党中央为什么要提出深入实施创新驱动发展战略呢?

第一,深入实施创新驱动发展战略是总结中外历史经验得出的必然结论。科技兴则国家兴,科技强则国家强。中华民族在5000多年的文明发展进程中,贡献了无数的发明创造和科技成果,使我国长期居于世界强国之列。但是近代以来,中国屡屡被经济总量远不如我们的国家打败,原因是什么?其实,不是输在经济规模上,而是输在科技实力上。我国近代落后挨打的重要原因是与历次科技革命失之交臂,导致科技弱、创新弱、国力弱。封建统治者"雾里"看世界,夜郎自大,将先进科学技术视为"奇淫技巧",采取不屑一顾的态度,结果很快就被世界潮流甩在后面。新中国成立以来特别是改革开放以来,我们取得了"两弹一星"、载人航天、载人深潜、超级计算、北斗导航等一系列重大科技成果,这极大地提升了我国的国际地位。美国学者迈克尔·波特认为,经济发展具有阶段性,在不同的发展阶段,驱动经济增长的力量是不一样的。国家竞争优势的发展可分为四个阶段,即要素驱动阶段、投资驱动阶段、创新驱动阶段和财富驱动阶段。当今世界,典型的创新型国家的发展都是依靠创新实现经济跨越式发展,依靠创新保持长期的经济增长。进入21世纪特别是国际金融危机发生后,世界各国尤其是主要发达国家更加重视创新的驱动作用,纷纷加大科技投入,以创新为利器推动经济长期持续增长。科技竞争在综合国力竞争中的地位更加突出,科学技术日益成为经济社会发展的主要驱动力。主要国家纷纷调整科技部署,把科技创新上升为国家发展战略,努力保持科技前沿领先地位。创新驱动是国家安危所在、命运所系。深入实施创新驱动发展战略,是顺应世界科技发展潮流和我国经济社会发展要求的重大举措。

第二,深入实施创新驱动战略是迎接新科技革命挑战的必然抉择。综观世界,全球新一轮科技革命、产业变革和军事变革加速演进,科技探索从微观到宏观各个尺度上向纵深拓展,学科多点突破、交叉融合日益明显,颠覆性技术不断涌现,国际产业分工出现重大调整。全球创新进入高度密集活跃期,世界创新版图正在加速重构,科技创新成为各国实现经济再平衡、打造国家竞争新优势的核心,深刻影响着国际竞争格局、改变国家力量对比。科学技术对经济社会发展的支撑引领作用日益凸显,成为推动经济结构调整、产业优化升级的主要力量。科技创新带动高新技术产业发展,促进新经济新业态产生,在创造需求、改善民生、促进就业等方面发挥着巨大作用,无时无刻不影响着人类文明演化的进程。在这种态势下,许多国家不约而同地把创新驱动作为谋求竞争优势的核心战略。通俗地说,科技竞争的赛道改变了,将要由传统的生产要素驱动转向新型的创新要素驱动。在这个新的赛道上,我们既面临发挥后发优势、实现赶超跨越的难得历史机遇,也面临被人甩下、差距越拉越大的严峻挑战。因此,深入实施创新驱动发展战略,是在激烈的国际竞争中抢占未来发展制高点、赢得发展主动权的不二选择。

第三,深入实施创新驱动发展战略是提高我国自主创新能力的迫切需要。目前我国自主创新能力与发达国家相比还有很大差距,一些关键核心技术受制于人,许多元器件还依赖进口,不少产业仍处于全球价值链中低端,科技创新体系整体效能不高,适应创新驱动的体制机制还不够健全,全社会的创新动能不足。"我国与发达国家科技实力的差距,主要体现在创新能力上。这些年来,重引进、轻消化的问题还大量存在,形成了'引进——落后——再引进'的恶性循环。当今世界科学进步日新月异,技术更替周期越来越短。今天是先进技术,不久就可能不先进了。如果自主创新上不去,一味靠技术引进,就难以摆脱跟着别人后面跑、受制于人的局面。而且,关键技术是买不来的。"[1]我国能否成功跨越"中等收入陷阱"、迈向高质量发展之路,关键是看能否依靠创新打造发展新引擎、培育增长新动力。特别重要的是,我国经济发展进入速度变化、结构优化和动力转换的新常态,传统发展动力不断减弱,推进供给侧结构性改革迫切需要依靠科技创新突破各种瓶颈制约,持续提升我国经济发展

---

① 中共中央文献研究室编:《习近平关于科技创新论述摘编》,中央文献出版社2016年版,第41—42页。

的质量和效益。深入实施创新驱动发展战略,比任何时候都显得更加重要、更加强烈。否则,我们就迈不过经济发展新常态的"坎",经济就无法向形态更高级、分工更精细、结构更合理的阶段演进,产业无法迈向中高端水平,整个社会发展就难以跃升。

第四,深入实施创新驱动发展战略是我国经济社会发展提出的内在要求。作为世界上人口最多的发展中国家,我国在迈向现代化的进程中遇到的矛盾和问题无论规模还是复杂性都世所罕见,任务之繁重前所未有,比如:产业结构不合理,发展方式依然粗放,资源环境约束加剧,等等。加快科技创新步伐,推动我国经济发展更多依靠科技创新驱动,是解决这些问题的根本途径。习近平同志清醒地认识到这一点,明确指出:"改革开放这三十多年,我们更多依靠资源、资本、劳动力等要素投入支撑了经济快速增长和规模扩张。改革开放发展到今天,这些要素条件发生了很大变化,再要像过去那样以这些要素投入为主来发展,既没有当初那样的条件,也是资源环境难以承受的。"①他强调:"创新驱动是形势所迫。我国经济总量已跃居世界第二位,社会生产力、综合国力、科技实力迈上了一个新的大台阶。同时,我国发展中不平衡、不协调、不可持续问题依然突出,人口、资源、环境压力越来越大。我国现代化涉及十几亿人,走全靠要素驱动的老路难以为继。物质资源必然越用越少,而科技和人才却会越用越多,因此我们必须及早转入创新驱动发展轨道,把科技创新潜力更好释放出来。"②

第五,深入实施创新驱动发展战略已经具备诸多有利条件,我国完全可以在新的基础上塑造我国发展更强大的优势。经过多年持续不懈的努力,我国科技体制改革向纵深推进,科研体系逐渐完备,人才队伍日益壮大,科技事业取得长足进展,这些都为创新驱动发展奠定了加速发力的基础。与此同时,经济转型升级、民生持续改善对创新提出了强烈而巨大的需求。经济持续向好的巨大潜力、庞大的市场规模、加速释放的多样化消费需求与互联网时代创新

---

① 中共中央文献研究室编:《习近平关于科技创新论述摘编》,中央文献出版社2016年版,第13页。

② 中共中央文献研究室编:《习近平关于科技创新论述摘编》,中央文献出版社2016年版,第3页。

效率的提升相结合,为创新提供了广阔的空间。"我们有改革开放三十多年来积累的坚实物质基础,有持续创新形成的系列成果,实施创新驱动发展战略已经具备良好基础和条件。"①

深入实施创新驱动发展战略,是着眼长远、面向未来、聚焦关键、带动整体的重大决策,具有全局性的意义。关于如何深入实施创新驱动发展战略,以习近平同志为核心的党中央进行了深入的思考、探索和实践。习近平同志指出:"实施创新驱动发展战略,最根本的是要增强自主创新能力,最紧迫的是要破除体制机制障碍,最大限度解放和激发科技作为第一生产力所蕴藏的巨大潜能。"②他强调:"实施创新驱动发展战略,必须紧紧抓住科技创新这个'牛鼻子',切实营造实施创新驱动发展战略的体制机制和良好环境,加快形成我国发展新动源。"③2016年1月18日,中共中央、国务院印发《国家创新驱动发展战略纲要》,对新时代深入实施创新驱动发展战略作出了"坚持双轮驱动、构建一个体系、推动六大转变"的总体部署。

双轮驱动就是科技创新和体制机制创新两个轮子相互协调、持续发力。抓创新首先要抓科技创新,科技创新"要明确支撑发展的方向和重点,加强科学探索和技术攻关,形成持续创新的系统能力"。"体制机制创新要调整一切不适应创新驱动发展的生产关系,统筹推进科技、经济和政府治理等三方面体制机制改革,最大限度释放创新活力。"④

一个体系就是建设国家创新体系。"要建设各类创新主体协同互动和创新要素顺畅流动、高效配置的生态系统,形成创新驱动发展的实践载体、制度安排和环境保障。明确企业、科研院所、高校、社会组织等各类创新主体功能定

① 中共中央文献研究室编:《习近平关于科技创新论述摘编》,中央文献出版社2016年版,第14页。
② 习近平:《在中国科学院第十七次院士大会、中国工程院第十二次院士大会上的讲话》,《人民日报》2014年6月10日,第2版。
③ 中共中央文献研究室编:《习近平关于科技创新论述摘编》,中央文献出版社2016年版,第17页。
④《中共中央、国务院印发〈国家创新驱动发展战略纲要〉》,《人民日报》2016年5月20日,第6版。

位,构建开放高效的创新网络,建设军民融合的国防科技协同创新平台;改进创新治理,进一步明确政府和市场分工,构建统筹配置创新资源的机制;完善激励创新的政策体系、保护创新的法律制度,构建鼓励创新的社会环境,激发全社会创新活力。"①

六大转变"就是发展方式从以规模扩张为主导的粗放式增长向以质量效益为主导的可持续发展转变;发展要素从传统要素主导发展向创新要素主导发展转变;产业分工从价值链中低端向价值链中高端转变;创新能力从'跟踪、并行、领跑'并存、'跟踪'为主向'并行'、'领跑'为主转变;资源配置从以研发环节为主向产业链、创新链、资金链统筹配置转变;创新群体从以科技人员的小众为主向小众与大众创新创业互动转变"②。这六大转变是衡量我国是否真正转入创新驱动轨道的重要标志。

从实践看,《国家创新驱动发展战略纲要》全面实施,科技体制机制改革、中央财政科技计划管理改革、人才发展体制机制改革、全面创新改革试验和促进科技成果转化等一系列重大改革措施密集出台,建设具有全球影响力的科技创新中心、组建综合性国家科学中心、谋划启动国家实验室建设和实施"科技创新2030—重大项目"等一系列重大战略部署加快推进,我国科技创新能力和水平实现巨大跃升,为经济发展注入强劲动力,以创新为主要引领和支撑的经济体系和发展模式逐渐形成,我国创新驱动发展进入新的阶段。

在深入实施创新驱动发展战略的过程中,围绕京津冀协同发展、长三角一体化发展、粤港澳大湾区建设、成渝地区双城经济圈建设等重大区域发展战略,党中央、国务院尊重科技创新的区域集聚规律,因地制宜探索差异化的创新发展路径,加快打造具有全球影响力的科技创新中心,着力推动建设若干具有强大带动力的创新型城市和区域创新中心,形成了梯次接续、布局合理的区域创新新引擎、新格局。这是着眼于我国国情、区域科技发展状况而进行的富有创造性的探索。

---

① 《中共中央、国务院印发〈国家创新驱动发展战略纲要〉》,《人民日报》2016年5月20日,第6版。
② 《中共中央、国务院印发〈国家创新驱动发展战略纲要〉》,《人民日报》2016年5月20日,第6版。

这里以北京建设全国科技创新中心为例略作分析。北京是我国科技基础最为雄厚、创新资源最为集聚、创新主体最为活跃的区域之一,拥有90多所大学、1000多家科研院所和近3万家国家级高新技术企业,具备发展新赛道和未来产业的硬实力。在深入实施创新驱动发展战略中,北京发挥着高端引领、关键支撑、示范带动的重要作用。支持北京建设全国科技创新中心,是党中央、国务院着眼国家发展大局作出的重大部署。建设全国科技创新中心,是北京服务我国建设创新型国家、建设世界科技强国的重大使命。2014年2月26日,习近平同志在北京视察工作时,明确了北京"全国政治中心、文化中心、国际交往中心、科技创新中心"的城市战略定位,为首都科技发展赋予了新的定位、新的使命。2016年9月11日,国务院印发的《北京加强全国科技创新中心建设总体方案》明确提出,北京全国科技创新中心的定位是全球科技创新引领者、高端经济增长极、创新人才首选地、文化创新先行区和生态建设示范城。

2016年9月22日,北京市印发了《北京市"十三五"时期加强全国科技创新中心建设规划》,提出从四个方面推动全国科技创新中心建设,力争到2020年使北京成为具有全球影响力的科技创新中心,支撑我国进入创新型国家行列。这四个方面包括:实施知识创新中心计划,建设全球原始创新策源地;实施技术创新跨越工程,建成国家创新驱动先行区,实施首都蓝天等五大民生科技行动;服务区域发展战略,构建协同创新开放共享新格局,强化"三大科技城"和以北京经济技术开发区为代表的创新型产业集群的科技创新引领作用;深化全面创新改革,建成全球创新人才首选地。

北京建设全国科技创新中心是一项系统性工程。北京市提出了加快建设"三城一区"的思路,统筹做好中关村科学城、怀柔科学城、未来科技城和北京经济技术开发区的特色定位和差异化发展。中关村科学城主抓"聚焦",以"主力要出征,地方须支前"的决心,深化央地合作机制,服务好中央创新"主力军",产生一批原创技术成果,突破一批关键核心技术,推动重大成果转化。怀柔科学城主抓"突破",全力推进综合性国家科学中心建设,加快推动重大科技基础设施和交叉研究平台开工建设,打造科学综合实力新高地。未来科学城主抓"搞活""打开院墙搞科研",努力建设富有活力的创新之城。依托高层次创新创业人才团队,聚力关键技术研发,建设协同创新平台,搭建专业化众创空间,促进重大科技成果转移转化。北京经济技术开发区主抓"转化",推动产业产品向价值链高端跃升。重点培育具有国际竞争力的产业创新体系,依托龙头企业,以技术创新为核心,以大工程和大项目为牵引,加强"城—区"对接,打造一批具有全球影响力的创新型产业集群。

2017年2月24日,习近平同志再次视察北京,指出:要以建设具有全球影响力的科技创新中心为引领,集中力量抓好"三城一区"建设,深化科技体制改革,努力打造北京经济发展新高地。2020年10月29日,党的十九届五中全会通过的《中共中央关于制定国民经济和社会发展第十四个五年规划和二〇三五年远景目标的建议》明确提出,支持北京、上海、粤港澳大湾区形成国际科技创新中心。随后,科技部、北京市会同多个部门共同谋划,提出《"十四五"北京国际科技创新中心建设战略行动计划》。2021年11月3日,北京市委、市政府印发《北京市"十四五"时期国际科技创新中心建设规划》,提出以推动首都高质量发展为主线,以科技创新和体制机制创新为动力,以"三城一区"为主平台,以中关村国家自主创新示范区为主阵地,着力打好关键核心技术攻坚战,着力强化战略科技力量,着力构建开放创新生态,着力提升科技治理能力和治理水平。这个《规划》明确了发展目标愿景:到2025年,北京国际科技创新中心基本形成,建设成为世界科学中心和创新高地。

通过近年来的持续努力,北京科技创新中心建设取得显著成效。"三城一区"平台建设显现新格局,体制机制创新实现新突破,高质量发展积蓄新动能。中关村科学城成为自主创新的主要阵地和原始创新的策源地,经济效益和科技效益持续增长。怀柔科学城建设取得重要突破,一批科技成果转化项目加速落地,创新要素加速集聚,国际知名度显著提升。未来科学城全面提速,初步集聚一批产业项目。北京经济技术开发区成为"三城"科技成果转化承载区、高精尖制造业主阵地。"三城一区"的互动、协同作用也愈发凸显。综合创新能力进一步增强,创新发展新动能加快成长,创新创业环境不断优化。据有关资料统计,截至2021年11月,北京累计获得的国家科技奖项占全国30%左右,每万人发明专利拥有量是全国平均水平的10倍,科研产出连续3年蝉联全球科研城市首位。

为推进具有全球影响力的科技创新中心建设,中央各部门、地方各级政府、中央及地方企业等进行了创造性的探索。其中一个富有鲜明中国特色、体现社会主义制度集中力量办大事的政治优势、制度优势的举措,就是各方齐心协力支持科技创新中心建设,形成了一家创建、八方支援的大协作格局。这里以上海科技创新中心建设为例,略作说明。2014年5月23—24日,习近平同志在上海调研期间,要求上海加快向具有全球影响力的科技创新中心进军。2015—2017年"两会"期间,习近平同志连续3年对上海科技创新中心建设作出重要指示。2017年11月6日,习近平同志到张江综合性国家科学中心视察,对抓好科技创新中心建设提出明确要求。2018年11月7日,习近平同志在上海考察时强调,上海要在增强创新策源能力上下功夫,加强科技创新前瞻布局,全面提升上海在全球城市的影响力和竞争力。

上海科技创新中心建设是上海实施创新驱动发展战略的重要载体,得到了各方面的鼎力支持。2015年7月1日,公安部推出的支持上海科技创新中心建设的12项出入境政策措施正式实施。这12项都是新推出的,从加大海外高层次人才吸引力度、加大对创业初期人员孵化支持力度、促进国内人才流动、提高出入境专业化服务水平等方面,为上海科技创新中心建设提供最便捷的出入境环境、最优良的外籍人才居留待遇、最高效的出入境服务。2015年8月,上海推出《关于促进金融服务创新支持上海科技创新中心建设的实施意见》,从地方政府推进金融服务创新、营造良好科技金融服务环境的角度,提出了8个方面20条政策措施。其中,在推动股权投资创新试点方面,《实施意见》指出要发挥政府创业投资引导基金的引导和放大作用,鼓励更多社会资本发起设立创业投资、股权投资和天使投资,缓解科技创新企业"最先一公里"的资金来源问题。这意味着,上海正努力做好科技与金融深层次融合这篇大文章。2016年1月印发的《国家税务总局关于支持上海科技创新中心建设的若干举措》出台10项举措①,支持上海科技创新中心建设,推进张江国家自主创新示范

---

① 10项举措具体包括:实施减免税政策"清单制"、外籍人才免税补贴"免报备"、非货币投资等个税"分期缴"、试点内外贸税收征管"一体化"、扩大增值税申报"月转季"、电子发票应用范围"广覆盖"、出口退税管理"无纸化"、打好税收服务"国际牌"、网络办税服务"贴身行"、长江经济带实现服务"互联通"。谢卫群:《10项税收举措支持上海科创中心建设》,《人民日报》2016年1月22日,第10版。

区和中国(上海)自由贸易试验区联动发展。2016年5月,上海市经信委与中国信通院在2016国际工业互联网大会上,签署了全面战略合作框架协议,加强双方在工业互联网、智慧城市等领域的深入合作,建立长期、紧密、务实的战略合作伙伴关系,力争把上海建设成为国家级工业互联网创新示范城市。2017年6月,中央企业深入参与上海科技创新中心建设推介对接会在北京举行,百余家央企和中央金融企业参加,部分上海企业与中央企业进行了现场对接。此次推介会对于展示上海各区域科技创新的发展动态与规划,推动中央企业与上海市共促创新、共推转型、共谋发展,起到了积极作用。

各部委、央企支持科技创新中心建设的例子,举不胜举。这些创新的举措,生动彰显了科技治理全国一盘棋的景象。回顾在脱贫攻坚决战中,党中央、国务院制定了东西部扶贫协作、对口支持等举措,并建立了长效化常态化的机制,经实践证明效果很好。在未来的科技治理中,应该借鉴这种相互支持、对口支持的模式,持之以恒地坚持下去,并不断丰富其内容形式。

三、建设世界科技强国

党的十八大以来,以习近平同志为核心的党中央积极推动创新型国家建设进程,不仅成功实现了进入创新型国家行列的目标,而且在此基础上进一步提出了建设世界强国的奋斗目标。

在党的十八大以前,就有关于我国要建设成为世界科技强国的提法。在当时党和国家的正式文献中,成为世界科技强国是作为我国科技发展"两步走"的第二步目标而提出来的。2005年底颁布的《国家中长期科学和技术发展规划纲要(2006—2020年)》指出,到2020年我国科学技术发展的总体目标是"进入创新型国家行列,为在本世纪中叶成为世界科技强国奠定基础"[1]。2011年5月27日,中国科协第八次全国代表大会开幕。时任中共中央政治局常委、中央书记处书记、国家副主席的习近平同志在开幕式上所作的祝词中指出:

---

[1]《国家中长期科学和技术发展规划纲要(2006—2020年)》,《人民日报》2006年2月10日,第1版。

"我国科技发展的奋斗目标是,到2020年时使我国进入创新型国家行列,到新中国成立100年时使我国成为世界科技强国。"①2012年5月28日,中央政治局召开会议,研究深化科技体制改革、加快国家创新体系建设。会议强调,要"加快建设国家创新体系,为2020年进入创新型国家行列、全面建成小康社会和新中国成立100年时成为世界科技强国奠定坚实基础"②。2012年7月6日,胡锦涛同志在全国科技创新大会上的讲话中指出:"加快建设国家创新体系,为全面建成小康社会进而建设世界科技强国奠定坚实基础。"虽然已经有了"两步走"的构想,但是当时最紧迫、最直接、最现实的任务是加快建设创新型国家,建设世界科技强国是作为一个中长期的战略目标而提出来的,所以那时党中央在科技方面的主要工作部署都是集中在如何推进创新型国家建设上。

党的十八大后,以习近平同志为核心的党中央立足新的形势任务,吹响了建设创新型国家的号角,对建设创新型国家进行系统部署。从此,建设世界科技强国的奋斗目标引发了全社会的广泛关注,成为国家意志和全社会的共同行动,神州大地奏响了向世界科技强国进军的奋进曲。

2016年1月18日,中共中央、国务院印发的《国家创新驱动发展战略纲要》,在谋划我国科技事业发展的战略目标时指出:"第三步,到2050年建成世界科技创新强国。"可见,建设世界科技强国是作为我国科技事业发展"三步走"战略目标的第三步而提出来的,是在实现"第一步,到2020年进入创新型国家行列"、"第二步,到2030年跻身创新型国家前列"③之后要实现的更高目标。这也表明,我国科技事业"三走步"的战略目标是具有衔接性、接续性的目标要求。三个阶段的目标先后相继,前面的目标为其后的目标奠定基础,后面的目标是前一目标的深化和拓展。

2016年5月30日,习近平同志在全国科技创新大会、两院院士大会、中国

---

① 习近平:《科技工作者要为加快建设创新型国家多作贡献——在中国科协第八次全国代表大会上的祝词》,《人民日报》2011年5月28日,第2版。

②《中共中央政治局召开会议,研究深化科技体制改革、加快国家创新体系建设》,《人民日报》2012年5月29日,第1版。

③《中共中央、国务院印发〈国家创新驱动发展战略纲要〉》,《人民日报》2016年5月20日,第1版。

科协第九次全国代表大会上发表讲话,对建设世界科技强国进行了系统阐明和战略部署。这篇讲话用了很响亮的标题《为建设世界科技强国而奋斗》,直接点明了全篇的中心思想,向人们传递出一个十分明确的信息。这次大会是在1956年1月召开的关于知识分子问题会议、1978年召开的全国科学大会、1995年召开的全国科学技术大会、2006年再次召开的全国科学技术大会、2012年召开的全国科技创新大会后,党中央、国务院召开的又一次科技方面的高规格会议。这次会议"就是要在我国发展新的历史起点上,把科技创新摆在更加重要位置,吹响建设世界科技强国的号角"。

这次大会后,国务院及有关部门陆续推出一系列举措加以贯彻落实。2016年6月1日召开的国务院常务会议,研究并确定了完善中央财政科研项目资金管理的措施,目的是为了加快形成充满活力的科技管理和运行机制,更加充分地激发科研人员的创新创造活力。会议确定:"一是简化中央财政科研项目预算编制,将直接费用中多数科目预算调剂权下放给项目承担单位。项目年度剩余资金可结转下年使用,最终结余资金可按规定留归项目承担单位使用。二是大幅提高人员费比例。增加间接费用比重,用于人员激励的绩效支出占直接费用扣除设备购置费的比例,最高可从原来的5%提高到20%。对劳务费不设比例限制,参与项目的研究生、博士后及聘用的研究人员、科研辅助人员等均可按规定标准开支劳务费。三是差旅会议管理不简单比照机关和公务员。中央高校、科研院所可根据工作需要,合理研究制定差旅费管理办法,确定业务性会议规模和开支标准等。四是简化科研仪器设备采购管理,中央高校、科研院所对集中采购目录内的项目可自行采购和选择评审专家。对进口仪器设备实行备案制。五是合理扩大中央高校、科研院所基建项目自主权,简化用地、环评等手续,对利用自有资金、不申请政府投资的项目由审批改为备案。同时,要落实和研究完善股权激励政策,建立科研财务助理等制度,精简各类检查评审。高校和科研院所要强化自我约束意识,完善内控机制,确保接得住、管得好,营造更好科研环境。"①这次国务院常务会议在推进科研领域"放管服"改革方面迈出了重大步伐,对于加快建设创新型国家和世界科技强

---

① 《李克强主持召开国务院常务会议》,《人民日报》2016年6月2日,第1版。

国,具有十分重要的意义。

紧接着,国务院于2016年7月28日发出《关于印发〈"十三五"国家科技创新规划〉的通知》。《"十三五"国家科技创新规划》指出:"以科技创新为引领开拓发展新境界,加速迈进创新型国家行列,加快建设世界科技强国。"《"十三五"国家科技创新规划》既立足当前又着眼长远,强调要"把科技创新摆在更加重要位置,优化科技事业发展总体布局,让创新成为国家意志和全社会的共同行动,在新的历史起点上开创国家创新发展新局面,开启建设世界科技强国新征程"。在阐述"十三五"时期我国科技创新的指导思想时,特别强调"确保如期进入创新型国家行列,为建成世界科技强国奠定坚实基础,为实现'两个一百年'奋斗目标和中华民族伟大复兴中国梦提供强大动力"。①从这里可以看出,如期进入创新型国家行列对我国意义重大,一是能为建成世界科技强国奠定坚实基础,二是在这个基础上开启建设世界科技强国新征程。《"十三五"国家科技创新规划》强调要加强组织领导,强化规划实施中的协调管理,提出:"建立规划滚动编制机制,适时启动新一轮中长期科技创新规划战略研究与编制工作,加强世界科技强国重大问题研究。"

为什么在2015年、2016年,党中央、国务院要向全社会明确提出建设世界科技强国的奋斗目标并作出系统部署呢? 我们可以从以下几个方面来认识和理解:

第一,这是朝着实现中华民族伟大复兴的中国梦这一总目标而提出的科技方面的奋斗目标。早在2014年8月18日,习近平同志在中央财经领导小组第七次会议上的讲话中就从中华民族伟大复兴的战略高度阐述建设世界科技强国的战略意义,指出"到本世纪中叶建成社会主义现代化国家,科技强国是应有之义"②,这就把建成世界科技强国与建成社会主义现代化国家的内在关系讲得很清楚了。

2015年10月召开的党的十八届五中全会审议、制定国民经济和社会发展

---

① 《国务院关于印发〈"十三五"国家科技创新规划〉的通知》,中华人民共和国中央人民政府网站,http://www.gov.cn/zhengce/content/2016-08/08/content_5098072.htm。

② 中共中央文献研究室编:《习近平关于科技创新论述摘编》,中央文献出版社2016年版,第31页。

第十三个五年规划的建议。"十三五"时期是全面建成小康社会、实现我们党确定的"两个一百年"奋斗目标的第一个百年奋斗目标的决胜阶段。在此时谋划我国科技发展战略,描绘好未来一段时间我国科技发展蓝图,正当其时,意义深远。"十三五"时期的科技事业发展战略目标,实质上是中国梦这一总目标下面的科技领域分目标、子目标。分目标、子目标,都是服务、服从于中国梦这一总目标的。"十三五"时期的科技工作,都必须朝着实现中华民族伟大复兴的中国梦这个总目标来努力、来加强。经过"十二五"时期的努力,我国经济社会发展取得重大成就。我们一定要抓住新的历史机遇,把我们的科技搞上去。同时我们也要清醒地认识到,中华民族伟大复兴绝不是敲锣打鼓、轻轻松松就能实现的,前进的道路上还会遇到很多"挡路虎",会遭遇各种各样的风险挑战。"实现'两个一百年'奋斗目标,实现中华民族伟大复兴的中国梦,必须坚持走中国特色自主创新道路,面向世界科技前沿、面向经济主战场、面向国家重大需求,加快各领域科技创新,掌握全球科技竞争先机。这是我们提出建设世界科技强国的出发点。"①这句话点明了党中央考虑向世界科技强国进军的原因所在。

时隔两年之后,2018年5月28日,习近平同志在中国科学院第十九次院士大会、中国工程院第十四次院士大会上的讲话中,再次阐明了建设世界科技强国的重要性、必要性和紧迫性。"我们比历史上任何时期都更接近中华民族伟大复兴的目标,我们比历史上任何时期都更需要建设世界科技强国!"科技创新是引领发展的第一动力,新一轮科技革命和产业变革正在重构世界政治、经济和科技格局,科学技术从来没有像今天这样深刻地影响着国家、民族的前途命运。因而,成为世界科技强国,就成为走向中华民族伟大复兴的一个先决性条件。试想,如果在科技上还算不上是科技强国,那怎么能在国际竞争中占据主动地位、掌握发展优势呢?

"现在,我们迎来了世界新一轮科技革命和产业变革同我国转变发展方式的历史性交汇期,既面临着千载难逢的历史机遇,又面临着差距拉大的严峻挑

---

① 习近平:《为建设世界科技强国而奋斗——在全国创新大会、两院院士大会、中国科协第九次全国代表大会上的讲话》,《人民日报》2016年6月1日,第2版。

战。我们必须清醒认识到,有的历史性交汇期可能产生同频共振,有的历史性交汇期也可能擦肩而过。"①使命在肩,形势逼人,不进则退,时不我待。建设世界科技强国是历史和时代向我们提出的必然要求,是我们把握世界科技发展大势、瞄准世界科技前沿、抢占国际竞争制高点的必然选择。

第二,这是建立在创新型国家基础上更为综合的总体目标。我们党在不同历史时期,总是根据人民意愿和事业发展需要,提出富有感召力的奋斗目标。建设世界科技强国的奋斗目标,既充分考虑了2005年10月党的十六届五中全会确立建设创新型国家奋斗目标以来取得的历史性成就,又充分考虑了我国改革发展客观实际和科技事业发展现状。建设世界科技强国是对建设创新型国家的奋斗目标的接力推进,两者不是互相排斥的关系。绝不能认为提出建设世界科技强国,就是放弃了建设创新型国家的目标。两者的区别在于强调的侧重点不同。建设创新型国家更多的是从科技创新、自主创新的角度来讲,主要是以创新为核心指标、核心竞争力。而建设世界科技强国更多的是从国家整体科技实力的角度来讲,其指标更具有综合性,指的是我国在国际科技竞争中的总体地位和综合排名。建设世界科技强国内在地包含着建设创新型国家的要求。建设创新型国家是建设世界科技强国的基础和前提,建设世界科技强国是建设创新型国家的深化,是科技实力的整体跃升。所以说,两者既各有侧重又有交叉重合。

第三,这是有着确定要求的总体目标。世界科技强国具有许多鲜明特征。比如:科技研究实力国际领先,取得一批影响世界科技发展进程的重大科学发现和原始理论创新,形成里程碑式的理论体系和学派;在重要领域实现系列重大技术突破,显著提升社会生产力水平,进而影响和改变人类生产生活方式;涌现出一批具有世界影响力的科学与技术大师,引领和主导科技发展的时代潮流;科技创新成为产业领先、经济发展的核心驱动力;高效、开放的创新体系;拥有健全发达的教育和人才培养系统,能够吸引聚集国际一流创新人才;等等。

---

① 习近平:《在中国科学院第十九次院士大会、中国工程院第十四次院士大会上的讲话》,《人民日报》2018年5月29日,第2版。

客观地说，我国在科技上有短板，但也有强项。对我们来说，一方面要固根基、扬优势，使强项恒强；另一方面又要着力补短板、强弱项，使弱项变强。从这两个方面整体发力，科技实力才会得以提升，这样才能成为科技上的强国。"历史经验表明，那些抓住科技革命机遇走向现代化的国家，都是科学基础雄厚的国家；那些抓住科技革命机遇成为世界强国的国家，都是在重要科技领域处于领先行列的国家。"①世界科技强国，是指那些科学基础雄厚、善于抓住科技革命机遇、在重要科技领域处于领先行列的国家，是在世界上有影响力的科技大国。作为世界科技强国，必须拥有关键领域核心技术，必须具有强大的科技创新能力特别是自主创新能力、原创能力，必须涌现出一大批在世界上占有相当重要地位的代表性成果，必须有着充满活力的科技治理体系，在激烈的国际较量中展现出强大的科技优势和竞争力。

"发展科学技术必须具有全球视野、把握时代脉搏。"②提出建设世界科技强国，表明我们党具有宽广的全球视野，更表明我们党向世界一流科技水平看齐、赶超的雄心壮志。习近平同志在一系列讲话中反复强调世界科技强国必须具有的一些指标和要求。比如，他提出："中国要强盛、要复兴，就一定要大力发展科学技术，努力成为世界主要科学中心和创新高地。"③"成为世界科技强国，成为世界主要科学中心和创新高地，必须拥有一批世界一流科研机构、研究型大学、创新型企业，能够持续涌现一批重大原创性科学成果。"④他还提出："科技强国不是一句口号，得有内容，得有标志性技术。"⑤"建设世界科技强

① 习近平：《论把握新发展阶段、贯彻新发展理念、构建新发展格局》，中央文献出版社2021年版，第113页。
② 习近平：《为建设世界科技强国而奋斗——在全国创新大会、两院院士大会、中国科协第九次全国代表大会上的讲话》，《人民日报》2016年6月1日，第2版。
③ 习近平：《在中国科学院第十九次院士大会、中国工程院第十四次院士大会上的讲话》，《人民日报》2018年5月29日，第2版。
④ 习近平：《为建设世界科技强国而奋斗——在全国创新大会、两院院士大会、中国科协第九次全国代表大会上的讲话》，《人民日报》2016年6月1日，第2版。
⑤ 中共中央文献研究室编：《习近平关于科技创新论述摘编》，中央文献出版社2016年版，第31页。

国,得有标志性科技成就。"①

由此可见,吹响向世界科技强国进军的时代号角,对建设世界科技强国进行前瞻性部署,正当其时,十分必要,条件也具备。这是我们党顺应新一轮科技革命和产业变革,着眼于我国长远发展,站在实现"两个一百年"奋斗目标的高度,适时作出的重大战略决策。

需要指出的是,对于我国科技事业"三步走"的战略目标,我们党经历了一个不断深化、日益完善的认识过程。2017年10月召开的党的十九大,对新时代中国特色社会主义现代化建设分两个阶段作出了战略安排。第一个阶段,从2020年到2035年,在全面建成小康社会的基础上,再奋斗15年,基本实现社会主义现代化。"到那时,我国经济实力、科技实力将大幅跃升,跻身创新型国家前列"是基本实现社会主义现代化六个方面内涵的第一个。第二个阶段,从2035年到本世纪中叶,在基本实现现代化的基础上,再奋斗15年,把我国建成富强民主文明和谐美丽的社会主义现代化强国。仔细研读,这里面有三个变化需要注意。一是,跻身创新型国家前列,已经成为基本实现社会主义现代化的重要标志之一。二是,我们党已经将原定的到2030年跻身创新型国家前列,调整为到2035年跻身创新型国家行列。三是,2016年提出到2050年建成世界科技创新强国的目标时,对社会主义现代化国家的表述是"富强民主文明和谐的社会主义现代化国家"。党的十九大则将这一表述调整为"富强民主文明和谐美丽的社会主义现代化强国"。

由此,我国科技事业"三步走"的战略目标调整为:第一步,到2020年进入创新型国家行列。第二步,到2035年跻身创新型国家前列。第三步,到2050年建成世界科技强国。经过这样的修改和调整,我国科技事业"三步走"的战略目标更加完善。这是在综合分析国内外形势和我国发展条件的基础上所作的实事求是的适当调整,是对标"两个一百年"奋斗目标作出的战略安排和长远规划。

还要注意的是,在每一阶段的目标中,我们党都提出了具体而明确的要求

---

① 习近平:《在中国科学院第十九次院士大会、中国工程院第十四次院士大会上的讲话》,《人民日报》2018年5月29日,第2版。

和指标。把三个阶段的具体指标逐一对比,可以看出这些具体的要求和指标总的来说是呈阶梯式不断加码、逐步提升的。比如,参照《国家创新驱动发展战略纲要》和党的十九大报告,到2020年进入创新型国家行列时,我们提出的要求是:基本建成中国特色国家创新体系,有力支撑全面建成小康社会目标的实现;到2035年跻身创新型国家前列时,我们提出的要求是:发展驱动力实现根本转换,经济社会发展水平和国际竞争力大幅提升,为建成经济强国和共同富裕社会奠定坚实基础;到2050年建成世界科技强国时,我们提出的要求是:成为世界主要科学中心和创新高地,为我国建成富强民主文明和谐美丽的社会主义现代化国家、实现中华民族伟大复兴的中国梦提供强大支撑。又比如,在第一步,我们对创新环境方面提出的指标要求是:"创新环境更加优化。激励创新的政策法规更加健全,知识产权保护更加严格,形成崇尚创新创业、勇于创新创业、激励创新创业的价值导向和文化氛围。"到了第二步,我们提出的指标要求则是:"创新文化氛围浓厚,法治保障有力,全社会形成创新活力竞相迸发、创新源泉不断涌流的生动局面。"到了第三步,我们提出的指标要求则是:"创新的制度环境、市场环境和文化环境更加优化,尊重知识、崇尚创新、保护产权、包容多元成为全社会的共同理念和价值导向。"①总之,"三步走"的战略目标中,既有阶段性的目标任务,又有战略部署的重点,既有时间表,又有路线图,为推进新时代科技事业指明了前进方向,提供了根本遵循。

在我国从全面建成小康社会向基本实现社会主义现代化迈进的关键时期,党中央、国务院制定了《国家中长期科学和技术发展规划(2021—2035年)》,对新发展阶段我国科技发展进行顶层设计,明确了科技创新方向和重点。《"十四五"国家科技创新规划》为"十四五"时期我国开启全面建设现代化国家新征程提供了有力支撑。这两个规划的制定和实施,表明了我们党着力建设世界科技强国的战略定力,必将有力地指引新发展阶段的科技强国建设进程。

---

① 《中共中央、国务院印发〈国家创新驱动发展战略纲要〉》,《人民日报》2016年5月20日,第6版。

第四章 |
实现高水平科技自立自强的能力

　　坚定不移走中国特色自主创新道路,大力推进自主创新,是党的科技治理能力的关键因素和重要标志。我国与发达国家科技实力的差距,主要体现在创新尤其是自主创新能力上。立足新发展阶段、把握新发展理念、构建新发展格局、推动高质量发展,我们必须增强创新自信,大幅提高我国科技自主创新能力,努力实现高水平科技自立自强,掌握世界科技竞争的制高点和主动权。

一、高水平科技自立自强的时代内涵

　　我国已进入全面建设社会主义现代化国家、向第二个百年奋斗目标进军的新发展阶段。构建以国内大循环为主体、国内国际双循环相互促进的新发展格局,是习近平同志科学分析新发展阶段我国面临机遇和挑战的新变化而作出的重大决策,是把握未来发展主动权的战略性布局和先手棋,是事关全局的系统性深层次变革,意义重大而深远。习近平同志指出:"构建新发展格局最本质的特征是实现高水平的自立自强。"他强调,"我们必须把这个问题放在能不能生存和发展的高度加以认识"①,深刻揭示了实现高水平科技自立自强的战略意义。

1. 深刻认识高水平科技自立自强的重要性紧迫性

　　高水平科技自立自强是对科技创新在新发展阶段提出的必然要求,是构

---

① 习近平:《论把握新发展阶段、贯彻新发展理念、构建新发展格局》,中央文献出版社2021年版,第485页。

建新发展格局、推动高质量发展的客观需要。自立是自强的前提条件,科技自立是安身立命之基。进入新发展阶段,如果难以突破关键核心技术,就无法满足创新驱动引领发展的现实及长远需求,就无法把国家和民族的发展建立在自己力量的基点上。自强是自立的根本保障,科技自强是繁荣昌盛之本。我们要坚持扬长补短,在优势领域"锻长板、挖潜力、增优势",在弱势领域"补短板、固根基、强弱项",全面做强自己。"高水平科技自立自强,是一种高标准定位的自立自强,是要对标国际先进水平的自立自强。"①只有实现了高水平科技自立自强,中国特色自主创新道路才能越走越宽阔。"察势者明,趋势者智。"实现高水平科技自立自强,是挺立时代潮头、把握时代脉搏,长期密切跟踪关注科技创新最前沿和新趋势得出的科学判断。

科技自立自强是促进国家发展大局的根本支撑,是决定我国生存和发展的基础能力。我国进入创新型国家前列、进入科技创新第一方阵,建成世界科技强国,必须加快科技自立自强步伐。高水平科技自立自强,其实质就是要把国家发展建立在更加安全更为可靠的基础上。回顾近现代发展史,世界强国无一不是科技强国,科技自立则家国屹立,科技自强则民族免遭外辱。可以说,科技自立自强是强国的标志,是应对国际激烈竞争的底气。近代以来,我国曾多次错失科技革命和产业变革良机,逐渐由领先变为落后。当前,全球科技创新进入空前密集活跃的时期,信息、生命、制造、能源、空间、海洋等领域的原创突破为前沿技术、颠覆性技术提供了更多创新源泉,为我们自主创新、自立自强提供了丰厚的科技土壤。

实现高水平科技自立自强,是把握重要战略机遇期、发挥科技创新支撑作用的战略抉择。科技创新是世界百年未有之大变局中的一个关键变量,开启全面建设社会主义现代化国家新征程,我们比过去任何时候都更加需要科学技术解决方案,通过自主创新来防范化解前进道路上的各种风险挑战。当前,新一轮科技革命和产业变革加速演变,国际竞争日趋激烈,更加凸显了加快提高我国科技创新能力的紧迫性,客观上要求我们着力提升自主创新能力,尽快

---

① 史湘洲、魏雨虹、徐欧露:《科技创新事关生存发展——战略咨询院专家谈高水平科技自立自强》,《瞭望新闻周刊》2021年第32期,第49页。

突破关键核心技术。实现经济社会高质量发展,也向我们提出了依靠创新驱动走内涵型增长道路的要求。与此同时,我国经济发展环境出现了重大变化,特别是生产要素相对优势出现了变化。劳动力成本在逐步上升,资源环境承载能力达到了瓶颈,旧的生产函数组合方式已经难以持续,科学技术的重要性全面上升。近年来,西方一些国家加紧对我国实施"长臂管辖"、编织科技铁幕,滥用国家安全概念对我国科技企业和经济实体进行技术封锁、技术转移限制、专利许可管控等,给正常的科技人文交流设置障碍。现实情况是,我国在一些关键核心技术方面受制于人的局面尚未根本改变,部分技术和商品对外采购率过高、依赖性过强,创造新产业、引领未来发展的科技储备远远不够。面对这种严峻形势,我们必须更加强调自主创新,这是确保国内大循环畅通、塑造我国在国际大循环中新优势的必然要求。因此,党中央在制定"十四五"规划《建议》时,第一条重大举措就是科技创新,第二条就是突破产业瓶颈。这些前所未有的战略部署,反映了党中央对科技创新在我国经济社会发展中的核心作用的深刻认识,表明党中央将科技自立自强提到关乎未来我国生存和发展的战略高度。

实现高水平科技自强是防范外部风险和保障国家安全的需要。当今世界,围绕科技制高点的竞争空前激烈,科技创新已经成为国际战略博弈的主要战场。经过改革开放以来的持续努力,我国科技水平不断提升,综合实力整体增强。但是,西方一些国家特别是美国,近年来频频对我国实施高科技封锁,想方设法打压我国高科技领军企业。自2018年以来,美国商务部工业安全局已将超过100多家中国企业和机构加入出口管制的"实体清单",其中既包括华为及其附属公司,也包括中国军工企业、科研院所以及人工智能领域的知名企业。2021年5月23日,美国商务部又宣布将33家中国企业及机构列入"实体清单"。美国参议院通过的《2021美国创新和竞争法》,意图对中国进行多方面的制约,以确保美国在未来几十年的优势地位。美国政府利用国家力量打压遏制我国高科技创新企业,封锁我国高科技发展的不公正行为,反而使我们更加清醒地认识到,我国作为社会主义国家,决不能被西方国家"卡脖子",必须在关键核心技术领域实现突破,这是维护国家主权、安全、发展利益的根本保障。当前,百年未有之大变局加速演变,叠加全球遭遇新冠肺炎疫情冲击,部分国家逆全球化而动,这些都对全球产业链稳定和供应链畅通带来空前挑战。制造业"缺芯"就是其中的一个突出问题。从手机、电视、电脑、汽车等行业,到5G、人工智能、物联网、自动驾驶领域,很多都受"工业粮食"芯片短缺的困扰。如何确保我国产业链供应链安全可控? 这一严峻的形势,向我们提出了实现高水平科技自立自强的迫切要求。

实现高水平科技自立自强,是统筹疫情防控和经济社会发展实践的经验总结。应对新冠肺炎疫情,是对我国科技创新能力的一次"突击检验",客观上为加速实现高水平科技自立自强提供了契机。在抗击新冠肺炎疫情的过程中,我们高度重视科技的重大作用,在治疗、疫苗研发、防控等多个重要领域和关键环节展开科研攻关,一批重大科研成果取得突破,许多高科技产品直接作用于疫情防控,大量科技手段用于复工复产。我们用科学防治降服病魔,依靠科技力量有效保障人民生命健康,不断提高运用科技应对重大突发公共卫生事件的能力和水平,科研攻关的新型举国体制得到进一步完善。在应对外部经济环境变化、抵御外部势力打压的进程中,我们注重发挥科技力量做好"六稳"工作、落实"六保"任务,运用科技创新保持产业链供应链稳健运行,用加快突破"卡脖子"的关键核心技术保障经济安全、推动实现高质量发展。与此同时,我们积极推动开展疫苗、药物、检测试剂等领域国际科技合作,及时分享抗疫科研成果,向世界彰显了中国科技创新日益增长的国际引领力。实践再次证明,只要大力推动自主创新,我们就一定能够为我国经济社会高质量发展提供有力支撑,推动中国特色社会主义航船行稳致远。

2. 把科技自立自强作为国家发展的战略支撑

高水平科技自立自强,是党和国家主动求变识变应变、因时因势而动的战略抉择。面对新发展阶段科技发展和国际竞争的新态势,我们必须增强责任感和危机感,把科技自立自强作为国家发展的战略支撑,加快实施创新驱动发展战略,使我国在激烈的国际竞争中掌握主动,在风云变幻中始终充满朝气地生存和发展下去。

党中央提出的实现高水平科技自立自强,是一项内涵更广、标准更高的系统工程。要注重以高质量供给适应引领创造新需求,形成消费和投资互促共进的强大国内市场。要全面加强对科技创新的部署,集合优势资源,有力有序推进创新攻关的"揭榜挂帅"体制机制,加强创新链和产业链对接,明确路线图、时间表、责任制,适合部门和地方政府牵头的要牵好头,适合企业牵头的政府要全力支持。中央企业等国有企业要勇挑重担、敢打头阵,勇当原创技术的"策源地"、现代产业链的"链长"。要大力推进科技及其他各方面创新,形成更多新的增长点、增长极,把创新发展主动权牢牢掌握在自己手中。要依托我国超大规模市场和完备产业体系,创造有利于新技术快速大规模应用和迭代升级的独特优势,加速科技成果向现实生产力转化。

实现高水平科技自立自强,要求我们以科学的方法论来推进科技创新工作。高水平科技自立自强是我国建设世界强国的必由之路,是国家层面的大政策,各地区各部门都要落实好这一政策,都要抓好这方面的工作。但是具体到各种关键核心技术,不是家家都能干的。在实践中要注意防范一些认识误区,比如一讲解决"卡脖子"技术难题,就强调什么都要自己干,并且专盯那些"高大上"项目,不顾客观实际和产业基础,结果造成了烂尾项目。又比如,有的地区和部门认为实现高水平科技自立自强只是经济和科技部门的事,同自己部门关系不大,因而难以有效聚集科技创新资源,等等。这些认识和做法都是片面的甚至是错误的,必须加以防范和纠正。要坚持实事求是的原则,看自身具备的条件和可能,同时还要看全国科技创新发展布局,从自己的优势领域着力,不能盲目上项目,不能搞重复建设,更不能为了出政绩不管条件什么都想干,最后什么也干不成,反而浪费了科技资源,浪费了在其他领域突破的大好时机。所以,要实现高水平科技自立自强,坚持科学的思维方法和工作方法很重要。

实现高水平科技自立自强,是一项具有战略意义的重要任务,必须立足当前、着眼长远,整体部署、有序推进。

一是要"加强原创性、引领性科技攻关,坚决打赢关键核心技术攻坚战"[①]。基础研究是整体科技体系的源头,是科技自立自强的不竭源泉。我国进入新发展阶段,创新在现代化建设全局中居于核心地位,基础研究的战略意义越来

---

① 习近平:《在中国科学院第二十次院士大会、中国工程院第十五次院士大会、中国科协第十次全国代表大会上的讲话》,《人民日报》2021年5月29日,第2版。

越深刻地凸显出来。必须科学选准重点领域和突破口,强化顶层设计和系统布局,持之以恒加大基础研究投入,着力营造全社会支持基础研究的良好氛围,鼓励科研人员大胆探索,挑战未知。

二是要"强化国家战略科技力量,提升国家创新体系整体效能"[1]。当今世界,科技创新已经成为国际战略博弈的主要战场。战略科技力量的影响力和支撑力,直接关系到我国综合国力和国际竞争力的提升。国家实验室、国家科研机构、高水平研究大学、科技领军型企业以及各类肩负国家使命的创新主体,要立足自身在创新链中不同环节的功能定位,既各自发挥潜力又相互配合,形成合力。

三是要"推进科技体制改革,形成支持全面创新的基础制度"[2]。既要充分发挥社会主义制度集中力量办大事的优越性,又要善于通过市场的决定性作用来优化资源配置,健全社会主义市场经济条件下更加科学、集约、高效的新型举国体制。坚持以质量、绩效、贡献为核心的评价导向,重点抓好完善评价制度等基础改革,着力推动科技管理职能转变,改革重大科技项目立项和组织管理方式。

四是要"构建开放创新生态,参与全球科技治理"[3]。坚持统筹发展和安全,积极融入全球创新网络,前瞻研判并有效应对科技发展带来的风险挑战。深度参与全球科技治理,让中国科技为推动构建人类命运共同体作出更大贡献。

五是要"激发各类人才创新活力,建设全球人才高地"[4]。硬实力、软实力,最关键的核心要素是人才实力。实现高水平科技自立自强、建设世界科技强国,归根结底要靠高水平的创新人才。要全方位培养、引进、用好人才,激发各类人才创新活力和创造潜力,建设一支规模宏大、结构合理、素质优良的创新

---

① 习近平:《在中国科学院第二十次院士大会、中国工程院第十五次院士大会、中国科协第十次全国代表大会上的讲话》,《人民日报》2021年5月29日,第2版。

② 习近平:《在中国科学院第二十次院士大会、中国工程院第十五次院士大会、中国科协第十次全国代表大会上的讲话》,《人民日报》2021年5月29日,第2版。

③ 习近平:《在中国科学院第二十次院士大会、中国工程院第十五次院士大会、中国科协第十次全国代表大会上的讲话》,《人民日报》2021年5月29日,第2版。

④ 习近平:《在中国科学院第二十次院士大会、中国工程院第十五次院士大会、中国科协第十次全国代表大会上的讲话》,《人民日报》2021年5月29日,第2版。

人才队伍。各级党委和政府要充分尊重人才，加强对科研活动的科学管理和服务保障，为实现高水平科技自立自强创造良好的创新环境。

二、以高水平科技自立自强助推构建新发展格局

高水平的自立自强，是构建新发展格局最本质的特征。构建新发展格局，必须坚持以科技创新催生新发展动能、加快实现高水平科技自立自强，这是最关键、最根本的要求。

1. 充分认识加快构建新发展格局的战略意义

习近平同志指出："构建新发展格局，是与时俱进提升我国经济发展水平的战略抉择，也是塑造我国国际经济合作和竞争新优势的战略抉择。"[①]

近年来，面对我国发展外部环境和内在条件的深刻变化，特别是国际经济循环格局的深度调整和新冠肺炎疫情的深远影响，习近平同志对涉及国家中长期经济社会发展的重大问题进行了深入思考。新冠肺炎疫情期间，习近平同志到几个省进行调查研究，深入了解抗疫情况，调研复工复产中出现的问题。他在浙江考察时发现，在疫情冲击下全球产业链供应链发生局部断裂，直接影响到我国国内经济循环。当地不少企业需要的国外原材料进不来、海外人员来不了、货物出不去，不得不停工停产。习近平同志敏锐地感觉到："现在的形势已经很不一样了，大进大出的环境条件已经变化，必须根据新的形势提出引领发展的新思路。"[②]2020年4月10日，习近平同志在中央财经委员会第七次会议上，创造性地提出构建以国内大循环为主体、国内国际双循环相互促进的新发展格局。在其后的一系列重要讲话中特别是在2020年10月召开的党的十九届五中全会、2021年1月召开的省部级主要领导干部学习贯彻党的十九届五中全会精神专题研讨班等重要场合的讲话中，对新发展格局进行了深刻

---

① 习近平：《关于〈中共中央关于制定国民经济和社会发展第十四个五年规划和二〇三五年远景目标的建议〉的说明》，《人民日报》2020年11月4日，第2版。

② 习近平：《论把握新发展阶段、贯彻新发展理念、构建新发展格局》，中央文献出版社2021年版，第482页。

阐述,作出了全面部署。

构建新发展格局"是根据我国发展阶段、环境、条件变化提出来的"①,是适应我国新发展阶段要求的主动选择。改革开放以前,由于国门没有打开,对外贸易很少,因而我国经济主要以国内循环为主,进出口占整个国民经济的比重很小。改革开放以来,我们顺应经济全球化大势,扩大对外开放,实施出口导向型发展战略,对外贸易大幅增长。特别是加入世贸组织后,我国加入国际大循环,市场和资源"两头在外",形成"世界工厂"发展模式。1997年亚洲金融危机爆发后,我国把扩大内需作为经济发展的立足点和长期方针,推动经济发展向国内需求主导转变,为经济快速发展和扩大开放奠定了基础。"二〇〇八年国际金融危机是我国发展格局演变的一个重要分水岭。"②面对严重的外部危机冲击,我国实施了进一步扩大内需、促进经济平稳较快发展的一揽子政策措施,加快转变经济发展方式,在全球率先实现经济企稳回升,增强了我国在国际经济合作和竞争中的回旋余地。历史经验表明,扩大内需始终是应对外部风险挑战、保持我国经济持续健康发展的战略基点。从世界经济发展的实际情况看,不少大国的经济发展都是以内需为主导、内部可循环。党的十八大以来,我们坚持实施扩大内需战略,使发展更多地依靠内需特别是消费需求拉动,对外贸易依存度从2012年的47.3%下降到2020年的31.7%,延续2006年达到67%的峰值后持续下降的趋势。2008年国际金融危机后,有7个年份内需对经济增长的贡献率超过100%,国内大循环日益强劲。"我们提出构建新发展格局,是对我国客观经济规律和发展趋势的自觉把握,是有实践基础的。"③

我国是一个人口大国,又是一个发展中国家,在由温饱不足向全面小康、基本实现社会主义现代化进而建成社会主义现代化强国的历史进程中,各方面的需求潜力十分巨大,这是我们的优势所在。特别是近年来,随着外部环境和我国发展所具有的要素禀赋的变化,市场和资源两头在外的国际大循环动

① 习近平:《在经济社会领域专家座谈会上的讲话》,《人民日报》2020年8月25日,第2版。
② 习近平:《论把握新发展阶段、贯彻新发展理念、构建新发展格局》,中央文献出版社2021年版,第11页。
③ 习近平:《论把握新发展阶段、贯彻新发展理念、构建新发展格局》,中央文献出版社2021年版,第11页。

能明显减弱,而我国内需潜力不断释放,客观上有着此消彼长的态势。特别是自2008年国际金融危机以来,国内循环在我国经济中的作用开始显著上升,基础和条件日益完善,我国经济逐渐向以国内大循环为主体转变。我国拥有14亿人口,其中有4亿多中等收入人群,是全球规模最大和最有发展潜力的消费市场之一,2020年最终消费支出对经济增长的贡献率为54.3%。居民消费优化升级,同现代科技和生产方式相结合,具有巨大增长空间。随着我国向高收入国家行列稳步迈进,规模巨大的国内市场还将不断扩张。新冠肺炎疫情给世界经济和我国发展带来了巨大的冲击,未来一个时期,我国国内市场主导国民经济循环的特征会更加明显,经济增长的内需潜力会不断释放,客观上迫切需要我国以新的战略举措挖掘内需潜力。只要顺势而为、精准施策,我们完全有条件构建新发展格局,通过畅通国民经济循环更好地推动国际大循环,培育和提升新形势下我国的国际竞争力。正是在这样的形势下,构建新发展格局的重大战略决策应运而生。

构建新发展格局是应对国际环境深刻变化、统筹国内国际两个大局的必然要求。世界进入动荡变革期,我们面临更多逆风逆水的外部环境。我国正处于实现中华民族伟大复兴的关键时期,经济已由高速增长阶段转向高质量发展阶段。在当前国际形势不稳定不确定性明显增加的背景下,立足国内、依托国内大市场优势,充分挖掘内需潜力,有利于化解外部冲击和外需下降带来的影响,有利于提高我们的生存力、竞争力、发展力、持续力。

构建新发展格局,要求我们以辩证思维妥善处理若干重大关系。新发展格局之"新"也主要体现在这些方面。

一是要正确认识国内大循环和国际大循环的关系。新发展格局是一个有机整体,强调的是国内国际双循环,决不能割裂开来,片面强调某一方面。习近平同志强调:不能"只讲前半句,片面强调'以国内大循环为主',主张在对外开放上进行大幅度收缩",也不能"只讲后半句,片面强调'国内国际双循环',不顾国际格局和形势变化,固守'两头在外、大进大出'的旧思路"。①以国内大

---

① 习近平:《论把握新发展阶段、贯彻新发展理念、构建新发展格局》,中央文献出版社2021年版,第483—484页。

循环为主体,决不是关起门来封闭运行,而是通过发挥内需潜力,以国内大循环吸引全球资源要素,更好利用国际国内两个市场、两种资源,实现更加强劲可持续的发展。

二是要正确认识全国大循环与区域比较优势的关系。国内循环也是建立在国内统一大市场基础上的大循环,不是每个地方都搞自我小循环。不能"各自为政、画地为牢,不关心建设全国统一的大市场、畅通全国大循环,只考虑建设本地区本区域小市场、搞自己的小循环"①。不能搞"小而全",更不能以"内循环"的名义搞地区封锁。

三是把握整体推进和重点突破的关系。构建新发展格局是事关全局的系统性深层次变革,必须整体推进、统筹谋划,形成整体效应。同时,要把构建新发展格局同实施国家区域协调发展战略、建设自由贸易试验区等衔接起来,在有条件的区域率先探索形成新发展格局,发挥示范和引领作用。

此外,在实践中还要注意防范一些认识误区。比如,认为畅通经济循环就是畅通物流,搞低层次物流循环,等等。这些看法都是片面的、有害的甚至是错误的,在实践中会产生消极、严重的后果,必须对此高度重视,认真加以防范,坚决纠正。

2. 积极探索形成新发展格局的有效路径

构建新发展格局是实现高质量发展的内在要求,是防范化解风险挑战的客观需要,是新发展阶段打造新优势、开创新局面的重大战略任务。我们要深入贯彻新发展理念,以推动高质量发展为主题,以深化供给侧结构性改革为主线,以改革创新为根本目的,以满足人民日益增长的美好生活需要为根本目的,积极探索形成新发展格局的有效路径。

第一,以推动高质量发展为主题,努力实现更高质量、更有效率、更加公平、更可持续、更为安全的发展。我国正处于转变发展方式的关键阶段,劳动力成本上升,资源环境约束增大,粗放型发展方式难以为继,经济循环不畅问

---

① 习近平:《论把握新发展阶段、贯彻新发展理念、构建新发展格局》,中央文献出版社2021年版,第484页。

题突出。必须更好地贯彻落实新发展理念，以高质量发展为主题。推动高质量发展是我们确定发展思路、制定经济政策、实施宏观调控的根本要求。战胜各种风险挑战，最根本的还是集中力量办好自己的事，坚持质量第一、效益优先，加快建设现代化经济体系，不断壮大我国经济实力和综合国力。

第二，以供给侧结构性改革为主线，努力实现供给与需求更高水平的动态平衡。习近平同志指出："构建新发展格局的关键在于经济循环的畅通无阻。"①必须坚持深化供给侧结构性改革这条主线，把实施扩大内需战略同深化供给侧结构性改革有机结合起来，打通堵点、补齐短板，贯通生产、分配、流通、消费各环节，形成国民经济良性循环。由此可见，高水平自立自强，决不是只注重需求侧管理而不重视供给侧结构性改革，而是强调以供给侧结构性改革为主线，推进深层次改革和强化政策引导，着力打通经济循环的关键堵点，形成需求牵引供给、供给创造需求的更高水平动态平衡。

第三，以扩大内需为战略基点，努力更多释放内需潜力、更好提升消费层次。我国经济正处在转变发展方式、优化经济结构、转换增长动力的攻关期，面临着结构性、体制性、周期性问题相互交织所带来的困难和挑战，加上新冠肺炎疫情冲击，经济运行面临较大压力。稳定而富有潜力的内需体系会形成非常可观的发展新动能，是抵御外部不确定性的有效利器。"当今世界，最稀缺的资源是市场。市场资源是我国的巨大优势，必须充分利用和发挥这个优势，不断巩固和增强这个优势，形成构建新发展格局的雄厚支撑。"②面向未来，必须牢牢把握扩大内需这个战略基点，加快培育完整内需体系，增强消费对经济发展的基础性作用和投资对优化供给结构的关键性作用。必须着力释放内需潜力、市场活力，努力形成强大的国内市场，以畅通国民经济循环为主，构建新发展格局。

第四，以深化改革激发新发展活力，努力增强改革的系统性、整体性、协同性。随着我国迈入新发展阶段，改革也面临新的任务，我们必须拿出更大的勇

---

① 习近平：《论把握新发展阶段、贯彻新发展理念、构建新发展格局》，中央文献出版社2021年版，第484页。

② 习近平：《论把握新发展阶段、贯彻新发展理念、构建新发展格局》，中央文献出版社2021年版，第485—486页。

气、更多的举措破除深层次体制机制障碍。要继续用足用好改革这个关键一招，加大力度、加快进度、拓展深度，使各项改革朝着推动形成新发展格局聚集发力。要善于运用改革思维和改革办法，加快推进有利于提高资源配置效率的改革、有利于提高发展质量和效益的改革、有利于调动各方面积极性的改革，加强改革系统集成，持续增强发展动力和活力。

第五，以做实做强做优实体经济为主攻方向，努力构建自主可控、安全高效的产业链供应链。实体经济是一国经济的立身之本，是财富创造的根本源泉，是国家强盛的重要支柱。不论经济发展到什么时候，实体经济都是我们在国际经济竞争中赢得主动的根基。要着力振兴实体经济，加快建设制造强国，筑牢现代化经济体系的坚实基础。要把高质量发展着力点放在实体经济上，推动资源要素向实体经济集聚、政策措施向实体经济倾斜、工作力量向实体经济加强。这次新冠肺炎疫情防控是对我国产业体系的一次实战状态下的压力测试，我国完备的产业体系为战胜疫情发挥了至关重要的作用。"要把增强产业链韧性和竞争力放在更加重要的位置，着力构建自主可控、安全高效的产业链供应链。"①要准确把握产业链供应链区域化、本地化、多元化、数字化转型的新趋势，巩固拉长产业链供应链长板，同时还要针对产业薄弱环节补齐短板，形成对外方人为断供的强有力反制和威慑能力，确保在极端情况下经济能正常运转。要深刻把握发展的阶段性新特征新要求，坚持把做实做强做优实体经济作为主攻方向，一手抓传统产业转型升级，一手抓战略性新兴产业发展壮大，推动制造业加速向数字化、网络化、智能化发展，提高产业链供应链稳定性和现代化水平。

第六，以高水平对外开放推动国内国际双循环相互促进，努力构建更高水平开放型经济新体制。这是以开放促改革促发展、充分发挥比较优势、提高资源配置效率的重要途径。加快构建新发展格局，需要我们全面提高对外开放水平，坚持实施更大范围、更宽领域、更深层次对外开放，依托我国大市场优势，促进国际合作，推动形成全方位、多层次、多元化的开放合作格局；需要通

---

① 习近平：《论把握新发展阶段、贯彻新发展理念、构建新发展格局》，中央文献出版社2021年版，第15页。

过发挥内需潜力,更好地联通国内市场和国际市场,建设更高水平开放型经济新体制,促进中国经济与世界经济共同发展,实现合作共赢。特别是在我们面临的外部环境越来越复杂多变,发达国家政策逆转、经济全球化遭遇逆流的情况下,我们更要处理好自立自强和开放合作的关系,在确保安全的前提下扩大开放。

第七,以共建共治共享拓展社会发展新局面,不断促进人的全面发展。"提高人民生活品质,这是畅通国内大循环的出发点和落脚点,也是国内国际双循环相互促进的关键联结点。"①要适应人民群众需求变化,提高保障改善民生水平,实现更加充分、更高质量的就业,健全全覆盖、可持续的社保体系,强化公共卫生和疾控体系。要完善共建共治共享的社会治理制度,完善党委领导、政府负责、民主协商、社会协同、公众参与、法治保障、科技支撑的社会治理格局,建设人人有责、人人尽责、人人享有的社会治理共同体,实现政府治理同社会调节、居民自治良性互动。要多谋民生之利、多解民生之忧,努力办好各项民生事业,推动全体人民共同富裕取得更为明显的实质性进展。

高水平科技自立自强,是畅通国内大循环、塑造我国在国际大循环中主动地位的关键,直接决定着构建新发展格局的成效。其关键性作用,可以从以下几个方面去理解:

其一,提升在国际格局调整中的位势必须依靠高水平科技自立自强。只有高水平科技自立自强,才能增强我国的综合国力和核心竞争力,提升我国在国际竞争格局中的地位。

其二,高水平科技自立自强是畅通国内大循环的基础。当前,百年变局和世纪疫情交织叠加,世界进入新的动荡变革期。主要发达国家制造业产业链本土化意愿强烈,新兴发展中国家加速布局产业链的优势环节,我国产业链供应链稳定受到严峻挑战。要畅通国内大循环,就必须补齐产业链供应链短板,通过高水平科技自立自强,构建自主可控、稳定可靠的现代化产业体系。

其三,高水平科技自立自强是我国赢得国际大循环主动权的有效路径。

---

① 任平:《关系我国发展全局的重大战略任务——论加快构建新发展格局》,《人民日报》2021年4月9日,第1版。

改革开放后,特别是加入世界贸易组织后,我国加入国际大循环,深度融入全球经济体系,但我国产业总体上仍处于国际产业分工和价值链的中低端。我国在世界经济中的地位持续上升,同世界经济的联系会更加紧密,如果继续以中低端的位势参与国际经济大循环,则将面临被淘汰甚至出局的危险。因而,我国必须以更高水平融入全球经济体系,而这就要求我们提高我国在全球创新链、产业链和供应链中的地位,增强不可替代性和发展的韧性。通过高水平科技自立自强,能够有力推动我国产业向全球价值链中高端环节不断攀升,塑造我国参与国际经济大循环的竞争新优势。

其四,高水平科技自立自强是提升对消费升级适配性的必然要求。通过高水平科技自立自强,可以更好地发展新技术、研发新产品、创造新模式,优质高效地服务消费者,满足人们对美好生活的新期待新需要,不断释放消费升级潜力。

其五,高水平科技自立自强是拓展投资新空间的客观需要。进入高质量发展阶段,扩大投资不能再走简单扩大再生产或走投资驱动增长的老路子,更不能搞盲目和重复的无效投资。通过高水平科技自立自强,可以使投资更多地投入到新兴产业上,优化投资结构,进而形成新的经济增长点,推动经济社会持续高质量发展。

实现高水平科技自立自强是构建新发展格局、推动高质量发展的紧迫要求。在新发展阶段,我们必须贯彻新发展理念,深入实施创新驱动发展战略,走出一条中国特色高水平科技自立自强的道路,为迈进创新型国家前列、建设世界科技强国奠定坚实基础。

三、强化国家战略科技力量

国家战略科技力量,是实现高水平科技自立自强的引领力量。强化国家战略科技力量是以习近平同志为核心的党中央为实现高水平科技自立自强而作出的重大决策。国家战略科技力量,主要是指由国家布局支持的国家实验室、国家技术创新中心、国家科研院所、高水平研究型大学、创新型领军企业等为代表的科技创新主体、科技创新单元。国家战略科技力量代表了国家科技创新的最高水平,是体现国家意志、肩负战略性使命的科技"国家队""王牌军",是服务国家需求、推动经济社会发展的"顶梁柱""压舱石",是积极参与国际经济科技竞争、维护国家安全的"领头雁""排头兵"。习近平同志指出:"世界科技强国竞争,比拼的是国家战略科技力量。国家实验室、国家科研机构、高水平研究型大学、科技领军企业都是国家战略科技力量的重要组成部分,要自觉履行高水平科技自立自强的使命担当。"①世界历史表明,大国博弈的重心之一就是科技竞争,科技竞争的主要表现之一就是不同组织形式的战略科技力量进行布局和比拼。

区别于传统高校、科研院所和企业研发机构,国家战略科技力量致力于以国家意志为导向,以引领发展为目标,面向世界科技前沿领域,从国家战略全局的高度解决事关国家安全、国家发展、国计民生等根本性问题。从世界格局演变看,国家战略科技力量是赢得国际竞争优势的关键力量。美国能够长时间保持世界第一强国的地位,正是由于其拥有一批代表国家战略科技力量的、以世界领先的大科学装置集群为核心的、具有强大创新能力的国家实验室,以及由一批研究型大学与重要企业创新研发机构聚集形成的东西海岸两大创新城市群。目前,以国家实验室为代表的国立科研机构已经成为美、德、日、韩等世界主要科技强国科研体系的重要组成部分、科技竞争力的核心力量、重大科技成果产出的重要载体。美国联邦政府资助的研发中心有40余个,资助部门包括能源部、国防部、国家航空航天局、国土安全部、国家科学基金会、卫生与公共服务部等10余个,其完善的国家实验室系统在国防、航空航天、能源等领域贡献巨大,是支持国家科技创新的持续力量、基础研究成果的摇篮。比如劳伦斯伯克利国家实验室。英国同样高度重视战略科技力量建设,如卡文迪许实验室、国家物理实验室以及国家海洋中心等。

2013年7月17日,习近平同志在中国科学院考察工作时指出:"我们要建成创新型国家,要为世界科技事业发展作出贡献,必须有一支能打硬仗、打大

---

① 习近平:《在中国科学院第二十次院士大会、中国工程院第十五次院士大会、中国科协第十次全国代表大会上的讲话》,《人民日报》2021年5月29日,第2版。

仗、打胜仗的战略科技力量,必须有一批国际一流水平的科研机构。"①2016年7月28日,国务院印发《"十三五"国家科技创新规划》,提出:"打造体现国家意志、具有世界一流水平、引领发展的重要战略科技力量。"②这是"国家战略科技力量"的提法首次出现在政府文件中。2017年10月,党的十九大强调,"加强国家创新体系建设,强化战略科技力量",标志着国家战略科技力量建设上升为党和国家的意志。2019年10月,党的十九届四中全会提出要"强化国家战略科技力量,健全国家实验室体系"。2020年10月,党的十九届五中全会从任务、领域、目标和举措等方面,对强化国家战略科技力量作出专门部署。

强化国家战略科技力量,是应对新一轮科技革命和产业变革、赢得国际经济科技竞争主动权的客观要求。从国际形势看,经济全球化遭遇逆流,新冠肺炎疫情影响广泛深远,全球产业链供应链因非经济因素而面临冲击,国际科技交流合作受到阻断,我国经济和科技发展面临着更多的不稳定性、不确定性。随着新一轮科技革命和产业变革加速推进,各学科、各领域交叉融合将变得更加紧密并日益走向深入。重大科学研究进入大科学时代,学科协同越来越成为科学研究的有效范式。以新一代信息技术为引领,生命健康、先进制造、新材料、新能源等相互促进、广泛渗透,科技创新进入大融通时代,新技术、新业态不断涌现,产业化进程进一步加快,成果转化更为迅速,新的国际分工格局将快速形成。世界主要发达国家聚焦可能取得革命性突破的重大创新领域和颠覆性技术方向,纷纷制定创新战略,持续加大研发投入,加强人才培养和引进,以求扩大在科技创新、技术研发、装备制造等方面的优势,力图在新的竞争格局中抢占先机。强化国家战略科技力量,在战略关键领域系统谋划、整合资源,既有助于充分发挥多学科、建制化优势,增强国家科技创新的体系化能力,加快实现我国科技自立自强;同时又能更好地代表国家参与国际科技竞争合作,为世界科技进步和创新贡献更多中国智慧、中国方案。

强化国家战略科技力量,是催生新发展动能、推动高质量发展的必然选

---

① 中共中央文献研究室编:《习近平关于科技创新论述摘编》,中央文献出版社2016年版,第110页。

② 《国务院关于印发〈"十三五"国家科技创新规划〉的通知》,中华人民共和国中央人民政府网站,http://www.gov.cn/zhengce/content/2016-08/08/content_5098072.htm。

择。我国已进入新发展阶段,加快构建以国内大循环为主体、国内国际双循环相互促进的新发展格局,对科技创新提出了更高要求。无论是培育新动能、发展新兴产业、改造提升传统产业,还是保障产业链供应链安全稳定、满足人民群众高品质需求、深化社会治理,都离不开科技创新的战略支撑。经过改革开放以来的努力,我国科技整体水平大幅提升,但创新能力还不适应高质量发展的要求,原始创新能力不强,一些涉及产业发展和国家安全的关键核心技术受制于人的局面没有从根本上改变。国家战略科技力量以其雄厚的科研实力,为实现高质量发展、构建新发展格局提供持续的创新力。强化国家战略科技力量,有助于更好地发挥社会主义市场经济条件下新型举国体制优势,加快提升自主创新能力,实现更多依靠创新驱动的内涵型增长,走出一条更高质量、更有效率、更加公平、更可持续、更为安全的高质量发展道路。

强化国家战略科技力量,是优化国家创新体系、引领科技创新综合实力系统提升的有效路途。作为体现国家战略意图、服务国家战略需求的国家级创新团队,国家战略科技力量在我国科技创新体系中具有举足轻重的地位,发挥着引领、示范和带动作用。国家战略科技力量在科技创新体系中具有强大的影响力、辐射力、支撑力,直接关系到我国综合国力和国际竞争力的提升。近代以来,世界主要发达国家都是依靠国家战略力量组织实施重大科技项目和工程,推动国家科技创新能力的整体提升。美国、日本、德国等通过组建国家实验室以及跨学科综合性战略研究机构,高强度持续支持基础性、前沿性研究,开展重大科技项目联合攻关,从而登上了国际科技舞台的中心,引领世界科技发展。强化国家战略科技力量,有助于优化国家创新体系整体布局,引领带动国家创新体系中其他主体、其他单元竞相开展创新创造,最终提升国家综合科技实力和创新体系整体效能。

进入新发展阶段,贯彻新发展理念、构建新发展格局、推动高质量发展,要求我们必须深入实施创新驱动发展战略。加强国家战略科技力量的系统谋划和顶层设计,加快建设国家实验室,重组国家重点实验室体系,发挥好高校和科研院所国家队作用,培育更多创新型领军企业,打造一批具有国际竞争力的区域创新高地。作为国家战略科技力量,相关创新主体要能出大成果、作出大贡献,在维护国家战略利益的关键时刻必须冲得上去,召之能战,战之则胜。

第一，加强顶层设计和系统部署。要立足当前、着眼长远，在实现我国科技事业"三步走"战略目标第一步、成功进入创新型国家行列的基础上，前瞻谋划到2035年及到2050年科技发展的政策举措和工作任务，制定科技强国行动纲要，明确建成世界科技强国的时间表、路线图。要根据我国科技发展实际，进一步完善国家创新体系总体布局，更加注重系统性、整体性、协同性，确保国家战略科技力量布局合理、结构优化、功能互补、良性互动。制定中长期科技发展规划、纲要时，要充分发挥国家作为重大科技创新活动组织者的作用，跨央地、跨部门、跨学科整合力量，统筹制定促进科技创新的政策举措。同时，还要充分发挥市场在资源配置中的决定性作用，用好规模巨大的国内市场，激发各类创新主体的内在潜能，提高创新效率，增强创新效益。要强化国家战略科技力量与市场主体的协同联动和融通创新，建立健全政府引导作用与市场决定性作用有机结合的体制机制，加快形成各类创新主体相互配合、协同创新的新局面，提高创新链整体效能和合力。

第二，组织实施好重大科技项目。重大科技项目是实现国家战略意志、体现国家战略目标、集成国家创新资源、实现重点领域跨越发展的重要抓手。近年来，受世界经济周期性调整和国内经济结构性矛盾等深层次因素影响，同时又面临世界百年变局与世纪疫情叠加交织，我国经济下行压力较大，经济风险增多，形势变得更加严峻。在这样一种情况下，我们既要加快出台财税、金融、投资、消费等相关政策，推动经济持续稳定增长，更要依托实施一批国家重大科技项目，加快科技创新步伐，促进经济结构优化升级，打造经济发展的新动能、新增长点。必须进一步增强战略意识，加紧实施一批国家重大科技项目，才能加快发展新兴产业，开辟新的产业发展方向，在科技创新基础上促进经济迈上新台阶。我们必须未雨绸缪，扬长避短，在制定有利于我们发挥比较优势的创新发展战略基础上，明确主攻方向和突破口，选择和实施一批位于国际科技前沿的重大科技项目，才能有效应对发达国家技术创新新挑战，打破在一些关键核心领域受制于人的局面，赢得发展主动权。

另一方面，由于历史的复杂的原因，一些参与国家科技攻关项目的科研单位科研工作低水平重复、同质化竞争、碎片化扩张等现象依然存在，特别是协同创新的能力不够,不利于培育和增强核心竞争力,不利于高效地完成科技攻关任务。必须采取科学的组织方式和管理方式,实施好体现国家发展意图的重大科技任务和科技工程,通过协同攻关优化资源配置,推动参与的创新主体在合作攻关的过程中取长补短、强身健体,形成创新发展的强大合力。要加快突破关键核心技术,努力在关键领域实现自主可控。要聚焦国家战略目标和重大需求,瞄准基础原材料、高端芯片、人工智能、量子科技、生命健康等事关长远发展的前沿领域,科学合理遴选重大科技项目,超前部署、统筹组织,稳步实施、有序推进。要深入谋划推进"科技创新2030—重大项目",加快推进科技重大专项。要以重大科技攻关任务为主线,依托最有优势的创新单元整合全国创新资源,充分激发创新要素的活力,提升国家战略科技力量体系的整体实力。要完善和创新重大科技项目组织实施模式,改进项目管理体制,优化管理流程,大力推动成果应用及产业化。要夯实支撑科技创新的能力基础,健全和完善科技创新的基础性制度体系和高水平条件平台的支撑保障。要善于运用大数据、人工智能等新技术,促进科研信息的高效开放共享和广泛传播利用,加快构建国家科研论文和科技信息高端交流平台,着力提升对科研活动的服务保障水平。

第三,加强创新主体建设,培育充满活力的创新主体。一是加快国家实验室建设,重组国家重点实验室体系。科技发展需要有强大的技术平台、体制平台支撑。国家实验室是以国家现代化建设和社会发展的重大需求为导向,开展基础研究、竞争前沿高技术研究和社会公益研究,积极承担国家重大科研任务的国家级科研机构。国家实验室作为一种世界通行的科研基地形式,兴起和发展于第二次世界大战前后。作为世界上头号科技强国,美国拥有庞大的国家实验室体系。美国国家实验室主要属于美国能源部、国防部和国家航空航天局等联邦部委。其中,能源部下属的17个国家实验室是典型代表。加快国家实验室建设,重组国家重点实验室体系,可实现多学科交叉、资源共享和体制机制互补,有效推动国家重大创新目标的实现和重大科技项目的实施。围绕重大创新难题,在相关领域组建国家实验室,组织团队攻关,是推进重大领域创新的有效载体,有利于组织具有重大引领作用的协同创新,促进国家重大科技项目顺利实施。

2015 年 10 月 26 日,习近平同志在党的十八届五中全会上所作的《关于〈中共中央关于制定国民经济和社会发展第十三个五年规划的建议〉的说明》中就指出:"提高创新能力,必须夯实自主创新的物质技术基础,加快建设以国家实验室为引领的创新基础平台。国家实验室已成为主要发达国家抢占科技创新制高点的重要载体,诸如美国阿贡、洛斯阿拉莫斯、劳伦斯伯克利等国家实验室和德国亥姆霍兹研究中心等,均是围绕国家使命,依靠跨学科、大协作和高强度支持开展协同创新的研究基地。当前,我国科技创新已步入以跟踪为主转向跟踪和并跑、领跑并存的新阶段,急需以国家目标和战略需求为导向,瞄准国际科技前沿,布局一批体量更大、学科交叉融合、综合集成的国家实验室,优化配置人财物资源,形成协同创新新格局。主要考虑在一些重大创新领域组建一批国家实验室,打造聚集国内外一流人才的高地,组织具有重大引领作用的协同攻关,形成代表国家水平、国际同行认可、在国际上拥有话语权的科技创新实力,成为抢占国际科技制高点的重要战略创新力量。"[1]

习近平同志指出:"国家实验室要按照'四个面向'的要求,紧跟世界科技发展大势,适应我国发展对科技发展提出的使命任务,多出战略性、关键性重大科技成果,并同国家重点实验室结合,形成中国特色国家实验室体系。"[2]党的十九届五中全会提出:围绕国家发展目标和重大战略需求,统筹布局建设一批引领型、平台型一体的国家实验室,加强跨学科、跨领域协同创新,支撑重要领域前沿取得突破。瞄准科学前沿和重点行业领域发展方向,围绕国家战略和创新链布局需求,对现有国家重点实验室体系进行重组,形成布局合理、治理有效、各具特色、创新能力强的专业化分工格局,做大、做强、做优国家重点实验室。《中华人民共和国国民经济和社会发展第十四个五年规划和 2035 年远景目标纲要》指出:"以国家战略性需求为导向推进创新体系优化组合,加快构建以国家实验室为引领的战略科技力量。聚焦量子信息、光子与微纳电子、网络通信、人工智能、生物医药、现代能源系统等重大创新领域组

---

① 中共中央文献研究室编:《习近平关于科技创新论述摘编》,中央文献出版社 2016 年版,第 50—51 页。

② 习近平:《在中国科学院第二十次院士大会、中国工程院第十五次院士大会、中国科协第十次全国代表大会上的讲话》,《人民日报》2021 年 5 月 29 日,第 2 版。

建一批国家实验室,重组国家重点实验室,形成结构合理、运行高效的实验室体系。"①

国家重点实验室是国家组织开展基础研究和应用基础研究、聚焦和培养优秀科技人才、开展高水平学术交流、具备先进科研装备的重要科技创新基地,是国家创新体系的重要组成部分。经过30多年持续的建设发展,已成为孕育重大原始创新、推动学科发展和解决国家战略重大科学技术问题的重要力量,但是仍然面临一些难题,比如,国家重点实验室数量众多、体系杂乱。根据科技部、财政部2018年一份资料显示,国家重点实验室总量到2020年在700个左右。"十四五"规划纲要提出了重组国家重点实验室的具体任务,通过调整、充实、融合、撤销等方式,对现有国家重点实验室进行优化融合,在国家重大创新领域、基础学科、新兴交叉学科等新建一批国家重点实验室。这表明,重组国家重点实验室将会根据实际情况采取差别化、多样化的举措和方式进行。有的会根据国家需求和最新科技发展态势而作相应的调整。有的研究基础较好,在一些领域很有潜力,应该根据现实需求加以充实。有的实验室与其他实验室有重复或交叉,那么就应当与其他实验室融合,以壮大力量。一些不合格、不能承担相应科研任务的,或学科老化、无法适应新形势的,则应予以撤销。对具体的国家重点实验室来说,究竟采取何种方式,最主要的标准就是"四个面向"的要求,要按照"四个面向"的要求来确定。通过重组,力争形成各尽所能、各有所长、各有优势而又功能相补、相互促进的大格局。

重组国家重点实验室,不会是单个实验室的重组,而是体系的重组。这里的体系两个字很重要,也很关键。重组国家重点实验室决不是单纯的撤销、合并,不是简单地做加法、减法,也不是对某个重点实验室的局部调整,而是坚持问题导向、目标导向、需求导向,注重构建新型举国体制下的联合科研攻关体系,注重通过优化结构提升整体效能。强调整体效能,是因为不同的国家重点实验室之间会以项目为龙头,开展协同攻关、任务式联合,以最优的组合方式、最佳的协同能力实现目标。重组国家重点实验室,必须辩证地处理好单兵作

---

① 《中华人民共和国国民经济和社会发展第十四个五年规划和2035年远景目标纲要》,《人民日报》2021年3月13日,第1版。

战与联合作战的关系。对于作为单个创新主任的某一重点实验室来说,重组是外在的,关键是自身要聚焦"四个面向"练好内功,增强内在的科技创新能力。这是基本前提。在重组中,要改变过去单纯注重要素、平台、单元建设为主的发展模式,强化系统观念、体系建设思想,统筹各个重点实验室建设,通过对体系结构整体再造促进科技创新能力大幅跃升。这样看来,重组国家重点实验室,既要求在单兵作战上有质的提升,更要求在联合作战、协同作战上有新的突破,单兵作战与联合作战相互结合,才能真正提升整体效能。总之,重组国家重点实验室是对国家科技创新体制机制的一次重大改革,需要立足全局、着眼体系、着眼长远,从战略上作出顶层设计。

2021年中央经济工作会议在强调强化国家战略科技力量时,特别指出要发挥好国家实验室作用,重组全国重点实验室。这意味着,经过重组后的全国重点实验室,其地位将更加重要,必须承担起职责使命,努力在增强国家战略科技力量上发挥自己的作用。"建立健全以国家实验室为引领、全国重点实验室为支撑的实验室体系",已被明确写入新修订通过的《中华人民共和国科学技术进步法》。2022年全国科技工作会议将2022年确定为"科技政策落实年",重点抓好十个方面的科技工作,一是推动国家实验室体系有效运行,发挥战略科技力量引领作用。会议指出,国家实验室体系加快建设,编制完成重组国家重点实验室体系方案。会议强调,要更加突出强化国家战略科技力量,推动国家实验室全面入轨运行,完成全国重点实验室重组阶段性任务。总之,重组国家重点实验室体系,是具有深远影响的重大战略任务,必须科学谋划,统筹推进。

从地方的实践看,不少地方在重点实验室建设方面加大了力度。比如,2021年6月7日,四川天府实验室在成都正式揭牌。《四川日报》报道指出,这是四川省争创国家实验室的"预备队"。其中,天府兴隆湖实验室占地达1120亩。2021年12月28日,河南省科学院正式挂牌,与中原科技城、国家技术转移郑州中心融合建设,在260平方公里的区域内规划嵌入大科学装置、重点实验室等功能分区,拿出3000个事业编制在全球范围内招引人才。

二是推进科研力量优化配置和资源共享。习近平同志指出:"国家科研机构要以国家战略需求为导向,着力解决影响制约国家发展全局和长远利益的重大科技问题,加快建设原始创新策源地,加快突破关键核心技术。"①要强化国家科研机构的体系化能力和集群化优势,加快建设有特色高水平科研院所,勇闯创新"无人区",形成一批原始创新策源地,推出一系列战略性、关键性重大科技成果。习近平同志强调:"高水平研究型大学要把发展科技第一生产力、培养人才第一资源、增强创新第一动力更好结合起来,发挥基础研究深厚、学科交叉融合的优势,成为基础研究的主力军和重大科技突破的生力军。"②研究型大学的学科设置、专业结构、科研活动、科技创新、体制机制改革等都要强化同国家战略目标、战略任务的对接,大力加强基础前沿探索和关键技术突破,努力构建中国特色、中国风格、中国气派的学科体系、学术体系、话语体系。要坚持党的教育方针,紧扣落实立德树人根本任务,努力构建德智体美劳全面发展的教育体系,主动融入国家创新体系,推动教育链、人才链与产业链、创新链有机融合,为实现高质量发展源源不断培养和造就一批具有国际水平的战略科技人才、科技领军人才和创新团队。

三是充分发挥科技领军企业的作用。习近平同志指出:"科技领军企业要发挥市场需求、集成创新、组织平台的优势,打通从科技强到企业强、产业强、经济强的通道。要以企业牵头,整合集聚创新资源,形成跨领域、大协作、高强度的创新基地,开展产业共性关键技术研发、科技成果转化及产业化、科技资源共享服务,推动重点领域项目、基地、人才、资金一体化配置,提升我国产业基础能力和产业链现代化水平。"③要发挥企业在科技创新中的主体作用,支持领军企业组建创新联合体,带动中小企业创新活动。这其中,将民营科技领军企业纳入国家战略科技力量,是一个需要认真研究和考虑的课题。从我国的实际情况来看,民营企业已成为推动我国科技创新和高新技术产业发展的重要力量,是国家创新体系的重要组成部分。近年来,一大批民营科技

① 习近平:《在中国科学院第二十次院士大会、中国工程院第十五次院士大会、中国科协第十次全国代表大会上的讲话》,《人民日报》2021年5月29日,第2版。

② 习近平:《在中国科学院第二十次院士大会、中国工程院第十五次院士大会、中国科协第十次全国代表大会上的讲话》,《人民日报》2021年5月29日,第2版。

③ 习近平:《在中国科学院第二十次院士大会、中国工程院第十五次院士大会、中国科协第十次全国代表大会上的讲话》,《人民日报》2021年5月29日,第2版。

领军企业不断加大研发投入,牵头承担国家重大科技任务,为突破产业关键核心技术发挥了重要作用,战略科技力量的地位和作用进一步凸显。把民营科技领军企业作为国家战略科技力量进行培育建设,纳入国家战略科技力量体系,是实现中国特色高水平科技自立自强的创新举措。在这方面,科技部与全国工商联不断深化合作,共同支持和引导民营企业提升创新能力,进行了有益的探索和实践。要在总结经验的基础上,加强政策引导,在创新基地、人才建设、科研投入等方面加大对民营企业的支持,优化面向民营龙头企业的创新服务,积极为民营企业营造稳定、透明、可预期的发展环境。建立科技部门与民营科技领军企业会商机制,做好民营科技领军企业与国家科技战略对接,支持民营科技领军企业发挥原创技术策源地作用、产业链链长作用。要着眼长远,构建民营企业梯度培育体系,支持民营龙头企业创建领军企业,支持创新型中小企业发展壮大。要切实解决民营科技领军型企业面临的实际困难,帮助民营科技领军企业做好风险防范化解工作。民营科技领军企业要强化自身在重大科技任务中的"出题者"和"阅卷人"作用,将企业战略主动融入国家战略,积极参与国家重点研发计划专项、重大项目和国家级创新平台建设,勇于承担科技攻关任务,力争突破一批制约国计民生和经济社会发展的重大技术瓶颈。

第四,优化国家战略科技力量空间布局。近年来,我们在打造国家科学中心和区域创新高地方面进行了探索和实践。2015年,以建设具有全球影响力科创中心为目标的上海张江综合性国家科学中心获批开始建设。2017年,国家发展改革委、科技部先后批复同意建设合肥综合性国家科学中心、北京怀柔综合性国家科学中心。2020年7月,国家发展改革委、科技部批复同意东莞松山湖科学城与深圳光明科学城共同建设大湾区综合性国家科学中心先行启动区。党中央高屋建瓴,积极谋划以创新型城市和创新型城市群为载体打造一批区域创新高地,着力形成高质量发展动力源。目前,我国已经设立了21个国家自主创新示范区和169个高新区,在推动区域创新和经济社会发展方面发挥了辐射和带动作用。习近平同志指出:"各地区要立足自身优势,结合产业发展需求,科学合理布局科技创新。要支持有条件的地方建设综合性国家科学中心或区域科技创新中心,使之成为世界科学前沿领域和新兴产业技术创新、全球科技创新要素的汇聚地。"①党的十九届五中全会指出：布局建设综合性国家科学中心和区域性高地，支持北京、上海、粤港澳大湾区形成国际科技创新中心。2021年3月11日十三届全国人大四次会议通过的《中华人民共和国国民经济和社会发展第十四个五年规划和2035年远景目标纲要》指出："支持北京、上海、粤港澳大湾区形成国际科技创新中心，建设北京怀柔、上海张江、大湾区、安徽合肥综合性国家科学中心，支持有条件的地方建设区域科技创新中心。强化国家自主创新示范区、高新技术产业开发区、经济技术开发区等创新功能。适度超前布局国家重大科技基础设施，提高共享水平和使用效率。集约化建设自然科技资源库、国家野外科学观测研究站(网)和科学大数据中心。"②

当前和今后一个时期，要围绕国家区域发展总体战略，推动地方实施创新驱动发展战略，集成优势创新资源，全方位提升科技创新的整体效能。国家自主创新示范区要充分发挥科教资源集聚优势，着力释放高等学校和科研院所创新效能，有效整合国内外创新资源，深化企业主导的产学研用合作机制，发挥在创新发展中的引领示范和辐射带动作用。国家高新区要围绕做实做好"高"和"新"两篇文章，加大体制机制改革力度，积极探索和创新相关政策，促进科技、人才、政策等要素的优化配置，健全从科技研发、成果孵化到产业集聚的创新服务和产业培育体系。要适应大科学时代创新活动的特点，聚焦国家战略产业技术领域，加强技术创新基地建设，形成一批综合性、集成性、开放性、协同性的国家技术创新中心。整合国家工程技术研究中心和国家工程研究中心，鼓励地方发展新型研发机构。

四、努力多出"从0到1"的原创性成果

"从0到1"指的是原创性成果。科技创新是艰辛探索的历程，需要保持足够的创新耐心与定力。做出科研成果不容易，要做出原始性创新的难度更大。

---

① 习近平：《在中国科学院第二十次院士大会、中国工程院第十五次院士大会、中国科协第十次全国代表大会上的讲话》，《人民日报》2021年5月29日，第2版。
② 《中华人民共和国国民经济和社会发展第十四个五年规划和2035年远景目标纲要》，《人民日报》2021年3月13日，第1版。

回顾科技发展历程,那些留下鲜明足迹的科学家,都在原创研究上有所成就。避难就易、做跟踪式的研究,或许能较快做出"成绩",但从更长的时间尺度上看,却得不偿失。一位物理学家曾致力于某领域的研究,因没有突破便转换了领域,在新课题上获得新发现,有人称赞他懂得应变。但爱因斯坦并不这么认为,他表示:"我尊重这种人,但不能容忍这样的科学家,他们拿出一块木板来,寻找最薄的地方,然后在容易钻透的地方拼命钻许多孔。"

"从0到1"的原创性成果,概而言之,具有三个基本特征:从性质看,属于"无中生有"的质变;从过程看,具有很强的探索性和不确定性;从结果看,具有突破性、超前性。"从0到1"的原创性成果,有着很强的连锁效应,具有重大牵引作用。它不仅是新技术、新发明的先导,而且还能带来经济结构和产业形态的重大变革。一个国家、一个民族只有多出"从0到1"的原创性成果,才能从根本上避免被"卡脖子",才能在激烈的全球科技竞争中占据优势、掌握主动。"从0到1"的原创性成果,是衡量一个国家、一个民族科技实力的重要指标,在某种意义上,可以说是决定性的指标,是核心竞争力。多出"从0到1"的原创性成果,是实现高水平科技自立自强的迫切需要,客观上要求我们把原始性创新作为目标导向,把提升原始性创新能力摆在最突出的位置,倡导的是敢为天下先、勇于探索科技"无人区"和最前沿的钻研精神,鼓励科技工作者不畏挫折、敢于试错,在独创独有上下功夫。多出"从0到1"的原创性成果,需要广大科技工作者树立敢于创造的雄心壮志,敢于走前人没走过的路,敢于提出新理论、开辟新领域、探索新路径,围绕攻克关键核心技术加大基础研究力度,努力实现前瞻性基础研究、引领性原创成果重大突破。

习近平同志指出:"基础研究是科技创新的源头"[①],"是整个科学体系的源头"[②]。基础研究的使命是探索自然界、人类社会发展的内在规律,追求新的发现和发明,积累科学知识,创立新的学说,为认识世界、推动经济社会发展提供理论和方法。基础研究是人类文明进步的动力,是经济社会发展的源泉和后

---

① 习近平:《在科学家座谈会上的讲话》,《人民日报》2020年9月12日,第2版。

② 习近平:《在中国科学院第十九次院士大会、中国工程院第十四次院士大会上的讲话》,《人民日报》2018年5月29日,第2版。

盾,是创新驱动的塔基,是新发明、新技术、新产业的先导,是培养和造就创新型人才的摇篮,是国家竞争力的重要组成部分。国际科技竞争中的一个很重要方面,就是基础研究水平和创新能力的竞争。由于开拓新学科领域需要进行全新的超前的基础理论探索,由于发展知识密集型高技术产品需要基础研究方面的创新和支持,由于激烈的国际竞争导致各国加强知识保护、加强本国的基础研究以建立自己的科学储备,作为新知识产生之源的基础研究,其战略地位日益受到许多国家的重视。面对全球科技竞争不断向基础研究前移的态势,主要发达国家纷纷制定各自的基础研究发展规划,竞相加大基础研究投入,超前部署基础研究项目,力图在新一轮国际竞争中占据有利地位。

"加强基础研究是科技自立自强的必然要求,是我们从未知到已知、从不确定性到确定性的必然选择。"①基础研究是所有技术问题的总开关,具有基础性、战略性、先导性等特点。基础研究产生的创新成果,是保证重大应用具有关键知识产权的核心。重大原始创新成果往往萌发于深厚的基础研究,产生于学科交叉领域。与科技成果有关的知识产权保护,大部分都是从基础研究阶段就开始进行的。从基础研究与应用研究的关系来看,基础研究的成果为整个人类社会带来了巨大的突破和进步,也促进了应用科学的发展;而应用科学的不断发展,也必然对基础科学研究提出更高的要求。如果缺少基础研究作为支撑,整个科学技术的发展就没有后劲。应用研究、技术开发都需要有一定的基础研究的储备,离开了基础研究,应用研究、技术开发是不可深入开展下去的。值得注意的是,当前基础研究与应用研究日趋一体化的发展趋势十分明显,客观上向我们提出了以应用研究带动基础研究的要求。从基础研究与高新技术的关系来看,基础研究是高新技术获得突破的基础。如果没有基础研究的理论成果作为支撑,高新技术将成为空中楼阁。高新技术实际上就是以基础研究的成果作为理论基础,并在基础研究上继续向前探索的成果。离开了基础研究,高新技术就如同无源之水、无本之木,是很难真正发展起来的。从当今世界科技革命和产业变革的发展态势来看,基础研究与高新技术

---

① 习近平:《在中国科学院第二十次院士大会、中国工程院第十五次院士大会、中国科协第十次全国代表大会上的讲话》,《人民日报》2021年5月29日,第2版。

研究的结合趋势越来越明显,在某些高新技术领域,基础研究甚至是与应用开发同步进行的。基础研究所担负的角色,已远非简单地只是负责探索客观规律,而是同时还要担负解决应用开发中所遇到的基础科学问题。

加强基础研究,是应对新一轮科技革命和产业变革的关键。进入大科学时代,科学探索加速演进,科学研究的模式不断重构,基础研究正在不断向宏观拓展、向微观深入,各门学科之间的交叉渗透、跨界合作、协同创新更加紧密,一些基本科学问题正在孕育重大突破,可望催生新的重大科学思想和科学理论,并不断产生变革性技术和颠覆性创新,将为经济社会发展提供更为强劲的新动能,进而促进经济格局和产业生态重大深刻调整。从科技自身发展演变的规律看,科技越发展,越往前走,就越进入到知识边界的拓展、技术边界的延伸、成果原理和应用原理的追寻阶段。到了这样一个阶段,基础研究做得越好,科技发展的前瞻性和主动性就越强。我国虽然经济实力大幅提升,构建起了相对独立的、比较完整的产业体系,一些产业在世界上处于领先地位,但是多数产业大而不强,仍然处于全球价值链的中低端,原因是多方面的,其中一个重要原因就是基础研究积累不够、原始创新和科技源头供给不足。习近平同志明确指出:"我国面临的很多'卡脖子'技术问题,根子是基础理论研究跟不上,源头和底层的东西没有搞清楚。"①

经过长期以来的持续努力,我国基础研究的发展进入了快车道,基础研究投入大幅度增长,科研力量和科研条件大幅度改善,从事基础研究的高水平的队伍不断发展壮大,在国际上有影响的重大原始创新成果加速涌现,比如铁基超导、量子信息、中微子、纳米、空间科学、干细胞等。但是与建设世界科技强国的要求相比,我国基础研究在整个科技创新链条中仍然是短板,数学等基础学科仍然是最薄弱的环节。重大原创性成果缺乏,比如由中国科学家提出来的科学的思想、原创的理论还非常少。资源配置不够优化,效率不高,产出率低,出成果慢、应用慢。基础研究投入总体仍然不足,远远满足不了需要,而且投入结构非常不合理,经费主要来自中央财政,企业的投入非常少,总体上看,多渠道投入机制还不完善。基础研究的顶尖人才和优秀创新团队比较

---

① 习近平:《在科学家座谈会上的讲话》,《人民日报》2020年9月12日,第2版。

匮乏,特别是缺乏能够心无旁骛、长期稳定深耕基础理论的基地、队伍和人才。评价激励机制有待完善,人才使用、流动等方面还存在问题,有利于基础研究发展的科研生态尚未完全形成,全社会支持基础研究的环境需要进一步优化。

强大的基础研究不仅是建设创新型国家必不可少的基石,更是建设世界科技强国必不可少的基石。党的十八大以来,党中央着眼于新形势新任务新要求,对加强基础研究进行了探索,作出了一系列部署。2014年12月3日,国务院印发的《关于深化中央财政科技计划(专项、基金等)管理改革的方案》,将中央各部门管理的科技计划(专项、基金等)通过撤、并、转等方式进行优化整合,形成新的科技计划(专项、基金等)体系,主要包括五类,即:国家自然科学基金、国家科技重大专项、国家重点研发计划、技术创新引导专项(基金)和基地与人才专项。不同科技计划(专项、基金等)有着明确的分工,比如国家自然科学基金重点资助基础研究和科学前沿探索,支持人才和团队建设,增强我国源头创新能力;国家科技重大专项则聚焦国家重大战略产品和重大产业化目标,在设定时限内进行集成式协同攻关。该《方案》的一大亮点和重大改革举措,就是整合归并国务院各相关部门现有的竞争性科技计划(专项、基金等),形成国家重点研发计划。新设立的国家重点研发计划瞄准国民经济和社会发展各主要领域的重大、核心、关键技术问题,以重点专项的方式,从基础前沿、重大共性关键技术到应用示范进行全链条设计,一体化组织实施,使其中的基础前沿研发活动具有更明确的需求导向和产业化方向。

2015年3月13日,中共中央、国务院印发《关于深化体制机制改革 加快实施创新驱动发展战略的若干意见》,从八个方面提出了30条改革举措。其中提出要"优化对基础研究的支持方式",具体举措包括:一是"切实加大对基础研究的财政投入,完善稳定支持和竞争性支持相协调的机制",二是"改革基础研究领域科研计划管理方式,尊重科学规律,建立包容和支持'非共识'创新项目的制度",三是"改革高等学校和科研院所聘用制度,优化工资结构,保证科研人员合理工资待遇水平"①。

---

① 《中共中央、国务院关于深化体制机制改革 加快实施创新驱动发展战略的若干意见》,《人民日报》2015年3月24日,第1版。

2015年8月18日,中共中央办公厅、国务院办公厅印发的《深化科技体制改革实施方案》指出:"制定加强基础研究的指导性文件,在科研布局、科研评价、政策环境、资金投入等方面加强顶层设计和综合施策,切实加大对基础研究的支持力度。完善稳定支持和竞争性支持相协调的机制,加大稳定支持力度,支持研究机构自主布局科研项目,扩大高等学校、科研院所学术自主权和个人科研选题选择权。在基础研究领域建立包容和支持'非共识'创新项目的制度。"[1]

2017年10月18日,习近平同志在党的十九大报告中指出:"要瞄准世界科技前沿,强化基础研究,实现前瞻性基础研究、引领性原创成果重大突破",强调要"加强应用基础研究,拓展实施国家重大科技项目,突出关键共性技术、前沿引领技术、现代工程技术、颠覆性技术创新,为建设科技强国、质量强国、航天强国、网络强国、交通强国、数字中国、智慧社会提供有力支撑"[2]。

2018年1月19日,国务院印发《关于全面加强基础科学研究的若干意见》。这是新中国成立以来,国务院第一次专门就加强基础研究进行战略部署。该《意见》提出了我国基础科学研究"三步走"的发展目标。第一步是到2020年,我国基础科学研究整体水平和国际影响力显著提升,为全面建成小康社会、进入创新型国家行列提供有力支撑。第二步是到2035年,我国基础科学研究整体水平和国际影响力大幅跃升,为基本实现社会主义现代化、跻身创新型国家前列奠定坚实基础。第三步是到本世纪中叶,把我国建设成为世界主要科学中心和创新高地,为建成富强民主文明和谐美丽的社会主义现代化强国和世界科技强国提供强大的科学支撑。

为贯彻落实国务院《关于全面加强基础科学研究的若干意见》,充分发挥基础研究对科技创新的源头供给和引领作用,切实解决我国基础研究缺少"从0到1"原创性成果的问题,2020年3月3日,科技部、发展改革委、教育部、中科院和自然科学基金委五部门联合印发《加强"从0到1"基础研究工作方案》。该《方案》从优化原始创新环境、强化国家科技计划原创导向、加强基础研究人才

---

[1] 《中办国办印发〈深化科技体制改革实施方案〉》,《人民日报》2015年9月25日,第18版。
[2] 《习近平谈治国理政》第3卷,外文出版社2020年版,第24—25页。

培养、创新科学研究方法手段、强化国家重点实验室原始创新、提升企业自主创新能力、加强管理服务等7个方面提出一系列具体措施。2020年4月29日，科技部、财政部、教育部、中科院、工程院、自然科学基金委联合印发《新形势下加强基础研究若干重点举措》，从优化基础研究总体布局、激发创新主体活力、深化项目管理改革、营造有利于基础研究发展的创新环境、完善支持机制等5个方面提出了一系列原则要求。

2020年10月7日，国务院公布修订后的《国家科学技术奖励条例》。第三条强调："国家科学技术奖应当与国家重大战略需要和中长期科技发展规划紧密结合。国家加大对自然科学基础研究和应用基础研究的奖励。"第九条指出："国家自然科学奖授予在基础研究和应用基础研究中阐明自然现象、特征和规律，做出重大科学发现的个人。"

2020年10月29日党的十九届五中全会通过的《中共中央关于制定国民经济和社会发展第十四个五年规划和二○三五年远景目标的建议》提出："加强基础研究、注重原始创新，优化学科布局和研发布局，推进学科交叉融合，完善共性基础技术供给体系。""鼓励企业加大研发投入，对企业投入基础研究实行税收优惠。""支持发展高水平研究型大学，加强基础研究人才培养。"[1]十三届全国人大四次会议审议通过的《中华人民共和国国民经济和社会发展第十四个五年规划和2035年远景目标纲要》强调"持之以恒加强基础研究"，指出："强化应用研究带动，鼓励自由探索，制定实施基础研究十年行动方案，重点布局一批基础学科研究中心。加大基础研究财政投入力度、优化支出结构，对企业投入基础研究实行税收优惠，鼓励社会以捐赠和建立基金等方式多渠道投入，形成持续稳定投入机制，基础研究经费投入占研发经费投入比重提高到8%以上。建立健全符合科学规律的评价体系和激励机制，对基础研究探索实行长周期评价，创造有利于基础研究的良好科研生态。"[2]

---

[1]《中共中央关于制定国民经济和社会发展第十四个五年规划和二○三五年远景目标的建议》，《人民日报》2020年11月4日，第1版。

[2]《中华人民共和国国民经济和社会发展第十四个五年规划和2035年远景目标纲要》，《人民日报》2021年3月13日，第1版。

制定实施基础研究十年规划极为重要。2022年3月11日,十三届全国人大五次会议批准的《关于2021年国民经济和社会发展计划执行情况与2022年国民经济和社会发展计划草案的报告》指出:"实施基础研究十年规划,加强长期稳定支持。实施科技体制改革三年攻坚方案。完善关键核心技术攻关机制,加强基础研究和应用基础研究,加快布局生物医药、高端仪器、关键信息系统、能源绿色低碳转型发展、基础软件等基础和前沿技术研发,支持大型医疗设备、高端医用耗材研发,同步推进标准制定和实施,畅通源头创新、成果转化、市场应用链条。继续组织实施重大技术装备攻关工程。推进科研院所改革,完善重大科技项目立项和管理方式。完善人才发展体制机制,加大对青年科研人员支持力度。""加快构建龙头企业牵头、高校院所支撑、各创新主体相互协同的创新联合体。加大研发费用加计扣除政策实施力度,将科技型中小企业研发费用加计扣除比例从75%提高到100%,对企业投入基础研究实行税收优惠。"①这些部署和举措,我们在实践中要进一步贯彻落实。

习近平同志指出:"要瞄准世界科技前沿,抓住大趋势,下好先手棋,打好基础、储备长远,甘于坐冷板凳,勇于做栽树人、挖井人,实现前瞻性基础研究、引领性原创成果重大突破,夯实世界科技强国建设的根基。"②当前和今后一个时期,要注重做好以下几个方面的工作。要明确我国基础研究领域方向和发展目标,久久为功,持续不断坚持下去。

第一,加强顶层设计,构建完善高效的基础研究体系。基础研究涉及经济社会发展各领域,不少项目具有研究周期长、见效慢、难度大、结果不确定、风险多等特点。因此,必须加强统筹,着眼长远整体布局,集聚优势力量攻关。习近平同志指出:"要重视顶层设计,优化基础研究布局,做强优势领域,完善高校专业设置,加强基础学科教育和人才培养,补上冷门短板,把我国基础研

① 国家发展和改革委员会:《关于2021年国民经济和社会发展计划执行情况与2022年国民经济和社会发展计划草案的报告》,《人民日报》2022年3月14日,第9版。
② 习近平:《在中国科学院第十九次院士大会、中国工程院第十四次院士大会上的讲话》,《人民日报》2018年5月29日,第2版。

究体系逐步壮大起来,努力多出'从0到1'的原创性成果。"①他特别强调:"要加快制定基础研究十年行动方案。"②要以提升原始创新能力和支撑重大科技突破为目标,依托高等学校、科研院所布局建设一批重大科技基础设施,支持依托重大科技基础设施开展科学前沿问题研究。加强学科体系建设,促进基础学科和应用基础学科持续发展,培育新的学科增长点,推动一批研究型大学和优势学科进入世界一流行列。积极推进科研院所分类改革,建设和完善具有中国特色的现代科研院所治理体系,力争形成一批具有重要竞争力、影响力和吸引力的一流科研院所。认真落实《关于扩大高校和科研院所科研相关自主权的若干意见》,支持高校和科研院所围绕重要方向,自主组织开展基础研究。加快推进国家实验室和国家科学中心建设,形成以重大问题为导向,跨学科跨领域跨部门协同开展重大基础研究的稳定机制。充分利用全球市场、需求和创新资源,积极参与国际大科学计划和大科学工程,支持高等学校、科研院所和有关研发中心同国外开展紧密型、实质性科技合作。

第二,鼓励自由探索,进一步加大对好奇心驱动基础研究的支持力度。 科学研究特别是基础研究的出发点往往是科研人员的好奇心和学术兴趣。基础研究"要遵循科学发现自身规律,以探索世界奥秘的好奇心来驱动,鼓励自由探索和充分的交流辩论"③。要充分尊重科研人员的好奇心和自由探索的动机,充分尊重科学家的学术敏感,尊重科学研究灵感瞬间性、方式随意性、路径不确定性的特点,包容和支持非共识研究,在全社会营造鼓励好奇心与科学探索的氛围,构建宽松包容的良好学术环境。自由探索类基础研究聚焦探索未知的科学问题,勇攀科学高峰。同时,要引导科学家树立责任意识,将好奇心、学术兴趣同报效祖国、服务社会和造福人类有机地结合起来,鼓励科学家自由畅想、大胆假设、认真求证,提出更多原创性理论、原始性方法,形成更多原创性思想、原创性成果。

---

① 习近平:《国家中长期经济社会发展战略若干重大问题》,《求是》2020年第21期,第8—9页。

② 习近平:《在中国科学院第二十次院士大会、中国工程院第十五次院士大会、中国科协第十次全国代表大会上的讲话》,《人民日报》2021年5月29日,第2版。

③ 习近平:《在科学家座谈会上的讲话》,《人民日报》2021年9月12日,第2版。

第三，坚持目标导向，前瞻部署重大基础交叉前沿领域的科学研究。我国基础研究的发展要加强国家战略需求和国际科学前沿的结合，为经济社会发展和国家安全提供战略性、基础性、前瞻性的知识人才储备和科学支撑。习近平同志指出："基础研究要勇于探索、突出原创，推进对宇宙演化、意识本质、物质结构、生命起源等的探索和发现，拓展认识自然的边界，开辟新的认知疆域。"[①]要面向我国经济社会发展中的关键科学问题、国际科学研究发展前沿领域以及未来可能产生变革性技术的科学基础，坚持"有所为，有所不为"，统筹优势科研队伍、国家科研基地平台和重大科技基础设施，超前投入、着力部署目标导向的基础研究和前沿技术研究。要瞄准世界科学技术发展前沿，面向国家重大需求、面向国民经济主战场，针对事关国计民生、产业核心竞争力的重大战略任务，凝练暗物质与暗能量、量子调控与量子信息、合成生物学、现代农业、人口健康、资源环境和生态保护、产业转型升级、节能环保和新能源、新型城镇化等领域的关键科学问题，促进基础研究与经济社会发展需求紧密结合，为创新驱动发展提供源头供给。

第四，强化应用基础研究，推动研究、开发和产业化有机衔接。习近平同志指出："基础研究更要应用牵引、突破瓶颈，从经济社会发展和国家安全面临的实际问题中凝练科学问题，弄通'卡脖子'技术的基础理论和技术原理。"[②]由于种种复杂的原因，科技与经济脱节这个老问题，在基础研究方面表现得更为突出。很多基础性研究一时难以有效地转化为现实生产力，不少基础研究成果或束之高阁，或沦为"展品、奖品、礼品"。基础研究要向市场方面延伸，拆除阻碍产业化的"篱笆墙"，疏通应用基础研究和产业化连接的快车道，促进创新链和产业链精准对接，尽快转化为现实生产力。他反复强调："要创新科技成果转化机制，发挥企业主体作用和政府统筹作用，促进资金、技术、应用、市场等要素对接，努力解决基础研究'最先一公里'和成果转化、市场应用'最后一

① 习近平：《在中国科学院第二十次院士大会、中国工程院第十五次院士大会、中国科协第十次全国代表大会上的讲话》，《人民日报》2021年5月29日，第2版。
② 习近平：《在中国科学院第二十次院士大会、中国工程院第十五次院士大会、中国科协第十次全国代表大会上的讲话》，《人民日报》2021年5月29日，第2版。

公里'有机衔接问题,打通产学研创新链、价值链。"①习近平同志特别强调:"要通过重大科技问题带动,在重大应用研究中抽象出理论问题,进而探索科学规律,使基础研究和应用研究相互促进。"②在这方面,我们要坚持需求引导,发挥好应用牵引的作用,加强建制化、定向性基础研究,以应用研究、市场需求倒逼基础研究,以基础研究推动应用研究。

第五,注重突出重点,加快突破关键核心技术。关键核心技术是国之重器。"在国际上,没有核心技术的优势就没有政治上的强势。"③大力提升自主创新能力,尽快突破关键核心技术,"这是关系我国发展全局的重大问题"④。严峻的形势表明,必须加快攻克重要领域"卡脖子"技术,努力实现关键核心技术自主可控,把创新主动权、发展主动权牢牢掌握在自己手中。

以什么样的标准来选择研究方向和领域呢?习近平同志特别强调:"科技攻关要坚持问题导向,奔着最紧急、最紧迫的问题去。"⑤当前和今后一个时期,要密切跟踪世界科技创新发展趋势,以关键共性技术、前沿引领技术、现代工程技术、颠覆性技术创新为突破口。从哪些关键核心技术突破呢?习近平同志指出:"要从国家急迫需要和长远需求出发,在石油天然气、基础原材料、高端芯片、工业软件、农作物种子、科学试验用仪器设备、化学制剂等方面关键核心技术上全力攻坚,加快突破一批药品、医疗器械、医用设备、疫苗等领域关键核心技术。"⑥选择哪些前沿领域突破呢?习近平同志强调:"要在事关发展全局和国家安全的基础核心领域,瞄准人工智能、量子信息、集成电路、先进制造、生命健康、脑科学、生物育种、空天科技、深地深海等前沿领域,前瞻部署一

---

① 习近平:《国家中长期经济社会发展战略若干重大问题》,《求是》2020年第21期,第9页。
② 习近平:《在科学家座谈会上的讲话》,《人民日报》2021年9月12日,第2版。
③ 中共中央党史和文献研究院编:《习近平关于总体国家安全观论述摘编》,中央文献出版社2018年版,第155页。
④ 习近平:《论把握新发展阶段、贯彻新发展理念、构建新发展格局》,中央文献出版社2021年版,第373页。
⑤ 习近平:《在中国科学院第三十次院士大会、中国工程院第十五次院士大会、中国科协第十次全国代表大会上的讲话》,《人民日报》2021年5月29日,第2版。
⑥ 习近平:《在中国科学院第二十次院士大会、中国工程院第十五次院士大会、中国科协第十次全国代表大会上的讲话》,《人民日报》2021年5月29日,第2版。

批战略性、储备性技术研发项目,瞄准未来科技和产业发展的制高点。"①开展关键核心技术攻关既要补短板,也要筑长板。补短板就是奔着最紧急、最迫切的要害问题、薄弱环节去,探求科学方法,找出科学答案。筑长板就是向前看,需要有预见性和战略定力,甚至在"无人区"及早部署,在向前发展的过程中得到最关键的支撑。

要瞄准我国发展面临的瓶颈制约问题,加快实施一批国家重大科技专项,培育若干战略性新兴技术,催生一批战略性新兴产业,为经济社会高质量发展提供驱动、引领和支撑。为发展壮大战略性新兴产业,党的十九届五中全会通过的《中共中央关于制定国民经济和社会发展第十四个五年规划和二〇三五年远景目标的建议》,把"构建一批各具特色、优势互补、结构合理的战略性新兴产业增长引擎"作为发展现代产业体系、培育新发展动能的一项重要任务提了出来。《中华人民共和国国民经济和社会发展第十四个五年规划和2035年远景目标纲要》进一步提出了"推动战略性新兴产业融合化、集群化、生态化发展"的要求。面向未来,我们要以提升竞争力和产业集中度为导向,通过让极点区域率先发展、引领示范,优化完善"极点支撑、轴带辐射、板块联动"的主体架构,统筹推进区域重大战略、区域协调发展战略和主体功能区战略,推动要素自由流动和高效集聚,发展壮大新一代信息技术、生物技术、新能源、新材料、高端装备、新能源汽车、绿色环保以及航空航天、海洋装备等产业,打造更多能够带动全国高质量发展的经济带、增长极,进而带动经济总体效率提升。要善于捕捉世界科技前沿问题,前瞻谋划并加强前沿技术多路径探索,加速形成若干未来产业,比如在类脑智能、量子信息、基因技术、未来网络、深海空天开发、氢能与储能等前沿科技和产业变革领域,组织实施未来产业孵化与加速计划,谋划布局一批未来产业。

第六,完善协同保障机制,形成全社会重视和支持基础研究的合力。多元化、多层次、多渠道的基础研究投入体系,对于保障基础研究持续发展十分重要。习近平同志指出:"要加大基础研究投入,首先是国家财政要加大投入力

---

① 习近平:《在中国科学院第二十次院士大会、中国工程院第十五次院士大会、中国科协第十次全国代表大会上的讲话》,《人民日报》2021年5月29日,第2版。

度,同时要引导企业和金融机构以适当形式加大支持,鼓励社会以捐赠和建立基金等方式多渠道投入,扩大资金来源,形成持续稳定投入机制。对开展基础研究有成效的科研单位和企业,要在财政、金融、税收等方面给予必要政策支持。"[1]在强调要加大基础研究财政投入力度的同时,习近平同志还强调要"优化支出结构"。[2]健全基础前沿研究投入支持机制,逐步提高基础研究占全社会研发投入比例,加大中央财政对基础学科、基础研究基地和基础科学重大设施的支持力度,积极引导和鼓励地方政府、企业和社会力量加大对基础研究的投入。坚持以人为本,增加对人的支持,完善经费管理制度,提高经费使用效率。"要创造有利于基础研究的良好科研生态,建立健全科学评价体系、激励机制,鼓励广大科研人员解放思想、大胆创新,让科学家潜心搞研究。"[3]基础研究评价要反映基础研究特点、符合科学发展规律,实行分类评价、长周期评价,推行代表作评价制度,重点评价基础研究成果的科学价值、创新性和对经济社会发展的实质贡献。支持科研人员围绕重要方向开展长期研究,鼓励科学人员在独创独有上下功夫,努力开辟新领域、提出新理论、设计新方法、发现新现象。引导科研人员大力弘扬"创新科技、服务国家、造福人民"的科技价值观,克服浮躁和急功近利心态。

五、提升企业技术创新能力

企业是创新的主体,是推动创新创造的生力军。企业是科技与经济紧密结合的主要载体,解决科技与经济结合不紧问题的关键是增强企业创新能力和协同创新的合力。

企业是国民经济的细胞,同时也是技术创新的主体。在科技创新体系中,企业发挥着创新要素集成、科技成果转化的主体作用。作为市场主体的企业,最了解市场和消费者需求,对市场供求关系和创新需求最为敏锐,最能发现和

---

① 习近平:《在科学家座谈会上的讲话》,《人民日报》2020年9月12日,第2版。
② 习近平:《在中国科学院第二十次院士大会、中国工程院第十五次院士大会、中国科协第十次全国代表大会上的讲话》,《人民日报》2021年5月29日,第2版。
③ 习近平:《在科学家座谈会上的讲话》,《人民日报》2020年9月12日,第2版。

把握科技创新的方向,是科技与经济紧密结合的主要载体。环顾科技发展史可以清楚地看出,很多科技创新成果是企业研制完成的,很多基础研究方面涌现的创新成果也大都是经过企业应用这一环节最终转化为实际产品的。正如恩格斯所说:"社会一旦有技术上的需要,则这种需要就会比十所大学更能把科学推向前进。"[1]科技成果的应用转化是检验科技成果创新能力的重要标志。任何一种科技成果,如果束之高阁,就无法体现其创新价值。科技成果特别是技术成果最终只有通过企业这一关键环节进行应用转化,才能实现其经济效益、体现其社会价值。越是社会接受度、认可度高的科技成果,就越能得到广泛应用。越是创新活动活跃的企业,就越有生命力。

邓小平同志高度重视企业的科学研究与技术改造工作,指出:"大的企业都要有科学技术研究机构,有科学技术研究人员。"[2]他强调,只有每个企业"都来大搞技术改造,大搞科学实验,先进的科学技术才能广泛地在工农业中得到应用,才能多快好省地发展生产"[3]。江泽民同志在谈到深化科技体制改革时指出:"首先要确立企业作为技术创新主体的地位,加强企业技术创新机制的建设,努力提高企业的技术创新能力和科学管理水平。"[4]胡锦涛同志强调,"要着力强化企业技术创新主体地位,加快建立以企业为主体、市场为导向、产学研用紧密结合的技术创新体系,建立企业主导产业技术研发创新体制机制"[5]。习近平同志指出:"企业是科技和经济紧密结合的重要力量,应该成为技术创新决策、研发投入、科研组织、成果转化的主体。"[6]他特别强调:"企业是创新的主体,是推动创新创造的生力军。"[7]2020年9月11日,习近平同志在科学家座谈会上强调:"要发挥企业技术创新主体作用,推动创新要素向企业集聚,促进

① 《马克思恩格斯全集》第39卷,人民出版社1974年版,第198页。

② 《邓小平文选》第2卷,人民出版社1994年版,第41页。

③ 《邓小平文选》第2卷,人民出版社1994年版,第97页。

④ 江泽民:《论科学技术》,中央文献出版社2001年版,第154—155页。

⑤ 《胡锦涛文选》第3卷,人民出版社2016年版,第601页。

⑥ 习近平:《为建设世界科技强国而奋斗——在全国创新大会、两院院士大会、中国科协第九次全国代表大会上的讲话》,《人民日报》2016年6月1日,第2版。

⑦ 习近平:《在中国科学院第十九次院士大会、中国工程院第十四次院士大会上的讲话》,《人民日报》2018年5月29日,第2版。

产学研深度融合。"①

　　企业是创新成果同产业对接、创新项目同现实生产力对接、创新链同产业链对接的关键环节,是把科技研发能力转化为经济发展实力的实施主体,最具备成为创新主体的特征和条件。随着新科技革命的突飞猛进,以科技为核心的国际竞争日趋激烈,人们越来越认识到,企业最本质的特征不再是传统的经营活动,而是从事创新活动。企业虽然是营利性组织,获得超额利润、维护利润水平是其本能需求,但是要确保在竞争中不被淘汰、在市场中得以生存和发展,最重要的是持续推出新技术新产品新工艺。企业直接面向市场,时时刻刻都需要考虑科技成果商业化推广和产业化应用,时时刻刻要接受市场和用户检验。如果得不到市场和用户认可,企业的产品就无法销售出去,其利润无法实现,最终导致企业无法生存。因而,企业天然具有联结科技与产业的内在动力,促进科研成果由研发向产品和商品转化是企业自身承载的必然使命。用新技术改造提升传统产业、推广应用新技术新产品新工艺、促进知识转移和成果转化,这些富有创新意义的活动,一时一刻也离不开企业。企业既是研发投入、技术创新活动的主体,同时又是创新成果应用的主体;既是技术创新风险的承担者,同时又是创新利益的最大享用者。在科技创新中,企业是各种创新要素配置的主体,掌握着资金、技术、人才、管理、知识、数据等创新要素,拥有对创新要素优化配置的主导地位,最有条件成为创新活动的主体。

　　企业技术创新能力是国家科技创新能力的基础。从各国发展实践看,企业创新活动是否活跃、在创新资源配置中是否拥有主导地位,是能否建成创新型国家的必要条件。从世界范围看,一个国家的企业研发和创新能力是决定这个国家科技创新整体水平的重要前提条件。比如,以色列成为创新国度,靠的正是其企业的强大研发和创新能力。从我国实践看,一些科技创新走在前列的地区,其企业的创新能力也必然走在前列。比如,深圳之所以成为全国乃至世界的创新重镇,原因有很多,其中最关键的在于深圳拥有数量众多的创新型企业。深圳自主创新的最大特点是"6个90%":90%的创新型企业为本土企业,90%的研发机构建立在企业,90%的研发人员在企业,90%的研发投入来

---

① 习近平:《在科学家座谈会上的讲话》,《人民日报》2020年9月12日,第2版。

源于企业,90%的专利产生于企业,90%以上的重大科技项目由龙头承担。①这"6个90%",凸显了深圳企业的创新气质。正是在这样崇尚创新的氛围中,一批具有国际竞争力的创新型龙头企业应运而生,比如,华为成为全球最大通信设备制造商,腾讯成为全球最大互联网公司之一,比亚迪成为全球最大的新能源汽车企业,等等。

党的十八大以来,以习近平同志为核心的党中央在大力实施创新驱动发展战略的进程中,采取一系列举措提升企业技术创新能力,取得了很好的效果。但是从总体上看,我国企业在技术创新方面仍然存在一些亟待解决的突出问题,主要表现在:企业技术创新的整体水平有待提升,在国际上的竞争力需要进一步加强;企业还没有真正成为技术创新的主体,配置创新要素的能力还没有充分挖掘出来;规模以上工业企业研发投入强度仍显著低于发达国家水平;企业对基础研究重视不够,对基础研究投入不足;底层基础技术、基础工艺能力不足,发展受到瓶颈制约;技术"拿来主义"较多,真正属于自己的创新成果特别是重大原创性成果缺乏;企业利用和整合外部资源有限,集中了全国大量创新资源的高校、科研院所开放度低;科研成果多、专利多同符合市场需要的技术供给不足并存;对企业技术创新的财税支持力度有待加强,投融资体制有待完善;成果应用的途径有限,转化的周期过长,满足不了人民群众多样化的需求;等等。特别需要引起注意的是,目前我国在一些关键核心技术上受制于人的局面尚未根本改变,原创性、引领性的科技储备远远不足,很多产业还处于全球产业链、价值链中低端。只有大力推动企业技术创新,尽快突破关键核心技术,着力提升产业链供应链现代化水平,才能从整体上提升我国产业水平,把竞争和发展的主动权牢牢掌握在自己手中。

关于提升企业技术能力的重要性、紧迫性,可以从以下几个方面加以认识和理解:

提升企业技术创新能力是实现高质量发展、全面建设社会主义现代化国家的客观要求。我国社会主要矛盾已经转化为人民日益增长的美好生活需要和不平衡不充分的发展之间的矛盾,人民群众对美好生活的需求更加广泛、多

---

① 刘磊、吕绍刚:《深圳迈向全球"创新之都"》,《人民日报》2018年10月18日,第1版。

样,这对科技创新提出了新的更高的要求。在全面建成小康社会、实现第一个百年奋斗目标之后,我国进入了全面建设社会主义现代化国家、向第二个百年奋斗目标进军的新发展阶段。新发展阶段构建新发展格局,客观上要求以科技创新激发新动能,从而实现高水平科技自立自强。我们必须充分发挥科技创新在高质量发展中的引领作用,大力提升企业自主创新能力。这是关系我国发展全局、关系中国特色社会主义前途命运的重大问题,是全面建设社会主义现代化国家、实现中华民族伟大复兴中国梦的必然要求。

提升企业技术创新能力是坚持走中国特色自主创新道路、建设世界科技强国的内在要求。建设世界科技强国是我们在科技方面的奋斗目标,是实现中华民族伟大复兴中国梦的重要标志。一个科技上无法自立自强的国家,在国际上是没有竞争力的。要建设世界科技强国,就必须坚定不移地走中国特色自主创新道路。中国特色自主创新是建设世界科技强国的必然道路,同时也是实现科技自立自强的路径选择。我们必须紧跟新一轮科技革命和产业变革的步伐,充分用好新科技革命浪潮的"科技红利",大力提升企业技术创新能力,把科技的力量转化为经济和产业竞争优势,把科技成果转化为现实生产力,不断增强人民的获得感、幸福感、安全感。

2012年7月2日中共中央、国务院印发的《关于深化科技体制改革加快国家创新体系建设的意见》,明确提出"确立企业在技术创新中的主体地位",强调要"建立企业主导产业技术研发创新的体制机制","进一步强化和完善政策措施,引导鼓励企业成为技术创新主体"[①]。2015年8月18日中共中央办公厅、国务院办公厅印发的《深化科技体制改革实施方案》,提出要建立技术创新市场导向机制,激发企业创新内生动力。

第一,强化企业创新主体地位,促进各类创新要素向企业集聚。一是扩大企业在国家创新决策中的话语权。要大力发挥企业在国家创新决策中的重要作用,推动企业提高对国家技术创新规划、计划等的决策参与度,吸收更多企业参与研究制定国家科技计划、科技重大专项等的政策和标准,相关专家咨询

---

① 《中共中央、国务院关于深化科技体制改革加快国家创新体系建设的意见》,《十七大以来重要文献选编》下,人民出版社2013年版,第1035—1036页。

组中产业专家和企业家应占较大比例。实施好体现国家战略意图的重大科技项目,支持企业承担国家重大科技项目。二是加大企业在创新资源配置中的主导权。要按照创新发展规律、科技治理规律、市场经济规律办事,加强创新资源统筹,着力培育一批核心技术能力突出、集成创新能力强的创新型领军企业,加速形成企业创新的群体性优势。支持行业领军企业构建高水平研发机构,引导中小微企业走"专精特新"发展道路。在聚焦国家战略的同时,要积极推动企业依据市场需求自主决策研发方向、科研组织、技术路线和要素配置模式。三是优先在创新型领军企业建设国家技术创新中心等创新基础,引导建设一批专业化、市场化的国家级企业创新服务平台。

第二,推进产学研用深度融合,强化创新链和产业链有机衔接。产学研用深度融合的关键是强化和突出企业的主体地位,并真正发挥企业的主导作用,从而使企业既扮演科研项目的"出题人",又能成为合作项目的管理者,有效组织开展创新活动。要健全产学研用协同创新机制,完善以企业为主体的产业技术创新机制。鼓励企业与高等学校和科研院所建立多种形式的合作关系,构建以企业为主导、院校参与、产学研用协作的新模式。支持行业龙头、骨干企业按照自愿原则和市场机制,牵头组建创新联合体,与高等学校、科研院所建立产业联盟、联合实验室、联合研发中心、联合技术中心等,共同开展核心关键技术研发和相关基础研究,联合培养人才,打造统一开放、竞争有序、合作共赢的产学研用协同创新网络。市场导向明确的科技项目由企业牵头、政府引导、联合高等学校和科研院所实施。高等学校和科研院所要更多地为企业技术创新提供支持和服务,鼓励科技人才进入企业开展创新工作,促进技术、人才等创新要素向企业研发机构流动。坚决破除人才流动的体制机制障碍,着力改革科研人员薪酬和岗位管理制度,促进科研人员在事业单位与企业间合理流动。

第三,加强共性技术平台建设,推动产业链上中下游、大中小企业融通创新。这是提升企业技术能力的一项重要举措。共性技术是介于基础研究和应用研究之间,在多个领域内已经或未来有可能被广泛采用、对多个产业发展能起到根基作用的基础技术,具有通用性、关联性和系统性特点。共性技术平台具备及时了解行业技术需求和有效提供研发活动供给的优势,能天然地将产学研用组织结合起来,弥合科技同经济间可能的断裂,支撑产业和产业链向中高端迈进。2019年8月26日,习近平同志在主持召开中央财经委员会第五次会议时指出:"要建立共性技术平台,解决跨行业、跨领域的关键共性技术问题。"①共性技术平台是实现科技与经济紧密结合、推进产学研用深度融合的重要桥梁和纽带。推动建设共性技术平台是主要发达国家和地区的成功经验。世界主要发达国家和地区通过政府研究机构、政府社会资本合作研究计划、技术创新网络、技术联盟和伙伴关系等形式推动建设共性技术平台,为后续技术创新发挥重要先导作用。比如,欧盟成立的5G公私合作联盟,推动了5G技术同产业共生体系发展;日本超大规模集成电路技术研发合作产业联盟,引领日本取代美国成为世界集成电路产业领跑者;等等。我国一批原先下属行业部门的专业化科研院所在集中转企后,其共性技术供给能力普遍有所降低,共性技术创新主体缺位。共性技术供给体系不完善、总量不足和质量不高等问题日益成为制约企业创新发展的瓶颈。因此,必须加强前瞻谋划和统筹协调,集中力量整合、提升一批关键共性技术平台。一是要聚焦国家重大科技战略领域,大力推进服务型共性技术平台建设,以关键共性技术研发应用及公共设施共享为重点,重点增强公共服务平台在研究开发、工业设计、检验检测、试验验证、科技成果转化、设施共享、知识产权服务、信息服务等方面对企业的服务支撑能力。二是充分发挥转制院所作用,择优选择转制院所作为行业共性技术研发平台,组织关键共性技术的研发与攻关。三是鼓励企业特别是大型领军企业,联合大中小企业、上中下游企业采取研发众包、"互联网＋平台"等模式进行协作,形成良好的产业链互动机制。

第四,发挥企业家在技术创新中的重要作用,激发企业家创新活力。企业家是推动创新的组织者,有着十分敏锐的市场判断力,在把握创新方向、筹措创新投入、创造新组织等方面起着独特的作用。2020年7月21日,习近平同志在企业家座谈会上指出:"企业家创新活动是推动企业创新发展的关键。"②"企

---

① 《习近平主持召开中央财经委员会第五次会议强调,推动形成优势互补高质量发展的区域经济布局,发挥优势提升产业基础能力和产业链水平》,《人民日报》2019年8月27日,第1版。

② 习近平:《在企业家座谈会上的讲话》,《人民日报》2020年7月22日,第2版。

业家要做创新发展的探索者、组织者、引领者,勇于推动生产组织创新、技术创新、市场创新,重视技术研发和人力资本投入,有效调动员工创造力,努力把企业打造成为强大的创新主体。"①从历史上看,不少企业家既是闻名全球的管理大师,同时又是科技界、产业界的创新大师,比如美国的爱迪生和福特、德国的西门子、日本的松下幸之助等。我国经济发展之所以能取得举世瞩目的成就,同广大企业家大力弘扬创新精神是密不可分的。在新发展阶段,要结合构建新发展格局的实践进程,着力培养富有创新精神、冒险精神、科学头脑和国际化视野的优秀企业家队伍。要建立健全高层次、常态化的企业技术创新对话、咨询制度,发挥企业和企业家在国家创新决策中的重要作用。要鼓励和引导企业家开展基础性前沿性创新研究,重视颠覆性和变革性技术创新。鼓励企业家与科学家深度合作,加快科技成果从实验室走向市场,形成鼓励创新、宽容失败的激励机制,有效降低企业家创新活动风险。广大企业家要弘扬企业家精神,努力成为提升企业技术创新能力、推动高质量发展的生力军。

第五,完善激励创新的政策支持,加快创新成果转化应用。提升企业技术创新能力需要多措并举,既要有改革的举措,革故鼎新,破除各种阻碍科技创新的体制机制弊端,同时更要有正向激励和支持的举措,通过各种优惠政策直接增添企业创新的活力动力。习近平同志指出:"要完善政策支持、要素投入、激励保障、服务监管等长效机制,带动新技术、新产品、新业态蓬勃发展。要加快创新成果转化应用,彻底打通关卡,破解实现技术突破、产品制造、市场模式、产业发展'一条龙'转化的瓶颈。"②中共中央、国务院印发的《关于深化体制机制改革 加快实施创新驱动发展战略的若干意见》,中共中央办公厅、国务院办公厅印发的《深化科技体制改革实施方案》等文件对此作了相关规定。"企业创新活动具有正外溢性,可以综合运用财税、金融等普惠性政策手段,在前竞争阶段对企业创新活动予以支持,包括加大研发费用加计扣除等普惠性政策实施力度,对企业投入基础研究实行税收优惠,完善推动科技捐赠发展的专项

① 习近平:《在企业家座谈会上的讲话》,《人民日报》2020年7月22日,第2版。
② 习近平:《在中国科学院第十九次院士大会、中国工程院第十四次院士大会上的讲话》,《人民日报》2018年5月29日,第2版。

税收优惠政策,健全政府采购等支持政策。"①要注重提高普惠性财税政策支持力度,健全优先使用创新产品的采购政策。主要举措和政策包括:一是"坚持结构性减税方向,逐步将国家对企业技术创新的投入方式转变为以普惠性财税政策为主"。二是"统筹研究企业所得税加计扣除政策,完善企业研发费用计核方法,调整目录管理方式,扩大研发费用加计扣除政策适用范围"。要抓好政策落实,确保企业"应享尽享"。三是"健全国有企业技术创新经营业绩考核制度,加大技术创新在国有企业经营业绩考核中的比重"。对国有企业研发投入和产出进行分类考核,形成鼓励创新、宽容失败的考核机制。四是"建立健全符合国际规则的支持采购创新产品和服务的政策,加大创新产品和服务采购力度。鼓励采用首购、订购等非招标采购方式以及政府购买服务等方式予以支持,促进创新产品的研发和规模化应用"。五是"研究完善使用首台(套)重大技术装备鼓励政策,健全研制、使用单位在产品创新、增值服务和示范应用等环节的激励和约束机制。推进首台(套)重大技术装备保险补偿机制"。②

---

① 本书编写组编著:《党的十九届五中全会〈建议〉学习辅导百问》,党建读物出版社、学习出版社2020年版,第43页。

② 《中办国办印发〈深化科技体制改革实施方案〉》,《人民日报》2015年9月25日,第18版。

第五章
深化科技体制改革的能力

科技创新和体制创新是科技工作的两个轮子,坚持"双轮驱动"是科技发展的必然规律。从科技发展的内生动力来说,科技领域是最需要不断改革的领域,科技体制改革是推进自主创新最为紧迫的重大任务。党的十八大以来,我国科技体制改革全面发力、多点突破、纵深发展,科技体制改革主体架构已经确立,重要领域和关键环节改革取得实质性突破,科技创新生态明显改善,科技人员和各类创新主体活力不断迸发、潜能尽情释放。面向未来,要实现高水平科技自立自强,努力建设世界科技强国,就必须大力提高深化科技体制改革的能力,坚决破除一切制约科技创新的思想障碍和制度藩篱,进一步健全完善支持全面创新的基础制度,着力提升创新体系整体效能,最大限度解放和激发科技作为第一生产力所蕴藏的巨大潜力。

一、健全社会主义市场经济条件下新型举国体制

提高党的科技治理能力,从体制机制上看,就要健全社会主义市场经济条件下新型举国体制,充分发挥国家作为重大科技创新组织者的作用,充分发挥市场在资源配置中的决定性作用,通过市场需求引导创新资源有效配置,形成推进科技创新的强大合力。

举国体制,顾名思义,就是动员和组织国家力量,集中全社会人力、财力、物力和各种资源,为实现国家战略目标而采取的工作体系和运行机制。从世界范围看,发达国家为了维护其发展利益和领先地位,在涉及国防安全、战略高技术等特定领域,通常采用举国体制推动实施一系列重大项目,比如美国的

"曼哈顿"计划和"信息高速公路"计划、日本的超大规模集成电路计划、欧洲的"尤里卡"计划等。总的来说,西方国家的举国体制,就是在特定领域运用国家力量实现国家意志的一种特殊制度安排。

我国对举国体制进行了探索和实践,积累了丰富的经验。新中国成立后,面对国民党反动派留下的乱摊子和满目疮痍的战争创伤,以毛泽东同志为核心的党的第一代中央领导集体带领全国人民以极大的热情投入新民主主义建设中,并创造性地实现了由新民主主义到社会主义的转变,确立了社会主义基本制度。在一穷二白的基础上,党和国家集中全国有限的资源,举全国之力,开展了以"156项工程"为核心的数百个大中型建设项目,建立了比较完整的工业体系和国民经济体系。"两弹一星"等重大科技成果、"石油大会战"等重大经济建设项目,都是运用举国体制取得成功的典范。党的十一届三中全会以后,面对世界经济快速发展、科技进步日新月异的时代潮流,以邓小平同志为核心的党的第二代中央领导集体毅然作出了实行改革开放的历史性决策,中国共产党从此开始了建设中国特色社会主义的新探索。在百废待兴、百业待举的局面中,党和国家充分发挥社会主义制度集中力量办大事的优势,先后组织实施了一系列重大科技和经济建设项目,取得了三峡工程、南水北调、西气东输、载人航天、高速铁路、北斗导航等重大成果。习近平同志特别强调:"在推进科技体制改革的过程中,我们要注意一个问题,就是我国社会主义制度能够集中力量办大事是我们成就事业的重要法宝。我国很多重大科技成果都是依靠这个法宝搞出来的,千万不能丢了!要让市场在资源配置中起决定性作用,同时要更好发挥政府作用,加强统筹协调,大力开展协同创新,集中力量办大事,抓重大、抓尖端、抓基本,形成推进自主创新的强大合力。"[①]2016年5月30日,习近平同志在全国科技创新大会、两院院士大会、中国科协第九次全国代表大会上的讲话中指出:"我们最大的优势是我国社会主义制度能够集中力量办大事。这是我们成就事业的重要法宝。过去我们取得重大科技突破依靠这一法宝,今天我们推进科技创新跨越也要依靠这一法宝,形成社会主义市场经济条

[①] 中共中央文献研究室编:《习近平关于科技创新论述摘编》,中央文献出版社2016年版,第48页。

件下集中力量办大事的新机制。"①

我国的举国体制,深刻体现了集中力量办大事的原则和思想。举国体制最大的特点是依靠党组织的统筹协调作用,充分发挥政府的政策引导作用,运用行政资源和政策手段,倾全国之力,在一定时限内或特定条件下,将有限的人力、物力、财力和技术资源向既定战略目标领域集中或调配,从而完成重大战略任务。坚持全国一盘棋,调动各方面积极性,集中力量办大事,是我国国家制度和国家治理体制的13个显著优势之一。习近平同志指出:正是因为始终在党的领导下,集中力量办大事,国家统一有效组织各项事业、开展各项工作,才能成功应对一系列重大风险挑战、克服无数艰难险阻,始终沿着正确方向稳步前进。无论是建设现代化工业体系还是推进具有重大战略意义的尖端科技项目,无论是建设国家重大工程还是推进防范化解重大风险、精准脱贫、污染防治三大攻坚战,无论是解决改革发展稳定中的关键难题还是应对重大突发事件,都一再彰显我国全国一盘棋、上下一条心、集中力量办大事的显著优势。正是因为我们坚持运用举国体制这一重要法宝,才能成功应对一系列重大风险挑战、克服无数艰难险阻,才能有力应变局、平风波、战洪水、防非典、抗地震、化危机,打赢疫情防控的人民战争、总体战、阻击战。正是因为我们党充分发挥了中国特色社会主义制度集中力量办大事的独特政治优势和制度优势,我们才能在短短几十年走完了西方发达国家几百年走完的历程,创造了经济快速发展和社会长期稳定这两大奇迹。

我国过去实施的举国体制是与计划经济紧密结合在一起的,我们称其为传统举国体制。在看到传统举国体制的优点和取得的成效时,我们也要清醒地认识到,传统举国体制还存在一些需要改进、完善的地方,比如带有强烈的计划经济色彩,灵活性、灵敏性不够;完全依赖政府组织实施,管理层级多,行政管理式的方式无法适应新形势新任务的需要;资源过度集中,导致一些创新主体享受到过多的政策和资金倾斜,而另一些新兴科技领域的创新主体在创新创业时常常得不到及时的支持,甚至有的创新性很强的小型科技企业在银

---

① 习近平:《为建设世界科技强国而奋斗——在全国创新大会、两院院士大会、中国科协第九次全国代表大会上的讲话》,《人民日报》2016年6月1日,第2版。

行拿不到贷款;项目审批周期长,成果转化慢;忽视市场作用,一些科研机构的研究方向与市场和需求脱节,即便做出了成果也难以转化为生产力,最终束之高阁;在一些领域,科研机构重复设置,而在另一些领域,科研力量又比较分散,平时缺乏必要的沟通和协同,资源难以有效整合;激励机制不健全,优势得不到发挥;为了统筹力量而不计成本,有时效率不高;等等。经过改革开放40多年来的发展,我国社会主义市场经济体制日益完善,多种经济成分蓬勃发展,单纯基于计划经济体制的传统举国体制难以适应新的国家治理需要,更无法满足未来的发展要求。随着时代的发展和改革的推进,科技治理现代化对建立新型举国体制的要求越来越迫切。特别是近年来,我国在建立新型举国体制方面进行了探索,建立新型举国体制的时机和条件也已具备,并在实践中发挥出巨大作用。比如,2019年2月20日,习近平同志在会见探月工程嫦娥四号任务参研参试人员代表时指出:"这次嫦娥四号任务,坚持自主创新、协同创新、开放创新,实现人类航天器首次在月球背面巡视探测,率先在月背刻上了中国足迹,是探索建立新型举国体制的又一生动实践。"[1]2021年2月22日,习近平会见探月工程嫦娥五号任务参研参试人员代表并参观月球样品和探月工程成果展览时强调,嫦娥五号任务的圆满成功,"是发挥新型举国体制优势攻坚克难取得的又一重大成就"[2]。

新型举国体制在保留原有举国体制集中力量办大事思想内核的基础上,立足新的时代背景,关注新的重点领域,以新的主体结构和新的技术支撑整合创新主体及要素,成为新发展阶段科技治理尤其是在涉及国家战略需求领域的重要组织实施方式、工作协同机制。新型举国体制是面向国家重大需求,通过政府力量和市场力量协同发力,凝聚和集成国家战略科技力量、社会资源共同攻克科技难题的组织模式和运行机制。新型举国体制与传统举国体制一脉

---

① 《习近平在会见探月工程嫦娥四号任务参研参试人员代表时强调,为实现我国探月工程目标乘胜前进,为推动世界航天事业发展继续努力》,《人民日报》2019年2月21日,第1版。

② 《习近平在会见探月工程嫦娥五号任务参研参试人员代表并参观月球样品和探月工程成果展览时强调,勇攀科技高峰,服务国家发展大局,为人类和平利用太空作出新的更大贡献》,《人民日报》2021年2月23日,第1版。

相承,在很多根本的方面具有一致性,比如坚持党的领导,通过党和国家的强大组织动员力来统筹实施,依托中国特色社会主义制度全国一盘棋、集中力量办大事的政治优势,等等。新型举国体制不仅继承了传统举国体制的优点,而且还适应社会主义市场经济体制发展要求,在发挥社会主义制度集中力量办大事的优势等方面进行了与时俱进的创新创造。同计划经济体制下的传统举国体制相比,新型举国体制具有如下几个新特征,换言之,新就新在如下几个方面。

在资源配置方式上,从以行政手段配置资源为主转变为以市场配置资源为主。传统举国体制诞生于计划经济时代,资源配置主要依靠政府组织协调,项目实施整个过程都由政府大包大揽,政府凭借着强大的行政力量动员和调配一切资源向着战略目标集聚。新型举国体制适应了社会主义市场经济的发展要求,是建立在市场对资源配置起决定性作用基础上的组织模式和运行机制。新型举国体制改变了以往政府主导的科技资源配置方式,更加注重在发挥市场资源配置决定性作用的同时更好地发挥政府作用。新型举国体制不仅需要有效市场,也需要有为政府;既注重发挥"看不见的手"的作用,同时也注重发挥"看得见的手"的作用。可以说,新型举国体制是有效市场和有为政府的有机结合,这是新型举国体制中最重要的"新型"表现。新型举国体制是在社会主义市场经济条件下的创新安排,具有资源配置效益最大化和效率最优化的优势。

在目标导向和价值追求上,从注重目标实现转变为注重目标实现与注重效益并重。传统举国体制目标相对单一,注重科技成果和工程的产出,较少考虑市场价值和经济效益,相对忽视市场和价格表现及相关方的利益分配。而新型举国体制既注重实现目标也考虑投入产出效益,既注重项目的技术前景也注重其实际应用价值,既注重技术链也注重价值链,同时兼顾各方利益分配和利益实现,能够在技术、研发、市场、产业之间保持动态平衡。新型举国体制注重遵循客观规律,更加紧密结合经济社会发展的重大需求,推动科技创新和经济社会发展深度融合,把满足人民需求作为科技创新的重要方向。

在组织运行和实施模式上,从政府内部协同转变为众多创新主体之间的协同。传统举国体制的运行主要依靠自上而下的指令,创新价值取向、创新方式、创新成果使用等均严格遵守"嵌入"指令,创新行为、功能与结构基本上是靠贯彻落实指令体现出来的。传统举国体制中也注重协同,但更主要的是由政府主导的各部门、机构之间的内部协同。其他的更多的创新主体听命于政府部门,按行政命令办事。新型举国体制是政府为主导、众多创新主体参与的协同机制,更加注重所有创新主体之间的统筹联动,更加注重创新要素的系统性整合,因而能形成强大合力。新型举国体制更加注重政产学研用金"六位一体"深度融合,强调政府、企业、高校、科研机构、用户和金融机构根据自身功能定位积极主动地参与创新活动,共同构建良性互动、完备高效的协同创新格局。

党的十九届五中全会《建议》提出,"健全社会主义市场经济条件下新型举国体制",目的就是要进一步发挥我国社会主义制度能够集中力量办大事的优势,加快形成关键核心技术攻坚体制,以体制创新为科技创新提供动力。我们要把握以下几个方面的工作要求:

一是明确国家导向,加强顶层设计。要在坚持好、完善好传统举国体制优点的基础上,聚焦科技治理实践,统筹谋划和整体推进科技工作,加快建立满足国家战略需求和人民美好生活需要的新型举国体制。新型举国体制以维护国家发展和安全为前提,以"四个面向"为导向,以科学统筹、集中力量、优化机制、协同攻关为基本方针,以提升国家整体创新能力、实现国家战略需求为目标。当前和今后一个时期,特别要注重围绕国家安全、产业链安全和民生保障,锁定关键核心技术和"卡脖子"领域,形成国家战略布局。

二是注重市场与政府同步发力。发挥市场在资源配置中的决定性作用,确立企业在关键核心技术攻关中的主体地位,以共同利益为纽带、市场机制为保障,支持有条件的领军企业联合上下游、政产学研用金力量,组建体系化、任务型的创新联合体。充分发挥好政府财政资金的杠杆作用,利用市场机制撬动企业和其他社会资源的投入。

三是强化责任落实。健全主管部门向国家负责、牵头单位向国家主管部门负责、攻关任务分解权、承担单位决定权、国家资金分解权,做到权责一致。针对项目特点可采用不同的组织模式。对于目标任务清晰的产品、工程类项目,可选择领军企业牵头,签下"军令状",压实抓总责任。对于前瞻性、探索性较强的攻关项目,可以由国家实验室等战略科技力量牵头,选择多主体平行攻关,逐级压实责任,实行"赛马制",滚动实施、分阶段淘汰。

四是用好规模巨大的国内市场。要依托我国超大规模市场和完备产业体系,建立健全支持攻关成果应用和产业化的政策体系。建立健全符合国际规则的支持采购创新产品和服务的政策,加大创新产品和服务采购力度,促进创新产品的研发和规模化应用。完善使用首台(套)重大技术装备鼓励政策,健全研制、使用单位在产品创新、增值服务和示范应用等环节的激励和约束机制。完善政府采购政策和招投标政策,创造有利于攻关成果产业化应用和迭代升级的市场环境,加速科技成果向现实生产力转化。

二、推动政府职能从研发管理向创新服务转变

我国经济体制改革的核心问题是处理好政府和市场的关系,深化科技体制改革自然而然要求处理好政府和市场的关系,在发挥市场对资源配置起决定性作用的同时,仍然要坚持发挥我国社会主义制度的优越性、更好发挥政府作用。如何更好发挥政府作用、激发和释放科技体系创新活力呢?《中共中央关于制定国民经济和社会发展第十三个五年规划的建议》指出,"推动政府职能从研发管理向创新服务转变"。这是政府履行创新职能方式方法和体制机制的重大改革,可以说是抓住了深化科技体制改革的"牛鼻子",对于营造全社会良好创新生态、提升我国科技核心竞争力具有十分重大的意义。习近平同志指出,"科技管理改革不能只做'加法',要善于做'减法'。要拿出更大的勇气推动科技管理职能转变,按照抓战略、抓改革、抓规划、抓服务的定位,转变作风,提升能力,减少分钱、分物、定项目等直接干预,强化规划政策引导"[①]。

长期以来,我国在科技管理中一般是采取研发管理的模式。研发管理的目的是为了组织好科研活动,面对的对象主要是科研单位,运用的管理手段多为行政手段,管理者的注意力主要集中在研发环节。而创新服务视野更开阔,

---

① 习近平:《在中国科学院第二十次院士大会、中国工程院第十五次院士大会、中国科协第十次全国代表大会上的讲话》,《人民日报》2021年5月29日,第2版。

面对的对象是产学研用、大中小微等各类创新主体,注意力不单纯是研发环节而是从研发到应用转化的创新全链条,采取的不是行政管理方式而主要是服务方式。除了对象、途径、方式等发生了重大变化外,创新服务更加聚焦于经济社会发展重大需求,更加注重创新活动的引导,更加强化企业在技术创新中的主体地位。

推动政府职能从研发管理向创新服务转变,这是科技治理方式的深层次变革,对政府在科技和创新管理职能与治理格局方面提出了新的更高标准,"要求政府更加注重抓宏观、抓战略、抓前瞻、抓基础、抓环境、抓监督,更加注重向创新链前后端延伸,更加注重优化政策供给,更加注重营造良好创新生态,形成全链条统筹推进的工作格局"①。

推动政府职能从研发管理向创新服务转变,是激活创新第一动力、完善创新体制机制、加快创新治理方式变革的必然要求。创新是驱动、引领和支撑发展的新引擎,创新要素一旦被激发出来,将会发挥乘数效应,形成巨大的生产力。随着新科技革命的迅猛发展,全球创新态势发生深刻变化,主要表现为创新主体更加多元、活动更多样、路线更多变、链条更灵巧,科技、商业模式、产业等同创新协同更紧密,创新创业大众化趋势更为突出,国际科技竞争逐渐演化为创新体制和创新生态的竞争。创新体制决定和影响着创新生态,谁在创新体系上占有优势,谁就能在激烈的国际竞争中占据有利地位,掌握发展的主动权。加快转变政府职能是创新科技治理方式的题中应有之义。政府必须抓紧抓好创新体系建构、创新氛围营造、创新方向引导等工作,为激发和释放全社会创新活力提供全方位系统化服务。

近年来,随着党和国家机构改革深入推进,简放政权、放管结合、优化服务改革力度持续加大,效果日益明显,政府管理和服务能力大幅提升。在看到成绩的同时,我们也要看到,一些涉及体制机制方面的深层次问题仍然没有解决。比如,一方面,政府对创新主体有时干预过多过细,束缚了创新主体的积极性、能动性;另一方面,政府职能还存在着错位、越位、缺位等现象,在一些领域发挥作用还不够;等等。要进一步创新治理、强化服务,把更多行政资源从

---

① 刘延东:《深入实施创新驱动发展战略》,《人民日报》2015年11月11日,第6版。

事前审批转到加强事中事后监管和提供公共服务上来,在审批和监管中也要充分体现服务理念,着力为优化创新环境创造良好条件,为创新主体从事创新活动增加便利。始终坚持放管有机结合、放管两手并重,切实改变重审批轻监管、"以批代管"等行政管理方式,夯实监管责任,提升监管效能,确保放而不乱、管而有序。要注重创新监管理念和方式,切实管出公平、管出效率、管出活力。

加快政府职能从研发管理转向创新服务,总体要求是:着眼国家创新体系建设这一目标,抓住理顺政府和市场关系这一关键,突出科技和经济结合这一重点,紧扣激发"人"的积极性创造性这一根本,着力补强创新服务短板、优化创新服务体系,把全社会创新创业活力更加充分地激发出来、释放出来。要把握好以下几个方面的要求:一是进一步理顺政府和市场关系,将有效市场和有为政府更好结合起来,在充分尊重市场经济一般规律的基础上,最大限度减少政府对市场资源的直接配置和对创新主体的直接干预;同时要创新和完善政府经济调节、市场监管、社会管理、公共服务等职能,更好运用服务手段、服务方式提升政府效能。二是必须适应创新主体更多元的情况,更好面向"多主体"履行创新职能。政府要从更多面向科研单位转为面向包括科研单位在内的各类创新主体,更好激发产学研用、大中小微企业等各类创新主体的积极性和内生动力,促进各创新主体优势互补、开放协同,整体提升创新效能。三是要更好围绕"全链条"履行创新职能,促进科技和经济深度结合。政府要加快从更多围绕研发环节拓展为从研发到产业化应用的创新全链条,打通科技创新和经济社会发展之间的通道,把"出成果"和"用成果"更有机地统一起来,从而实现科技和经济更加紧密地结合。四是要牢固树立以人为本的创新理念,通过充分激发人的积极性创造性更好地营造创新生态。我国虽然已成为具有重要影响力的科技大国,但自主创新能力特别是原创能力仍是重大短板,创新活动中见物不见人等现象仍然存在。政府履行创新职能,应牢牢抓住人这一创新的根本源泉,把优化创新生态摆在更加突出的地位,加快从具体组织科研活动转为更好营造创新生态环境,使科技人员和企业家在创新中更好受益、企业在创新中更多赢利、社会在创新中更快发展。

注重创新宏观引导。深化科技体制改革,必须大力转变传统的管理观念,把宏观引导作为政府服务创新的基本方式。在统筹制定科技创新战略规划时,要强化科技发展预测,准确判断经济社会需求,据此对中长期创新方向适时合理引导。在推动科技创新政策落地落实时,要强化部门之间、中央与地方之间的合理分工和高效协同,推进科技和经济政策、供给侧和需求侧政策更好结合。要打通堵点,产学研用齐发力,强化创新链、产业链和市场需求的有效衔接,畅通创新成果应用转化渠道。要继续深入推进放管服改革,更多为各类创新主体减负松绑、清障搭台。要健全重大科技决策事前评估和事后评价制度,注重从源头上把控政策方向,减少科技决策的随意性,增强科技决策的规范性,不断提高科技决策水平。

优化创新资源配置。近年来,中央财政科技计划(专项、基金等)管理改革、行政审批和商事制度改革等付诸实施,政府转变职能的力度进一步加大,成效显著。要在总结经验的基础上,与时俱进深化中央财政科技计划(专项、基金等)管理改革,推动资金合理、高效使用,提高使用效率。积极创新财政投入方式,把握好稳定支持和竞争择优的动态平衡,完善并用好研发费用加计扣除等税收政策。加快科技金融创新发展,壮大符合我国国情、适合创新创业的金融服务,推动市场和社会资本更多投入。采取有效措施支持多样化创新主体健康有序发展,积极促进区域创新这一综合载体,构建高效率国家创新体系。以市场为导向培育新型研发机构,增强高校、科研单位原始创新和服务发展能力。总之,凡是市场能做好的,原则上都要交给市场去做,政府应当将工作重心转移到统筹协调、优化机制、政策引导、环境营造方面上来。

改进创新公共服务。创新公共服务是开展创新活动的重要保障和基础前提。提升创新公共服务水平,是构建科学高效、富有竞争力的创新体系的必然要求。要大力发展适应大科学时代创新活动特点、支撑高水平创新的基础设施和公共平台。积极引导社会资本参与建设社会化技术创新服务平台,完善专业化技术应用转化服务体系。完善大型科学仪器设备、科学数据等基础条件,建立健全科技决策咨询、创新调查、科技报告等基础制度,加快科技资源开放共享。围绕提供更加优质高效的政务服务,大力推进政务服务标准化、规范化、便利化,优化再造政务服务流程,提高政务服务绩效,更好满足创新主体需求。针对新产业新业态蓬勃兴起的态势,坚持包容审慎监管原则,引导新产业新业态规范健康发展。加强知识产权保护,更好地体现创新品牌和创新者价值。培育开放公平的市场环境,健全保护创新的法治环境,营造崇尚创新的文化环境,推动全社会创新活动更加规范、更加充满活力。

三、完善科技评价、激励与奖励机制

完善科技评价机制,优化科技奖励项目,是深化科技体制改革的重要内容,直接关系到能否调动广大科技人员的积极性主动性创造性。提高科技治理能力,至关重要的一个方面就是要尊重科技规律,让科研人员心无旁骛地工作,减少科技项目的微观管理,推动科研管理向创新转变。

1. 以科技评价制度改革为突破口激发科技人员创新活力

2016年5月30日,习近平同志在全国科技创新大会、两院院士大会、中国科协第九次全国代表大会上指出:"要改革科技评价制度,建立以科技创新质量、贡献、绩效为导向的分类评价体系,正确评价科技创新成果的科学价值、技术价值、经济价值、社会价值、文化价值。"[①]2021年5月28日,习近平同志在中国科学院第二十次院士大会、中国工程院第十五次院士大会、中国科协第十次全国代表大会上强调:"要重点抓好完善评价制度等基础改革,坚持质量、绩效、贡献为核心的评价导向,全面准确反映成果创新水平、转化应用绩效和对经济社会发展的实际贡献。"[②]

2018年7月3日,中共中央办公厅、国务院办公厅发布《关于深化项目评审、人才评价、机构评估改革的意见》,聚焦项目评审、人才评价、机构评估"三评"工作中存在的突出问题,明确提出,"以激发科研人员的积极性创造性为核心,以构建科学、规范、高效、诚信的科技评价体系为目标,以改革科研项目评审、人才评价、机构评估为关键,统筹自然科学和哲学社会科学等不同学科门

---

① 《习近平谈治国理政》第2卷,外文出版社2017年版,第274页。

② 习近平:《在中国科学院第二十次院士大会、中国工程院第十五次院士大会、中国科协第十次全国代表大会上的讲话》,《人民日报》2021年5月29日,第2版。

类,推进分类评价制度建设,发挥好评价指挥棒和风向标作用,营造潜心研究、追求卓越、风清气正的科研环境,形成中国特色科技评价体系"①。"三评"改革是推进科技评价制度改革的重要举措,树立了更加注重质量、贡献、绩效的评价导向,提高改革的实效性。如果用一个比喻来形容,可以说,"三评"改革让广大科研人员吃了"定心丸"。

"三评"改革中的一个基本原则就是坚持分类评价。分类评价就是根据基础研究、应用研究、技术创新、成果转化等不同科技活动的规律和特点,针对不同评价对象的实际情况,实行客观、真实、准确、全面的分类考核评价标准,注重实效,鼓励高质量成果产出。对基础研究注重评价新发现、新观点、新原理、新机制等标志性成果的质量、贡献和影响,对论文评价实行代表作制度,强化同行评议。对应用研究、技术开发类科技活动,注重评价新技术、新工艺等,以及关键部件、应用解决方案等标志性成果的质量、贡献和影响,不把论文作为主要的评价依据和考核指标。对国家科技计划项目(课题)评审评价要突出创新质量和综合绩效,对国家技术创新中心、科技资源共享服务平台等创新基地评估要突出支撑服务能力,对中央级科研事业单位绩效评价要突出使命完成情况。深化院士制度改革,强化院士称号学术性、荣誉性,健全院士遴选、管理和退出机制。为破除科技评价中过度看重论文数量多少、影响因子高低,忽视标志性成果的质量、贡献和影响等"唯论文"不良导向,2020年2月17日科技部印发了《关于破除科技评价中"唯论文"不良导向的若干措施(试行)》,提出了改进科技评价体系27条措施。

要切实提升科技评价的科学性、客观性和实效性,建立"按方向选人、按人定任务"的机制,实行与不同类型科研活动规律相适应的跟踪和分类评价制度。要在总结经验的基础上,进一步深化"三评"工作。在项目评价方面,要注重完善自由探索型和任务导向型科技项目分类评价制度,建立非共识科技项目的评价机制。要更加注重绩效评估,针对国家科技计划整体情况组织开展绩效评估,重点评估计划目标完成、管理、产出、效果、影响等绩效。在人才评

---

① 《中办国办印发〈关于深化项目评审、人才评价、机构评估改革的意见〉》,《人民日报》2018年7月4日,第6版。

价方面,"要'破四唯'和'立新标'并举,加快建立以创新价值、能力、贡献为导向的科技人才评价体系"①。在机构评估方面,要根据科研机构从事的科研活动类型,分类建立相应的评价指标和评价方式,避免简单以高层次人才数量评价科研事业单位。"要支持科研事业单位探索试行更灵活的薪酬制度,稳定并强化从事基础性、前沿性、公益性研究的科研人员队伍,为其安心科研提供保障。"②

为更好发挥科技成果评价作用,更好为构建新发展格局、实现高质量发展提供有力支撑,2021年7月16日国务院办公厅印发了《关于完善科技成果评价机制的指导意见》。《意见》强调,要坚持正确的科技成果评价导向,创新科技成果评价方式,通过评价激发科技人员积极性,推动产出高质量成果、营造良好创新生态,促进创新链、产业链、价值链深度融合。《意见》紧扣"评什么""谁来评""怎么评""怎么用",从10个方面提出了完善评价机制的工作举措。

2. 强化激励机制

"十四五"规划《建议》提出,"完善科研人员职务发明成果权益分享机制"③。这一看似小切口的改革举措,却是强化我国科技成果转化激励的一项重大政策创新。这是一项引领性的改革,对于激励科研人员创新创业、促进科技与经济深度融合具有重要意义。

职务发明的形式多种多样,但都有一个共同的、典型的突出特征,就是科研人员于在岗状态下或执行单位指派任务,或利用单位物质技术条件,开展创造性活动所形成的发明成果。我国高等学校和科研院所集聚了大量科研人员,是职务发明和专利数量最为集中的地方,但一直以来存在发明技术质量不高、科技成果更新慢、应用转化率低、应用转化周期长等现象。这些现象背后,

---

① 习近平:《在中国科学院第二十次院士大会、中国工程院第十五次院士大会、中国科协第十次全国代表大会上的讲话》,《人民日报》2021年5月29日,第2版。
② 习近平:《在中国科学院第二十次院士大会、中国工程院第十五次院士大会、中国科协第十次全国代表大会上的讲话》,《人民日报》2021年5月29日,第2版。
③《中共中央关于制定国民经济和社会发展第十四个五年规划和二〇三五年远景目标的建议》,《人民日报》2020年11月4日,第1版。

有其深层的体制机制原因,说到底就是缺乏激励相容的权属关系和利益分配机制。如何科学界定职务发明的权属关系,如何分享职务发明成果,已经成为深化科技体制改革中一个绕不过、避不开的棘手难题。这涉及尊重知识、尊重创新能否贯彻落实,科研人员在创新活动中能不能得到合理回报等重大理论和实践问题,亟须给出答案,提供解决方案。

近年来,我国在职务发明成果权益分享相关机制改革方面进行了一系列探索。在不断总结试点经验的基础上,中共中央、国务院印发《关于深化体制机制改革 加快实施创新驱动发展战略的若干意见》,中共中央办公厅、国务院办公厅印发《深化科技体制改革实施方案》等,提出了相应的改革措施。一是"加快下放科技成果使用、处置和收益权"。但需要注意的是,这里面有个前提条件,这些下放"三权"的科技成果,必须是不涉及国防、国家安全、国家利益、重大社会公共利益的科技成果。二是收益全留,"科技成果转移转化所得收入全部留归单位,纳入单位预算,实行统一管理,处置收入不上缴国库"[1]。三是提高分享比例。"在利用财政资金设立的高等学校和科研院所中,将职务发明成果转让收益在重要贡献人员、所属单位之间合理分配,对用于奖励科研负责人、骨干技术人员等重要贡献人员和团队的收益比例,可以从现行不低于百分之二十提高到不低于百分之五十。"[2]四是加大科研人员股权激励力度。鼓励各类企业通过股权、期权、分红等激励方式调动科研人员创新积极性。对高等学校和科研院所等事业单位以科技成果作价入股的企业,放宽股权奖励、股权出售对企业设立年限和盈利水平的限制。2021年9月27日,习近平同志在中央人才工作会议上强调:"要为各类人才搭建干事创业的平台,构建充分体现知识、技术等创新要素价值的收益分配机制,让事业激励人才,让人才成就事业。"[3]

---

[1] 中共中央文献研究室编:《十八大以来重要文献选编》中,中央文献出版社2016年版,第427页。

[2] 中共中央文献研究室编:《十八大以来重要文献选编》中,中央文献出版社2016年版,第427—428页。

[3] 习近平:《深入实施新时代人才强国战略 加快建设世界重要人才中心和创新高地》,《求是》2021年第24期,第15页。

科研人员分享职务发明成果权益适应了创新时代发生的要素稀缺性的重大变化，充分体现了知识、技术等创新要素价值。随着新科技革命的加速发展，创新成为引领发展的第一动力，人力资本作为价值创造的智力来源，越来越成为稀缺但在综合国力竞争中具有决定性意义的资源。科研人员充分发挥主动性、能动性、创造性进行创造是科技发明的关键因素，创新劳动就应该在科技成果产权和收益分享中拥有显著份额。科研人员对职务发明成果权益没有分享权利时，科研活动往往是冲着评职、报奖励去的，成果质量并不高。当可以分享成果权益时，科研人员就会从立项到科研全过程注重成果可转化性，减少职务发明无效供给。科研人员处在科研一线，对技术、市场、产品最了解，最具识别和利用科研成果潜在价值的能力。让科研人员分享发明成果权益，实质上是让其全程深度参与科技成果转化，这必将大大提高科技成果转化成功率。

让科研人员分享发明成果收益虽然是一项重大政策创新，但对于建立科学合理有效的科技激励机制来说，还只是刚刚破题。虽然历经探索，但这一步毕竟已经迈出了。让科研人员进一步分享职务发明成果产权是更为彻底的激励措施，这是下一步改革的难点。近年来在"权属"和"收益"分享机制建立方面，"收益"分享机制走得相对较快。要遵循产权激励是最大激励的原则，吸收相关地方改革探索的有益做法，在"权属"分享上取得突破。科研人员分享职务发明成果产权，同"三权"下放到单位相比，可避免单位决策冗长等问题；同奖励权相比，可解决在实际操作中存在的奖励口径难以达成共识、知情权难以保障等问题；同股权激励相比，可避免对职务发明人股权激励设置的一些限制、造成股权奖励延迟和强度弱化等问题。总之，"权属"分享的激励作用更大、更精准、更持久。

2020年2月14日，习近平同志主持召开中央全面深化改革委员会第十二次会议，审议通过《赋予科研人员职务科技成果所有权或长期使用权试点实施方案》等文件。2020年5月9日，科技部、发展改革委、教育部、工业和信息化部、财政部等9部门联合印发《赋予科研人员职务科技成果所有权或长期使用权试点实施方案》，分领域选择40家高等院校和科研机构开展试点，试点期为3年。《实施方案》要求，试点单位应建立健全职务科技成果转化收益分配机制，使科研人员收入与对成果转化的实际贡献相匹配。要充分赋予试点单位管理科技成果自主权,探索形成符合科技成果转化规律的国有资产管理模式。当前和今后一个时期,要认真开展试点工作,探索形成赋权形式、成果评价、收益分配等方面制度。要按照"十四五"规划《建议》要求,在试点基础上形成可复制可推广的经验做法,完善发明成果权益分享机制,在包括国有企业在内的更大范围全面展开,更有力激发科研人员创新积极性,促进科技成果转移转化。

3. 完善国家科技奖励机制

科技奖励是推动科技创新的重要途径和激励手段,是党和国家为激励自主创新、激发人才活力、营造良好创新环境采取的重要举措。

新中国成立初期,党和国家就十分重视科学技术奖励工作,科技奖励体系雏形初显。改革开放后,我国科技奖励工作进入了一个新的发展时期。1984年,国家科学技术进步奖设立。1993年6月28日,国务院发布《关于修改三个奖励条例的决定》,对《中华人民共和国自然科学奖励条例》《中华人民共和国发明奖励条例》《中华人民共和国科学技术进步奖励条例》进行了修订。1994年,中华人民共和国国际科学技术合作奖设立。1999年5月23日,国务院对国家科技奖励制度进行了一次全面的改革,发布了《国家科学技术奖励条例》,规定设立的国家科学技术奖包括国家最高科学技术奖、国家自然科学奖、国家技术发明奖、国家科学技术进步奖、中华人民共和国国际科学技术合作奖。以此为标志,我国科技奖励工作进入稳定发展阶段。1999年7月23日,国务院办公厅转发了《科学技术奖励制度改革方案》。1999年12月,科技部发布实施《国家科学技术奖励条例实施细则》以及《省、部级科学技术奖励管理办法》《社会力量设立科学技术奖管理办法》。2003年1月16日,科技部发布实施《关于受理香港、澳门特别行政区推荐国家科学技术奖的规定》。至此,一个相对完整、层次鲜明、管理规范、导向明确的国家科技奖励体系基本成形,我国科技奖励基本形成了一个"国家科技奖'少而精'、省部级奖和社会力量设奖健康有序发展"的新局面。这些关于科技奖励的条例、办法、规定,将科技奖励制度改革的有关举措以及科技奖励实践中探索的做法和经验上升为法律规范,对科技奖励的原则、奖励的对象和范围、奖项的设置和评审等作出了明确的规定,具有原则性和可操作性,为推荐者、评审者和管理者贯彻实施奖励条例提供了依据,表明国家科技奖励的管理越来越规范,逐步走上了制度化、规范化、程序化的轨道。从中还可看出,党和国家鼓励创新的导向越来越明确。国家科技奖励把推动自主创新摆在突出位置,国家自然科学奖和国家技术发明奖重视加强对原始性创新成果和尖子人才的奖励,国家科技进步奖重点奖励系统集成的创新和引进消化吸收再创新,促进科技与经济社会的紧密结合。

经过多年来的努力,国家科学技术奖获奖项目质量和水平逐年提高,权威性和公信力不断增强,在调动科技人员的创新创造热情、推动科技支撑引领经济社会发展等方面发挥了重要作用。虽然成效很大,但也要清醒地看到,国家科技奖励制度仍然存在与实际情况和发展要求不相适应的问题。国家科技奖励制度必然随着我国科技事业的发展步伐与时俱进,创新发展。

2017年3月24日,习近平同志主持召开中央全面深化改革领导小组第三十三次会议,审议通过《关于深化科技奖励制度改革的方案》。这个《方案》着眼于发挥国家科技奖励制度国家层面的示范引领作用,进一步增强学术性、突出导向性、提升权威性、提高公信力、彰显荣誉性,制定了完善科技奖励制度的具体措施。2017年5月31日,国务院办公厅印发了《关于深化科技奖励制度改革的方案》。这个《方案》提出,深化科技奖励制度改革应坚持"服务国家发展、激励自主创新、突出价值导向、公开公平公正"的基本原则。《方案》强调建立定标定额的评审机制。"定标"就是分类制定各奖种及其相应等级的评价标准,确保获奖项目质量。"定额"就是改变现行各奖种及其各领域奖励指标数与受理数量按既定比例挂钩的做法,根据我国科研投入产出、科技发展水平等实际状况分别限定三大奖(指自然科学奖、技术发明奖、科技进步奖)一、二等奖的授奖数量。同时,大幅减少奖励数量。《方案》对健全科技奖励诚信制度作出了规定:"一是建立完整的监督惩戒机制,把规矩挺在前面,实行全过程监督,完善异议处理制度,让举报有路、处理有方,建立评价责任和信誉制度,建立科技奖励诚信档案并纳入科研信用体系。二是加大对学术不端的惩戒力度,对涉及违规的科研成果采取一票否决、撤销奖励等措施,对违规的责任人和单位采取公开通报、阶段性或永久取消参与国家科技奖励活动资格等措施。"①

---

① 黄卫、赵永新:《科技奖励,激发人才活力》,《人民日报》2017年6月20日,第2版。

为进一步调动广大科技工作者的积极性和创造性,切实解决科技奖励实践中出现的一些新情况、新问题,深入推进创新驱动发展战略实施,2020年10月7日国务院公布修订后的《国家科学技术奖励条例》。这个《条例》规定:"国家科学技术奖应当与国家重大战略需要和中长期科技发展规划紧密结合。国家加大对自然科学基础研究和应用基础研究的奖励。国家自然科学奖应当注重前瞻性、理论性,国家技术发明奖应当注重原创性、实用性,国家科学技术进步奖应当注重创新性、效益性。"《条例》强调科技奖励工作应当"坚持中国共产党领导,实施创新驱动发展战略,贯彻尊重劳动、尊重知识、尊重人才、尊重创造的方针,培育和践行社会主义核心价值观"。①《条例》落实科技奖励由推荐制调整为提名制的改革要求,提出要改革报奖方式,实行由专家、学者、组织机构、相关部门等提名的制度,在坚持政府主导的基础上充分发挥专家、学者作用,强化奖励的学术性。《条例》完善科技奖励的评审职责、评审标准、评审程序等制度,明确各奖种评审标准和激励导向,完善评审办法,明确评审活动坚持公开、公平、公正的原则,评审办法、奖励总数、奖励结果等信息应当向社会公布。

上述这些改革举措,为建立信息公开、行业自律、政府指导、第三方评价、社会监督、合作竞争的科技奖励模式,健全政府为主导、社会力量参与的科技奖励体制,弘扬优良学风、勇攀科技高峰,凝聚起激励科技创新的合力,发挥了积极作用。

四、整体推进,重点突破

深化科技体制改革,目的在于形成充满活力的科技管理和运行机制。创新是一个系统工程,创新链、产业链、资金链、政策链相互交织、相互支撑,改革只在一个环节或几个环节搞是不够的,必须全面部署,坚持系统思维,在整体推进中实现重点突破,以重点突破带动整体提升。要坚持"以问题为导向,以需求为牵引,在实践载体、制度安排、政策保障、环境营造上下功夫,在创新主体、创

---

① 《国家科学技术奖励条例》,《人民日报》2020年10月28日,第12版。

新基础、创新资源、创新环境等方面持续用力"①,提升国家创新体系整体效能。

1. 建立健全现代科研院所制度,赋予科研机构和人员更大自主权

第一,深化科研院所分类改革。高等学校和科研院所是源头创新的基础和主力军。深化科研院所分类改革和高等学校科研体制机制改革,构建符合创新规律、职能定位清晰的治理结构,对于筑牢国家创新体系基础、提升国家创新体系效能,具有十分重要的意义。总的原则要求是:按照科研院所分类改革的要求,明确定位、优化布局、稳定规模、提升能力,推动科研院所走内涵式发展道路。一是公益类科研院所要坚持社会公益服务的方向,探索管办分离,落实科研事业单位在编制管理、职称评定、绩效工资分配等方面的自主权。基础研究类科研机构要瞄准科学前沿问题和国家长远战略需求,完善有利于激发创新活力、提升原始创新能力的运行机制。对从事基础研究、前沿技术研究和社会公益研究的科研院所和学科专业,要完善财政投入为主、引导社会参与的持续稳定支持机制。二是技术开发类科研院所要坚持企业化转制方向,完善现代企业制度,建立市场导向的技术创新机制。对于承担较多行业共性任务的转制科研院所,可组建产业技术研发集团,对行业共性技术研究和市场经营活动进行分类管理、分类考核。三是生产经营类科研院所要坚持市场化改革方向,推进产业技术联盟建设。转制科研院所要通过引入社会资本或整体上市,积极发展混合所有制。四是对于部分转制科研院所中基础能力强的团队,在明确定位和标准的基础上,引导其回归公益,参与国家重点实验室建设,支持其继续承担国家任务。五是根据经济社会发展需要和学科专业优势,突出办学特色,完善高等学校科研体系,统筹推进世界一流大学和一流学科建设。

一流大学和一流学科,是知识发现和科技创新的重要力量,是先进思想和优秀文化的重要源泉,是培养各类高素质优秀人才的重要基地,是服务经济社会发展的重要支撑。建设世界一流大学和一流学科,是党中央、国务院为提升

---

① 习近平:《在中国科学院第十九次院士大会、中国工程院第十四次院士大会上的讲话》,《人民日报》2018年5月29日,第2版。

中国教育发展水平、增强国家核心竞争力而作出的重大战略决策。"双一流"建设经历了一个长期的探索和实践过程,也经历了一个持续推进的改革和发展过程。20世纪末,随着全球化和知识经济浪潮兴起,以教育、科技和人才为代表的综合国力竞争尤为激烈,迫切需要我国高等教育整体水平不断提升。而在当时,大部分高校科研能力相对较弱,高水平科研成果不多,师资队伍断层现象突出。要想在短时间内缩小与发达国家高等教育的差距,只能走重点建设带动整体发展的道路。选择一些基础较好、对行业区域发展有重要作用的高等学校和学科,通过重点建设,使它们率先进入国际先进行列。

1995年11月,经国务院批准,国家决定实施"211工程",即"面向21世纪,重点建设100所左右的高等学校和一批重点学科"。这是新中国成立以来由国家立项、在高等教育领域进行的规模最大、层次最高的重点建设工程。"211工程"开辟了我国以重点建设推进高水平大学建设的探索之路,为科教兴国战略的实施奠定了坚实基础。1998年5月4日,江泽民同志在庆祝北京大学建校100周年大会上指出:"为了实现现代化,我国要有若干所具有世界先进水平的一流大学。"[①]1999年1月,国务院批转教育部《面向21世纪教育振兴行动计划》,决定重点支持北京大学、清华大学等部分高校创建世界一流大学和高水平大学,简称"985工程"。"211工程""985工程"建设高校,成为我国建设高等教育强国的"先锋部队"和"精锐部队",在培养拔尖创新人才、承担国家重大科研任务、提升教师队伍整体素质、培育高水平学科等方面取得了令人瞩目的成绩,带动提升了我国高等教育的整体水平,有力支撑了经济社会持续健康发展。2011年4月24日,胡锦涛同志出席清华大学百年校庆时发表讲话,指出:"建设若干所世界一流大学和一批高水平大学,是我们建设人才强国和创新型国家的重大战略举措。"[②]同年,我国启动实施"2011计划",即高等学校创新能力提升计划,推动高校内部与外部创新力量的融合发展。

实践证明,"集中资源、率先突破、带动整体"的重点建设道路,充分发挥了社会主义制度集中力量办大事的优越性,为进一步建设世界一流大学和一流

---

① 《江泽民文选》第2卷,人民出版社2006年版,第123页。

② 胡锦涛:《在庆祝清华大学建校100周年大会上的讲话》,人民出版社2011年版,第10页。

学科打下了很好的基础。尤其是党的十八大以来,教育改革全面深入,发展水平进入世界中上行列。与此同时,我国经济发展步入新常态,新形势和新任务对高等教育提出了更高的要求。

2014年5月4日,习近平同志在北京大学师生座谈会上明确指出,要坚定不移地建设世界一流大学。2015年8月18日,习近平同志主持召开中央全面深化改革领导小组第十五次会议,审议通过《统筹推进世界一流大学和一流学科建设总体方案》等文件。2015年10月24日,国务院印发《统筹推进世界一流大学和一流学科建设总体方案》。这是"985工程"持续实施16年后国家重大战略的调整,是高等教育制度创新的重要转折。《总体方案》提出的总体目标是推动一批高水平大学和学科进入世界一流行列或前列,加快高等教育治理体系和治理能力现代化,提高高等院校人才培养、科学研究、社会服务和文化传承创新的水平。《总体方案》提出统筹推进"双一流"建设分三步走:第一步到2020年,若干所大学和一批学科进入世界一流行列,若干学科进入世界一流学科前列;第二步到2030年,更多的大学和学科进入世界一流行列,若干所大学进入世界一流前列,一批学科进入世界一流学科前列,高等教育整体实力显著提升;第三步到本世纪中叶,一流大学和一流学科的数量和实力进入世界前列,基本建成高等教育强国。《总体方案》从建设、改革两个方面共安排了10项重点任务。建设任务有五项:一是建设一流师资队伍,二是培养拔尖创新人才,三是提升科学研究水平,四是传承创新优秀文化,五是着力推进成果转化。改革任务也是五项:一是加强和改进党对高校的领导,二是完善内部治理结构,三是实现关键环节突破,四是构建社会参与机制,五是推进国际交流合作。2017年1月24日,教育部、财政部、国家发展改革委联合印发《统筹推进世界一流大学和一流学科建设实施办法(暂行)》。首批"双一流"建设高校137所、建设学科465个。2018年9月,教育部在上海召开"双一流"建设现场推进会。

"双一流"建设不是"211工程""985工程"的翻版,也不是升级版,而是一个全新的计划。其一,"双一流"是以学科为资助主体,突出以一流学科建设带动一流学校建设,而"211工程""985工程"则是以学校为资助主体。其二,"双一流"建设名单将不再一成不变,会打破"身份固化",引入竞争机制。"双一流"建设每5年为一个建设周期,建设高校实行总量控制、开放竞争、动态调整。

　　首轮"双一流"建设从2016—2020年实施以来,各项工作有力推进,取得了阶段性成果。党对高校的领导全面加强,高水平师资队伍建设进展显著,人才培养规模稳步扩大、结构不断优化,服务国家科技自立自强能力进一步提高。但是也要清醒地认识到,"双一流"建设进展成效同我国综合国力和国际地位还不相匹配,同经济社会发展对人才的多样化需求相比还有不小差距。主要表现为:仍然存在高层次创新人才供给能力不足、服务国家战略需求不够精准、资源配置亟待优化等问题。一些高校在争创"双一流"过程中,存在着重数量轻质量、重体量轻特色、重发展轻改革、重外延轻内涵以及盲目攀高、趋同发展等问题。进入新发展阶段,我们亟须在总结经验的基础上,开启新一轮"双一流"建设,为加快构建新发展格局提供强大的教育和人才支撑。新发展阶段的新形势新任务,客观上要求新一轮"双一流"建设要更加突出重点,聚焦难点,注重内涵建设、特色建设和高质量建设。

　　新一轮"双一流"建设的新,体现在很多方面,其中一个重要方面就是引入了新的成效评价体系。由于教育系统的复杂性、评价视角的多元性,教育评价十分复杂,甚至是一道"世界难题"。比如,教育有些方面可以量化比较,有些方面却是不可比较的,所以评价结果可以提供参考而不是唯一指标。2020年12月30日,教育部、财政部、国家发展改革委联合印发《"双一流"建设成效评价办法(试行)》,给出了明确信号:突出培养一流人才、产出一流成果,主动服务国家需求,注重内涵发展,争创世界一流。"双一流"建设成效评价与大学排名、学科评估及绩效评价等有显著不同,不计算总分,不发布排名,不是简单的水平评估。在评价内容上,涵盖"双一流"建设五大建设任务和五大改革任务,考察期末建设达成度、发展度和第三方评价表现度,呈现高校和学科的总体建设成效。在评价手段上,设立常态化建设监测体系,探索形成监测、改进与评价"三位一体"评价模式,引导不同类型高校围绕特色提升质量和竞争力,在不同领域和方向建成一流。

　　"双一流"建设成效评价将"破五唯"(唯分数、唯升学、唯文凭、唯论文、唯帽子),要求贯穿全方位、全过程和各方面,注重体现"双一流"建设本质要求,充分体现"改进结果评价,强化过程评价,探索增值评价,健全综合评价"的改革导向。坚持评价视角多元、评价内容多维,按不同评价方面、不同学校和学科类型进行综合评价,坚决摒弃数论文、数帽子的做法,避免简单以条件、数量、排名变化作为评价指标。在人才培养评价中,突出学生代表作、用人单位满意度调查等结果。在师资队伍建设评价中,重点考察教师的学术水平和教学投入、社会服务贡献等。

2021年12月17日下午,习近平同志主持召开中央全面深化改革委员会第二十三次会议,审议通过《关于深入推进世界一流大学和一流学科建设的若干意见》等文件。习近平同志在会上强调,要突出培养一流人才、服务国家战略需求、争创世界一流的导向,深化体制机制改革,统筹推进、分类建设一流大学和一流学科。会议强调,办好世界一流大学和一流学科,必须扎根中国大地,办出中国特色。要坚持社会主义办学方向,坚持中国特色社会主义教育发展道路,贯彻党的教育方针,落实立德树人根本任务。要牢牢抓住人才培养这个关键,坚持为党育人、为国育才,坚持服务国家战略需求,瞄准科技前沿和关键领域,优化学科专业和人才培养布局,打造高水平师资队伍,深化科教融合育人,为加快建设世界重要人才中心和创新高地提供有力支撑。

2022年1月26日,教育部、财政部、国家发展改革委印发《关于深入推进世界一流大学和一流学科建设的若干意见》。2022年2月9日,教育部、财政部、国家发展改革委印发《关于公布第二轮"双一流"建设高校及建设学科名单的通知》。"双一流"建设高校及建设学科名单的更新公布,标志着第二轮(也称"新一轮")"双一流"建设正式启动。

新一轮"双一流"建设不再区分一流大学建设高校和一流学科建设高校。从首轮"双一流"建设情况看,一些建设高校对"双一流"建设坚持特色发展、差异化发展的理解还不到位,仍把"一流大学建设高校"和"一流学科建设高校"作为身份和层次追求,存在扩张规模、追逐升级的冲动。新一轮"双一流"建设重点在建设,坚持以学科为基础,而不是人为划定身份、层次,更不是在高校中派发"帽子"、划分三六九等。新发展阶段的"双一流"建设旨在探索自主特色发展新模式,引导各高校切实把精力和重心聚焦在有关领域、方向的创新与实质突破上,在各具特色的优势领域和方向上创建真正意义上的世界一流。根据党中央、国务院确定的"十四五"时期国家战略急需领域,立足首轮建设实际成效,按照"总体稳定、优化调整"的认定原则,经过"双一流"建设专家委员会研究,确定了新一轮建设高校及学科范围。公布的名单中,共有建设高校147所。建设学科中,数学、物理、化学、生物学等基础学科布局59个、工程类学科180个、哲学社会科学学科92个。北京大学、清华大学自主建设的学科自行公布。

2022年3月召开的十三届全国人大五次会议上,政府工作报告中没有简单使用"世界一流大学和一流学科"的提法。这表明,党和政府不仅继续支持一批高校以"世界一流"为目标、迈向世界前列,而且支持所有高校准确定位、争创一流。这种一流,是多维、有特色、注重内涵发展的一流。分类建设是"双一流"建设的工作思路,有利于激发建设高校的学科体系优化和治理体系改革,有利于打造自立自强的人才第一方阵,推动原始创新和关键核心领域突破。"双一流"建设必须坚决克服追逐升级"戴帽"的冲动,更加突出以学科建设为基础,探索分类发展、分类支持、分类评价的自主特色发展新模式,创造真正意义上中国特色、世界一流的大学和学科。

从"双一流"建设的实践效果看,经过这些年来的持续努力,如今,我国高校向着世界一流不断迈进,自主培养高层次人才的能力大幅提升,在全球的位次整体大幅前移。高水平大学创新能力明显增强,成为加速国家经济增长方式转型的动力来源。比如,中南大学首创的中国浮选脱硅氧化铝生产工艺,将我国铝资源的经济利用保证年限由10年增加到60年;东北大学开发的超级钢代替微合金钢应用于汽车工业,成功开辟了节省合金元素、大幅提高性能的新途径;浙江大学成功研制集散控制系统等产品,打破国外在高端市场上的垄断地位;等等。载人航天、量子通信、超级计算机等方面的重大突破,都离不开高校在其中所发挥的作用。高校承担了全国60%以上的基础研究和重大科研任务,产出一批具有国际影响力的标志性成果,对经济社会高质量发展的服务支撑能力不断提升。实践表明,实施"双一流"建设,提升了我国高等教育综合实力和国际竞争力,加快了我国从高等教育大国到高等教育强国历史性跨越的步伐。

第二,优化科研项目和经费管理,赋予科研机构和人员更大自主权。习近平同志对此极为关注,反复强调,要"给予科研单位更多自主权,赋予科学家更大技术路线决定权和经费使用权,让科研单位和科研人员从繁琐、不必要的体制机制束缚中解放出来"①。

科研经费管理是科技管理改革的重要内容,对于更好激发科研人员积极性具有重要意义。改革开放以来特别是党的十八大以来,包括中央财政经费在内的全社会研发投入逐年快速增加,为科技创新提供了有力的经费支撑。2014年3月3日,国务院印发《关于改进加强中央财政科研项目和资金管理的若干意见》。2016年5月30日,习近平同志在全国科技创新大会、两院院士大会、中国科协第九次全国代表大会上的讲话中指出:"要着力改革和创新科研经费使用和管理方式,让经费为人的创造性活动服务,而不能让人的创造性活动为经费服务。"党中央、国务院聚焦完善科研管理体制机制,先后制定出台了提升科研绩效、推进成果转化、优化分配机制等方面的一系列政策文件,比如《关于深化中央财政科技计划(专项、基金等)管理改革的方案》《关于进一步完善中央财政科研项目资金管理等政策的若干意见》《关于实行以增加知识价值为导向分配政策的若干意见》《关于深化科技奖励制度改革的方案》《关于分类推进人才评价机制改革的指导意见》《关于优化科研管理提升科研绩效若干措施的通知》等。

2018年5月28日,习近平同志在中国科学院第十九次院士大会、中国工程院第十四次院士大会上的讲话中谈到这几个改革方案时强调,这几个改革方案得到广大科技工作者热烈欢迎:"大家反映,这些改革还有需要改进的地方,有的还没有完全落地,有关部门要认真听取大家意见和建议,继续坚决推进,把人的创造性活动从不合理的经费管理、人才评价等体制中解放出来。"②为更大释放科研人员的创新活力,2018年7月4日召开国务院常务会议研究和确定了进一步扩大科研人员自主权的措施,强调要深化科技领域"放管服"改革,按照能放尽放的要求赋予科研人员更大的人财物自主支配权,指出科研人员在研究方向和目标不变的前提下可自主调整技术路线,项目直接费用中除设备费外的其他科目费用调剂权全部下放项目承担单位。2018年12月26日,国务

① 习近平:《在中国科学院第二十次院士大会、中国工程院第十五次院士大会、中国科协第十次全国代表大会上的讲话》,《人民日报》2021年5月29日,第2版。
② 习近平:《努力成为世界主要科学中心和创新高地》,《求是》2021年第6期,第10页。

院办公厅印发《关于抓好赋予科研机构和人员更大自主权有关文件贯彻落实工作的通知》,明确提出各地区、各部门和各单位要制定落实党中央、国务院有关政策的配套制度和具体实施办法,对现行的科研项目、科研资金、科研人员以及因公临时出国等管理办法进行修订,对与新出台政策精神不符的规定要进行清理和修改。强调要深入推进下放科技权限工作,推动预算调剂和仪器采购管理权落实到位。要明确赋予科研人员更大技术路线决策权,科研项目负责人可以根据项目需要,按规定自主组建科研团队,并结合项目实施进展情况进行相应调整。对科研项目要由重过程管理向重项目目标和标志性成果转变,加强对科研项目结果及阶段性成果的考核,推动项目过程管理权落实到位。上述这些举措充分考虑了科研活动的自身特点和内在规律,回应了科研人员的关切,在激发科研人员全力攻关、潜心创新方面发挥了积极作用。

为更好贯彻落实党中央、国务院决策部署,进一步激励科研人员多出高质量科技成果、为实现高水平科技自立自强作出更大贡献,切实解决在科研经费管理方面仍然存在的政策落实不到位、项目经费管理刚性偏大、经费拨付机制不完善、间接费用比例偏低、经费报销难等问题,2021年8月5日,国务院办公厅印发《关于改革完善中央财政科研经费管理的若干意见》。《若干意见》提出了七个方面的25条举措。在扩大科研项目经费管理自主权方面,强调简化预算编制、下放预算调剂权、扩大经费包干制实施范围。在完善科研项目经费拨付机制方面,强调合理确定经费拨付计划、加快经费拨付进度、改进结余资金管理。在加大科研人员激励力度方面,强调提高间接费用比例、扩大稳定支持科研经费提取奖励经费试点范围、扩大劳务费开支范围、合理核定绩效工资总量、加大科技成果转化激励力度。在减轻科研人员事务性负担方面,强调全面落实科研财务助理制度、改进财务报销管理方式、推进科研经费无纸化报销试点、简化科研项目验收结题财务管理、优化科研仪器设备采购、改进科研人员因公出国(境)管理方式。在创新财政科研经费投入与支持方式方面,强调拓展财政科研经费投入渠道、开展顶尖领衔科学家支持方式试点、支持新型研发机构实行"预算+负面清单"管理模式。这个《若干意见》在破除科研经费管理过细过死、预算编制烦琐、经费拨付进度慢、使用及报销繁杂等方面进一步提出了新举措,赋予科研人员以更大的经费管理自主权,有利于更好地激励科研人员潜心钻研。

2. 全面加强知识产权保护工作,激发创新活力

创新是引领发展的第一动力,保护知识产权就是保护创新。知识产权保护工作是保护科技创新的一项基础性工作,在鼓励发展创造、促进科技成果应用、保护创新创造以及推动科技进步和经济社会高质量发展等方面发挥着不可替代的作用。2020年11月30日,习近平同志在十九届中央政治局第二十五次集体学习时指出:知识产权保护工作"关系国家治理体系和治理能力现代化","关系高质量发展","关系人民生活幸福","关系国家对外开放大局","关系国家安全"[①]。这"五个关系"从战略和全局高度深刻阐明了知识产权保护工作的重大意义,是我们做好新时代知识产权保护工作的根本出发点和落脚点。

知识产权制度是实施创新驱动发展战略、促进经济社会高质量发展的关键制度之一。知识产权制度要真正充分发挥促进创新的作用,就必须让知识产权得到有效保护,有良好的知识产权应用环境,让创新活动能够通过知识产权制度在市场上获益。如果知识产权得不到有效保护,侵权行为得不到遏制,知识产权就会失去应有的价值,创新就不会有收益,从而打击创新者的积极性。我国已经建立了较为完备的知识产权法律法规和政策体系,保护范围和力度达到了世界贸易组织《与贸易有关的知识产权协议》(TRIPS协议)等已签署协议和条约的要求。同时,由于我国经济社会发展到了新的阶段,科技水平和创新能力显著增强,创新主体要求加强知识产权保护的呼声日益高涨,需要不断提高保护力度。无论是高新技术行业,还是传统行业,我国均涌现出一大批具有创新能力的优势企业,有的已经可以与国际科技巨头同台竞争。企业有创新的意愿和能力,若不适时提高知识产权保护力度,将难以激励其攻克核心技术、培育世界品牌。知识产权制度要起到优胜劣汰的作用,不能保护落后。提高知识产权保护力度已经成为经济社会以及科技发展的迫切需要。

党的十八大以来,以习近平同志为核心的党中央高度重视知识产权保护

[①] 习近平:《全面加强知识产权保护工作,激发创新活力推动构建新发展格局》,《求是》2021年第3期,第4页。

工作。习近平同志多次主持召开中央全面深化改革领导小组和委员会会议,审议有关文件,对知识产权保护工作作出战略部署。2014年12月10日,国务院办公厅转发知识产权局等单位《深入实施国家知识产权战略行动计划(2014—2020年)》,提出:坚持中国特色知识产权发展道路,努力建设知识产权强国。《行动计划》紧紧围绕知识产权运用和保护这两大关键进行重点部署。《行动计划》强调,要促进知识产权创造运用,支撑产业转型升级,主要举措包括推动知识产权密集型产业发展,服务现代农业发展,促进现代服务业发展等。《行动计划》强调,要加强知识产权保护,营造良好市场环境,主要举措包括加强知识产权行政执法信息公开,加强重点领域知识产权行政执法,推进软件正版化工作,加强知识产权刑事执法和司法保护,推进知识产权纠纷社会预防与调解工作等。2015年10月召开的党的十八届五中全会,明确提出深化知识产权改革的战略任务。2015年12月18日,国务院印发了《关于新形势下加快知识产权强国建设的若干意见》,针对我国知识产权保护体制机制存在的一些问题,部署了推进知识产权管理体制机制改革方面的内容,有助于进一步释放创新的活力,能够进一步降低企业创新创业的成本。其中包括:完善国家知识产权战略实施工作部际联席会议制度;改善知识产权服务业及社会组织管理;建立重大经济活动知识产权评议制度;建立以知识产权为重要内容的创新驱动发展评价制度;等等。2016年12月30日,国务院发出《关于印发"十三五"国家知识产权保护和运用规划的通知》。2018年2月27日,中共中央办公厅、国务院办公厅发布《关于加强知识产权审判领域改革创新若干问题的意见》。2018年3月18日,国务院办公厅发出《关于印发〈知识产权对外转让有关工作办法(试行)〉的通知》。2019年11月24日,中共中央办公厅、国务院办公厅发布《关于强化知识产权保护的意见》。2020年5月28日,十三届全国人大三次会议审议通过的《中华人民共和国民法典》,确立了知识产权保护的重大法律原则。2020年10月17日十三届全国人大常务委员会第二十二次会议审议通过《关于修改〈中华人民共和国专利法〉的决定》,专利法在修改中新增了国际上高标准的侵权惩罚性赔偿制度。2021年9月22日,党中央、国务院印发的《知识产权强国建设纲要(2021—2035年)》由新华社受权播发。这个《纲要》提出了分阶段实现的发展目标。即:到2025年,知识产权强国建设取得明显成效,知识产权保护更加严格,社会满意度达到并保持较高水平,知识产权市场价值进一步凸显,品牌竞争力大幅提升;到2035年,我国知识产权综合竞争力跻身世界前列,中国特色、世界水平的知识产权强国基本建成。2021年10月,《"十四五"国家知识产权保护和运用规划》印发,明确了"十四五"期间知识产权事业发展的具体施工图。

在改革体制机制方面,党中央作出了组建国家市场监督管理总局和重新组建国家知识产权局的重大部署,实现了商标、专利、原产地地理标志的集中统一管理,调整了知识产权执法监管机制,将原来由工商和知识产权等部门承担的商标、专利等执法职能统一由市场监管执法队伍承担,进一步加强了知识产权执法监管力度。在北京、上海、广州成立知识产权法院,最高人民法院挂牌成立知识产权法庭,审理全国范围内专利等技术类知识产权上诉案件,建成了知识产权专业化审判体系。

经过各方面共同努力,我国知识产权事业取得历史性成就,全社会尊重和保护知识产权意识明显上升。知识产权保护社会满意度由2012年的63分提升至2020年的80分以上。[1]"总的看,我国知识产权事业不断发展,走出了一条中国特色知识产权发展之路,知识产权保护工作取得了历史性成就,知识产权法规制度体系和保护体系不断健全、保护力度不断加强,全社会尊重和保护知识产权意识明显提升,对激励创新、打造品牌、规范市场秩序、扩大对外开放发挥了重要作用。"[2]同时,我国知识产权制度目前还存在诸多不足,主要问题是:制度执行不到位,知识产权保护力度不足;维权成本高、侵权成本低,纠纷处理周期长、调查取证难、判决执行难,存在一定的地方保护主义;知识产权数量虚增,挤占了行政管理和执法资源;核心专利、知名品牌、精品版权较少;知识产权质量和效益总体不高,知识产权保护法治化建设跟不上新技术新业态蓬勃发展的步伐;通过市场回报激励创新的正向反馈有待加强;司法机关和行政执法机关的协调机制还不够紧密;知识产权优先审查制度便捷性不够,还不

---

① 申长雨:《全面加强知识产权保护,推动构建新发展格局》,《学习时报》2021年1月15日,第2版。

② 习近平:《全面加强知识产权保护工作,激发创新活力推动构建新发展格局》,《求是》2021年第3期,第6页。

能满足产业发展需求;等等。

"当前,我国正在从知识产权引进大国向知识产权创造大国转变,知识产权工作正在从追求数量向提高质量转变。"①立足我国知识产权保护工作的历史方位,党的十九届五中全会《建议》指出:"加强知识产权保护,大幅提高科技成果转移转化成效。"②我国已进入全面建设社会主义现代化国家、向第二个百年奋斗目标进军的新发展阶段,推动高质量发展是保持经济持续健康发展的必然要求,创新是引领发展的第一动力,知识产权作为国家发展战略性资源和国际竞争力核心要素的作用更加凸显。大力实施知识产权强国战略,努力建设中国特色、世界水平的知识产权强国,是提升国家核心竞争力的内在要求,是扩大高水平对外开放的重要举措,是实现更高质量、更有效率、更加公平、更可持续、更为安全的发展的迫切需要。怎样更好更有效地回应新技术、新经济、新形势对知识产权制度变革提出的挑战,加快推进知识产权改革发展,协调好政府与市场、国内与国际,以及知识产权数量与质量、需求与供给的联动关系,全面提升我国知识产权综合实力,是摆在我们面前的一个重大问题。我们必须准确把握我国知识产权保护工作的根本立场,将广大科技人员的知识产权合法权益是否得到有效保护、创新活力是否得到有效激发、经济社会发展是否得到有效推动,作为检验科技知识产权保护工作成效的根本标准。"要坚持以我为主、人民利益至上、公正合理保护,既严格保护知识产权,又防范个人和企业权利过度扩张,确保公共利益和激励创新兼得。"③

一是主动完善我国知识产权制度。我国知识产权保护工作的主要矛盾不是保护过强,而是相对经济社会发展水平来说保护水平偏低。以创新型企业需求为标准,逐步加强知识产权保护,是我国经济社会发展的客观需要。要统筹推进专利法、商标法、著作权法、反垄断法、科学技术进步法等修订工作,提

---

① 习近平:《全面加强知识产权保护工作,激发创新活力推动构建新发展格局》,《求是》2021年第3期,第6页。

② 《中共中央关于制定国民经济和社会发展第十四个五年规划和二〇三五年远景目标的建议》,《人民日报》2020年11月4日,第1版。

③ 习近平:《全面加强知识产权保护工作,激发创新活力推动构建新发展格局》,《求是》2021年第3期,第6页。

高知识产权保护工作法治化水平。要全面实施协助取证措施,改善取证难问题。建立在全国有重大影响的专利侵权纠纷处理工作机制,加强执法队伍建设,提高执法专业化水平。

二是在授权、维护环节提高知识产权质量,促进其应用。谨慎授权,提高知识产权质量。授予专利权要坚持新颖性、创造性和实用性标准,授权既不过宽、也不过窄,既不过松、也不过严。完善知识产权快速审查通道,建立付费加快程序。同时简化申请手续,优化申请流程,提高工作效率。营造有利于知识产权转化应用的良好制度环境。促进知识产权政策与政府采购政策、招投标政策等相关政策实质性协调联动。

三是统筹协调,强化知识产权全链条保护。知识产权保护覆盖领域广、涉及方面多,由此决定了知识产权保护工作是一个系统工程,不可能只用单一模式、单一手段实现对各种知识产权类型、各个环节的保护。必须加强部门间的工作协同配合,综合运用法律、行政、经济、技术、社会治理等多种手段,从审查授权、行政执法、司法保护、仲裁调解、行业自律、公民诚信等环节完善保护体系,构建大保护工作格局。为此,要注重打通知识产权创造、运用、保护、管理、服务全链条,健全知识产权综合管理体制,增强系统保护能力。注重统筹做好知识产权保护、反垄断、公平竞争审查等工作,促进创新要素自主有序流动、高效配置。着力形成便民利民的知识产权公共服务体系,构建国家知识产权大数据中心和公共服务平台,及时传播知识产权信息,让创新成果更好地惠及人民。"要加强知识产权信息化、智能化基础设施建设,强化人工智能、大数据等信息技术在知识产权审查和保护领域的应用,推动知识产权保护线上线下融合发展。"①

四是促进知识产权回归市场,加强知识产权宣传教育。2021年12月7日,教育部、国家知识产权局、科技部发布《关于提升高等学校专利质量 促进转化运用的若干意见》,提出在职称晋升、项目结题、人才评价等政策中,坚决杜绝简单以专利申请量、授权量为考核内容,加大专利转化运用绩效的权重。要鼓

---

① 习近平:《全面加强知识产权保护工作,激发创新活力推动构建新发展格局》,《求是》2021年第3期,第7—8页。

励建立知识产权保护自律机制,推动诚信体系建设。目前,我国公众对保护知识产权相关知识的了解、保护知识产权的意识仍有欠缺。要综合运用学校教育、在职培训、社会宣传、媒体报道等形式,借助"知识产权周"等主题活动,促进知识产权保护进机构、进社区、进学校、进网络,大力宣传保护知识产权就是保护创新的理念,以及保护知识产权光荣、侵犯知识产权可耻理念。

3. 完善金融支持创新体系

深化科技体制改革,必须强化金融创新功能,构建科技、产业、金融协同互促的体制机制。

金融创新对科技创新具有重要的助推作用。现代经济中,金融和科技创新呈现融合发展之势,金融资本和科技创新已经成为社会生产力中极为活跃的因子。科技金融是一个国家和地区经济社会发展到一定程度后,科技发展与金融深度融合的必然产物。从实践中看,一些地方结合自身实际,已经采取多种金融政策支持创新体系发展,取得了一定成效。比如,安徽省为优化金融和资本供给,推进资金链与创新链、产业链匹配融合,2017年出台了《关于加快建设金融和资本创新体系的实施意见》,提出大力发展股权投资基金、推动企业对接多层次资本市场上市挂牌、提升省股权托管交易中心平台服务功能、深化科技金融创新、创新科技金融服务体制机制五个方面的具体政策措施。各地纷纷出台金融政策支持创新体系发展,给予科技企业以更精准的金融支持,对于推动形成各具特色的地方创新体系起到了积极作用。

党的十九届五中全会《建议》指出:要"完善金融支持创新体系,促进新技术产业化规模化应用"。这项举措的目的就在于,推动构建全方位、多层次、多渠道科技金融体系,更好地支持科技成果转化应用、企业关键技术研发,促进科技型中小微企业发展壮大。

第一,大力发展科技信贷,完善信贷支持科技创新的体制机制。一是大力发展科技信贷业务。在发挥好政策性、开发性金融作用的同时,采取差异化监管政策,鼓励商业银行设立广为覆盖的科技金融专营机构,建立专门的组织、风险控制和激励考核体系。推动银行在科技资源聚焦地区新设或改造分(支)行作为从事中小科技型企业金融服务的专业分(支)行、特色支行。积极落实小微企业续贷政策。二是丰富科技信贷产品体系。在有效防范风险的前提下,鼓励开展信用贷款、知识产权质押贷款、股权质押贷款等融资业务,开展投贷联动融资服务,建立完善覆盖科技型企业全生命周期的信贷产品体系,满足科技企业技术研发、成果转化、装备购置、并购重组等融资需求,为承担国家重大科技项目的企业提供长期限、低成本的融资支持。创新联动融资模式,鼓励银行与股权投资机构合作开展投债联合投资,发展"信贷+保险""信贷+租赁"等融资模式。三是提高信贷支持创新的灵活性和便利性。鼓励银行根据科技创新型企业信贷需求和特点,制定专门的科技企业信贷政策、业务运营机制和流程。探索单列信贷计划,完善科技贷款审批机制,建立科技贷款绿色通道,优化信贷审批手续。调整对科技企业的信用评级和信用增级方式,推动大数据、区块链、人工智能等技术在科技企业征信、风险评级、成果评估等方面的应用。

第二,强化资本市场支持,畅通科技企业市场融资渠道。一是完善多层次资本市场,发挥多层次资本市场对科技型企业的直接融资作用,促进科技企业生命周期融资链的无缝衔接。持续推进创业板、科创板、新三板和区域性股权市场的制度创新,完善股权融资的资本市场体系。支持再融资和并购重组,推动创业板支持更多优质初创企业便利上市融资、再融资,支持符合国家战略的高新技术产业和战略性新兴产业相关资产在创业板重组上市。科创板要根据那些突破关键核心技术、参与全球竞争的硬科技企业的融资需求,制订灵活、多样、有效的融资计划,在硬科技企业上市、研发投入、关键核心技术攻关、转化应用等方面提供资金支持。西安高新区作为硬科技概念的策源地,在这方面进行了有益的探索,制定了《西安高新区创建硬科技创新示范区建设工作计划》《西安高新区关于加快推进"硬科技"企业上市工作的实施意见》等[①]。新三板在服务科技型中小企业股权融资中发挥着基础性作用,要积极推动新三板加快建立挂牌公司转板上市机制。区域性股权市场是服务小微企业的重要力量,要规范并鼓励区域性股权市场设立科技创新特色板块,加强与新三板对

---

① 《高水平助力西安建设"硬科技之都" 西安高新区启动创建硬科技创新示范区》,《人民日报》2020年6月30日,第13版。

接,扩大拟挂牌科技型企业储备,培育上市挂牌后备企业资源。二是促进展。充分发挥国家新兴产业创业投资引导基金作用,带动、鼓励更多社会资本设立创业投资、股权投资和天使投资,支持引导投资机构聚焦科技型企业开展业务,持续加大对创新成果在种子期、初创期的投入力度。"推动国有资本以市场化方式进入投资市场,推动政府投资引导基金向市场化母基金转化,推动对子基金由统筹管理向服务和激励转变,优化容错机制及基金绩效考评机制,提升投资效率。"[1]加大融资力度,建立从实验研究、中试到生产的全过程科技创新融资模式,以更加有效地促进科技创新成果资本化、产业化。适度放开保险、社保基金等参与创业投资,按照财税制度改革的方向与要求,积极探索税收优惠与投资期限挂钩,鼓励长期投资。三是支持符合条件的科技企业发行公司债、企业债、短期融资券、中期票据、中小企业集合票据、中小企业私募债、小微企业增信集合债等债务融资工具,推动开展可交换债、并购债券试点,满足科技企业多样化融资需求。探索资产证券化、可转换债券、供应链融资等在科技企业融资中的作用。

第三,拓展科技金融服务,完善科技融资担保体系和配套制度。一是大力发展科技融资担保。创新科技融资担保模式,构建适应科技型企业特点的风险保险控制体系,持续加强担保产品创新,完善科技融资担保体系,改善绩效考核办法,加大对科技融资担保机构资本支持和风险补偿力度。二是扩大科技保险规模。鼓励保险机构开发并推广产品研发责任保险、关键研发设备保险、首台(套)重大技术装备综合保险、产品质量保证保险、专利保险等产品,为科技企业、国家重大科技项目提供保险保障服务。对符合条件的首台(套)重大技术装备保险、专利保险、科技型中小企业履约保证保险等,实施补贴、补偿等奖励和风险分担政策。探索开展新材料首批次应用保险试点,推广科技创新型企业出口信用保险等。三是培育发展科技金融中介服务体系,为科技企业提供全方位、专业化、定制化投融资解决方案。推动地方政府牵头搭建地方征信平台,加强区域征信互联互通。发展多种形式的科技金融服务中介组织,

① 本书编写组编著:《党的十九届五中全会〈建议〉学习辅导百问》,党建读物出版社、学习出版社2020年版,第53页。

为科技型企业提供投融资咨询、金融资源对接、会计法律顾问等服务,协助金融评估新兴技术和企业风险。这些都有利于完善和强化全链条的创业孵化载体建设。四是加强跨境资金管理政策支持,提高科技企业跨境融资便利化程度。在总结、借鉴上海、北京等地试点监管沙盒机制经验的基础上,研究建立金融监管沙盒机制,探索支持前瞻性、高风险、高成长科技企业的金融创新政策。

总之,要大力发展创业投资,建立多层次资本市场支持创新机制,构建多元化融资渠道,支持符合创新特点的结构性、复合性金融产品开发,完善科技和金融结合机制,形成各类金融工具协同支持创新发展的良好局面。

第六章 |
满足人民高品质生活需要的能力

　　人民是我们党立党兴党强党的力量源泉。以人民为中心是我们党始终坚持的发展思想,服务人民是科技创新的本质要求,促进人的全面发展和社会全面进步是始终不渝的奋斗目标。习近平同志指出:"要把满足人民对美好生活的向往作为科技创新的落脚点,把惠民、利民、富民、改善民生作为科技创新的重要方向。"①当今世界,新一轮科技革命和产业变革日新月异,不断催生新技术、新产品、新业态、新模式,在推动经济社会高质量发展、满足人民日益增长的美好生活需要方面发挥着越来越重要的作用。党的科技治理能力及成效,最终都要落实到满足人民高品质生活需要上。提高党的科技治理能力,就必须着力增强推动经济社会高质量发展、满足人民高品质生活需要的能力,不断增强人民群众获得感、幸福感、安全感。

一、推动数字经济和实体经济深度融合

　　建设现代化经济体系是一篇大文章,是一个既需要从理论上又需要从实践上深入探讨的重大课题。随着新一轮科技革命和产业变革加速推进,以大数据、互联网、人工智能、量子信息、移动通信、物联网、区块链等为代表的新一代信息技术飞速发展、广泛应用,数字经济以不可阻挡之势破革而出,迅速从微观经济现象转变为宏观经济现象,日益成为引领全球经济社会发展、重组全

---

① 习近平:《论把握新发展阶段、贯彻新发展理念、构建新发展格局》,中央文献出版社2021年版,第272页。

球要素资源、重塑全球经济结构、重构全球竞争格局的关键力量,成为建设现代化经济体系、驱动引领人类社会发展的有力支撑。党的十八大以来,以习近平同志为核心的党中央高度重视发展数字经济,制定并实施网络强国战略、大数据战略,深入推进数字中国建设,探索出适合新兴市场发展环境、有别于西方发达国家的数字经济发展模式。

1. 大力发展数字经济

综观世界文明史和科技发展史,人类社会先后经历了农业革命、工业革命、信息革命,每一次科技革命都带来了生产力的巨大飞跃,引发人类生产生活、组织方式、经济形态、社会结构和面貌等发生重大变化。当前,人类社会正处于信息化时代。农业经济和工业经济以土地、劳动力、资本等为关键生产要素,而在信息化时代诞生的数字经济则以数据资源为关键生产要素。随着互联网快速普及,全球数据呈现爆发式增长、海量集聚的特点,数据作为新的生产要素,如润滑剂般加快了经济运行速度,也显著提升了生产率,深刻重塑了经济发展方式、社会治理模式,极大地改变了人类的生产生活。习近平同志指出:"要构建以数据为关键要素的数字经济。"①党的十九届四中全会首次提出将数据作为生产要素参与收入分配。为提高要素配置效率,引导各类要素协同向先进生产力集聚,进一步激发全社会创造力和市场活力,2020年3月30日中共中央、国务院印发《关于构建更加完善的要素市场化配置体制机制的意见》,对要素市场制度建设的方向和重点改革任务作出总体部署。这是党中央、国务院第一次对推进要素市场化配置改革进行顶层设计,对于推动经济发展质量变革、效率变革、动力变革,加快完善社会主义市场经济体制具有重大意义。《意见》坚持问题导向,瞄准各类要素市场存在的突出矛盾和薄弱环节,有针对性地提出了改革思路和具体举措。其中一个理论创新亮点,就是将数据作为与土地、劳动力、资本、技术并列的生产要素,提出要"加快培育数据要

---

① 中共中央党史和文献研究院编:《习近平关于网络强国论述摘编》,中央文献出版社2021年版,第134页。

素市场"①。针对我国产权制度不完善,特别是体制内职务科技成果的产权界定不清晰,以及数据的产权界定规则尚未建立,我国的数据要素市场发育迟缓等情况,《意见》强调,要通过制定出台新一批数据共享责任清单、探索建立统一的数据标准规范、支持构建多领域数据开发利用场景,全面提升数据要素价值。2022年3月25日,中共中央、国务院印发的《关于加快建设全国统一大市场的意见》,对"加快培育统一的技术和数据市场"等重点任务作出部署。在新一轮科技革命和产业变革迅猛发展,大数据、互联网、人工智能、区块链等正在成为国际竞争制高点的大背景下,党中央、国务院提出加快培育数据要素市场,反映了数字时代的新特征,对于增强我国国际竞争力、推动经济高质量发展、奠定社会治理的数字化基础,具有极其重要的意义。

数字经济是以数据资源为关键生产要素、以现代信息网络为重要载体、以全要素数字化转型为重要推动力、以数字技术应用为主要特征的经济形态,是信息技术创新的扩散效应、数据和知识的溢出效应、数字技术释放的普惠效应日益凸显、交互作用的综合结果。新一代信息技术不断孕育新变革,区块链、人工智能、虚拟现实等新技术不断涌现,迅速带来产业突破,数字化逐渐从微观经济现象转变为宏观经济现象。

对数字经济的认识,我们党经历了一个不断深化的过程。早在2013年4月25日,习近平同志在出席外事活动时,就强调要拓展数字经济等新领域合作。尽管这个概念当时在国内用得并不多,但习近平同志还是敏锐地认识到了数字经济的重要性。2014年2月27日,习近平同志就指出:"信息资源日益成为重要生产要素和社会财富","信息技术和产业发展程度决定着信息化发展水平"②。2014年6月3日,习近平同志在2014年国际工程科技大会上的主旨演讲中指出:"信息技术成为率先渗透到经济社会生活各领域的先导技术,将促进以物质生产、物质服务为主的经济发展模式向以信息生产、信息服务为主

---

① 《中共中央、国务院关于构建更加完善的要素市场化配置体制机制的意见》,《人民日报》2020年4月10日,第1版。

② 中共中央党史和文献研究院编:《习近平关于网络强国论述摘编》,中央文献出版社2021年版,第129页。

的经济发展模式转变,世界正在进入以信息产业为主导的新经济发展时期。"①
这就明确提出了新经济的概念。这种新经济是以信息产业为主导的,有别于
历史上其他的经济类型。2014年7月29日,中央政治局召开会议,研究上半年
经济形势和下半年经济工作。会议提出要加快推进经济结构调整,培育新经
济增长点。

新经济以什么形态呈现、有什么特点,习近平同志通过深入思考和分析,
逐渐聚焦到互联网技术及以之为基础的经济形态上。2015年12月16日,习近
平同志在视察"互联网之光"博览会时指出:"互联网是二十世纪最伟大的发明
之一,给人们的生产生活带来巨大变化,对很多领域的创新发展起到很强带动
作用。互联网发展给各行各业创新带来历史机遇。要充分发挥企业利用互联
网转变发展方式的积极性,支持和鼓励企业开展技术创新、服务创新、商业模
式创新,进行创业探索。"②从实践进程看,党的十八届五中全会、"十三五"规划
纲要对实施网络强国战略、"互联网+"行动计划、大数据战略等作出了战略部
署,许多企业开展了对互联网新业态、新模式的探索,极大地促进了网络经济、
数字经济的发展,全社会兴起了创新创业热潮,信息经济在我国国内经济生产
总值中的占比不断攀升。2016年4月19日,习近平同志在网络安全和信息化
工作座谈会上的讲话中指出:"我们要加强信息基础设施建设,强化信息资源
深度整合,打通经济社会发展的信息'大动脉'",要"着力推动互联网和实体经
济深度融合发展"③。

2016年9月4—5日,二十国集团领导人在中国杭州召开峰会。数字经济
是G20杭州峰会上的一大热词。中国作为主席国主持起草了首个具有全球意
义的数字经济发展合作倡议——《二十国集团数字经济发展与合作倡议》,强
调要利用数字机遇,应对数字挑战,推进繁荣和充满活力的数字经济。2016年

① 中共中央党史和文献研究院编:《习近平关于网络强国论述摘编》,中央文献出版社2021年版,第129页。

② 中共中央党史和文献研究院编:《习近平关于网络强国论述摘编》,中央文献出版社2021年版,第130页。

③ 中共中央党史和文献研究院编:《习近平关于网络强国论述摘编》,中央文献出版社2021年版,第131页。

10月19日,习近平同志在主持十八届中央政治局第三十六次集体学习时,就明确提出了"做大做强数字经济,拓展经济发展新空间"①的要求。

2017年12月8日,习近平同志在十九届中央政治局第二次集体学习时的讲话中指出:"我国网络购物、移动支付、共享经济等数字经济新业态新模式蓬勃发展,走在了世界前列。"②他强调:"要构建以数据为关键要素的数字经济。建设现代化经济体系离不开大数据发展和应用。我们要坚持以供给侧结构性改革为主线,加快发展数字经济,推动实体经济和数字经济融合发展,推动互联网、大数据、人工智能同实体经济深度融合,继续做好信息化和工业化深度融合这篇大文章,推动制造业加速向数字化、网络化、智能化发展。"③2018年4月20日,习近平同志在全国网络安全和信息化工作会议上的讲话中,对"发展数字经济"作出了战略部署。2018年5月28日,习近平同志在两院院士大会上指出:"世界正在进入以信息产业为主导的经济发展时期。我们要把握数字化、网络化、智能化融合发展的契机,以信息化、智能化为杠杆培育新动能。""要推进互联网、大数据、人工智能同实体经济深度融合,做大做强数字经济。"④在2019年10月20日开幕的第六届世界互联网大会上,国家发展改革委联合中央网信办召开了国家数字经济创新发展试验区启动会,发布了《国家数字经济创新发展试验区实施方案》。河北省(雄安新区)、浙江省、广东省、重庆市、四川省等由此启动了国家数字经济创新发展试验区创建工作。

2020年,人类遭遇了突如其来的新冠肺炎疫情。2020年2月3日,习近平同志在中央政治局常委会会议研究应对新型冠状病毒肺炎疫情工作时的讲话中指出:"扩大消费是对冲疫情影响的重要着力点之一。要加快释放新兴消费

---

① 中共中央党史和文献研究院编:《习近平关于网络强国论述摘编》,中央文献出版社2021年版,第132页。

② 中共中央党史和文献研究院编:《习近平关于网络强国论述摘编》,中央文献出版社2021年版,第133页。

③ 中共中央党史和文献研究院编:《习近平关于网络强国论述摘编》,中央文献出版社2021年版,第134页。

④ 中共中央党史和文献研究院编:《习近平关于网络强国论述摘编》,中央文献出版社2021年版,第139页。

潜力,积极丰富5G技术应用场景,带动5G手机等终端消费,推动增加电子商务、电子政务、网络教育、网络娱乐等方面消费。"①2020年4月1日,习近平同志在浙江考察时强调:"要抓住产业数字化、数字产业化赋予的机遇。"②2020年5月23日,习近平同志在看望参加全国政协十三届三次会议的经济界委员并参加联组会时指出:"大力推进科技创新及其他各方面创新,加快推进数字经济、智能制造、生命健康、新材料等战略性新兴产业,形成更多新的增长点、增长极。"③2020年8月20日,习近平同志在扎实推进长三角一体化发展座谈会上的讲话中指出:"要发挥数字经济优势,加快产业数字化、智能化转型,提高产业链供应链稳定性和竞争力。"④在突如其来的新冠肺炎疫情面前,大数据、人工智能等新技术广泛应用于疫情监测分析、医疗救护、人员物资管控、复工复产等各环节工作,大幅度提高了效率,极大减少了病毒传播风险,为疫情防控提供了有效支撑。疫情期间,远程办公、线上购物、网络问诊、在线教育等蓬勃发展,无接触配送、直播电商、无人零售、零工经济、"宅经济"等不断涌现。在线下经济和其他社会活动遭受疫情严重冲击的情况下,线上经济发挥了维持消费、保障就业、稳定市场、提振经济的积极作用,拓展和增强了我国经济发展的抗冲击力、回旋空间和韧性。

疫情期间,数字化转型起步早、程度高的企业受到的冲击相对较小,有的甚至实现逆势发展,而传统企业特别是中小微企业受到的影响则相对较大,面临招工难、复产难、订单下滑等问题,对疫情带来的外部环境变化尤为敏感,面临生死存亡压力。为深入实施数字经济战略,充分发挥技术创新和赋能作用抗击疫情影响,助力中小微企业蜕变脱困,构建现代化产业体系、实现经济高

---

① 中共中央党史和文献研究院编:《习近平关于统筹疫情防控和经济社会发展重要论述选编》,中央文献出版社2020年版,第46页。

② 中共中央党史和文献研究院编:《习近平关于网络强国论述摘编》,中央文献出版社2021年版,第143页。

③ 中共中央党史和文献研究院编:《习近平关于网络强国论述摘编》,中央文献出版社2021年版,第144—145页。

④ 中共中央党史和文献研究院编:《习近平关于网络强国论述摘编》,中央文献出版社2021年版,第145页。

质量发展,2020年4月7日,国家发展改革委、中央网信办印发了《关于推进"上云用数赋智"行动　培育新经济发展实施方案》。这个《实施方案》强调,在已有"上云"等工作基础上,加快企业"用数""赋智","大力培育数字经济新业态,深入推进企业数字化转型,打造数据供应链,以数据流引领物资流、人才流、技术流、资金流,形成产业链上下游和跨行业融合的数字化生态体系,构建设备数字化—生产线数字化—车间数字化—工厂数字化—企业数字化—产业链数字化—数字化生态的典型范式"。为加快各行业各领域数字化转型,帮扶中小微企业渡过难关和转型发展,2020年5月13日,国家发展改革委联合有关部门、国家数字经济创新发展试验区、媒体单位,以及互联网平台、行业龙头企业、金融机构、科研院所、行业协会等145家单位,发布《数字化转型伙伴行动倡议》,通过线上方式共同启动"数字化转型伙伴行动(2020)"。针对以网络购物、移动支付、线上线下融合等新业态新模式为特征的新型消费迅速发展,但新型消费领域还存在基础设施不足、服务能力偏弱、监管规范滞后等突出短板和问题,为更好地释放新型消费潜力,2020年9月16日,国务院办公厅印发《关于以新业态新模式引领新型消费加快发展的意见》,从加力推动线上线下消费有机融合、加快新型消费基础设施和服务保障能力建设、优化新型消费发展环境、加大新型消费政策支持力度四个方面提出了15项政策举措。

在总结近年来各地各部门、各行业各领域数字经济发展实践,以及2020年新冠肺炎疫情防控经验的基础上,2020年10月召开的党的十九届五中全会通过的"十四五"规划《建议》,高屋建瓴地指出:"发展数字经济,推进数字产业化和产业数字化,推动数字经济和实体经济深度融合,打造具有国际竞争力的数字产业集群。"[①]数字经济由此写入党的中央全会文件,加快数字化发展成为推动中国经济社会高质量发展的重大战略部署。

大力发展数字经济是迎接新一轮科技革命和产业变革、打造竞争新优势的必然要求。当前,数字生产力日新月异,技术创新和迭代速度明显加快,成为集聚创新要素最多、应用前景最广、辐射带动作用最强的技术创新领域。以

---

① 《中共中央关于制定国民经济和社会发展第十四个五年规划和二〇三五年远景目标的建议》,《人民日报》2020年11月4日,第1版。

大数据、云计算、物联网、互联网、区块链、虚拟现实、量子信息、人工智能等为代表的新一代信息技术突飞猛进,与人类生产生活交汇融合,不断催生新技术新产品新应用。数字技术同制造、智能材料、生物芯片、生物传感等领域的渗透创新蓬勃发展,正在引发多领域系统性、革命性、群体性技术突破,孕育工业互联网、能源互联网、生物工程、新材料等新产业新业态新模式。滑动屏幕就可购买全球商品,敲击键盘就能开展跨境贸易,轻点鼠标便可一键游览世界,这些在以前无法想象的场景,现在却是触手可及。"数字经济健康发展,有利于推动构筑国家竞争新优势。"①近年来,世界主要发达国家都把推进经济数字化作为实现创新发展的重要动能,纷纷出台中长期数字化发展战略,在前沿技术研发、数据开放共享、隐私安全保护、人才培养使用等方面进行前瞻性布局。力图依托各自信息、科技、制造等领域的优势,构建数字驱动的经济体系,打造竞争新优势,重塑数字时代的国际新格局。数字经济是数字时代国家综合实力的重要体现,能不能适应和引领数字化发展,成为影响大国兴衰的一个关键。紧紧抓住数字技术变革机遇,大力发展数字经济,关系到能否在日趋激烈的国际竞争中抢占制高点、赢得主动权。

大力发展数字经济是构建现代产业体系、维护产业链供应链安全稳定的迫切需要。"数字经济健康发展,有利于推动建设现代化经济体系。"②现代化经济体系是一个有机整体,包括创新引领、协同发展的产业体系,统一开放、竞争有序的市场体系,体现效率、促进公平的收入分配体系,彰显优势、协调联动的城乡区域发展体系,资源节约、环境友好的绿色发展体系,多元平衡、安全高效的全面开放体系,充分发挥市场作用、更好发挥政府作用的经济体制等。现代化经济体系表现在产业结构上,就是要构建现代产业体系。发展数字经济,有利于推动产业结构优化升级。我国许多行业处于低端产能过剩与高端产品有效供给不足并存的局面,推动数字技术与实体经济深度融合,有助于牵引生产和服务体系智能化升级,促进产业链、价值链延伸拓展,带动产业向中高端迈进。数字经济是以数字技术驱动的经济形态,发展数字经济有利于提高劳动

---

① 习近平:《不断做强做优做大我国数字经济》,《求是》2022年第2期,第6页。
② 习近平:《不断做强做优做大我国数字经济》,《求是》2022年第2期,第6页。

效率、资本效率、资源效率、环境效率，其实质是不断提高全要素生产率，最终促成新旧动能加快转换，推动经济发展方式转变。发展数字经济，有利于建设实体经济、科技创新、现代金融、人力资源协同发展的产业体系，从而提高科技创新在现代产业体系、现代经济体系中的贡献率。数据的爆发式增长、海量集聚蕴藏了巨大的价值，为智能化发展带来了新的机遇。协同推进技术、模式、业态和制度创新，切实用好数据要素，将为经济社会数字化发展带来强劲动力。

大力发展数字经济是加快形成新发展格局、实现高质量发展的重要途径。数字技术的广泛应用、数字化发展，从根本上改变了传统经济的生产方式和商业模式，全面渗透和深刻影响生产、流通、消费、进出口等各个环节，也使得数字经济成为发展的新动能。"数字经济健康发展，有利于推动构建新发展格局。"[1]数字技术、数字经济可以推动各类资源要素快捷流动、各类市场主体加速融合，帮助市场主体重构组织模式，实现跨界发展，打破时空限制，延伸产业链条，畅通经济循环。数字经济向经济社会各个领域渗透，不仅能扩大就业规模、提高就业质量，而且还能扩大消费市场规模、推动消费结构升级。发展数字经济可以激发新的消费潜能，释放内需潜力，增加居民有效需求，加快培育内需体系。数字化服务是满足人民美好生活需要的重要途径。数字化方式正有效打破时空阻隔，提高有限资源的普惠化水平，极大地方便群众生活，满足多样化个性化需要。数字经济发展正在让广大群众享受到看得见、摸得着的实惠。数字经济是强化国内循环与国际循环间的纽带。发展数字经济不仅可以打通经济循环的堵点，有效提升国内供给能力，而且可以凭借数字经济平台提高进口规模和质量，推动国际经济大循环。进口规模扩大反过来又可以促进国内消费升级、产业升级，进而为出口贸易创造条件，推动国内循环与国际循环相互促进。

面对前所未有之大变局，党中央、国务院紧抓历史机遇，大力发展数字经济，在抵御新冠肺炎疫情、疫情常态化防控和全面复工复产中发挥了不可替代的积极作用。2019年我国数字经济产业规模是35.8万亿元，占国内生产总值

---

[1] 习近平:《不断做强做优做大我国数字经济》,《求是》2022年第2期,第5页。

比重是36.2%。2020年,我国数字经济持续快速增长,产业规模达到39.2万亿元,总量跃居世界第二,占国内生产总值比重达38.6%。2021年我国数字经济规模超45万亿元,占国内生产总值比重达39.8%。这表明,近年来我国数字经济一直呈高速增长状态。虽然2020年遭遇新冠肺炎疫情,但是数字经济逆势上涨,进一步得到发展。《中国互联网发展报告2021》显示,2020年,我国工业互联网产业规模达9164.8亿元,同比增长10.4%。云计算市场保持高速发展,整体市场规模达到1781.8亿元,增速为33.6%。大数据产业规模达718.7亿元,同比增长16%,增幅领跑全球大数据市场。金融、医疗健康、政务等领域的大数据应用成绩突出。人工智能产业规模达3031亿元,同比增长15%,增速略高于全球的平均增速。人工智能与产业融合进程不断加速,深入赋能实体经济,在医疗、自动驾驶、工业智能等领域应用进展显著。物联网成为我国重点发展的战略性新兴产业,发展十分迅猛,产业规模突破1.7万亿元。网络安全产业呈现稳定增长态势,市场规模达1702亿元。

据统计,2020年,我国数字经济核心产业值占国内生产总值比重达到7.8%,数字经济对经济社会发展的引领带动作用日益凸显。[1]电子商务、移动支付规模全球领先,网约车、网上外卖、远程医疗等市场规模不断扩大,截至2021年6月,用户规模分别达3.97亿、4.69亿、2.39亿,持续助力扩大内需。[2]数字消费市场规模全球第一,我国网民规模连续13年位居世界第一,2021年6月已达10.11亿。庞大的规模奠定了超大规模市场优势,彰显了数字经济发展的潜力与活力。

总体上看,我国深入实施数字经济发展战略,不断完善数字基础设施,产业数字化转型稳步推进,新业态新模式竞相发展,数字经济蓬勃发展,为建设现代化经济体系、构建现代产业体系提供了有力支撑。在看到成绩的同时,也要清醒地认识到,我国数字经济规模快速扩张,但总体上看大而不强、快而不优,发展不平衡、不充分、不规范的问题较为突出,迫切需要转变传统发展方

---

[1] 国家发展和改革委员会:《大力推动我国数字经济健康发展》,《求是》2022年第2期,第16—17页。

[2] 国家发展和改革委员会:《大力推动我国数字经济健康发展》《求是》2022年第2期,第17—18页。

式,加快补齐短板弱项,提高我国数字经济治理水平,走出一条高质量发展道路。我国数字经济发展面临着一些严峻的问题和挑战,主要是:关键领域创新能力不足,产业链供应链受制于人的局面尚未根本改变;不同行业、不同区域、不同群体间数字鸿沟未有效弥合,甚至有进一步扩大趋势;数据资源规模庞大,但价值潜力还没有充分释放;数字经济发展的基础层弱而应用层强、生活性服务业强而生产性服务业和制造业弱的结构性失衡;数字经济治理体系需进一步完善;等等。

"十四五"时期,我国数字经济转向深化应用、规范发展、普惠共享的新阶段。应对新形势、新挑战,把握数字化发展新机遇,拓展经济发展新空间,推动我国数字经济健康发展,成为摆在我们面前的一项重大而紧迫的任务。对这个问题,要见事早、行动快。2021年10月18日,中央政治局就推动我国数字经济健康发展进行第三十四次集体学习。习近平同志明确提出了"不断做强做优做大我国数字经济"的要求。2021年12月12日,国务院印发《"十四五"数字经济发展规划》。《规划》明确提出了发展数字经济的基本原则:坚持"创新引领、融合发展,应用牵引、数据赋能,公平竞争、安全有序,系统推进、协同高效"。提出了到2035年的发展目标:到2025年,数字经济核心产业增加值占国内生产总值比重达到10%,数据要素市场体系初步建立,产业数字化转型迈上新台阶,数字产业化水平显著提升,数字化公共服务更加普惠均等,数字经济治理体系更加完善。展望2035年,力争形成统一公平、竞争有序、成熟完备的数字经济现代市场体系,数字经济发展水平位居世界前列。《规划》强调,"十四五"时期发展数字经济,要以数据为关键要素,以数字技术与实体经济深度融合为主线,加强数字基础设施建设,完善数字经济治理体系,协同推进数字产业化和产业数字化,赋能传统产业转型升级,培育新产业新业态新模式,不断做强做优做大我国数字经济,为构建数字中国提供有力支撑。

表6-1 "十四五"数字经济发展主要指标

指　　标	2020年	2025年	属性
数字经济核心产业增加值占GDP比重(%)	7.8	10	预期性
IPv6活跃用户数(亿户)	4.6	8	预期性

续表

指　标	2020年	2025年	属性
千兆宽带用户数(万户)	640	6000	预期性
软件和信息技术服务业规模(万亿元)	8.16	14	预期性
工业互联网平台应用普及率(%)	14.7	45	预期性
全国网上零售额(万亿元)	11.76	17	预期性
电子商务交易规模(万亿元)	37.21	46	预期性
在线政务服务实名用户规模(亿)	4	8	预期性

资料来源:《"十四五"数字经济发展规划》。

规范健康可持续是数字经济高质量发展的迫切要求。习近平同志反复强调:"要大力发展数字经济,加大新型基础设施投资力度,加快传统产业数字化智能化绿色化发展,促进产业数字化、数字产业化。"[1]"促进数字技术和实体经济深度融合"[2],"推进互联网、大数据、人工智能同实体经济深度融合"[3]。我们要加大政策统筹力度,综合施力,积极稳妥地推进数字经济发展。

第一,着力推进数字产业化,培育发展新动能。形象地说,这是"鼎新"。统筹实施国家大数据战略,发挥互联网作为新基础设施的作用,发挥数据、信息、知识作为新生产要素的作用,依靠信息技术创新驱动,不断催生新产业新业态新模式。运用数字生产力培育和壮大数字产业,完善信息通信、软件服务等数字产业链,推动大数据、人工智能、数字货币、区块链等产业发展,统筹布局一批高水平数字产业集聚区。强化数字技术创新能力,加快我国数字经济优势从应用端向基础端、技术端拓展,抓紧补齐基础技术、通用技术发展短板。加快培育数字化新业态新模式,利用互联网整合线上线下资源,支持平台经济、共享经济、电子商务、众包众创、个性化定制等。发展数字文化产业,拓展

---

[1] 习近平:《论把握新发展阶段、贯彻新发展理念、构建新发展格局》,中央文献出版社2021年版,第460页。

[2] 习近平:《不断做强做优做大我国数字经济》,《求是》2022年第2期,第7页。

[3]《习近平谈治国理政》第3卷,外文出版社2020年版,第247页。

数字创新、数字出版、数字影音等数字文化内容。

第二,着力推进产业数字化,改造提升既有动能。 形象地说,这是"革故"。信息技术是重要的通用和赋能技术,能够帮助传统产业实现跨界融合、重构组织模式、提高生产效益、拓展创新路径。利用大数据、物联网、人工智能等新技术新应用对传统产业进行全方位、全角度、全链条的改造,赋能传统产业,释放数字对经济发展的放大、叠加、聚合、倍增、乘数效应。实施"互联网+"行动,推动平台经济、共享经济等新业态新模式向传统领域渗透,加快先进适用数字技术在传统领域的应用。深入推进工业互联网创新发展战略,大力发展智能制造,支持工业机器人、传感器、超高清视频等发展,建设智能工厂、智能车间,发展普惠性"上云用数赋智",推动制造业数字化、网络化、智能化。充分应用大数据、物联网、人工智能等新一代信息技术、数字技术,促进农业生产、经营、管理、服务数字化,大力发展智慧农业、智慧乡村,推进农业全产业链延伸和升级,促进农村一二三产业融合发展,依托互联网促进农产品出村进城,加快乡村振兴步伐,切实提升新农民新主体数字技能。促进传统服务业数字化转型,加快金融、物流、零售、旅游等生活性服务业和服务贸易数字化、网络化、智能化进程,提升精准服务、高效服务、智能服务能力。

第三,着力推动数字经济和实体经济深度融合。 数字经济和实体经济是相得益彰的辩证关系,实体经济是基础、根本,数字经济可以起到放大、催化作用。我国经济是靠实体经济起家的,也要靠实体经济走向未来,必须坚决制止脱实向虚的倾向。习近平同志指出:"坚持把发展经济着力点放在实体经济上,坚定不移建设制造强国、质量强国、网络强国、数字中国,推进产业基础化、产业链现代化,提高经济质量效益和核心竞争力。"[1]要推动互联网、大数据、人工智能和实体经济深度融合,在中高端消费、创新引领、绿色低碳、共享经济、现代供应链、人力资本服务等领域培育新增长点、形成新动能。要坚持创新驱动发展,扩大高质量产品和服务供给,引导实体经济向数字化、网络化、智能化发展。习近平同志强调:要"抓紧布局数字经济、生命健康、新材料等战略性新

---

[1] 《中共中央关于制定国民经济和社会发展第十四个五年规划和2035年远景目标的建议》,《人民日报》2020年11月4日,第1版。

兴产业、未来产业,大力推进科技创新,着力壮大新增长点、形成发展新动能"①。比如,互联网与诸多领域深度融合发展,具备无限的潜力,展现出广阔的前景。"互联网＋制造"是以互联网为核心的新一代信息技术与制造业跨界融合与深度应用,贯穿于设计、生产、管理、服务等制造活动的各个环节,形成具有深度感知、智慧优化决策、精准控制自执行等功能的先进制造系统,创造出新思维、新模式、新产品和新业务,构建形成连接一切的制造业新生态。"互联网＋制造"具有数据驱动、平台支撑、服务增值、智能主导等特征,既是互联网发展的新动力,同时又是制造业发展的新动力,是我国加快建设制造强国的必由之路。2015年5月,国务院印发了《中国制造2025》,把"互联网＋制造"上升到国家战略高度。2015年7月,国务院印发《关于积极推进"互联网＋"行动指导意见》。2016年5月,国务院出台了《关于深化制造业与互联网融合发展的指导意见》。2016年7月,中央办公厅、国务院办公厅印发《国家信息化发展战略纲要》,对"互联网＋制造"作出部署。在部委层面,工信部、国家发展改革委、财政部于2016年3月印发《机器人产业发展规划(2016—2020年)》,工信部、财政部、国土资源部、环保部、商务部于2017年7月印发《关于深入推进新型工业化产业示范基地建设的指导意见》,工信部于2016年10月印发《信息化和工业化融合发展规划(2016—2020)》,工信部、财政部于2016年12月印发《智能制造发展规划(2016—2020)年》,等等。在很短时间内,无论是中央层面还是部委层面,各项政策密集出台。这些重要文件对于加快推进制造业数字化转型起到了十分重要的作用。在一系列政策指引下,"中国制造"正在向"中国创造"转变,"中国速度"正在向"中国质量"转变,"中国产品"正在向"中国品牌"转变。

第四,加强关键核心技术攻关。关键核心技术是数字经济健康发展的生命线。经过持续努力,我国科技创新水平大幅跃升,我国已跻身创新型国家行列。但是同世界先进水平相比,我们在很多方面还存在着不小差距,"其中最

---

① 中共中央党史和文献研究院编:《习近平关于网络强国论述摘编》,中央文献出版社2021年版,第143页。

大的差距在核心技术上"①,"缺芯少魂""卡脖子"问题严重。"只有把关键核心技术掌握在自己手中,才能从根本上保障国家经济安全、国防安全和其他安全。"②近年来,美国等西方国家对我国大搞"筑墙""脱钩""断供"战术,编织科技铁幕、加码技术封锁,想方设法打压我国科技发展。习近平指出:"要牵住数字关键核心技术自主创新这个'牛鼻子',发挥我国社会主义制度优势、新型举国体制优势、超大规模市场优势,提高数字技术基础研发能力,打好关键核心技术攻坚战,尽快实现高水平自立自强,把发展数字经济自主权牢牢掌握在自己手中。"③一是增强关键技术创新能力。要强化数字技术基础研发,瞄准传感器、量子信息、网络通信、集成电路、关键软件、大数据、人工智能、区块链、新材料等战略性前瞻性领域,加大基础理论研究和关键技术攻关力度。二是推进关键核心技术成果转化。坚持创新引领、应用牵引,以数字技术与各领域融合应用为导向,推动行业企业、平台企业和数字技术服务企业跨界创新,加快创新技术的工程化和产业化。三是推进创新资源共建共享,支持具有自主核心技术的开源社区、开源平台、开源项目发展,促进创新模式开放化演进。

第五,着力推动新型基础设施建设。新型基础设施包括以第五代移动通信、工业互联网、大数据中心等为代表的新型基础设施,在经济社会发展全局中具有先导性、基础性、战略性作用,是经济社会数字化转型、高质量发展的重要支撑和战略基石。新型基础设施是以信息网络为核心基础,综合集成物联网、云计算、大数据、人工智能、区块链等新一代信息技术、数字技术,面向社会生产生活的广泛需要而提供感知、传输、存储、计算、处理等数字能力的新一代信息通信基础设施,也是制造强国、质量强国、网络强国、数字中国建设的重要组成部分和基础物质条件。"十三五"时期,我国已建成全球规模最大的第四代移动通信和光纤宽带网络,第五代移动通信正在进入商用部署。据工业和信息化部最新统计显示:截至2022年4月末,我国已建成5G基站161.5万个,成为全球首个基于独立组网模式规模建设5G网络的国家。5G基站占移动基站总

① 习近平:《论党的宣传思想工作》,中央文献出版社2020年版,第197页。
② 习近平:《论把握新发展阶段、贯彻新发展理念、构建新发展格局》,中央文献出版社2021年版,第271页。
③ 习近平:《不断做强做优做大我国数字经济》,《求是》2022年第2期,第7页。

数的比例为16%。统计显示,2021年我国5G基站已经开通142.5万个,5G网络已覆盖全部地级市城区、超过98%的县城城区和80%的乡镇镇区,5G手机终端连接数达到5.18亿户。①互联网骨干网络建设加快,骨干网呈扁平化发展,"富"互联时代加速到来,全方位、立体化网间架构布局初步形成。

当前,新一代信息技术、数字技术蓬勃发展,推动信息通信基础设施持续演进升级,并在内涵和外延上不断拓展延伸。以前,"铁公机"是工业时代的基础设施,发挥着乘数效应,而现在,5G基站、数据中心等代表着信息时代的新基础设施,成为经济社会发展的大动脉,带来的是幂数效应。与传统基础设施不同,新基建迭代周期更短、对抗突发事件的弹性和韧性更强,但投资风险相对高。新基建不是对传统基建的排斥和放弃,而是运用数字技术改造提升铁路、公路、机场等传统基础设施,丰富其应用场景,全面提升其精准感知、精确分析、精细管理和精心服务能力。相较于交通、能源、水利、市政、物流等传统基础设施,新型基础设施更加注重由横向覆盖向纵向渗透转变,由规模增长向集约高效转变,由刚性统一向智能敏捷转变,由封闭运行向开放共享转变。

从世界范围来看,当前及今后一个时期是全球新型基础设施大建设大发展的关键期,是新基建和传统基建融合发展的加速期。从我国来看,数字基础设施日益融入生产生活,对政务服务、公共服务、民生保障、社会治理的支撑作用进一步凸显,由此引发的需求也更加强烈。必须"加快新型数字基础设施建设"②,推动数字经济全面发展。这是关乎国计民生、利当前惠长远的重大战略工程,既助力产业升级又带动创业就业,必须适度超前部署。习近平指出:"要加强战略布局","打通经济社会发展的信息'大动脉'"③。要实施信息网络基础设施优化升级工程,推进光纤网络扩容提速,推动5G商用部署和规模应用,前瞻布局第六代移动通信(6G)网络技术储备,加快建设"高速泛在、天地一体、云网融合、智能敏捷、绿色低碳、安全可控的智能化综合性数字信息基础设施"④。推进云网协同和算网融合发展,统筹推进算力、算法、数据、应用资源协

① 王政:《我国建成5G基站逾160万个》,《人民日报》2022年5月28日,第1版。
②《习近平外交演讲集》第2卷,中央文献出版社2022年版,第403页。
③ 习近平:《不断做强做优做大我国数字经济》,《求是》2022年第2期,第7页。
④ 习近平:《不断做强做优做大我国数字经济》,《求是》2022年第2期,第7页。

同的全国一体化大数据中心体系建设,加快实施"东数西算"工程。积极推动数字技术与工业、交通、能源、水利、民生等深度融合、智能升级,增强支撑"智能＋"发展的行业赋能能力,稳步构建智能高效的融合基础设施。

2. 促进平台经济健康发展

平台经济是以互联网技术带动的新业态,是新的生产力组织方式,是数字经济新范式,对优化资源配置、推动产业升级、建设现代化经济体系,具有十分重要的意义。

世界互联网巨头企业亚马逊是平台经济的典型代表。创业于线上书店的亚马逊将经营范围扩大到家电以及服装、生鲜食品等多品种,随后又继续将业务领域扩大到物流、云计算、金融服务等,实现了从零售企业到电子商务公司再到 Everything Store(包罗万象的公司)的转变。以至于如今被问到"亚马逊的主业是什么",还颇不好回答。

平台经济一经诞生就迅猛崛起,速度不断加快,领域不断拓展,类型越来越丰富。这种新业态前所未有,历史上也没有出现过这么大规模的平台企业。购物有电商平台,出行有打车平台,付款有支付平台,旅游有酒店住宿、票务订购平台,平台经济涉及千家万户,连着广大消费者的利益。作为一种新生事物,平台经济在发展中出现的问题,不但中国一时难以给出定论,全世界也没有定论。因而,对平台经济新业态,国家采取的是包容审慎的监管态度和理念。

以网约车为例。近年来,网约车的出现极大地方便了人们日常出行,为人们提供了便捷、经济、舒适的出行服务,成为城市交通体系的有益补充。但是,网约车在迅猛发展的同时,也暴露出了隐私泄露、威胁人身安全、准入门槛低、司机资质不达标、爽约、"黑车"、"马甲车"、计价不透明、乱收费等问题。其中特别是发生的多起侵害乘客人身安全的恶性案件,引发社会广泛关注。对网约车这一交通运输新业态,是禁止还是放开? 私家车能否转为专车? 乘客人身安全如何保证? 这些问题都考验着相关部门的治理能力。这一切都表明,应优化完善网约车准入、加快合规化进程、健全多部门协同监管机制、健全网约车等领域的信用体系建设。世界各国对网约车监管一直争议不断,德国、法国、日本等国完全禁止,美国各州则是有禁有放。我国没有采取"一禁了之"的态度,而是按照高品质、差异化的经营原则有序发展,在现行法律框架下对经营者、驾驶员和车辆实行许可管理,规范网约车经营行为。需要注意的是,包容审慎并不意味着放松监管,更不等于不监管。对于坑蒙拐骗、假冒伪劣、侵犯知识产权、严重侵害消费者权益的行为,国家从不姑息,始终坚持依法从严打击。2016年7月26日,国务院办公厅印发了《关于深化改革推进出租汽车行业健康发展的指导意见》。随后,交通运输部等部门联合颁布了《网络预约出租汽车经营服务管理暂行办法》。出租汽车特别是网约车行业在改革中得到规范发展。2018年5月30日,交通部、网信办、工信部、公安部、中国人民银行、税务总局和国家市场监督管理总局等7部门联合印发了《关于加强网络预约出租汽车行业事中事后联合监管有关工作的通知》,对完善联合监管机制、明确联合监管事项、明晰联合监管处置流程、加强联合监管应急处置等作出规定。这些规章制度,有力促进了网约车健康有序发展,极大提升了人民群众对交通出行的获得感、安全感和幸福感。交通运输部门以及相关部门坚持"乘客为本、鼓励创新、趋利避害、规范发展、包容审慎"的发展原则,量身定制监管模式、监管方法,建立健全适应平台经济特点的监管制度,为我们提供了有益的启示。

当前,我国平台经济和网络消费发展正处在关键时期。数据显示,截至2020年底,我国网民规模达近10亿,越来越多的人通过网络平台进行购物、出行、订餐、社交、娱乐等。2020年我国网络零售市场规模再创新高,网上零售额达11.76万亿元,同比增长10.9%。总体上看,近年来我国平台经济快速发展,在经济社会发展全局中的地位和作用日益凸显。平台经济辐射广泛、带动力强,极大提高了全社会资源配置效率,有利于推动技术升级和产业变革朝着信息化、数字化、智能化方向加速演进,有利于形成绿色、低碳、可持续的经济发展模式,也有利于提高国家治理的智能化、全域化、个性化、精细化水平。我国平台经济和网络消费发展的总体态势是好的、作用是积极的,同时在发展中也存在一些突出问题。比如,一些平台企业在经营过程中,信息泄露、自动续费、默认搭售、强制"二选一"、大数据杀熟等侵害消费者权益的问题频频发生。侵权假冒、售后服务差等传统线下交易市场存在的问题,在网络交易平台中也被进一步放大。网络诈骗、虚假宣传、恶意营销、数据造假等失信违法现象,严重损害了用户利益,给平台经济治理带来了挑战。一方面,平台经济自身发展不规范、存在短板,任其发展下去将会造成诸多消极后果;另一方面,监管体制机制不适应,跟不上迅速发展的需要,可能会限制平台经济中的某些创新因素。这两种因素叠加,使得我国平台经济发展不平衡不充分。特别是在一些资本的控制下,一些平台企业为拉拢用户而大搞"烧钱"大战,有的领域甚至出现了"大而不倒"的平台企业,严重影响到市场经济秩序。实践中暴露出来的问题表明,制定标准、健全规则,划清底线、维护安全,加强监管、规范秩序,对于促进平台经济健康成长、平台企业规范发展意义重大。

近年来,有关部门在培育发展平台经济、共享经济新动能方面进行了探索和实践。比如,国家发展改革委着力完善政策体系,会同有关部门加强数字经济顶层设计,围绕扩大数字经济就业、推进数字商务等出台了系列政策举措,着力构建完善的数字经济政策体系。工业和信息化部深入实施工业互联网创新发展战略,持续推进网络、平台、安全三大体系建设,推动大中小企业、一二三产业融通发展。交通运输部在交通运输新业态协同监管机制、网约车管理顶层设计、汽车分时租赁的监管制度设计以及相关标准规范建设等方面,制定了相关规范,开展了整治工作。商务部以平台经济的典型代表——电子商务为抓手,加强电商法的宣传、培训与贯彻,持续督促平台企业落实主体责任,建立健全交易规则和服务协议,完善跨境电商的政策体系,促进农村电商的发展。国家市场监管总局着力提高互联网平台经济的监管能力,在推进市场主体登记注册便利化、完善互联网平台经济新业态的标准体系建设、加强消费者权益保护、努力营造规范有序的互联网平台经济秩序等方面做了大量的工作。有关部门一直跟踪平台经济、网络交易发展态势,及时制定相关的监管办法。比如,2014年1月26日,国家工商行政管理总局印发《网络交易管理办法》,对于营造公平竞争、安全放心的网络消费环境起到了积极作用。2021年3月15日,国家市场监督管理总局印发《网络交易监督管理办法》,对网络经营主体登记、新业态监管、平台经营者主体责任、消费者权益保护、个人信息保护等重点问题作出了明确规定,有利于推动完善网络交易经营者、网络交易行业组织者、消费者组织、消费者多元参与、有效协同、规范有序的网络交易市场治理体系。

党中央、国务院高度重视发展平台经济、共享经济,作出一系列战略部署。2019年8月1日,国务院办公厅印发《关于促进平台经济规范健康发展的指导意见》,聚焦平台经济发展面临的突出问题,明确提出既要"遵循规律、顺势而为,加大政策引导、支持和保障力度",同时又要"创新监管理念和方式,落实和完善包容审慎监管要求,推动建立健全适应平台经济发展特点的新型监管机制"①。2021年3月15日召开的中央财经委员会第九次会议,其中一个重要议题就是研究促进平台经济健康发展问题。习近平同志在会上指出:"我国平台经济发展正处在关键时期,要着眼长远、兼顾当前,补齐短板、强化弱项,营造创新环境,解决突出矛盾和问题,推动平台经济规范健康持续发展。"②

近年来,在平台经济发展过程中,还暴露出资本无序扩张的情况。一些"大到不能倒"的互联网企业,斥巨资投入社区团购,与小商贩争抢菜市场。这种现象在社会上引起很大反响,一些媒体评论:不要只惦记着几捆白菜、几斤水果的流量,科技创新的星辰大海,未来的无限可能性更加令人心潮澎湃。的确,掌握着海量数据、先进算法的互联网企业,要以服务社会、推动科技创新为己任,在创新新业态新模式的同时,更应该将重点放在科技前沿、关键核心技术攻关等方面,积极探索未知科学奥秘,努力形成原创性成果,力争为提升我国科技实力作出应有的贡献。2020年12月召开的中央经济工作会议,以及2021年3月召开的中央财经委员会第九次会议,都提出要防止资本无序扩张。

平台经济无小事。要从构筑国家竞争新优势、保障人民安居乐业、统筹发展和安全的战略高度出发,坚持正确的政治方向,坚持发展和规范并重,深入研究平台经济发展规律,建立健全平台经济治理体系。

一是加强规范,建章立制。要坚持"两个毫不动摇",促进平台经济领域民营企业健康发展。促进公平竞争,反对垄断,防止资本无序扩张。健全完善平台经济法律法规、规章制度,推动修订不适应平台经济发展的相关法律法规与政策规定,及时弥补规则空白和漏洞,加快破除制约平台经济发展的体制机制

---

① 国务院办公厅:《关于促进平台经济规范健康发展的指导意见》,中华人民共和国中央人民政府网站,http://www.gov.cn/zhengce/content/2019-08/08/content_5419761.htm。

② 《推动平台经济规范健康持续发展,把碳达峰碳中和纳入生态文明建设整体布局》,《人民日报》2021年3月16日,第1版。

障碍。产权制度是社会主义市场经济体制的基石,数据是信息时代至关重要的生产要素,规范平台经济就必须加强数据产权制度建设,强化平台企业数据隐私保护和数据安全责任。

二是加强监管,提升监管能力和水平。对平台经济、共享经济等新业态,需要量身定制监管方式,探索建立适应平台经济特点的监管机制,不能按照传统的方式来管理。要优化监管框架,创新监管理念和方式,探索适应新业态特点、有利于公平竞争的公正监管办法,实现事前事中事后全链条监管,构建数字监管、信用监管、协同监管、行业自律和社会监督相结合的综合监管体系。本着鼓励创新的原则,分领域制定监管规则和标准,在严守安全底线的前提下为新业态发展留足空间。对看得准、已经形成较好发展势头的,分类量身定制适当的监管模式,避免用老办法管理新业态;对一时看不准的,设置一定的"观察期",防止一上来就管死;对潜在风险大、可能造成严重不良后果的,严格监管;对非法经营的,坚决依法予以取缔。这里面涉及一个基本问题,即如何平衡创新与合法合规监管难题,其关键在于掌握好合适的度。

近年来,我国积极适应新产业新业态新模式不断涌现的新态势,在提升市场监管科技能力方面作出了有益的探索。2021 年 12 月 14 日国务院印发的《"十四五"市场监管现代化规划》,强调要坚持系统观念、统筹施策,统筹监管线上和线下、产品和服务、传统经济和新兴业态等各类对象,统筹行业管理和综合监管、事前事中事后监管,统筹发挥市场、政府、社会等各方作用,切实提高市场综合监管能力。《"十四五"市场监管现代化规划》对引导平台经济有序竞争作出了部署,提出:完善平台经济相关市场界定、市场支配地位认定等分析框架;推动完善平台企业数据收集使用管理、消费者权益保护等方面的法律规范;强化平台内部生态治理,督促平台企业规范规则设立、数据处理、算法制定等行为;健全事前事中事后监管制度,制定大型平台企业主体责任清单,建立合规报告和风险评估制度;加强源头治理、过程治理,完善民生、金融、科技、媒体等领域市场准入与经营者集中审查制度的衔接机制,落实平台企业并购行为依法申报义务,防止"掐尖式并购";加强反垄断和反不正当竞争协同,统筹运用电子商务法、广告法、价格法等,依法查处"二选一"、歧视性待遇、虚假宣传、刷单炒信、"大数据杀熟"、强制搭售等垄断和不正当竞争行为。

市场监管科技是国家科技创新体系的重要组成部分,是优化营商环境、维护市场秩序的技术保障,是坚守安全底线,增强人民群众获得感、幸福感、安全感的关键支撑,是全面提升质量水平、建设质量强国的重要基石,构建现代化市场监管体系离不开科技创新。2022年3月15日,国家市场监督管理总局印发的《"十四五"市场监管科技发展规划》,明确提出了推进市场监管科技自立自强的目标,并作出战略部署。《"十四五"市场监管科技发展规划》坚持"大市场、大质量、大监管"理念,提出"以科技赋能市场监管现代化为主线,构建一个体系、提升三大能力、营造一个生态"的编制思路。其中,构建一个体系,即构建市场监管科技创新体系;提升三大能力,即提升市场监管创新基础、市场监管科研攻关和市场监管科技服务能力;营造一个生态,即营造良好市场监管科技创新生态。

《"十四五"市场监管科技发展规划》强调,加强市场监管重点实验室、技术创新中心、科技资源共享服务平台建设,打造市场监管科技创新基地、创新策源地。加强市场综合监管技术理论研究、市场综合监管关键技术研究、市场综合监管平台系统和装备研发,提升市场综合监管技术能力,助力维护良好市场秩序。加强服务智慧监管的能力建设,推进市场监管大数据中心建设、推进市场监管数字化应用、深化市场监管数字化转型等任务,支撑高效能治理。

这里以金融科技为例,介绍国外有关监管理念与政策。金融科技是金融与科技融合发展的产物,它以金融需求为导向,以科技创新应用为支撑,使金融业在较短时间内出现巨大而深远的变革。金融科技的业态包括P2P网络借贷、众筹、互联网保险、智能投顾、互联网征信以及数字货币等。其中有的还未被监管机构纳入金融范畴,如P2P网络借贷在我国被监管机构定为信息中介机构。有的甚至不属于狭义的金融服务业,比如互联网信用风险管理行业。国外对金融科技的监管模式分为三种:监管沙箱、创新中心和创新加速器。所谓沙箱监管模式,即在可控的测试环境中对新产品新业态新服务进行真实或虚拟测试,简化市场准入标准和流程,允许新产品新业态新服务快速落地运营,并根据其在沙箱内的测试情况准予推广。创新中心模式,即支持和引导机构(含被监管机构和不受监管的机构)理解金融监管框架,识别创新中的监管、政策和法律事项。创新加速器模式,即监管部门或政府部门与业界建立合作机制,通过提供资金扶持或政策扶持等方式,加快金融科技创新成果的运用。一些国家的孵化器安排也属于这种模式。

我国金融行业的监管模式主要是采取准入式监管,监管机构重点关注金融机构是否满足特定的准入条件,对于不同类型的金融业务设立特定的准入门槛。金融科技的发展,使得传统金融下直接金融和间接金融的业务边界日趋模糊,最为典型的就是网络借贷行业。在传统金融看来,借贷行业隶属于间接金融范畴,而网络借贷则直接打通了借款方与贷款方的信息桥梁,属于直接金融。金融科技对这一商业模式的重新塑造,对监管模式提出了新的要求,即以业务和机构类型为区分的监管模式不能很好适应金融科技的监管,而需要以行为作为监管导向和监管内容。从实践中看,网络借贷行业在野蛮生长过程中出现的种种乱象,倒逼监管机构逐步摸清和适应金融科技的发展规律和特点,在监管思路上作出与之适应的调整。2015年7月18日,中国人民银行、中国银监会等10部委联合印发《关于促进互联网金融健康发展的指导意见》,明确提出P2P网络借贷业务由中国银监会负责监管。在《指导意见》的框架下,2015年12月28日,中国银监会发布了《网络借贷信息中介机构业务活动管理暂行办法(征求意见稿)》,并公开征求意见。经过大半年的讨论,2016年8月24日,中国银监会终于联合工信部、公安部等4部委正式发布《网络借贷信息中介机构业务活动管理暂行办法》。《暂行办法》的发布体现出,监管模式已放弃了传统银行业监管中以机构监管为核心的思路,借鉴证券监管的思路,代之以行为监管理念下的投资者保护和信息披露等制度。

互联网金融乱象引起党中央、国务院高度重视,国务院从2016年开始对包括网络借贷在内的互联网金融秩序进行规范。2016年4月12日,国务院办公厅印发了《关于印发互联网金融风险专项整治工作实施方案的通知》。随后,中国人民银行公布了《非金融机构支付服务管理办法》《通过互联网开展资产管理及跨界从事金融业务风险专项整治工作实施方案》,中国银监会公布了《P2P网络借贷风险专项整治工作实施方案》,中国证监会公布了《股权众筹风险专项整治工作实施方案》,中国保监会公布了《互联网保险风险专项整治工作实施方案》,国家工商总局公布了《开展互联网金融广告及以投资理财名义从事金融活动风险专项整治工作实施方案》。国务院的总方案以及"一行三会"与工商总局出台的六大领域专项整治方案,一共7个方案,重点整治领域都是网络借贷和股权众筹业务、通过互联网开展金融混业业务、第三方支付业务等行为。整治方案意味着金融领域全面加强准入管理,同时强调穿透式监管,看重业务实质。

2019年8月,中国人民银行公布首轮金融科技发展规划——《金融科技(FinTech)发展规划(2019—2021年)》,这份纲领性文件的出台,明确了金融科技发展的方向、任务和路径,有力推动了金融科技良性有序发展。2022年1月,中国人民银行公布《金融科技发展规划(2022—2025年)》。这是中国人民银行编制的第二轮金融科技发展规划,重在解决金融科技发展不平衡不充分等问题,推动金融科技健全治理体系,完善数字基础设施,促进金融与科技更深度融合、更持续发展,更好地满足数字经济时代提出的新要求新任务。《金融科技发展规划(2022—2025年)》明确了"十四五"时期金融科技的发展目标,提出要坚持"数字驱动、智慧为民、绿色低碳、公平普惠"的发展原则,以加强金融数据要素应用为基础,以深化金融供给侧结构性改革为目标,以加快金融机构数字化转型、强化金融科技审慎监管为主线,将数字元素注入金融服务全流程,将数字思维贯穿业务运营全链条,注重金融创新的科技驱动和数据赋能,推动我国金融科技从"立柱架梁"全面迈入"积厚成势"新阶段,力争到2025年实现整体水平与核心竞争力跨越式提升。

《金融科技发展规划(2022—2025年)》提出了八个方面的重点任务。一是强化金融科技治理,全面塑造数字化能力,健全多方参与、协同共治的金融科技伦理规范体系,构建互促共进的数字生态。二是全面加强数据能力建设,在保障安全和隐私前提下推动数据有序共享与综合应用,充分激活数据要素潜能,有力提升金融服务质效。三是建设绿色高可用数据中心,架设安全泛在的金融网络,布局先进高效的算力体系,进一步夯实金融创新发展的"数字底座"。四是深化数字技术金融应用,健全安全与效率并重的科技成果应用体制机制,不断壮大开放创新、合作共赢的产业生态,打通科技成果转化"最后一公里"。五是健全安全高效的金融科技创新体系,搭建业务、技术、数据融合联动的一体化运营中台,建立智能化风控机制,全面激活数字化经营新动能。六是深化金融服务智慧再造,搭建多元融通的服务渠道,着力打造无障碍服务体系,为人民群众提供更加普惠、绿色、人性化的数字金融服务。七是加快监管科技的全方位应用,强化数字化监管能力建设,对金融科技创新实施穿透式监管,筑牢金融与科技的风险防火墙。八是扎实做好金融科技人才培养,持续推动标准规则体系建设,强化法律法规制度执行,护航金融科技行稳致远。

三是鼓励平台经济发展便民服务新业态,增加优质产品和服务供给。积极发展"互联网+服务业",满足群众多层次多样化需求。延伸产业链,加快培育新的增长点,支持社会资本进入基于互联网的医疗健康、教育培训、养老家政、文化、旅游、体育等新兴服务领域。大力发展"互联网+生产",推动互联网平台与工业、农业生产深度融合,加速用工业互联网平台改造提升传统产业、发展先进制造业,推动平台经济为高质量发展和高品质生活服务。

四是要加强关键核心技术攻关,提升网络基础设施支撑能力。深入实施"宽带中国"战略,推进下一代互联网、广播电视网、物联网建设,为平台经济发展提供有力支撑。依托全国一体化在线政务服务平台、国家"互联网+监管"系统、国家数据共享交换平台、全国信用信息共享平台和国家企业信用信息公示系统,加强政府部门与平台数据共享,畅通政企数据双向流通机制。加大全国信用信息共享平台开放力度,推动完善新业态信用体系。在网约车、共享单车、汽车分时租赁等领域,建立健全身份认证、双向评价、信用管理等机制,规范平台经济参与者行为。

二、发展民生科技,增进民生福祉

民生科技是涉及民生领域的科学技术。中国特色社会主义进入新时代,人民群众对美好生活的需要日益增长。提高党的科技治理能力,就必须顺应人民对高品质生活的期待,大力发展民生科技,推动实现更加充分更高质量就业,建设更加公平更高质量教育体系,持续推进健康中国建设,促进社会治理精细化智能化,使人民群众的获得感、幸福感、安全感更加充实、更有保障、更可持续。

1. 支持和规范发展新就业形态，推动实现更加充分更高质量就业

就业是民生之本、民生之基，是最大的民生工程、民心工程。我国是世界上人口最多的发展中国家，解决好超大规模就业问题，始终是国民经济和社会发展的重大战略任务。近年来，我国就业规模不断扩大，就业结构明显改善，就业机制发生了深刻变化，在劳动力供求矛盾十分尖锐、就业压力持续加大的情况下，保持了就业形势总体稳定，对于提高人民生活、维护改革发展稳定大局起到了十分重要的作用。在看到成绩的同时，也要清醒地认识到，我国就业形势面临多重压力。在经济进入新常态、发展方式深刻转变、产业结构加快调整的形势下，又叠加全球经济下滑、一些地区面临周期性劳动力短缺和劳动力过剩轮番交替问题。不断涌现的新技术新产品新业态新模式，对从业人员供求关系产生巨大影响。在新冠肺炎疫情冲击下全球产业链供应链发生局部断裂，直接影响到我国国内经济循环，不少企业停工停产，有的企业复工复产后仍然受用工难等问题所困扰。这四个方面相互交织，构成极其复杂而且持续的就业问题，使得稳就业、保居民就业的重要性和艰巨性更加凸显。面对严峻的就业形势，党中央把实现更充分更高质量就业作为全面建成小康社会的重要目标，始终坚持就业优先战略，实施积极的就业政策，通过完善各项创业优惠政策，大力发展职业教育和职业培训，加大援企稳岗力度，保持了就业形势长期稳定，就业质量稳步提升。通过改革完善收入分配制度，努力拓宽居民劳动收入和财产性收入渠道，实现了居民收入和经济发展同步增长，劳动报酬和劳动生产率同步提高，形成了世界上规模最大、最具成长性的中等收入群体。中等收入群体的扩大，是人民群众过上殷实生活的重要标志，意味着经济发展成果更多地惠及人民群众。

新一轮科技革命和产业变革对我国就业的影响极为广泛，极为深刻。近年来，以平台经济、共享经济等为代表的数字经济蓬勃发展，加速向各领域各行业渗透，不断创造新职业、新工种和新岗位，使我国就业出现新形态。新就业形态，是新一轮信息技术迅猛发展、广泛应用而带来的一种市场化就业新模式，其典型特征主要包括劳动关系灵活化、工作内容多样化、工作方式弹性化、工作安排去组织化、创业机会网络化等。新就业形态正在成为新时代、新发展

阶段吸纳就业的一条重要渠道,成为我们必须重视并且必须处理好的重大战略问题,关系老百姓的饭碗,关系千家万户。对此,既要从理论上看,也要从实践上看。

从理论上看,就是要辩证认识科技创新和促进就业的内在关系,牢固树立构建科技创新和促进就业良性循环的思想自觉。有些人片面地夸大科技创新给就业带来的冲击,认为加快科技创新必然会引起技术落后企业关停并转带来的失业,结构调整中从传统产业分流出来的大年龄、低技能人员会形成日益庞大的就业困难群体,新产业新业态新模式不断涌现必然会造成越来越多的人失业,由此导致的长期失业问题将越来越严重。有些人则孤立静止地看待我国劳动者素质和现状,认为我国无论是创新型人才还是技能型人才都严重不足,科技创新没有前途。这些观点都是不正确的。解决就业问题,从根本上说要靠经济发展,而经济发展一时也离不开科技创新。创新是引领发展的第一动力,科技创新不仅促进了生产力的大发展,同时也为扩大就业容量、提升就业质量创造了有利条件。科技创新和促进就业两者是辩证统一的,而不是相互排斥、顾此失彼的。我们既要善于抓住新一轮科技革命和产业变革、数字经济等带来的机遇,坚定不移地加快创新,实现创新驱动的内涵型增长,同时又要善于化解掉信息化、自动化等给就业带来的冲击,在培育新产业新业态新模式过程中注意创造新的就业机会、增加新的就业岗位,实现更加充分、更高质量的就业。习近平同志在谈到数字化问题时,曾经指出要构建"增长友好型、就业友好型数字经济"①,就是从就业角度讲的,表明我们倡导和发展的数字经济,应该是有利于就业的新经济形态。在发展我国科技事业的实践进程中,要善于运用科技手段、科技力量千方百计稳定和扩大就业,切实把提升就业质量和规模作为制定科技发展战略的依据,注重强化科技发展规划、重大科技项目对就业影响的评估。要从需求侧、供给侧两方面同时发力,构建和谐劳动关系。从供给侧看,要依托科技手段健全就业公共服务体系,建立健全全国统一的信息系统,推进信息互联互通和数据共享,实现供求双方的即时匹配、

① 杜尚泽、冯雪珺、赵成:《习近平继续出席二十国集团领导人第十二次峰会》,《人民日报》2017年7月9日,第1版。

智能匹配。根据不同劳动者的自身条件和需求,构建精准识别、精细分类、专业指导的服务模式,为重点人群提供精准化、个性化、专业化的就业服务。从需求侧看,要深入挖掘创业带动就业潜力,突出就业带动效应,积极培育就业新增长极,优先发展吸纳就业能力强的行业,优先打造辐射力强、就业面广的业态,构建多渠道灵活就业的体制机制。

从实践上看,就是要总结近年来推进新就业形态健康发展的探索成果,将其中行之有效的经验上升为制度。为解决数字经济领域的就业问题,同时也为了使广大人民共享数字经济发展成果,2018年9月18日,国家发展改革委、教育部、科技部、工业和信息化部等19部门联合印发《关于发展数字经济稳定并扩大就业的指导意见》。这个《指导意见》针对数字经济就业加速增长、新就业形态不断涌现、数字人才供给缺口大、就业服务及用工管理制度有待完善等问题,提出:"坚持就业优先战略和积极就业政策,以大力发展数字经济促进就业为主线,以同步推进产业结构和劳动者技能数字化转型为重点,加快形成适应数字经济发展的就业政策体系,大力提升数字化、网络化、智能化就业创业服务能力,不断拓展就业创业新空间。"《指导意见》强调,要坚持就业优先、协调发展的原则,"把促进充分就业作为经济社会发展优先目标、放在更加突出位置,前瞻性地加强数字人才培养培训,优化人力资本服务,引导更多劳动者有序向数字经济领域转岗就业,在数字经济发展壮大中实现更高质量和更充分就业"。要坚持包容创新、共建共享的原则,"既要加快完善包容创新的政策体系,营造适度宽松的发展环境,又要制定差异化动态化监管政策,创新就业创业服务方式,加快形成适应和引领发展数字经济促进就业的政策环境,使广大劳动者共建共享数字经济发展成果"[1]。

2019年8月1日,国务院办公厅印发《关于促进平台经济规范健康发展的指导意见》,在提出规范平台经济发展的五个方面政策举措的同时,也提出了扩大平台经济就业的办法。在鼓励发展平台经济新业态方面,《指导意见》提

---

[1] 国家发展改革委等:《关于发展数字经济稳定并扩大就业的指导意见》,中华人民共和国中央人民政府网站,http://www.gov.cn/zhengce/zhengceku/2018-12/31/content_5435095.htm。

出:积极发展"互联网＋服务业",大力发展"互联网＋生产",深入推进"互联网＋创业创新"。"鼓励平台进一步拓展服务范围,加强品牌建设,提升服务品质,发展便民服务新业态,延伸产业链和带动扩大就业。"在切实保护平台经济参与者合法权益方面,《指导意见》强调:"抓紧研究完善平台企业用工和灵活就业等从业人员社保政策,开展职业伤害保障试点,积极推进全民参保计划,引导更多平台从业人员参保。"①

在抗击新冠肺炎疫情期间,大量新业态新模式快速涌现,在助力疫情防控、保障人民生活、对冲行业压力、带动经济复苏、支撑稳定就业等方面发挥了不可替代的作用。新业态新模式催生了大量新职业,为广大群众开辟了新的创新创富渠道。

2020年7月14日,国家发展改革委、中央网信办、工业和信息化部等13个部门联合印发《关于支持新业态新模式健康发展激活消费市场带动扩大就业的意见》,针对加快发展数字经济15大新业态新模式重点方向提出19项创新支持政策,以创新生产要素供给方式,激活消费新市场,发展新的就业形态。为开辟消费和就业新空间,《意见》首次提出鼓励发展"新个体经济",强调支持自主就业、"副业创新"、探索多点执业。为进一步降低个体经营者线上创业就业成本,《意见》提出:"支持微商电商、网络直播等多样化的自主就业、分时就业","引导互联网平台企业降低个体经营者使用互联网平台交易涉及的服务费,吸引更多个体经营者线上经营创业"。为大力发展微经济,《意见》提出:"支持线上多样化社交、短视频平台有序发展,鼓励微创新、微应用、微产品、微电影等万众创新。引导'宅经济'合理发展,促进线上直播等服务新方式规范健康发展。"快递小哥、网约车司机等数量庞大的灵活就业群体,长期以来面临着流动性大、社保缴纳不及时、工伤认定难等问题,为破解灵活就业带来的劳动权益保障难题,《意见》强调"强化灵活就业劳动权益保障",明确提出:"探索适应跨平台、多雇主间灵活就业的权益保障、社会保障等政策。完善灵活就业人员劳动权益保护、保费缴纳、薪酬等政策制度,明确平台企业在劳动者权益

---

① 国务院办公厅:《关于促进平台经济规范健康发展的指导意见》,中华人民共和国中央人民政府网站,http://www.gov.cn/zhengce/content/2019-08/08/content_5419761.htm。

保障方面的相应责任。"①

正是在总结近年来探索和实践的基础上,党的十八届五中全会首次提出"加强对灵活就业、新就业形态的支持,促进劳动者自主就业"的政策导向。党的十九届五中全会进一步提出"完善促进创业带动就业、多渠道灵活就业的保障制度,支持和规范发展新就业形态"②。支持和规范发展新就业形态,是我国转向高质量发展阶段后顺应就业新趋势的必然要求,是确保人民安居乐业的现实需要,对科技治理提出了新的更高要求。面对容量迅速扩大、领域不断拓展、途径日益丰富的新就业形态,我们要坚持发展和规范两手并重、两手都要硬,坚持创新发展、综合治理,让新业态新模式更好地造福人民、造福社会。要打破传统业态按区域、按行业治理的惯性思维,创新治理理念,探索触发式监管机制,逐步完善新业态新模式治理规则。既要实行包容审慎监管,加快推动移动出行、网络零售、线上培训、互联网医疗、在线娱乐等行业发展,创造居家就业、兼职就业、"宅经济"等有利条件,又要合理设定新业态新模式相关监管规则,鼓励互联网平台企业和中介服务机构等调减服务管理费用,完善新就业形态从业人员劳动用工、就业服务、职业操守、权益保障等制度,与有关扶持政策项目相互衔接、相互配套,为支持广大劳动者积极就业、大胆创业营造良好的环境。

"十四五"时期是我国全面建成小康社会、实现第一个百年奋斗目标之后,乘势而上开启全面建设社会主义现代化国家新征程、向第二个百年奋斗目标进军的第一个五年。当前和今后一个时期,我国就业领域也出现了许多新变化、新趋势。比如,人口结构与经济结构深度调整,劳动力供求两侧均出现较大变化,产业转型升级、技术进步对劳动者技能素质提出了更高要求,人才培养培训不适应市场需求的现象进一步加剧,"就业难"与"招工难"并存,结构性就业矛盾更加突出,将成为就业领域主要矛盾。比如,人工智能等智能化技术

---

① 国家发展改革委等:《关于支持新业态新模式健康发展激活消费市场带动扩大就业的意见》,国家发展改革委网站,https://www.ndrc.gov.cn/xxgk/zcfb/tz/202007/t20200715_1233793.html?code=&state=123。

② 《中共中央关于制定国民经济和社会发展第十四个五年规划和二○三五年远景目标的建议》,《人民日报》2020年11月4日,第1版。

加速应用,就业替代效应持续显现。比如,灵活就业人员和新就业形态劳动者权益保障亟待加强。"十四五"时期,实现更加充分更高质量就业,是推动高质量发展、全面建设社会主义现代化国家的内在要求,是践行以人民为中心发展思想、扎实推进共同富裕的重要基础。

2021年8月23日,国务院印发《"十四五"就业促进规划》。《规划》着眼新一轮科技革命和产业变革给就业领域带来的深刻变化,强调要"培育接续有力的就业新动能"。在促进数字经济领域就业创业方面,《规划》提出:加快发展数字经济,推动数字经济和实体经济深度融合,催生更多新产业新业态新商业模式,培育多元化多层次就业需求。健全数字规则,强化数据有序共享和信息安全保护,加快推动数字产业化,打造具有国际竞争力、就业容量大的数字产业集群。深入实施"上云用数赋智"行动,推进传统线下业态数字化转型赋能,创造更多数字经济领域就业机会。促进平台经济等新产业新业态新商业模式规范健康发展,带动更多劳动者依托平台就业创业。

在支持多渠道灵活就业和新就业形态发展方面,《规划》提出:破除各种不合理限制,建立促进多渠道灵活就业机制,支持和规范发展新就业形态。鼓励传统行业跨界融合、业态创新,增加灵活就业和新就业形态就业机会。加快落实《关于维护新就业形态劳动者劳动保障权益的指导意见》,建立完善适应灵活就业和新就业形态的劳动权益保障制度,引导支持灵活就业人员和新就业形态劳动者参加社会保险,提高灵活就业人员和新就业形态劳动者社会保障水平。规范平台企业用工,明确平台企业劳动保护责任。健全职业分类动态调整机制,持续开发新职业,发布新职业标准。

《规划》明确提出要实施灵活就业人员和新就业形态劳动者支持保障计划。一是完善灵活就业人员就业服务制度。以个人经营、非全日制、新就业形态等灵活方式就业的劳动者,可在常住地公共就业服务机构办理就业登记,按规定享受各项政策和服务。建立灵活就业岗位信息发布渠道。二是实施新就业形态劳动者技能提升项目。创新适合新就业形态劳动者的培训形式和内容,搭建数字资源线上培训服务平台,支持其根据自身实践和需求参加个性化培训。三是健全灵活就业人员社会保障制度。完善灵活就业人员参加基本养老、基本医疗保险相关政策,放开灵活就业人员在就业地参加基本养老、基本医疗保险的户籍限制。推进职业伤害保障试点,探索用工企业购买商业保险、保险公司适当让利的机制,鼓励用工企业以商业保险方式为灵活就业人员和新就业形态劳动者提供多层次保障。

2. 建设更加公平更高质量教育体系

当今时代,新一轮科技革命和产业变革深刻改变着人类的思维、生产、生活和学习方式,深刻重塑教育理念、模式、形态和内容。从国内来看,我国教育制度优势明显,人才资源基础较好,以学习者为中心、注重能力培养的教育新生态正在形成。但是与此同时,我国区域教育资源配置不够均衡,人才培养体制机制改革需要深化,教育创新满足不了人民群众对高质量教育的期盼。如何构建更加公平更高质量教育体系,培养大批符合时代发展需求的创新型人才,成为我们党治国理政必须解决好的重大问题。

教育是国之大计、党之大计。我们要从新发展阶段的实际出发,全面贯彻党的教育方针,坚持教育事业优先发展的战略地位,把发展科技第一生产力、培养人才第一资源、增强创新第一动力更好地结合起来,努力办好人民满意的教育,加快建设教育强国,为建成世界科技强国、实现第二个百年奋斗目标提供强大的人才支撑和智力支持。"要坚持社会主义办学方向,把立德树人作为教育的根本任务,发挥教育在培育和践行社会主义核心价值观中的重要作用,深化学校思想政治理论课改革创新,加强和改进学校体育美育,广泛开展劳动教育,发展素质教育,推进教育公平,促进学生德智体美劳全面发展,培养学生爱国情怀、社会责任感、创新精神、实践能力。"[①]

第一,深入实施科教兴国战略、人才强国战略。当代社会,科技创新是引领发展的第一动力,与之相适应,教育也越来越成为提高人民综合素质、促进人的全面发展的重要途径,成为民族振兴、国家富强、社会进步的重要基石,成为传承人类文明、创造美好生活的重要力量。在互联网、人工智能等新技术的推动下,知识获取方式和传授方式、教和学关系正在发生深刻变革,人民群众

---

① 习近平:《在教育文化卫生体育领域专家代表座谈会上的讲话》,《人民日报》2020年9月23日,第2版。

对更高质量、更加公平、更具个性的教育需求也更为迫切。优先发展教育既是科教兴国战略的题中应有之义,同时又是人才强国战略的内在要求。必须坚持把教育作为党和国家事业发展的重要先手棋,突出教育在现代化建设中的基础性、先导性、全局性地位和作用,坚定不移地实施科教兴国战略、人才强国战略,在此基础上对接制造强国、科技强国等国家重大战略,使我国教育越办越好、越办越强,源源不断地提供高质量的研究开发支持,坚持不懈地输送高质量的人力资源。

2018年12月8日,中共中央、国务院印发《中国教育现代化2035》,聚焦教育发展不平衡不充分的突出问题,科学设定我国教育现代化的战略任务,明确提出了到2035年的奋斗目标,即:总体实现教育现代化,迈入教育强国行列,推动我国成为学习大国、人力资源强国和人才强国,为到本世纪中叶建成富强民主文明和谐美丽的社会主义现代化强国奠定坚实基础。我们要坚持问题导向、需求导向,深入分析新一轮科技和产业革命给我国教育带来的新机遇新挑战,充分运用新机制、新模式、新技术激发教育发展活力,着力解决群众最关心最直接最现实的问题,确保教育现代化目标的实现。

第二,着力构建优质均衡的基本公共教育服务体系。人力资源是构建新发展格局的重要依托。"要优化同新发展格局相适应的教育结构、学科专业结构、人才培养结构。"①一是要完善更加公平更高质量教育体系,重点是大力推动城乡义务教育一体化发展,多渠道扩大普惠性学前教育资源,鼓励高中阶段学校多样化发展。二是要提升教育支撑发展能力,重点是加快发展现代职业教育和培训、有效提升劳动者技能和收入水平,不断优化学科专业结构、推进高等教育提升创新。三是要加快完善全民终身学习推进机制,构建方式更加灵活、资源更加丰富、学习更加便捷的终身学习体系。

第三,尽快突破关键核心技术,提升自主创新能力。高等学校特别是一流大学、高水平研究型大学是基础研究的生力军和重大科技突破的重要策源地,要聚焦国家战略需求,瞄准关键核心技术特别是"卡脖子"问题,紧盯科技前沿

---

① 习近平:《在教育文化卫生体育领域专家代表座谈会上的讲话》,《人民日报》2020年9月23日,第2版。

和关键领域,完善以健康学术生态为基础、以有效学术治理为保障、以产生一流学术成果和培养一流人才为目标的大学创新体系,增强原始创新能力。要支持"双一流"建设高校加强科技创新工作,依托高水平大学布局建设一批研究设施,推进产学研用一体化。要扎实推进新工科、新医科、新农科、新文科建设,加快培养创新型、应用型、技能型人才以及现代化建设急需紧缺人才。

第四,全面深化教育领域综合改革,着力形成充满活力、富有效率、更加开放、有利于高质量发展的体制机制。2020年,中共中央、国务院印发《深化新时代教育评价改革总体方案》。要牢固树立科学的教育发展观,充分发挥教育评价指挥棒的作用,加快构建富有时代特征、彰显中国特色、体现世界水平的教育评价体系,在全社会营造教育发展良好环境。我国在线教育具有显著优势,已经形成多样化格局。特别是2020年新冠肺炎疫情防控推动了我国在线教育大规模发展,极大探索创新了教育模式。习近平同志强调:"要总结应对新冠肺炎疫情以来大规模在线教育的经验,利用信息技术更新教育理念、变革教育模式。"①我们按照"人人皆学、处处能学、时时可学"方向,充分利用新一代信息技术赋能教育,完善国家数字教育公共服务体系,打造更多精品在线课程,促进各级各类学习平台资源共享,加强数字教育资源监管,更好支持线上线下、虚拟现实等多场景学习。教师是教育工作的中坚力量,要加强教师队伍建设,严把入口关、考核关、监督关、惩处关,落实好教师职业行为准则,打造德才兼备的高素质教师队伍。要创新试题形式,增强开放性、灵活性,注重对学生关键能力的考察,深化考试招生制度改革。要高水平推进教育对外开放,优化教育开放全球布局,加强国际科技交流和人才培养合作,促进中外人文交流。在对外开放科技、教育、文化交流合作中,要坚守安全底线,坚决维护我国主权、发展、安全利益。

中小学生负担太重是义务教育最为突出的问题之一。在作业负担方面,目前一些学校还存在作业数量过多、质量不高等问题,短视化、功利性问题没有根本解决。在校外培训方面,培训机构规模总量庞大,乱收费、"退费难"、

---

① 习近平:《在教育文化卫生体育领域专家代表座谈会上的讲话》,《人民日报》2020年9月23日,第2版。

"卷钱跑路"等问题时有发生,资本过度涌入,展开"烧钱"大战,对全社会进行"狂轰滥炸"式营销,如果任由其发展,将形成国家教育体系之外的另一个教育体系,严重破坏教育正常生态。为强化学校教育主阵地作用,深化校外培训机构治理,构建教育良好生态,有效缓解家长焦虑情绪,促进学生全面发展、健康成长,2021年7月,中共中央办公厅、国务院办公厅印发了《关于进一步减轻义务教育阶段学生作业负担和校外培训负担的意见》,提出了当前和今后一个时期的工作目标:"学校教育教学质量和服务水平进一步提升,作业布置更加科学合理,学校课后服务基本满足学生需要,学生学习更好回归校园,校外培训机构培训行为全面规范。学生过重作业负担和校外培训负担、家庭教育支出和家长相应精力负担1年内有效减轻、3年内成效显著,人民群众教育满意度明显提升。"要坚持源头治理、系统治理、严格治理,全面规范管理校外培训机构,对培训机构的办学条件、培训内容、教材教案、收费管理、老师资质等全方位提出要求,对存在不符合资质、管理混乱、借机敛财、虚假宣传、与学校勾连牟利等问题的机构要严肃查处。要求学科类培训机构一律不得上市融资,严禁资本化运作。为系统推进"双减"工作,《意见》还对提升学校课后服务水平、满足学生多样化需求等作了相关规定。

3. 持续推进健康中国建设

确保人民群众生命安全和身体健康,是我们党治国理政的一项重大任务。健康是促进人的全面发展的必然要求,是经济社会发展的基础条件,是民族昌盛和国家富强的重要标志,也是广大人民群众的共同期盼。党的十八大以来,党中央把保障人民健康摆在更加突出的位置,确立新时代卫生健康工作方针,以普及健康生活、优化健康服务、完善健康保障、建设健康环境、发展健康产业为重点,着力深化医药卫生体制改革,加快推进健康中国建设,努力全方位、全周期保障人民健康。我国基本公共卫生服务的公平性可及性显著改善,人民健康水平和身体素质持续提高,医疗卫生整体实力上了一个大台阶,走出了一条符合国情的卫生健康发展道路。特别是面对突如其来的新冠肺炎疫情,我国医药卫生体系经受住了考验,为打赢疫情防控的人民战争、总体战、阻击战发挥了重要作用,为维护人民生命安全和身体健康作出了重大贡献。

当前,人类正在经历第二次世界大战结束以来最为严重的全球公共卫生突发事件,新冠肺炎疫情仍在全球蔓延。由于工业化、城镇化、人口老龄化,由于疾病谱、生态环境、生活方式不断变化,我国面临着多重疾病负担并存、多种健康影响因素交织的复杂局面,卫生与健康服务资源总量不足、结构不合理、分布不均衡、供给主体相对单一、基层服务能力薄弱等问题仍然突出。与此同时,人民群众健康需求呈现多层次、多样化、差异化的特点,不但要求看得上病、看得好病,更希望不得病、少得病,看病更舒心、服务更体贴。"加快提高卫生健康供给质量和服务水平,是适应我国社会主要矛盾变化、满足人民美好生活需要的要求,也是实现经济社会更高质量、更有效率、更加公平、更可持续、更为安全发展的基础。"①科学技术是发展健康服务的强大保障,科技创新是提高健康水平的有力支撑。推进健康中国建设是一项复杂性、关联性很强的系统工程,是对科技治理体系和治理能力的重大考验。十三届全国人大四次会议审议通过的《政府工作报告》指出:"发展疾病防治攻关等民生科技。"②我们必须大力推动健康科技创新、推动医学科技进步,加快建立完善制度体系,保障公共卫生安全,加快形成有利于健康的生活方式、生产方式、经济社会发展模式和治理模式,实现健康和经济社会良性协调发展。

第一,深入实施健康中国行动。建设健康中国,是全面提升中华民族健康素质、实现人民健康与经济社会协调发展的国家战略,是积极参与全球健康治理、履行2030年可持续发展议程国际承诺的重大举措。2015年10月召开的党的十八届五中全会在研究制定"十三五"规划建议时,就明确提出了推进健康中国建设的战略任务。2016年10月17日,中共中央、国务院印发的《"健康中国2030"规划纲要》,突出大健康的发展理念,把"共建共享、全民健康"确立为建设健康中国的战略主题,提出了健康中国建设的战略目标:到2030年,主要健康指标进入高收入国家行列。到2050年,建成与社会主义现代化国家相适应的健康国家。2019年6月24日,国务院印发《国务院关于实施健康中国行动

---

① 习近平:《在教育文化卫生体育领域专家代表座谈会上的讲话》,《人民日报》2020年9月23日,第2版。

② 李克强:《政府工作报告》,《人民日报》2021年3月13日,第1版。

的意见》,明确了三方面共15个专项行动。一是从健康知识普及、合理膳食、全民健身、控烟、心理健康等方面综合施策,全方位干预健康影响因素;二是关注妇幼、中小学生、劳动者、老年人等重点人群,维护全生命周期健康;三是针对心脑血管疾病、癌症、慢性呼吸系统疾病、糖尿病四类慢性病以及传染病、地方病,加强重大疾病防控。通过政府、社会、家庭、个人的共同努力,努力使群众不生病、少生病,提高生活质量。与此同时,国务院办公厅印发了《健康中国行动组织实施和考核方案》,对健康中国建设的组织实施、监测和考核等相关工作作出规定。

实施健康中国行动是转变卫生健康理念、坚持预防为主的具体行动。要把15个专项行动与疫情防控、深化医改紧密结合起来,互为联动、相互促进。要针对人民群众主要健康问题和影响因素,完善国民健康促进政策,普及健康知识,引导人们养成良好的行为和文明健康的生活方式。预防是最经济最有效的健康策略,预防控制重大疾病是实施健康中国行动的重要内容。要针对各种疾病人群特点,分类制定防控方案,逐步扩大涵盖的疾病病种和人群覆盖面,精准施策、因病施治。要总结新冠肺炎疫情防控经验,深入推进爱国卫生运动,加强全民健身公共服务体系建设,推动从单纯的环境卫生治理向全面社会健康管理转变,从源头上预防和控制重大疾病。

为推进实施健康中国战略,根据《"健康中国2030"规划纲要》和国务院《关于积极推进"互联网＋行动的指导意见》,国务院办公厅于2018年4月25日印发《关于促进"互联网＋"医疗健康发展的意见》。其中强调要"做优存量",鼓励医疗机构运用"互联网＋"优化现有医疗服务,同时还要"做大增量",推动互联网同医疗健康深度融合,丰富服务供给。《意见》强调从发展"互联网＋"医疗服务、创新"互联网＋"公共卫生服务、优化"互联网＋"家庭医生签约服务、完善"互联网＋"药品供应保障服务、推进"互联网＋"医保结算服务、加强"互联网＋"医学教育和科普服务、推进"互联网＋"人工智能应用服务七个方面,健全"互联网＋医疗健康"服务体系。这七个方面涵盖医疗、医药、医保"三医联动"诸多方面,对于满足人民群众日益增长的医疗卫生健康需求发挥了积极作用。

第二,构建强大公共卫生体系。应对新冠肺炎疫情是对我国治理能力的一次大考,我国重大疫情防控、公共卫生服务、应急管理体系总体上是有效的,但也暴露出一些明显短板,比如应急能力不强、机制不活、动力不足、防治结合不紧密等问题。总结经验教训,我们进一步认识到,必须加快补齐治理体系的短板,堵漏洞、强弱项。2020年6月2日,习近平同志在专家学者座谈会上的讲话中指出:"只有构建起强大的公共卫生体系,健全预警响应机制,全面提升防控和救治能力,织密防护网、筑牢筑实隔离墙,才能切实为维护人民健康提供有力保障。"[1]2020年10月29日党的十九届五中全会通过的"十四五"建议强调要"织牢国家公共卫生防护网"。2021年3月11日十三届全国人大四次会议通过的"十四五"规划纲要对"构建强大公共卫生体系"作出了部署,对科技工作提出了新的更高要求。我们要健全科学研究、疾病控制、临床治疗的有效协同机制,健全医疗救治、科技支撑、物资保障体系,提高应对突发公共卫生事件的能力。

当前和今后一个时期,要抓好以下几个方面工作:一是改革完善疾病预防控制体系,建立健全上下联动的分工协作机制。对科技、卫生战线来说,要注重加强疾病预防控制机构能力建设,强化其技术、能力、人才储备,建立适应现代化疾控体系的人才培养使用机制,稳定并加强疾控人才队伍建设。"要建设一批高水平公共卫生学院,着力培养能解决病原学鉴定、疫情形势研判和传播规律研究、现场流行病学调查、实验室检测等实际问题的人才。"[2]二是加强监测预警和应急反应能力。要注重提高早期监测预警能力,提高评估监测敏感性和准确性。加强实验室检测网络建设,提高传染病检测能力。深入开展卫生急救知识宣传,提高人民群众预防自救互救能力。三是健全重大疫情救治体系,建立健全分级、分层、分流的传染病等重大疫情救治机制。科技、卫生战线要在加强国家医学中心、区域医疗中心等基地建设,加强重大疫情救治相关学科建设、打造医学研究和健康产业创新中心等方面发挥自身的作用。要按照集中管理、统一调拨、平时服务、灾时应急、采储结合、节约高效的原则,健全

---

① 中共中央党史和文献研究院编:《习近平关于统筹疫情防控和经济社会发展重要论述选编》,中央文献出版社2020年版,第172页。

② 中共中央党史和文献研究院编:《习近平关于统筹疫情防控和经济社会发展重要论述选编》,中央文献出版社2020年版,第173页。

应急物资保障相关工作机制和应急预案,推动应急物资供应保障网更加高效安全可控。四是强化公共卫生法治保障,加快构建系统完备、科学规范、运行高效的公共卫生法律法规体系,健全权责明确、程序规范、执行有力的疫情防控执法机制。

第三,发挥科技对卫生健康的支撑作用。"科学技术是人类同疾病斗争的锐利武器,人类战胜大灾大疫离不开科学发展和技术创新。"①在应对新冠肺炎疫情中,我国研究机构通力合作,开展病因学调查和病原鉴定,完成诊断试剂盒优化,多条技术路线开展疫苗攻关,成功研发新冠肺炎疫苗,为疫情防控提供了强有力支撑。这次疫情防控,彰显了科技的力量,为我们运用科技战胜疾病提供了很多有益经验。比如,在疫情监测预警方面,我们注重建立智慧化预警多点触发机制,健全网络直报、医疗卫生人员报告、科研发现报告、舆情监测等多渠道监测预警机制,及时研判风险,强化早期预警。在提高疾病预防控制能力方面,我们注重改善卫生医疗机构科技条件,提升检验检测和信息化水平,增强对传染病病原体、健康危害因素和公共卫生事件处置的能力。疫情期间,一批人工智能产品,比如人工智能辅助诊断系统、人脸识别、智能测温、智能语音机器人等,在抗疫中产生了很好的效果。

保障人民群众生命安全和身体健康,必须坚持向科学要答案、要方法、要成效。习近平同志把卫生健康科技上升到战略高度来加以认识,特别强调:"生命安全和生物安全领域的重大科技成果是国之重器,一定要掌握在自己手中。"②"要加大卫生健康领域科技投入,加快完善平战结合的疫病防控和公共卫生科研攻关体系,集中力量开展核心技术攻关,持续加大重大疫病防治经费投入,加快补齐我国在生命科学、生物技术、医药卫生、医疗设备等领域的短板。"③要继续发挥新型举国体制的优势,聚焦医疗卫生领域重点难点问题,开

---

① 中共中央党史和文献研究院编:《习近平关于统筹疫情防控和经济社会发展重要论述选编》,中央文献出版社2020年版,第177页。

② 中共中央党史和文献研究院编:《习近平关于统筹疫情防控和经济社会发展重要论述选编》,中央文献出版社2020年版,第177页。

③ 中共中央党史和文献研究院编:《习近平关于统筹疫情防控和经济社会发展重要论述选编》,中央文献出版社2020年版,第177页。

展疾病防控领域重大科技攻关,解决一批药品、医疗器械、疫苗等领域"卡脖子"问题。加强科卫协同、军民融合、省部合作,有效提升基础前沿、关键共性、社会公益和战略高科技的研究水平。发展医学前沿技术,加强慢性病防控、精准医学、智慧医疗等关键技术突破,重点部署创新药物开发、医疗器械国产化、中医药现代化等任务,显著增强重大疾病防治和健康产业发展的科技支撑能力。要大力推进药品创新,切实解决用药贵的问题。我国药品供应保障最大的短板就是缺乏拥有自主知识产权的药品,就连具有传统优势的中药也被国外企业垄断。要制定鼓励新药研发政策,推动生物医学科技创新发展。突出抓好中医药传承创新,做好文献的挖掘、整理和利用,加快中医药产业发展,更好地服务人民健康。

这里以生物安全科技为例。生物安全关乎人民生命健康,关乎国家长治久安,关乎中华民族永续发展,是国家总体安全的重要组成部分,也是影响乃至重塑世界格局的重要力量。2021年9月29日,习近平同志在十九届中央政治局第三十三次集体学习时强调:"要加快推进生物科技创新和产业化应用,推进生物安全领域科技自立自强,打造国家生物安全战略科技力量,健全生物安全科研攻关机制,严格生物技术研发应用监管,加强生物实验室管理,严格科研项目伦理审查和科学家道德教育。"[①]要促进生物技术健康发展,在尊重科学、严格监管、依法依规、确保安全的前提下,有序推进生物育种、生物制药等领域产业化应用。要把优秀传统理念同现代生物技术结合起来,中西医结合、中西药并用,集成推广生物防治、绿色防控技术和模式,协同规范抗菌药物使用,促进人与自然和谐共生。

要充分运用大数据、云计算、互联网、人工智能等新一代信息技术,在疫情监测分析、病毒溯源、形势研判、医疗救治、教育培训、社区指导、资源调配、综合管理等方面更好地发挥支撑作用。规范和推动"互联网+医疗健康"服务,创新互联网医疗健康服务模式,为人民群众提供更精准、更有效、更人性化的服务。要完善人口健康信息服务体系建设,全面建成统一权威、互联互通的人

---

① 《习近平在中共中央政治局第三十三次集体学习时强调,加强国家生物安全风险防控和治理体系建设,提高国家生物安全治理能力》,《人民日报》2021年9月30日,第1版。

口健康信息平台,持续推进覆盖全生命周期的预防、治疗、康复和自主健康管理一体化的国民健康信息服务。

这里以可穿戴设备为例。物联网技术是新一代信息技术的重要组成部分和综合应用,也是信息化时代的重要发展阶段。顾名思义,物联网技术就是实现物物互联的互联网技术,即在互联网基础上,将用户端扩展到了物品和物品之间,使物品和物品之间能够实现通信和信息交流。可穿戴设备作为物联网健康管理最重要的感应终端,已经在全世界得到了广泛应用。可穿戴设备是指利用穿戴式技术对人们的日常穿戴进行智能化设计,能够收集人体生物信号的日常穿戴设备。常见的可穿戴设备有智能手环、手表、眼镜、手套、鞋以及服饰等。有的可穿戴设备以独立形式存在,比如手机、计步器等。未来,可穿戴设备的发展和普及,在互联网技术、物联网技术以及现代医学科技的基础上,通过整合可穿戴设备、呼叫中心、急救中心、医疗机构,可以构建一套集预防、监测、诊断、救助、康复指导于一体的远程健康救助服务系统。目前,我国已经开始搭建家庭健康管理云计算平台提供医疗健康数据分析服务,将可穿戴设备采集的数据和分析结果直接提供给患者,并在获得患者同意的基础上将数据发送给医疗机构,提供有针对性的医疗健康解决方案,实现"智能医疗"。

4. 发挥科技支撑作用,促进社会治理精细化智能化

社会建设是中国特色社会主义"五位一体"总体布局的重要内容。新中国成立以来特别是改革开放以来,我们党对社会建设进行了不懈探索,不断深化对社会建设内涵和要求的认识,在理念上经历了从社会管控到社会管理、再到社会治理的历史性飞跃,在体制机制上经历了从推进社会管理体制到创新社会治理体制、再到完善社会治理体系的逐步深化过程。2012年党的十八大提出加快形成党委领导、政府负责、社会协同、公众参与、法治保障的社会管理体制。2013年党的十八届三中全会从完善和发展中国特色社会主义制度、推进国家治理体系和治理能力现代化的战略高度,明确提出了创新社会治理体制、提高社会治理水平的新要求。2015年党的十八届五中全会提出构建全民共建共享的社会治理格局。2017年党的十九大提出打造共建共治共享的社会治理

格局。2019年党的十九届四中全会提出完善党委领导、政府负责、民主协商、社会协同、公众参与、法治保障、科技支撑的社会治理体系,建设人人有责、人人尽责、人人享有的社会治理共同体。2020年党的十九届五中全会进一步对加强和创新社会治理、完善社会治理体系作出了部署。

党委领导、政府负责、民主协商、社会协同、公众参与、法治保障、科技支撑的社会治理体系,内涵十分丰富,体现了党领导下多方参与、共同治理的理念和主张,强调的是发挥政府、市场、社会等多元主体的协同协作、互动互补、相辅相成作用,并且十分注重社会治理中的民主协商、法治保障、科技支撑,是社会治理理念、治理体制和治理方式的重大创新。随着改革开放和社会主义市场经济的发展,我国社会阶层分化、社会关系多样、社会利益多元,单靠某一种社会力量难以治理好我国这样一个急剧变革、深刻变化的巨型社会,难以应对日益增多的风险挑战。社会治理已不再是党委和政府的"独角戏",而是在党的领导下,政府、社会组织、公民以及各方良性互动,为促进社会高效、有序、协调运转的共同治理。在这样一个完善的、现代化的社会治理体系中,坚持党委领导是根本,完善政府负责是前提,开展民主协商是渠道,实行社会协同是依托,动员公众参与是基础,搞好法治保障是条件,提供科技支撑是手段,七位一体,有机联系,形成合力。

科技支撑是新一轮科技革命和产业变革助推社会治理和治理能力现代化的重要标志,强调的是充分运用最新科技成果和新一代信息技术,统筹推进大数据、云计算、物联网和人工智能等各种信息数据的集成运用,为提升社会治理整体效能提供坚实支撑。

社会治理精细化智能化的基础是公共治理活动的数据化、网络化、智能化。随着互联网普及运用和大数据等技术迅猛发展,社会治理的数据日益增多,从掌握少量"样本数据"向掌握海量"全体数据"转变,这为推动治理模式变革、推进社会治理能力现代化提供了前所未有的有利条件。治理主体运用大数据、云计算、区块链、人工智能等技术,依托相应的数据平台、计算平台和分析模型,深入挖掘海量数据背后隐藏着的内在逻辑,更加精确地掌握不同区域、不同群体甚至不同个体的公共治理需求及其优先顺序、动态变化,进而优化甚至重塑公共资源配置和服务流程,实现公共决策的科学化、公共服务的高效化、社会治理的精细化智能化。

第一，推动大数据技术更好保障和改善民生。大数据在保障和改善民生方面大有可为。大数据是社会治理的"千里眼""顺风耳"，有助于推动社会治理从单向管理转向双向互动、从线下转向线上线下融合、从单纯的政府监管转向更加注重社会协同治理。大数据正深刻改变着政府管理理念和治理模式，社会事业领域数据和资源集中整合，为政府及时、全面地掌握相关数据的变动情况和变化趋势提供了支撑。各国都在加快政府数字化转型，"用数据说话、用数据决策、用数据管理、用数据创新"成为提升政府治理能力的新途径、新方向。在社会治理中运用大数据，可以更全面、更精准感知社会态势，及时回应群众关切、方便群众办事，获取社情民意、辅助决策施政，从而有效提升社会治理能力和水平。2015年6月24日，国务院办公厅印发《关于运用大数据加强对市场主体服务和监管的若干意见》，明确提高对市场主体服务水平、加强和改进市场监管、推进政府和社会信息资源开放共享、提高政府运用大数据的能力、积极培育和发展社会化征信服务五个方面重点任务。

近年来，一些地区和部门在运用大数据保障和改善民生方面进行了有益的探索和实践，成效显著，深得民心。比如有的地方实行"最多跑一次""一网一门一办""马上办网上办就近半一次办""不见面审批"改革，有效解决了企业和群众反映强烈的办事难、办事慢、办事繁的问题。特别是在跨省医保结算、不动产登记、企业纳税等重点民生领域取得明显成效，为优化营商环境、便利就业创业等提供有力支撑。要在总结经验的基础上，深入推进"互联网＋政务服务""互联网＋教育""互联网＋医疗健康""互联网＋文化"等，让人民群众少跑腿、数据多跑路，不断提升公共服务均等化、普惠化、便捷化水平。要加强数字社会建设，不断扩展用户群体和社会服务覆盖范围，推动社会服务模式创新和均等化。要加强数字政府建设，创新行政管理模式，完善监管方式，提高公共服务水平，推动政府职能转变和效能优化。坚持问题导向和目标导向，紧紧抓住民生领域的突出矛盾和问题，弥补民生短板，强化民生服务，推进就业、教育、医疗卫生、社会保障、住房、交通等领域大数据广泛应用，深度开发各类便民应用，满足人民群众多样化、个性化需求。要加快发展大数据应用的市场化服务，降低应用成本，扩大数据可及性，为人民群众提供用得上、用得起、用得好的数据服务。

第二,积极探索"区块链+"在民生领域的运用,提升人民群众生活质量。近年来,区块链技术的集成应用在全球范围内呈现强劲发展势头,在新一轮技术革命和产业变革中发挥着极为重要的作用。当前,区块链技术应用不仅已经延伸到智能制造、供应链管理等经济领域,而且还拓展到民生改善、社会治理等社会领域,日益展现出广泛的应用前景。习近平同志强调:"要积极推动区块链技术在教育、就业、养老、精准脱贫、医疗健康、商品防伪、食品安全、公益、社会救助等领域的应用,为人民群众提供更加智能、更加便捷、更加优质的公共服务。"①

第三,运用新一代信息技术推进新型智慧城市建设。近年来,新一代信息技术在新型智慧城市建设中大显身手。一些地方将大数据、人工智能等技术应用在城市建设和治理中,积极进行形式多样的数据治理、智能治理探索。比如,杭州市依托新一代信息技术建立城市大脑运营指挥中心,开展"数字治城""数字治堵""数字治疫"等,极大提升了城市交通、文化旅游、卫生健康等系统治理效能,为全国创造了可推广可复制的经验。2020年3月31日,习近平同志在考察杭州城市大脑运营指挥中心时指出:"推进国家治理体系和治理能力现代化,必须抓好城市治理体系和治理能力现代化。运用大数据、云计算、区块链、人工智能等前沿技术推动城市管理手段、管理模式、管理理念创新,从数字化到智能化再到智慧化,让城市更聪明一些、更智慧一些,是推动城市治理体系和治理能力现代化的必由之路,前景广阔。"②数字政府建设、城市数据大脑的创新应用,使政府决策更加基于科学的数据、分析和事实而非传统经验与直觉,避免随意性,大大增强了政府经济调节、市场监管、城市管理的科学性、精准性、前瞻性。

第四,加强人工智能同社会治理的结合,推进智慧社会建设。从经济社会发展看,人工智能广泛应用,不仅将创造智能化新需求,催生新产业、新业态、

---

① 中共中央党史和文献研究院编:《习近平关于网络强国论述摘编》,中央文献出版社2021年版,第27页。

② 中共中央党史和文献研究院编:《习近平关于网络强国论述摘编》,中央文献出版社2021年版,第143页。

新模式,而且将通过同经济社会发展和人类生活重大需求深度融合,改造经济社会活动各个环节,推动经济社会从数字化、网络化向智能化跃升。人工智能技术的深度应用,极大地提高了公共服务和社会治理水平,为治国理政引入新范式、创造新工具、构建新模式。人工智能技术不是在原有治理逻辑上的简单延伸、小修小补,而是结合互联网、云计算等技术实现社会治理逻辑的全新颠覆,推动智能化治理成为未来社会治理的重要方向和典型特征。智能化治理是指利用更加优化的治理工具,利用网络信息技术对社会治理流程进行智能化改造和重塑。要以智能化建设为目标,将智能化上升为社会治理的重要原则,推进社会治理架构、运行机制、工作流程智能化再造。要抓住民生领域的突出矛盾和难点,加强人工智能在教育、医疗卫生、体育、住房、交通、助残养老、家政服务等领域的深度应用,创新智能服务体系。"要开发适用于政府服务和决策的人工智能系统,加强政务信息资源整合和公共需求精准预测,提高决策科学性。要推进智慧城市建设,推动城市规划、建设、管理、运营全生命周期智能化。要促进人工智能在公共安全领域的深度应用,利用人工智能提升公共安全保障能力。要加强生态领域人工智能运用,提高生态监测水平,增强环保监督能力,为推动生态文明建设提供更强大的技术支撑和智能保障。"[①]

要加强引导和规范,推动新一代信息技术在社会治理中得到创新发展、健康发展。总的原则是既要积极利用、鼓励创新,又要强化监管、有序规范。对于大数据、区块链等技术的安全风险,要认真研究分析,密切跟踪发展动态,建立健全包容审慎的监管体制机制,完善保障健康发展的法律法规、制度体系、伦理规范。特别需要注意的是,推进社会治理精细化智能化,一定要夯实社会治理的基础设施建设。在这方面,就是要加强数据有序集中、规范共享,打破"信息孤岛"、破除数据壁垒,推动技术融合、业务融合、数据融合,推进政务数据、行业数据、社会数据、企业数据等汇聚对接、统筹利用,加快智慧社会、新型智慧城市建设。要构建新一代信息基础设施体系,统筹规划政务数据资源和社会数据资源,完善基础设施信息资源和重要领域信息资源建设,形成万物互

[①] 中共中央党史和文献研究院编:《习近平关于网络强国论述摘编》,中央文献出版社2021年版,第141页。

联、人机交互、天地一体的网络空间,建立健全国家数据资源体系,尽快实现政务服务事项"一网通办""异地可办",增强宏观调控、市场监管、社会治理、公共服务的精准性和有效性。

第五,织密社会保障安全网。社会保障是保障和改善民生、维护社会公平、增进人民福祉的基本制度保障,发挥着民生保障安全网、收入分配调节器、经济运行减震器的作用,是治国安邦的大问题。党的十八大以来,党中央把社会保障体系建设摆上更加突出的位置,推动我国社会保障体系建设进入快车道。中央政治局会议、中央政治局常委会会议、中央全面深化改革委员会会议等会议多次研究审议改革和完善基本养老保险制度总体方案、深化医疗保障制度改革意见等,对我国社会保障体系建设作出顶层设计,改革的系统性、整体性、协同性进一步增强。统一城乡居民基本养老保险制度,整合城乡居民基本医疗保险制度,推进全民参保计划,积极发展养老、托幼、助残等福利事业,不断健全多层次社会保障体系,为人民创造美好生活奠定了坚实基础。目前,我国以社会保险为主体,包括社会救助、社会福利、社会优抚等制度在内,功能完备的社会保障体系基本建成,基本医疗保险覆盖13.6亿人,基本养老保险覆盖近10亿人,是世界上规模最大的社会保障体系。

在充分肯定成绩的同时,我们也要看到,随着我国社会主要矛盾发生变化、城镇化、人口老龄化、就业方式多样化加快发展,我国社会保障体系仍存在不足,主要是:制度整合没有完全到位,制度之间转移衔接不够通畅;部分农民工、灵活就业人员、新业态就业人员等人群没有纳入社会保障,存在"漏保""脱保""断保"的情况;城乡、区域、群体之间待遇差异不尽合理;社会保障公共服务能力同人民群众的需求还存在一定差距;等等。现在,我国社会保障制度改革已进入系统集成、协同高效的阶段。我们要加大再分配力度,强化互助共济功能,把更多人纳入社会保障体系,完善覆盖全民、统筹城乡、公平统一、可持续的多层次社会保障体系,进一步织密社会保障安全网。从科技治理的角度看,要注重做好两个方面的工作。

一是要健全灵活就业人员、新业态就业人员参加社会保险制度。伴随着新一代信息技术普及运用、新就业形态迅猛发展和消费结构、产业结构、城乡结构的变迁,新兴服务业、新兴经济层出不穷,线上服务、生活服务、社会组织服务等新业态、新行业、新工种的灵活就业人员大量涌现。这些新就业形态从业人员,比如网约车司机、网络写手、共享用工、租赁用工等人员的工作具有去组织化、去雇主化、去劳动关系化等特点,呈现出灵活、多样、流动、平台化、点对点等特征,用工方式灵活自由,难以认定为传统的雇佣关系,对社保体系建设带来了新挑战。现行的以劳动关系为基础的职业人群社会保障制度无法适应新就业形态从业人员的社保要求。即便已经参保的部分灵活就业人员,参加社会保险的比例不高、保障不足。突如其来的新冠肺炎疫情再次对传统的以单位为依托、以劳动关系为基础的社会保障制度带来了新挑战。因此,要加快完善社保制度,健全适合新就业形态灵活就业人员劳动用工特点的参保缴费政策和制度体系,并通过优化服务方式,实现应保尽保,确保社会保障待遇水平伴随经济发展不断提高。

二是要提高社会保障精细化治理水平。从纵向体系看,要进一步完善从中央到省、市、县、乡镇(街道)的五级社会保障管理体系和服务网络,在提高管理精细化程度和服务水平上下更大功夫,整体提升社会保障治理效能。从横向结构看,要适应人口大规模流动、就业快速变动的趋势,完善社会保险关系登记和转移接续的措施,健全社会救助、社会福利对象精准认定机制,实现应保尽保、应助尽助、应享尽享。从服务模式看,要完善全国统一的社会保险公共服务平台,充分利用大数据、云计算、互联网等信息技术创新服务模式,深入推进社保经办数字化转型。同时,要坚持传统服务方式和智能化服务创新并行,针对老年人、残疾人等群体的特点,提供更周全便利、更直接快捷、更贴心暖心的社会保障服务。这实际上涉及智能科技的普惠性问题,是对我们党科技治理能力的一个新考验。不少老年人以及视力障碍者等群体,不会上网、不会手机支付、不会查健康码,在出行、就医、消费、文娱、办事等日常生活中遇到很多不便,"数字鸿沟"问题日益凸显。一端是日益扩大的老龄人口,一端是日新月异的科技创新,如何让老年人共享智慧社会便利?

针对这一突出问题,中央领导同志多次作出重要批示和指示,要求抓紧研究,尽快予以破解。2020年11月15日,国务院办公厅印发《关于切实解决老年人运用智能技术困难实施方案的通知》,按照"坚持传统服务与智能创新相结合""坚持普遍适用与分类推进相结合""坚持线上服务与线下渠道相结合""坚持解决突出问题与形成长效机制相结合"①的基本原则,聚焦老年人日常生活涉及的出行、就医、消费、文娱、办事等7类高频事项,提出了20条具体举措要求。《关于切实解决老年人运用智能技术困难的实施方案》强调,在各类日常生活场景中,必须保留并完善老年人等特殊群体熟悉的传统服务方式,比如保留使用现金、纸质票据、凭证、证件等乘车方式,推行老年人凭身份证、社保卡、老年卡等证件乘坐城市公共交通。医疗机构应提供一定比例的现场号源,保留挂号、缴费、打印检验报告等人工服务窗口,配置导医人员、志愿者等及时为老年人等特殊群体提供必要帮助。零售、餐饮、商场等消费场所,水电气费等基本公共服务费用缴纳,应支持现金和银行卡支付。积极开展智能技术教育,通过体验学习、尝试应用、经验交流、互助帮扶等,引导老年人了解新事物、体验新科技,积极融入智慧社会。为进一步落实有关举措,2021年2月10日,工业和信息化部印发了《关于切实解决老年人运用智能技术困难便利老年人使用智能化产品和服务的通知》,制定了配套细化措施。为给老年人提供更优质的电信服务,《通知》提出:保留线下传统电信服务渠道,持续完善营业厅"面对面"服务;持续优化电信客服语音服务,提供针对老年人的定制化电信服务;持续完善网络覆盖,精准降费惠及老年人。为扩大适老化智能终端产品供给,《通知》强调,要提供更多智能化适老产品和无障碍服务,开发大屏幕、大字体、大音量、大电池容量、操作简单的智能终端产品。

2021年6月3日,国务院印发《全民科学素质行动规划纲要(2021—2035年)》,在部署实施老年人科学素质提升行动时,明确提出要实施智慧助老行动,强调要聚焦老年人运用智能技术、融入智慧社会的需求和困难,依托老年大学(学校、学习点)、老年科技大学、社区科普大学、养老服务机构等,普及智能技术知识和技能,提升老年人信息获取、识别和使用能力,有效预防和应对网络谣言、电信诈骗。这些都是针对性很强的举措。2021年11月18日,中共中央、国务院印发的《关于加强新时代老龄工作的意见》指出:"在鼓励推广新技术、新方式的同时,保留老年人熟悉的传统服务方式,加快推进老年人常用

---

① 国务院办公厅:《关于切实解决老年人运用智能技术困难实施方案的通知》,中华人民共和国中央人民政府网站,http://www.gov.cn/zhengce/content/2020-11/24/content_5563804.htm。

的互联网应用和移动终端、APP应用适老化改造。实施'智慧助老'行动,加强数字技能教育和培训,提升老年人数字素养。"①2021年12月30日国务院印发的《"十四五"国家老龄事业发展和养老服务体系规划》,在"营造老年友好型社会环境"方面,明确提出"建设兼顾老年人需求的智慧社会"。

老年人、残疾人等特殊群体面对智能技术遇到的困难,看似是一件件日常生活中的平凡小事,实则事关亿万老年人、残疾人等特殊群体的切身利益,是一项党和政府高度重视、全社会普遍关心的大事。党中央、国务院坚持以人民为中心的发展思想,即时研究制定相关政策举措,极大推动了老年人、残疾人等特殊群体共享智慧社会发展成果。

三、发展生态科技,建设人与自然和谐共生的现代化

我们党一贯重视生态环境保护事业,持续推进生态文明建设。20世纪80年代初,我们就把保护环境作为基本国策。90年代初,可持续发展战略被确立为国家战略。进入21世纪后,我们大力推进资源节约型、环境友好型社会建设。中国特色社会主义进入新时代,以习近平同志为核心的党中央着力推进美丽中国建设,污染治理力度之大、制度出台频度之密、监管执法尺度之严、环境质量改善速度之快前所未有,生态环境保护发生了历史性、转折性、全局性变化。

"十四五"时期,我国生态文明建设进入了以降碳为重点战略方向、推动减污降碳协同增效、促进经济社会发展全面绿色转型、实现生态环境质量改善由量变到质变的关键时期。我们要坚持生态为民、生态惠民、生态利民,大力发展生态科技,培育绿色低碳发展的新业态新模式,为建设美丽中国提供坚实的科技支撑。

1. 深刻认识我国生态文明建设的战略意义和历史方位

党的十八大以来,以习近平同志为核心的党中央将生态文明建设作为重

---

① 《中共中央、国务院关于加强新时代老龄工作的意见》,《人民日报》2021年11月25日,第1版。

大民生实事牢牢抓在手上，开展了一系列根本性、开创性、长远性工作。在"五位一体"总体布局中，生态文明建设是其中一位；在新时代坚持和发展中国特色社会主义的基本方略中，坚持人与自然和谐共生是其中一条；在新发展理念中，绿色是其中一项；在三大攻坚战中，污染防治是其中一战；在到本世纪中叶建成社会主义现代化强国目标中，美丽中国是其中一个。这些战略谋划充分体现了我们党对生态文明建设重要性的认识，深刻揭示了生态文明建设在党和国家事业发展全局中的重要地位。

习近平同志深刻阐述了生态文明建设的重大意义，正确判断我国生态文明建设面临的严峻形势，科学分析了我国生态文明建设所处的历史方位，推动全社会对生态文明建设战略地位的认识发生了历史性变化。

第一，从三个高度看待生态文明建设的重大意义。

一是从政治高度看待生态文明建设。习近平同志指出："生态环境是关系党的使命宗旨的重大政治问题，也是关系民生的重大社会问题。"[1]经过改革开放以来多年的快速发展，我国取得了举世瞩目的成就，这是值得我们自豪和骄傲的。同时必须看到，我国积累下来的环境问题进入高强度频发阶段，我国农产品、工业品、服务产品的生产能力迅速扩大，但提供优质生态产品的能力却在减弱，一些地方生态环境还在恶化，甚至到了积重难返的地步，成为民生之患、民生之痛。如果仍是粗放发展，即使实现了发展目标、经济上去了，但环境污染没有治理好，老百姓的幸福感会大打折扣，甚至会出现强烈的不满情绪，弄得不好也往往最容易引发群体性事件。"这里面有很大的政治"[2]，"生态文明建设做好了，对中国特色社会主义是加分项，反之就会成为别有用心的势力攻击我们的借口"[3]。我们在生态环境方面欠账太多了，如果不从现在起就把这项工作紧紧抓起来，将来付出的代价便会更大。生态环境是我国持续发展最

---

① 习近平：《推动我国生态文明建设迈上新台阶》，中共中央党史和文献研究院编：《十九大以来重要文献选编》上，中央文献出版社2019年版，第448页。

② 中共中央文献研究室编：《习近平关于社会主义生态文明建设论述摘编》，中央文献出版社2017年版，第5页。

③ 习近平：《推动我国生态文明建设迈上新台阶》，中共中央党史和文献研究院编：《十九大以来重要文献选编》上，中央文献出版社2019年版，第449页。

为重要的基础。在这个问题上,我们没有别的选择。这些论述表明,必须从巩固党的执政基础、保证党和国家长治久安的高度看待生态文明建设。

二是从中华民族伟大复兴和永续发展的高度看待生态文明建设。生态环境保护是功在当代、利在千秋的事业。习近平同志指出:"生态文明建设事关中华民族永续发展和'两个一百年'奋斗目标的实现。"①到本世纪中叶,我们要建成一个富强民主文明和谐美丽的社会主义现代化强国,要实现中华民族伟大复兴,这是一项绝无仅有、史无前例、空前伟大的事业。14亿多人口的中国实现了现代化,就会把世界工业化人口数量提升一倍以上,其影响将是世界性的。如果我国现代化建设走美欧走过的老路,消耗资源、污染环境,再有几个地球也不够消耗,那是难以为继的,是走不通的。习近平同志用两个短板的比喻告诫我们:生态环境在我国现代化中成为明显的短板,生态文明建设是全面建成小康社会的突出短板,必须尽力补上这块短板。他指出,"生态文明建设是关系中华民族永续发展的根本大计"②,如果任凭生态环境的问题不断产生,我们就难以从根本上扭转我国生态环境恶化的趋势,就是对中华民族和子孙后代不负责任。他强调,要在人与自然和谐共生的高度来谋划经济社会发展,"统筹污染治理、生态保护、应对气候变化,促进生态环境持续改善,努力建设人与自然和谐共生的现代化"③。

三是从人类生存发展的高度看待生态文明建设。建设生态文明是关系人民福祉、关系民族未来的大计。习近平同志指出:"生态环境是人类生存和发展的根基,生态环境变化直接影响文明兴衰演替。"④人与自然共生共存,伤害自然最终将伤及人类。空气、水、土壤、蓝天等自然资源用之不觉、失之难续。

① 中共中央文献研究室编:《习近平关于社会主义生态文明建设论述摘编》,中央文献出版社2017年版,第9页。
② 中共中央文献研究室编:《习近平关于社会主义生态文明建设论述摘编》,中央文献出版社2017年版,第7页。
③ 习近平:《论把握新发展阶段、贯彻新发展理念、构建新发展格局》,中央文献出版社2021年版,第539页。
④ 习近平:《推动我国生态文明建设迈上新台阶》,中共中央党史和文献研究院编:《十九大以来重要文献选编》上,中央文献出版社2019年版,第443页。

工业化创造了前所未有的物质财富,也产生了难以弥补的生态创伤。他在一系列讲话中经常讲到三个镜鉴:一是总结世界历史教训,从生态环境衰退导致古代埃及、古代巴比伦文明衰落得出结论"生态兴则文明兴,生态衰则文明衰";二是强调要认真吸取我国古代水丰草茂的河西走廊、黄土高原一带由于生态遭到严重破坏而加剧经济衰落的教训,不能再在我们手上重犯;三是通过20世纪30年代开始在一些发达国家相继发生的多起震惊世界的环境公害事件,反思资本主义发展模式对地球生态系统原有循环和平衡的打破以及人与自然关系的紧张。他强调:"建设生态文明关乎人类未来。"[1]保护生态环境,应对气候变化,维护能源资源安全,是全球面临的共同挑战,任何一国都无法置身事外,需要在全球范围内采取及时有力的行动。国际社会应该携手同行,着力深化环保合作,积极应对全球性生态挑战,共同呵护人类赖以生存的地球家园。

正是站在政治的高度、中华民族伟大复兴和永续发展的高度、全人类生存发展的高度来看待生态文明建设,习近平同志反复强调要把生态文明建设摆在更加突出的位置,紧盯不放。从中也可以看出,习近平生态文明思想,既来自对中国共产党长期执政经验的科学总结,也来自对中华文明接续发展的历史借鉴,还来自于对世界文明兴衰存续规律的深刻把握。

第二,科学判断我国生态文明建设面临的形势任务。

一是关于生态环境保护形势的总体判断。我国生态文明建设面临的有利条件是:改革开放40年的发展进步提供了坚实的物质、技术和人才基础,我国经济已从高速增长阶段转向高质量发展阶段,宏观经济环境更加有利,绿色低碳发展深入推进,生态文明体制改革红利逐步释放,我国生态环境保护已进入了不欠新账、多还旧账的阶段。在看到有利条件的同时,习近平同志清醒地指出:我国环境容量有限,生态系统脆弱,污染重、损失大、风险高的生态环境状况还没有根本扭转,资源约束趋紧、环境污染严重、生态系统退化的形势依然十分严峻。在综合分析的基础上,他指出:一方面我国生态环境质量持续改

---

[1] 中共中央文献研究室编:《习近平关于社会主义生态文明建设论述摘编》,中央文献出版社2017年版,第131页。

善、持续好转、稳中向好;另一方面我国生态环境稳中向好的基础还不稳固,从量变到质变的拐点还没有到来,生态文明建设挑战重重、压力巨大、矛盾突出,还有不少难关要过,还有不少硬骨头要啃,还有不少顽瘴痼疾要治。

二是关于我国生态文明建设所处历史方位的判断。"生态文明建设正处于压力叠加、负重前行的关键期,已进入提供更多优质生态产品以满足人民日益增长的优美生态环境需要的攻坚期,也到了有条件有能力解决生态环境突出问题的窗口期。"[1]这"三个期"是习近平同志统筹考虑经济、社会、环境、民生诸要素在内的发展全局而作出的精准、客观、全面的重大战略判断。他指出:现在,我们到了必须加大生态环境保护建设力度的时候了,也到了有能力做好这件事情的时候了。他强调,这是一个凤凰涅槃的过程。必须咬紧牙关,爬过这个坡,迈过这道坎。

三是关于生态文明建设主要矛盾的判断。中国特色社会主义进入新时代,社会主要矛盾发生了变化,这一变化必然体现到生态文明领域中来。现在,随着我国社会主要矛盾转化为人民日益增长的美好生活需要和不平衡不充分的发展之间的矛盾,人民群众对优美生态环境需要已经成为这一矛盾的重要方面,广大人民群众热切期盼加快提高生态环境质量。新时代,人民群众对干净的水、清新的空气、安全的食品、优美的生态环境等要求越来越高,生态环境在群众生活幸福指数中的地位不断凸显。我们既要创造更多物质财富和精神财富以满足人民日益增长的美好生活需要,也要提供更多优质生态产品以满足人民日益增长的优美生态环境需要。

正是立足于上述判断,习近平同志反复强调要清醒认识加强生态文明建设的重要性和必要性、紧迫性和艰巨性,真正下决心把环境污染治理好、把生态环境建设好,为人民创造良好生产生活环境。也正因为如此,习近平同志对生态环境保护方面的问题看得很重,多次就一些严重损害生态环境的事情作出批示,要求严肃查处。比如,分别就陕西延安削山造城、秦岭北麓西安段圈地建别墅、腾格里沙漠污染、甘肃祁连山生态保护区生态环境破坏等严重破坏

---

① 习近平:《推动我国生态文明建设迈上新台阶》,中共中央党史和文献研究院编:《十九大以来重要文献选编》上,中央文献出版社2019年版,第448页。

生态环境事件作出多次批示。这充分体现了我们党加强生态文明建设的坚定意志和坚强决心。

2. 习近平生态文明思想的科学内涵和主要内容

党的十八大以来,习近平同志以高度的历史使命感和强烈的责任担当,不断探索生态文明建设规律,深刻回答了为什么建设生态文明、建设什么样的生态文明、怎样建设生态文明的重大理论和实践问题,形成了习近平生态文明思想。习近平生态文明思想是习近平新时代中国特色社会主义思想的重要组成部分,是新时代加强生态环境保护、建设美丽中国的根本遵循和行动指南。

习近平同志在许多重要会议和重要场合,围绕我国生态文明建设的若干重大问题,进行了深入系统的研究、谋划和部署。一是主持中央政治局集体学习,带头研究和思考我国生态文明中基础性、战略性、前瞻性的重大问题。比如,2013年5月24日十八届中央政治局第六次集体学习内容是大力推进生态文明建设;2013年7月30日第八次集体学习内容是建设海洋强国研究;2017年5月26日第四十一次集体学习内容是推动形成绿色发展方式和生活方式;2021年4月30日十九届中央政治局第二十九次集体学习内容是新形势下加强我国生态文明建设;2022年1月24日十九届中央政治局第三十六次集体学习内容是努力实现碳达峰碳中和目标;等等。二是召开中央财经领导小组、中央财经委员会会议,专题研究和部署生态文明建设中重大而紧迫的问题。比如,2014年3月14日,中央财经领导小组第五次会议研究水安全战略,确立了"节水优先、空间均衡、系统治理、两手发力"的治水新思路;2014年6月13日第六次会议研究我国能源安全战略,明确提出了推动能源消费、能源供给、能源技术、能源体制革命和加强国际合作的能源安全新战略;2016年1月26日第十二次会议研究长江经济带发展规划、森林生态安全等问题;2016年12月21日第十四次会议研究清洁取暖、普遍推行垃圾分类制度、畜禽养殖废弃物处理和资源化、加强食品安全监管等人民群众普遍关心的突出问题;2018年10月10日中央财经委员会第三次会议,研究提高我国自然灾害防治能力问题;2021年2月19日中央全面深化改革委员会第十八次会议审议通过《关于建立健全生态产品价值实现机制的意见》;等等。三是在一系列重要场合比如中央经济工作会议、中央城镇化工作会议、中央农村工作会议等会议上发表重要讲话,深刻分析和阐述我国生态文明建设的目标任务、重大方针、政策措施等。四是在外出考察,比如到青海、甘肃、内蒙古等地以及重要生态屏障、重点生态功能区考察时,结合实际对当地提出具体细致乃至对全国都具有指导意义的工作要求。五是在一些重要国际场合结合推进"一带一路"建设、参与全球治理体系变革、维护全球生态安全等重大问题阐明中国关于生态文明建设的国际主张、原则立场。在这一系列重要论述中,习近平同志既深刻分析了我国生态文明建设的现实状况,又剖析了问题根源,明确提出了解决方案和应对措施,对我国生态文明建设新实践及时作出理论概括和思想提升,习近平生态文明思想的内涵不断充实、深化,作为一个思想体系也愈加丰富、成熟。

习近平生态文明思想内涵十分丰富,涵盖新时代生态文明建设的战略地位、总体目标、体系框架、核心原则、根本途径、制度保障和政治领导等方面,这些构成了习近平生态文明思想的"四梁八柱"。其主要内容可以概括如下:

关于生态文明建设的总体目标。以习近平同志为核心的党中央对我国生态文明建设的奋斗目标作出了战略安排:到2020年,生态文明建设水平与全面建成小康社会目标相适应;到2035年,美丽中国目标基本实现;到本世纪中叶,建成美丽中国。这是内涵十分丰富、要求极为严格的奋斗目标,我们开展生态文明建设,必须对标对表,按照这样的"三步走"目标逐步发力、层层深入推进。

关于生态文明建设的体系框架。习近平同志用"五个体系"全面界定了生态文明体系的基本框架。这"五个体系"是:以生态价值观念为准则的生态文化体系,以产业生态化和生态产业化为主体的生态经济体系,以改善生态环境质量为核心的目标责任体系,以治理体系和治理能力现代化为保障的生态文明制度体系,以生态系统良性循环和环境风险有效防控为重点的生态安全体系。这"五个体系"相辅相成、相得益彰。

关于生态文明建设的核心原则。一是坚持人与自然和谐共生。人与自然是生命共同体。必须坚持节约优先、保护优先、自然恢复为主的方针,坚定不移地走生产发展、生活富裕、生态良好的文明发展道路,还自然以宁静、和谐、美丽。二是坚持绿水青山就是金山银山。绿水青山既是自然财富、生态财富,又是社会财富、经济财富。必须贯彻新发展理念,努力把绿水青山蕴含的生态产品价值转化为金山银山,使绿水青山持续发挥生态效益和经济社会效益。三是良好生态环境是最普惠的民生福祉。环境就是民生,青山就是美丽,蓝天也是幸福。必须坚持以人民为中心,重点解决损害群众健康的突出环境问题,提供更多优质生态产品。四是山水林田湖草沙冰是生命共同体。人的命脉在田,田的命脉在水,水的命脉在山,山的命脉在土,土的命脉在林和草,沙和冰也是独特而重要的生态资源。要从系统工程和全局角度寻求新的治理之道,统筹兼顾、整体施策、多措并举。五是用最严格制度最严密法治保护生态环境。要加快制度创新,增加制度供给,完善制度配套,强化制度执行,让制度成为刚性约束和不可触碰的高压线。六是共谋全球生态文明建设。建设绿色家园是人类的共同梦想。要深度参与全球环境治理,积极引导国际秩序变革方向,形成世界环境保护和可持续发展的解决方案,推动构建人类命运共同体。

关于生态文明建设的根本途径。绿色发展是新发展理念的重要组成部分,是全方位变革、构建高质量现代化经济体系的必然要求。绿色发展就其要义来说,是要解决好人与自然和谐共生问题。全面推动绿色发展,加快形成绿色发展方式,是解决污染问题的根本之策。坚持绿色发展、循环发展、低碳发展,做强做大绿色经济。倡导简约适度、绿色低碳的生活方式,通过生活方式绿色革命倒逼生产方式绿色转型。

关于生态文明建设的制度保障。生态文明体制改革是全面深化改革的重要领域,也是生态文明建设的重要保障。建设生态文明,重在建章立制。要以解决生态环境领域突出问题为导向,着力推进生态文明制度创新,不断健全自然资源资产管理体制,改革生态环境监管体制,强化绿色发展法律和政策保障,构建产权清晰、多元参与、激励约束并重、系统完整的生态文明制度体系。

关于生态文明建设的政治领导。在我们这样一个幅员辽阔、生态面貌丰富多样的发展中大国,污染防治是时间紧、任务重、难度大的攻坚战,必须有一个坚强的领导核心力量,这就是中国共产党。生态治理无小事,生态文明建设的任何战略部署、行动方案,都必须在党中央的坚强领导下开展,各地区各部门必须坚决维护党中央权威和集中统一领导,坚决担负起生态文明建设的政治责任。要健全党委领导、政府主导、企业主体、社会组织和公众共同参与的现代环境治理体系,构建一体谋划、一体部署、一体推进、一体考核的制度机制。要建立科学合理的考核评价体系,推动中央环保督察向纵深发展,实施最严格的考核问责,严格追究责任。

习近平生态文明思想是习近平同志着眼于我国生态文明建设的基本国情和严峻形势,坚持解放思想、实事求是、与时俱进、求真务实,以全新的视野、全新的认识不懈探索生态文明建设规律而形成的独创性理论成果。这一理论成果,用人与自然和谐共处的价值取向拓展了人们对自然的认识,倡导牢固树立社会主义生态文明观,开辟了人与自然和谐发展的现代化建设新格局;用绿水青山就是金山银山的发展导向从根本上扭转了人们对发展的认识,推动了发展观的深刻变革,确立了绿色发展的新理念;用良好生态环境就是最普惠民生福祉的民生底蕴,深化了对人民需要的认识,指明了生态惠民、生态利民、生态为民的生态文明发展新方向;用山水林田湖草是生命共同体的系统思维,改变了过去算小账、算眼前、顾此失彼、单一治理的片面倾向,强调要树立大局观、长远观、整体观,开创了全方位、全地域、全过程生态治理的新模式;用最严格制度最严密法治保护生态环境的法治观念,改变了体制不健全、制度不严格、法治不严密、执行不到位、惩处不得力的弊端,把制度建设作为生态文明建设的重中之重,推动生态文明建设迈入制度化、法治化、规范化、程序化的新轨道;用共谋全球生态文明建设的全球视野,倡导国际社会同舟共济、携手共建生态良好的地球美好家园,为人类可持续发展和全球环境治理提供了充满东方智慧的中国方案。

习近平同志坚持运用辩证唯物主义和历史唯物主义的世界观和方法论,深刻阐述了事关生态文明建设全局的一系列重大关系,揭示了新时代生态文明建设的辩证法,体现了我们党对生态文明建设规律的辩证把握。一是深刻阐述了经济发展和生态环境保护的关系,强调坚持在发展中保护、在保护中发展,指明了实现发展和保护协同共生的新路径。二是深刻阐述了生产力和生态环境的关系,揭示了保护生态环境就是保护生产力、改善生态环境就是发展生产力的实质。三是深刻阐述了资源环境承载力和经济社会发展的关系,强调把经济活动、人的行动限制在自然资源和生态环境能够承受的限度内。四是深刻阐述了污染防治和生态保护的关系,揭示了两者密不可分、相互作用的内在机理,为此他还使用了一个形象生动的比喻:污染防治好比是分子,生态保护好比是分母,要对分子做好减法,对分母做好加法,协同发力。五是深刻阐述了整体推进和重点突破的关系,强调要在整体推进的基础上抓主要矛盾和矛盾的主要方面,采取有针对性的具体措施进行重点突破,努力做到全局和局部相配套、治本和治标相结合、渐进和突破相衔接,实现整体推进和重点突破相统一。六是深刻阐述了总体谋划和久久为功的关系,强调做好顶层设计,一张蓝图干到底,以钉钉子精神脚踏实地抓成效,积小胜为大胜。

习近平同志在论述生态文明建设时还有很多脍炙人口的名言,比如"让群众望得见山、看得见水、记得住乡愁","绿色生态是最大财富、最大优势、最大品牌","共抓大保护、不搞大开发"等,这些理念直抵人心,振聋发聩。他主动给各级干部去掉增长速度的"紧箍咒",强调"不能简单以国内生产总值增长率来论英雄",经济增速下去一点,但在绿色发展方面搞上去了,那就可以挂红花、当英雄。他对生态文明建设进行总体部署,以抓铁有痕、踏石留印的韧劲,推动重要领域和关键环节取得突破性进展。他亲自部署中央生态环境保护督察,雷厉风行、压茬推进,推动环境保护重大决策落地生根。这些思想论述和行动举措,在实际工作中都取得了实实在在的成效。

3. 加快绿色低碳科技革命

2020年9月22日,习近平同志在第75届联合国大会一般性辩论上的讲话中庄严宣告:"中国将提高国家自主贡献力度,采取更加有力的政策和措施,二氧化碳排放力争于2030年前达到峰值,努力争取实现2060年前实现碳中和。"[①]这是以习近平同志为核心的党中央作出的一项意义深远的重大决策,必将对我国经济社会发展产生巨大而深刻的影响。欧美国家从碳达峰到碳中和,一般有50年到70年过渡期,而中国碳达峰的时间比较紧,从提出碳中和到实现只有40年时间。这意味着中国作为世界上最大的发展中国家,将完成全球最高碳排放强度降幅,用全球历史上最短的时间实现从碳达峰到碳中和。这无疑将是一场硬仗。

我国力争2030年前实现碳达峰,2060年前实现碳中和,是新发展阶段我国

---

① 习近平:《论坚持人与自然和谐共生》,中央文献出版社2022年版,第252页。

实现可持续发展、高质量发展的内在要求,更是一场广泛而深刻的经济社会系统性变革。降低二氧化碳排放、应对气候变化不是别人要我们做,而是我们自己必须要做、主动要做。实现"双碳"目标是我国向世界作出的庄严承诺,绝不是轻轻松松就能达到的。推进"双碳"工作,建设人与自然和谐共生的现代化,建设美丽中国,是顺应技术进步趋势、破解资源环境约束突出问题、推动经济结构转型升级的迫切需要,是对我们党治国理政能力的大考,对我国科技事业提出了新的更高要求。虽然我国生态文明建设成效显著,但我国生态环境质量同人民群众对美好生活的期盼相比,同建设美丽中国的目标相比,还有较大差距。近年来,我国前瞻部署了一系列重大科技项目,在全球气候变化应对、环境污染防控、生态系统修复、资源开发与高效利用等相关领域科技创新上取得显著进展。但当前和今后一个时期,仍然面临着生态退化、环境恶化、资源短缺等重大科技和民生问题。我国产业结构调整有一个过程,传统产业所占比重依然较高,战略性新兴产业、高技术产业尚未成长为经济增长的主导力量,能源结构没有得到根本性改变,重点区域、重点行业污染问题没有得到根本解决,资源环境对发展的压力越来越大,实现"双碳"目标任务艰巨。

2021年10月24日,国务院印发《2030年前碳达峰行动方案》,强调把"双碳"工作纳入生态文明建设整体布局和经济社会发展全局,坚持降碳、减污、扩绿、增长协同推进,组织实施好能源绿色低碳转型行动、节能降碳增效行动、工业领域碳达峰行动、城乡建设碳达峰行动、交通运输绿色低碳行动、循环经济助力降碳行动、绿色低碳科技创新行动、碳汇能力巩固提升行动、绿色低碳全民行动、各地区梯次有序碳达峰行动等"碳达峰十大行动"。强调要注重处理好发展和减排、整体和局部、短期和中长期的关系,统筹稳增长和调结构,有力有序有效做好碳达峰工作,加快实现生产生活方式绿色变革,推动经济社会发展建立在资源高效利用和绿色低碳发展的基础之上,确保如期实现2030年前碳达峰目标。

生态环境问题归根结底是经济社会发展方式和人类生产生活方式问题。绿色发展是生态文明建设的必然要求,代表了当今科技和产业变革方向,是最有前途的发展领域。我国生态文明建设面临着严峻的形势,迫切需要依靠更多更好的科技创新建设天蓝、地绿、水清的美丽中国。大力发展绿色低碳技术,推动经济社会发展全面绿色转型是解决我国生态环境问题的基础之策。我们要坚定不移地贯彻新发展理念,强化科技和制度创新,加强水、土和生态系统保护理论与关键技术研究,加快大气、水、土壤以及生态退化等防治与修复关键方法及适用技术研究与开发,突破能源资源开发和高效利用关键新技术,为人民提供更多优质生态产品,协同推进人民富裕、国家富强、中国美丽。

2022年1月24日,习近平同志在十九届中央政治局第三十六次集体学习时,明确提出了"加快绿色低碳科技革命"的号召,强调要狠抓绿色低碳技术攻关,加快先进适用技术研发和推广应用。要建立完善绿色低碳技术评估、交易体系,加快创新成果转化。要创新人才培养模式,鼓励高等学校加快相关学科建设。绿色低碳技术是实现绿色低碳发展的基本技术途径,是一个总体性概念,包括很多方面,内涵十分丰富。要紧紧抓住新一轮科技革命和产业变革的机遇,推动互联网、大数据、人工智能、第五代移动通信(5G)等新兴技术与绿色低碳产业深度融合,建设绿色制造体系和服务体系,提高绿色低碳产业在经济总量中的比重。要完善绿色低碳政策体系,健全"双碳"标准,构建统一规范的碳排放统计核算体系,推动能源"双控"向碳排放总量和强度"双控"转变。当前和今后一个时期,我们应注重从三个层面努力,着力发展能源资源开发利用技术、污染防治技术、生态修复技术。

第一,坚持不懈发展能源资源可持续利用技术,着力提升综合利用效率。"双碳"目标将倒逼能源资源开发利用方式发生革命性变革。从现状来看,经过长期发展,我国已经成为世界上最大的能源生产国和消费国,形成了煤炭、电力、石油、天然气、新能源、可再生能源全面发展的能源供给体系,但也面临着能源需求压力巨大、能源供给制约较多、能源生产和消费对生态环境损害严重、能源技术水平总体落后等挑战。节约集约开发利用能源资源,是缓解我国能源资源约束的必然选择,是走绿色发展之路的重要路径,也是我们面临的一项长期而艰巨的任务。科学技术可以极大提高能源资源开发利用的效率,保障经济社会发展所需的能源资源安全、可靠、有效供给和可持续利用。走绿色发展之路,必须要有一个总的抓手,这个总抓手就是围绕"双碳"目标推动减污降碳协同增效。牢牢把握这个总抓手,着力推动能源资源开发利用技术实现重大突破,加快推动产业结构、能源结构、交通运输结构、用地结构调整。要立足我国能源资源禀赋,坚持先立后破、通盘谋划,传统能源逐步退出必须建立在新能源安全可靠的替代基础上。积极开展能源资源可持续利用技术攻关,加快科技创新和成果应用,建设可持续能源资源体系,加强传统能源资源低碳高效清洁安全利用,加快新能源开发利用的信息化、智能化、产业化,提高重要矿产资源、水资源、油气资源的精准勘探、深度开发和高效利用水平。

一是抓住资源利用这个源头,全面提高资源利用效率。发展能源资源可持续利用技术,首先就要转变传统的增加资源供给只能依靠开发原生资源的认识,要意识到通过提升利用效率可以有效增加资源供给,并从源头上改善生态环境。我国当前面临的生态环境破坏问题,大部分是在快速工业化城镇化进程中对资源过度开发、粗放使用、奢侈浪费造成的。必须依靠科技手段改变传统的大量生产、大量消耗、大量排放的发展模式,推进资源总量管理、科学配置、全面节约、循环利用,用最少的资源环境消耗取得最大的经济社会效益。巩固提升能源产业链竞争力,立足我国新能源产业优势锻造能源技术装备长板。推动能源技术与现代信息、新材料、先进制造技术深度融合。推广节能新技术和节能新产品,加快钢铁、石化等高耗能行业的节能技术改造。要坚决控制化石能源消费,尤其是严格合理控制煤炭消费增长,有序减量替代,大力推动煤电节能降碳改造、灵活性改造、供热改造"三改联动"。要夯实国内能源生产基础,保障煤炭供应安全,保持原油、天然气产能稳定增长,加强煤气油储备能力建设,推进先进储能技术规模化应用。要推进能源效率促进公平用能,形成多能互补、深度协同的能源生产和消费模式。要立足能源可持续利用,把保护能源生态作为约束条件,着力解决新能源技术瓶颈问题。

二要抓住产业结构调整这个关键,持续降低碳排放强度。既要运用新技术改造传统产业,同时又要加快发展战略性新兴产业。要把促进新能源和清洁能源发展放在更加突出的位置,积极有序发展光能源、硅能源、氢能源、可再生能源。加快发展有规模有效益的风能、太阳能、生物质能、地热能、海洋能、氢能等新能源,统筹水电开发和生态保护,积极安全有序发展核电。要紧紧抓住新一轮科技革命和产业变革的机遇,推动互联网、大数据、人工智能、第五代移动通信(5G)等新兴技术与绿色低碳产业深度融合,建设绿色制造体系和服务体系,提高绿色低碳产业在经济总量中的比重。要完善绿色低碳政策体系,健全"双碳"标准,构建统一规范的碳排放统计核算体系,推动能源"双控"向碳排放总量和强度"双控"转变。

三是开展能源资源开发利用前沿技术研究,解决好推进绿色低碳发展的科技支撑不足问题。要推动能源技术与现代信息、新材料和先进制造技术深度融合,探索能源生产和消费新模式。加强碳捕集利用和封存技术、零碳工业流程再造技术等科技攻关。加大力度规划建设以大型风光电基地为基础、以其周边清洁高效先进节能的煤电为支撑、以稳定安全可靠的特高压输变电线路为载体的新能源供给消纳体系。从拓宽和节约水资源两手抓,开展水资源领域重大科技问题研究,加强系统集成技术攻关,形成自主、持续创新的水资源科技能力。加强重点地区土壤污染关键科技问题研究,比如土壤环境容量与承载力、污染物多介质迁移、循环和转化机理等,构建全链条的土壤环境治理与技术体系。

四是加强政策引导,强化稳定支持投入。能源资源领域科技创新的重要性、长期性和艰巨性决定了需要长期大量的经费支持。在保障财政投入的基础上,要进一步完善财税、金融等政策,推动更多社会资本、市场资本投入到能源资源开发利用领域,建立健全多方参与的多元化投融资体制。

五是要倡导绿色低碳生活。要加强宣传教育,在日常生活中养成珍爱能源资源的消费习惯和良好生活方式,营造节约适度、绿色低碳、文明健康的生活新时尚。

第二,坚持不懈发展污染防治技术,深入打好污染防治攻坚战。污染防治技术是直接面向环境污染而形成和发展起来的技术,重在解决生态破坏问题。"十三五"时期污染防治攻坚战重大阶段性成果,蓝天、碧水、净土保卫战成效显著。但是我国生态环境压力仍然处于高位,结构性污染问题比较突出,污染物排放总量超过环境容量,生态文明建设任重道远。特别是我国已进入新发展阶段,人民群众对生态环境质量的期望值更高,对生态环境问题的容忍度更低。这就决定了我们要坚持美丽中国建设方向不变、力度不减,延伸深度、拓宽广度,推动污染防治技术实现重大突破,集中力量开展科技攻关,重点解决损害人民群众健康的突出环境问题,不断提高老百姓的环境舒适度、生态体验感。

一是突出精准治污、科学治污、依法治污"三个治污"。精准治污，就是认真分析生态环境破坏的主要矛盾和矛盾的主要方面，深入研究污染发生的时间、地点、损害程度，做到精准发现问题，精准开展靶向治疗。科学治污，就是深入研究污染问题成因机理及时空和内在演变规律，运用科学手段、科学方法、科学思维制订针对性强、实效性强的治理方案。依法治污，就是加强法治建设，注重建章立制，依靠法律保护生态环境，运用法治措施开展污染治理，在法治轨道上推进生态环境保护工作。

二是抓住污染防治攻坚战三大领域的主要问题，持续攻坚、不懈攻坚，继续打好蓝天、碧水、净土三大保卫战。目前我国生态环境压力依然处于高位，结构性污染问题比较突出，污染物排放总量超过环境容量，新老环境问题交织。在大气治理方面，强化多污染物协同控制和区域协同治理，加强细颗粒物和臭氧协同控制，基本消除重污染天气。在水体治理方面，要加强江河湖库污染防治和生态保护，建设美丽海湾，逐步恢复水生态功能，有效保护居民饮用水安全。在土壤污染治理方面，要加强科学用地、科学施肥，有效管控农用地和建设用地土壤污染风险。

三是实施垃圾分类和减量化、资源化，加强白色污染治理，加强危险废物医疗废物收集处理，强化重金属污染防治。要加大垃圾资源化利用力度，大力发展循环经济，减少能源资源浪费。要倡导简约适度、绿色低碳、文明健康的生活方式，引导绿色低碳消费，鼓励绿色出行，开展绿色低碳社会行动示范创建，增强全民节约意识、生态环保意识。

四是要补齐短板，在实施乡村振兴战略过程中加强农村污染治理，推动污染防治向乡镇、农村延伸，大力改善农村人居环境。生态宜居是乡村振兴的内在要求，体现了广大农民群众对建设美丽家园的追求。近年来，各级党委和政府以钉钉子精神推进农业面源污染防治，加强土壤污染、地下水超采、水土流失等治理和修复，扎实实施农村人居环境整治三年行动计划，推进农村"厕所革命"，完善农村生活设施，着力打造农民安居乐业的美丽家园。2018年12月，中央农办、农业农村部等18个部门共同启动村庄清洁行动，重点发动农民开展"三清一改"，即清理农村生活垃圾、清理村内塘沟、清理畜禽养殖粪污等农业生产废弃物、改变影响农村人居环境的不良习惯，集中整治村庄环境脏乱差。

经过3年多来的努力,取得了很好的成效。2022年1月,农业农村部、国家乡村振兴局印发《关于通报表扬2021年全国村庄清洁行动先进县的通知》,对北京市昌平区等98个措施有力、成效突出、群众满意的村庄清洁行动先进县予以通报表扬。今后,要健全长效保洁机制,推动村庄环境向美丽宜居迈进,让天更蓝、地更绿、水更清,美丽城镇和美丽乡村交相辉映、美丽山川和美丽人居有机融合。

第三,坚持不懈发展生态修复技术,提升生态系统质量和稳定性。 生态环境问题之所以频频发生,主要是因为人类的大规模、高强度开发利用超过了生态环境的自然承载力。当前,我国生态系统总体仍然脆弱,生态承载力和环境容量不足,部分地区经济开发与生态保护的矛盾仍然十分突出,生态保护与修复仍然面临较大压力。因而,守住自然生态安全边界和底线,保护并恢复生态环境的自然承载力,开展生态修复工作,既是增加优质生态产品供给的必然要求,也是减缓和遏制生态恶化带来不利影响的重要手段。生态系统质量和稳定性是一个综合性概念,表征的是生态系统结构、过程、功能的完整性、协调性以及建立在这种基础之上呈现出来的总体健康、良性循环状态。我们说人与自然和谐共生,生态系统质量和稳定性就是其中一个重要表现和标志。要从生态系统整体性出发,更加注重用养结合、以养为用、养为用先,推动生态修复技术实现重大突破,有效恢复并不断增强生态环境的自然承载力。

一是研究生态系统演变关键过程,坚持以保障自然生态系统休养生息为基础,更加注重综合治理、系统治理、源头治理,同步推进山水林田湖草沙冰一体化保护和修复,增值自然资本、厚植生态产品价值。一方面,科学、合理、有序推进休养生息,科学研究和制定草原、森林、河流、湖泊休养生息的规律和时序,健全耕地休耕轮作制度;另一方面,开展科技攻关,着力推进荒漠化、石漠化、水土流失综合治理,开展大规模国土绿化行动。

二是要加快构建以国家公园为主体的自然保护地体系,特别是要保护好我国生态文明建设的核心载体——自然保护地,加强对维护国家生态安全的生命线——生态保护红线的监管,着力建设陆海统筹、空天地一体、上下协同、信息共享的全国生态监测网络,形成全国"一个库""一张网""一幅图"的生态监测体系,严格生态执法监督和绩效考核,为维护国家生态安全和实现经济社会高质量发展筑牢基石。自然保护地是生态建设的核心载体,在维护国家生态安全中居于首要地位。

近年来,我国着力构建中国特色的、以国家公园为主体的自然保护地体系,逐步把自然生态系统最重要、自然景观最独特、自然遗产最精华、生物多样性最富集的区域纳入国家公园体系。2021年9月30日,国务院批复同意设立三江源、大熊猫、东北虎豹、海南热带雨林、武夷山国家公园,强调要坚持生态保护第一、国家代表性、全民公益性的国家公园理念,加强自然生态系统原真性、完整性保护,正确处理生态保护与居民生产生活的关系,维持人与自然和谐共生并永续发展。

作为第一批国家公园,三江源、大熊猫、东北虎豹、海南热带雨林、武夷山国家公园涉及青海、西藏、四川、陕西、甘肃、吉林、黑龙江、海南、福建、江西等10个省份,均处于我国生态安全战略格局的关键区域,保护面积达23万平方公里,涵盖近30%的陆域国家重点保护野生动植物种类。其中,三江源国家公园地处青藏高原腹地,保护面积19.07万平方公里,实现了长江、黄河、澜沧江源头整体保护。园内广泛分布冰川雪山、高海拔湿地、荒漠戈壁、高寒草原草甸,生态类型丰富,结构功能完整,是地球第三极青藏高原高寒生态系统大尺度保护的典范。大熊猫国家公园跨四川、陕西和甘肃三省,保护面积2.2万平方公里,是野生大熊猫集中分布区和主要繁衍栖息地,保护了全国70%以上的野生大熊猫。园内生物多样性十分丰富,具有独特的自然文化景观,是生物多样性保护示范区、生态价值实现先行区和世界生态教育样板。东北虎豹国家公园跨吉林、黑龙江两省,保护面积1.41万平方公里,分布着我国境内规模最大、唯一具有繁殖家族的野生东北虎、东北豹种群。园内植被类型多样,生态结构相对完整,是温带森林生态系统的典型代表,成为跨境合作保护的典范。海南热带雨林国家公园位于海南岛中部,保护面积4269平方公里,保存了我国最完整、最多样的大陆性岛屿型热带雨林。这里是全球最濒危的灵长类动物——海南长臂猿唯一分布地,是热带生物多样性和遗传资源的宝库,成为岛屿型热带雨林珍贵自然资源传承和生物多样性保护典范。武夷山国家公园跨福建、江西两省,保护面积1280平方公里,分布有全球同纬度最完整、面积最大的中亚热带原生性常绿阔叶林生态系统,是我国东南动植物宝库。武夷山有着无与伦比的生态人文资源,拥有世界文化和自然"双遗产",是文化和自然世代传承、人与自然和谐共生的典范。

为加强生物多样性保护,我国还本着统筹就地保护与迁地保护相结合的原则,启动北京、广州等国家植物园体系建设。植物园作为物种保存、科学研究、科普教育和植物可持续利用的专业机构,是实施植物物种资源迁地保护最主要的基地,在保护生物多样性、储备生物战略资源、传播生态文化、建设生态文明中发挥了十分重要和独特的作用。国家植物园是一个国家植物资源最丰富、植物分带最清晰、立体生态系统最完整、功能区划最完备的植物园,是衡量一个国家生物多样性保护水平的重要指标。我国是世界上植物多样性最丰富的国家之一,有高等植物3.6万余种。随着经济社会发展和人类活动加剧,生境破坏、过度开发、气候变化、外来物种入侵、自身繁殖受限等原因导致许多野生植物野外生存受到严重威胁,甚至濒临灭绝。中共中央办公厅、国务院办公厅印发的《关于进一步加强生物多样性保护的意见》提出,优化建设动植物园等各级各类抢救性迁地保护设施,填补重要区域和重要物种保护空缺,完善生物资源迁地保存繁育体系。2021年12月28日,国务院批复同意设立北京国家植物园,强调国家植物园建设要坚持人与自然和谐共生,尊重自然、保护第一、惠益分享;坚持以植物迁地保护为重点,体现国家代表性和社会公益性;坚持对植物类群系统收集、完整保存、高水平研究、可持续利用,统筹发挥多种功能作用;坚持将植物知识和园林文化融合展示,讲好中国植物故事,彰显中华文化和生物多样性魅力,强化自主创新,接轨国际标准,建设成中国特色、世界一流、万物和谐的国家植物园。此次批复在北京设立的国家植物园,现有迁地保护植物1.5万种,是全国唯一拥有世界三大温室旗舰物种的植物园。同时,拥有全国最强植物科研团队,建有2个国家重点实验室、3个中科院重点实验室和1个北京市重点实验室以及1座亚洲最大的植物标本馆,馆藏标本280多万份,是国际知名的综合性植物科学研究机构。北京国家植物园规划总面积近600公顷,分南北两园。依托中国科学院植物所建设的南园以科研实验为主,侧重于植物基础科学研究、生物多样性保护和植物资源利用核心技术研发;依托北京市建设的北园以迁地收集、科普、展示为主,侧重植物应用研究、珍稀濒危植物保育、园艺植物收集展示、园林园艺技术研究及培训等。

2022年1月28日,国务院批复同意成都建设践行新发展理念的公园城市示范区,强调要将"绿水青山就是金山银山"理念贯穿城市发展全过程,充分彰显生态价值,推动生态文明建设与经济社会发展相得益彰,促进城市风貌与公园形态交织相融,着力厚植绿色生态本底、塑造公园城市优美形态,着力创造宜居美好生活、增进公园城市民生福祉,着力营造宜业优良环境、激发公园城市经济活力,着力健全现代治理体系、增强公园城市治理效能,实现高质量发展、高品质生活、高效能治理相结合,打造山水人城和谐相融的公园城市。

三是建立健全生态产品价值实现机制,把良好生态本身蕴含着的经济社会价值展现出来。生态产品价值实现机制,就是把被保护的、现有的和潜在的生态产品,通过财政购买、地区间生态价值交换、市场化运作、生态产品溢价等路径和方式,将其生态价值转化为经济价值和社会价值的一种制度形式。近年来,我国在浙江、江西、贵州、青海、福建、海南等省份先后开展生态产品价值实现机制试点和先行先试,探索这一机制的实现形式和路径。在总结实践经验的基础上,2021年4月26日,中共中央办公厅、国务院办公厅正式向外公布了《关于建立健全生态产品价值实现机制的意见》。这个《意见》强调要建立生态环境保护者受益、使用者付费、破坏者赔偿的利益导向机制,引导和倒逼形成绿色发展方式、生产方式和生活方式,塑造宜山则山、宜水则水、宜农则农、宜工则工、宜商则商的城乡区域发展新格局,实现生态环境保护与经济发展协同推进,使生态成为支撑经济社会持续健康发展的不竭动力。

生态保护补偿制度作为生态文明制度的重要组成部分,是落实生态保护权责、调动各方参与生态保护积极性的重要手段,也是推动生态产品价值实现机制的一个重要方面。2021年9月,中共中央办公厅、国务院办公厅印发的《关于深化生态保护补偿制度改革的意见》。《意见》强调,要加快健全有效市场和有为政府更好结合、分类补偿与综合补偿统筹兼顾、纵向补偿与横向补偿协调推进、强化激励与硬化约束协同发力的生态保护补偿制度,为维护国家生态安全、奠定中华民族永续发展的生态环境基础提供坚实有力的制度保障。《意见》提出,聚焦重要生态环境要素,综合考虑生态保护地区经济社会发展状况、生态保护成效等因素确定补偿水平,健全以生态环境要素为实施对象的分类补偿制度,对不同要素的生态保护成本予以适度补偿。围绕国家生态安全重点,坚持生态保护补偿力度与财政能力相匹配、与推进基本公共服务均等化相衔接,按照生态空间功能,实施纵横结合的综合补偿制度,促进生态受益地区与保护地区利益共享。发挥市场机制作用,合理界定生态环境权利,按照受益者付费的原则,通过市场化、多元化方式,加快推进多元化补偿,促进生态保护者利益得到有效补偿,激发全社会参与生态保护的积极性。[①]

四是在加强生物多样性格局和群落演化研究的基础上实施重大保护工程。生物多样性是人类赖以生存和发展、人与自然和谐共生的重要基础,是宝贵的自然财富和经济财富。要抓紧开展生物多样性普查,开展调查观测评估,摸清我国生物多样性底数、影响因素和动态变化趋势。通过完善多样性保护监管信息系统,提升保护和监管能力。在生物多样性保护优先区域实施一批重点保护工程,比如生态廊道连通和建设工程、就地保护与迁地保护工程和物种库建设工程、外来入侵物种综合防治工程等。加强生物多样性保护和恢复理论与应用技术研究,完善相关标准和规范。加快建设生物多样性保护试点示范与公民教育基地,调动地方开展生物多样性保护的主动性积极性创造性。

五是加强生态修复保护知识普及教育。充分运用新媒体以形式多样的形式和载体,在全社会广泛宣传生态文明理念,引导全社会树立保护修复生态环境新风尚,提升保护修复生态环境的思想自觉和行动自觉。

[①]《中办国办印发意见深化生态保护补偿制度改革》,《人民日报》2021年9月13日,第1版。

第七章 | 统筹发展和安全的能力

统筹发展和安全,是以习近平同志为核心的党中央胸怀两个大局、坚持底线思维作出的重大战略决策。习近平同志指出:"必须坚持统筹发展和安全,增强机遇意识和风险意识,树立底线思维,把困难估计得更充分一些,把风险思考得更深入一些,注重堵漏洞、强弱项,下好先手棋、打好主动仗,有效防范化解各类风险挑战,确保社会主义现代化事业顺利推进。"①当前,我们正处在一个特别关键的时期,世界百年未有之大变局加速演进,国内改革发展稳定任务艰巨繁重。"面向未来,可以说,新科技革命和产业变革将是最难掌控但必须面对的不确定性因素之一,抓住了就是机遇,抓不住就是挑战。"②习近平同志强调:"科技是发展的利器,也可能成为风险的源头。"③2021年12月24日第十三届全国人民代表大会常务委员会第三十二次会议修订通过的《中华人民共和国科学技术进步法》,明确提出了提高科技安全治理能力的重大战略任务。其中第五条指出:"国家统筹发展和安全,提高科技安全治理能力,健全预防和化解科技安全风险的制度机制,加强科学技术研究、开发与应用活动的安全管理,支持国家安全领域科技创新,增强科技创新支撑国家安全的能力和

---

① 习近平:《关于〈中共中央关于制定国民经济和社会发展第十四个五年规划和二〇三五年远景目标的建议〉的说明》,《人民日报》2020年11月4日,第2版。

② 中共中央党史和文献研究院编:《习近平关于防范风险挑战、应对突发事件论述摘编》,中央文献出版社2020年版,第66—67页。

③ 习近平:《在中国科学院第二十次院士大会、中国工程院第十五次院士大会、中国科协第十次全国代表大会上的讲话》,《人民日报》2021年5月29日,第2版。

水平。"①

科技安全治理能力是指科技体系完整有效,国家重点领域核心技术安全可控,国家核心利益和安全不受外部科技优势危害,以及保障持续安全状态的能力。习近平同志反复强调,要"提高运用科学技术维护国家安全的能力"②。我们必须更好地贯彻总体国家安全观,着力办好发展和安全两件大事,牢牢守住安全发展这条底线,强化科技自立自强作为国家安全和发展的战略支撑作用,着力防范化解影响我国现代化进程的各类科技安全风险,筑牢国家安全屏障,为构建新发展格局、推动高质量发展创造良好的前提和条件。

一、贯彻总体国家安全观

我们党诞生于国家内忧外患、民族危难之时,对国家安全的重要性有着刻骨铭心的认识。新中国成立以来,党中央对发展和安全高度重视,始终把维护国家安全工作紧紧抓在手上。党的十八大以来,以习近平同志为核心的党中央科学统筹发展和安全两件大事,在事关中华民族生存发展的一系列重大问题上作出科学的决策部署,有效防范和应对了一系列重大风险挑战,有力捍卫了国家主权、安全、发展利益。党的十九大报告指出:"统筹安全和发展,增强忧患意识,做到居安思危,是我们党治国理政的一个重大原则。"③这就把安全问题上升到治国理政重大原则的战略高度,十分鲜明地突出了国家安全在中国特色社会主义事业大局中的极端重要性。

发展是党执政兴国的第一要务,国家安全是安邦定国的重要基石。统筹发展和安全,是对新中国成立70多年来社会主义现代化建设经验的科学总结,是对历史上大国兴衰经验的深刻反思,体现了我们党对发展和安全两者关系的辩证把握。其一,发展和安全密不可分。从系统论的角度看,可以把中国特

---

① 《习近平在中央政治局第二十六次集体学习时强调,中华人民共和国科学技术进步法》,《人民日报》2021年12月27日,第14版。
② 《坚持系统思维构建大安全格局 为建设社会主义现代化国家提供坚强保障》,《人民日报》2020年12月13日,第1版。
③ 《习近平谈治国理政》第3卷,外文出版社2020年版,第19页。

色社会主义事业看作一个整体和大系统。发展和安全是中国特色社会主义的"一体之两翼、驱动之双轮",这两翼好比是翅膀,双轮好比是发动机、助推器。缺少了这两翼、双轮,中国特色社会主义就不可能腾飞,中华民族伟大复兴就不可能实现。发展是安全的基础和目的,安全是发展的条件和保障,两者相辅相成、相互促进。要始终坚持"以安全保发展、以发展促安全,努力建久安之势、成长治之业"①,决不能把两者对立起来、割裂开来。其二,统筹发展和安全,重点在统筹,本质上是实现高质量发展和高水平安全的同向发力、协调并进、良性互动。一方面,发展是安全之基,要注重通过高质量发展来提升国家安全实力,善于运用发展成果夯实国家安全的实力基础。另一方面,安全是发展之要,在抓发展的同时又要善于塑造有利于经济社会发展的安全环境。要注重把安全贯穿于党和国家工作各领域和全过程,同经济社会发展一起谋划、一起部署,自觉推进发展和安全深度融合。其三,发展和安全是辩证的、动态的平衡,要害在于不断增强二者相互促进的动态平衡中实现更高层次的集成效应。必须坚持两点论,把发展和安全两件大事都做好,决不能厚此薄彼、偏执一端。既不能机械地将发展和安全理解为"一般齐",避免局部合理政策简单叠加;又要防止"两张皮",避免把任务简单分解。要注意区分不同时期、不同领域、不同地区的具体实际,补短板、强弱项,推动高质量发展和高水平安全动态平衡。其四,统筹发展和安全,就必须加快构建新安全格局。塑造是更高水平的维护。新安全格局是与新发展格局相对应的。加快构建新安全格局,不仅要具备维护国家安全的能力,更要具备维护和塑造国家安全的主动意识和强大能力。要善于通过深入推进国家安全思路、体制、手段创新,塑造有利于经济社会发展的安全环境。其五,坚持发展和安全并重,就是要增强忧患意识、前瞻眼光,在发展中更多考虑安全因素。要有草摇叶响知鹿过、松风一起知虎来、一叶易色而知天下秋的见微知著能力,对潜在的风险挑战有科学预判,知道隐患在哪里、表现形式是什么、发展趋势会怎样。要未雨绸缪,做好预案,着力提高防范化解风险挑战的能力。

---

① 《习近平谈治国理政》第1卷,外文出版社2018年版,第198页。

1. 走中国特色国家安全道路

"备豫不虞,为国常道"。无数历史事实告诉我们,保证国家安全是推动经济社会发展、保证人民安居乐业的头等大事,如果在国家安全上出了问题,所有已经取得的发展成果就会丧失掉。习近平同志指出:"要准确把握国家安全形势变化新特点新趋势,坚持总体国家安全观,走出一条中国特色国家安全道路。"①中国特色国家安全道路,本质上是中国特色社会主义道路在国家安全领域的具体体现。2021 年 11 月 18 日,中央政治局召开会议,审议《国家安全战略(2021—2025 年)》。会议指出,新形势下维护国家安全,必须牢固树立总体国家安全观,加快构建新安全格局。必须坚持党的绝对领导,完善集中统一、高效权威的国家安全工作领导体制,实现政治安全、人民安全、国家利益至上相统一;坚持捍卫国家主权和领土完整,维护边疆、边境、周边安定有序;坚持安全发展,推动高质量发展和高水平安全动态平衡;坚持总体战,统筹传统安全和非传统安全;坚持走和平发展道路,促进自身安全和共同安全相协调。这"五个坚持",高度概括、深刻揭示了中国特色国家安全道路的内涵和特征。

第一,国家安全是治国安邦的重要基石。国家安全是国家生存发展的基本前提,维护国家安全是党治国理政的前提和基础。没有安全和稳定,一切都无从谈起。国泰民安是人民群众最基本、最普遍的愿望,维护国家安全是全国各族人民根本利益所在。我们党要巩固执政地位,要团结带领人民坚持和发展中国特色社会主义,保证国家安全是头等大事。改革开放以来,我们党始终把维护国家安全和社会安定作为党和国家的一项基础性工作,保持了我国社会大局稳定,为改革开放和社会主义现代化建设营造了良好环境。在看到好的局势的同时还必须清醒认识到,我国面临着对外维护国家主权、安全、发展利益,对内维护政治安全和社会稳定的双重压力,各种可以预见和难以预见的风险因素明显增多,特别是各种威胁和挑战联动效应明显,国家安全在党和国家工作全局中的重要性日益凸显。进入新时代,我国面临更为严峻的国家安全形势,外部压力前所未有,传统安全威胁和非传统安全威胁相互交织,"黑天

---

① 《习近平谈治国理政》第 1 卷,外文出版社 2018 年版,第 200 页。

鹅""灰犀牛"事件时有发生。新的风险、新的挑战对国家安全工作提出了新的课题。党的十八届三中全会对加强国家安全作出顶层设计,作出了设立国家安全委员会的重大决策。根据这一重大决策,党中央于2014年成立了中央国家安全委员会,习近平同志亲自担任委员会主席。在准确把握国家安全形势变化新特点新趋势的基础上,2014年4月15日,习近平同志在十八届中央国家安全委员会第一次全体会议上创造性提出总体国家安全观。2017年10月18日,党的十九大报告将总体国家安全观列入"十四个坚持"的基本方略。2020年7月30日召开的中央政治局会议,对于"十四五"时期我国经济社会发展的目标定性,由原来的"四个更"拓展为"五个更"——在"更高质量、更有效率、更加公平、更可持续"的基础上增加了"更为安全"。2020年10月召开的党的十九届五中全会强调,统筹国内国际两个大局,办好发展安全两件大事,注重防范化解重大风险挑战,实现发展质量、结构、规模、速度、效益、安全相统一。党的十九届五中全会首次把统筹发展和安全纳入"十四五"时期我国经济社会发展的指导思想,并列专章作出战略部署,突出了国家安全在党和国家工作大局中的重要地位。2020年12月11日,习近平同志在十九届中央政治局第二十六次集体学习时,论述了贯彻总体国家安全观必须牢牢把握"十个坚持"的要求,即:坚持党对国家安全工作的绝对领导,坚持中国特色国家安全道路,坚持以人民安全为宗旨,坚持统筹发展和安全,坚持把政治安全放在首要位置,坚持统筹推进各领域安全,坚持把防范化解国家安全风险摆在突出位置,坚持推进国际共同安全,坚持推进国家安全体系和能力现代化,坚持加强国家安全干部队伍建设。这"十个坚持"进一步丰富和发展了我们党对复杂严峻形势下做好国家安全工作的规律性认识。2021年11月11日,党的十九届六中全会通过的《中共中央关于党的百年奋斗重大成就和历史经验的决议》,系统总结了新时代维护国家安全取得的重大成就和宝贵经验,对新时代国家安全作出战略部署。

回顾历史,可以以冷战结束、两极格局对峙局面化解为界,大体将人类的安全观分为两种:传统安全观和新安全观。20世纪80年代末、90年代初的东欧剧变、苏联解体是新旧安全观的分水岭,国家安全所处的宏观背景、影响因素和实现手段都发生了重大变化。冷战结束后,国与国之间不再以意识形态分歧划界,而代之以国际合作。同时,经济全球化进程加快,新科技革命飞速发展,国与国之间日益发展成为你中有我、我中有你的共同体关系,相互依赖程度加深,国家之间冲突的成本不断上升,依靠战争或动用军事手段解决问题的方式受到越来越多的限制。因而,从冷战结束后,国际社会逐步形成了不同于传统安全观的新安全观。从安全主体来看,国家是安全最重要的主体,一切安全问题都要围绕国家这个中心。传统安全观以国家安全为中心和本位,专注于解释国家的行为,对个人、公司、多国组织等角色有意或无意地加以淡化、忽略。传统安全观所关注的焦点是国家如何应对其他国家的军事、政治、经济等威胁,包括外部敌对国家可能对本国发动的军事攻击、经济命脉的控制、意识形态的颠覆等。国际体系中任何一个主权国家的存在对别国来说都是一种潜在的不安全。而在新安全观看来,安全保障的主体具有综合性,不仅仍然是以国家为最高捍卫者,而且还延伸到包括组织机构、社会各阶层、个人在内的社会各方面各层次主体。与此对应的是对国家产生威胁的主体也呈现出多样化特点,威胁主体不仅是主体国家,也可能是有经济和军事实力的政治或宗教组织,或具有高科技手段的黑客或恐怖主义分子。从安全领域来看,传统安全观认为国家的最终目的是最大限度地谋求权力和领土安全。而在新安全观看来,安全的对象是包括政治安全、经济安全、军事安全、文化安全、生态安全等多领域的综合安全体,各个领域的安全态势和保障方法虽然各不相同,但是相互联系、相互依存。从安全手段来看,传统安全观认为军事手段是维护国家安全最基本、最重要的手段,国家倾向于以威胁或使用军事力量这种手段来保证其国际政治目标的实现。而在新安全观看来,保障国家安全的保底手段是军事力量,但它已不再是唯一手段,未来国家之间的安全冲突更多地依赖于经济、政治、科技、文化、生态等手段的综合运用。从安全性质来看,传统安全观强调安全的外部性。而在新安全观看来,随着国际机制的不断健全、全球治理体系改革不断推进,对于一个国家来说,来自外部的威胁因素有相对减少之势,合作共赢成为处理国家关系的主要策略,影响国家安全的内部因素的地位和作用却在不断上升。

习近平同志提出的总体安全观,是从中国共产党立志为中国人民谋幸福、为中华民族谋复兴、为世界谋大局的战略高度,统筹中华民族伟大复兴战略全局和世界百年未有之大变局而提出来的,是党中央立足新的时代特点对国家安全理论的重大创新,是符合我国国情、富有鲜明特色的中国智慧、中国方案,是对国际上安全观的超越。

第二,总体国家安全观的丰富内涵。习近平同志指出:"当前我国国家安全内涵和外延比历史上任何时候都要丰富,时空领域比历史上任何时候都要宽广,内外因素比历史上任何时候都要复杂,必须坚持总体国家安全观。"①总体国家安全观对国家安全的内涵和外延的概括,可以归结为三统一、五大要素和五个统筹。

三统一,就是坚持政治安全、人民安全、国家利益至上的有机统一。政治安全是国家安全的根本,人民安全是国家安全的宗旨,国家利益至上是国家安全的准则。要坚持从政治安全高度统筹各领域安全,防范和化解影响我国现代化进程的各种风险,坚定维护国家政权安全和制度安全。人民安全居于中心地位,国家安全归根到底是保障人民利益。要坚持以人民为中心的发展思想,把维护人民安全贯穿于国家安全工作的各方面全过程,为人民创造良好生存发展条件和安全生产生活环境。要把国家利益作为制定国家安全战略的出发点,作为实现人民安全和政治安全的要求和原则,更坚决更有效地维护好捍卫好国家利益尤其是核心利益。只有坚持政治安全、人民安全和国家利益至上有机统一,才能实现人民安居乐业、党的长期执政、国家长治久安。

五大要素,就是以人民安全为宗旨,以政治安全为根本,以经济安全为基础,以军事、科技、文化、社会安全为保障,以促进国际安全为依托。以人民安全为宗旨,就是要坚持国家安全一切为了人民、一切依靠人民,切实维护广大人民群众安全权益,始终把人民作为国家安全的基础性力量,汇聚起维护国家安全的强大力量。以政治安全为根本,就是要坚持党的领导和中国特色社会主义制度不动摇,把政权安全、制度安全放在首要位置,为国家安全提供根本政治保证。以经济安全为基础,就是要确保国家经济发展不受侵害,促进经济持续稳定健康发展,提高国家经济实力,为国家安全提供坚实物质基础。以军事、科技、文化、社会安全为保障,就是要注意这些领域面临的大量新情况新问

---

① 《习近平谈治国理政》第1卷,外文出版社2018年版,第200页。

题,遵循不同领域的特点规律,建立完善强基固本、化险为夷的各项对策措施,为维护国家安全提供硬实力和软实力保障。以促进国际安全为依托,就是要始终不渝走和平发展道路,在注重维护本国安全利益的同时,注重维护共同安全,推动构建人类命运共同体。上述五大要素,清晰反映了国家安全的内在逻辑关系。

五个统筹,就是统筹发展和安全,统筹开放和安全,统筹传统安全和非传统安全,统筹自身安全和共同安全,统筹维护国家安全和塑造国家安全。在总体国家安全观看来,既要重视发展问题,又要重视安全问题,强调发展和安全要共同推进,只以其中一项为目标,两个目标均不可能实现;既要重视对外开放,又要重视对外开放带来的安全问题,强调对外开放过程中如果不以安全为前提,那么对外开放将会步入歧途、自毁长城,越开放越要重视安全,越要着力增强自身竞争能力、开放监管能力、风险防控能力,建设多元平衡、安全高效的全面开放体系;既要重视传统安全,又要重视非传统安全,强调传统安全威胁与非传统安全威胁相互影响,并在一定条件下可能相互转化;既要重视自身安全,又要重视共同安全,强调全球化和相互信赖使得中国和世界的安全已密不可分;既要重视维护国家安全,又要重视塑造国家安全,强调维护安全与塑造安全态势有机统一,塑造是更高层次更具前瞻性的维护。也就是说,国家安全是一个不可分割的安全体系,每一要素虽各有侧重,但是都必然、必须与其他要素相互联系、相互影响。上述五个统筹,准确反映了辩证、全面、系统的国家安全理念,是对传统安全理念的超越。

三统一、五大要素和五个统筹是理解总体国家安全观的要旨所在。

第三,总体国家安全观的关键是"总体"。习近平同志提出的总体国家安全观,是一个内在逻辑严密、思想相互贯通的理论体系。"总体国家安全观突出的是'大安全'理念,关键在'总体'。总体安全,是全面的、整体的、系统的安全,是发展的、动态的安全,是开放的、共同的安全,是主动塑造的安全。"[1]总体国家安全观凸显了做好国家安全工作的系统思维和方法。"总体"是指其所涉

---

① 国家安全部党委:《为建设社会主义现代化国家提供坚强安全保障》,《人民日报》2021年4月15日,第9版。

及的领域无所不在,涵盖政治、军事、国土、经济、金融、文化、社会、科技、网络、生态、资源、核、海外利益、太空、深海、极地、生物、人工智能、数据等诸多领域,而且其范围随着社会发展而不断延伸扩大,深入到人类社会的方方面面。总体国家安全观特别强调辩证思维,要求我们以全面的、整体的、发展的、联系的、动态的、开放的观点看待和理解安全问题。总体国家安全观着眼于安全问题的联动性、传导性、复杂性,强调要统筹推进各领域安全,汇聚合方面力量打总体战,构建集各领域安全于一体的国家安全体系,形成强大合力和整体优势。总体国家安全观是主动的安全观。提出总体国家安全观,是要主动塑造有利于我国发展的安全局势,主动防范化解潜在的风险挑战,一言以蔽之,就是趋利避害,在复杂的国际国内环境中赢得发展的主动权。

总体国家安全观强调国家安全必须建立在一个基点上,这就是坚持独立自主。独立自主是中华民族精神之魂,是我们立党立国的重要原则。坚持把国家和民族发展放在自己力量的基点上,坚持集中精力办好自己的事情以壮大我们的综合国力,坚持中国的事情必须由中国人民自己作主张、自己来处理,这是总体国家安全观的一个鲜明特征,充分展现了中国共产党和中国人民的民族自尊心和自信心,体现了中国共产党和中国人民不信邪、不怕压的斗争精神和坚毅风骨。

总体国家安全观特别注重加强国家能力建设,强调要以改革创新为动力,坚持不懈完善国家安全制度体系。强调加强法治思维,在法治轨道上推进国家安全体系和能力现代化。强调要全面提升国家安全能力,更加注重协同高效,更加注重法治思维,更加注重科技赋能,更加注重基层基础。总体国家安全观立足新一轮科技革命和产业变革的最新发展进程,强调要提高科技安全治理能力,比如要统筹做好科技安全工作特别是新型领域安全工作,加快提升生物安全、网络安全、数据安全、人工智能安全等领域的治理能力,等等。总体国家安全观为我们推进发展和安全深度融合、不断增强塑造国家安全态势的能力,提供了行动指南和根本遵循。

总体国家安全观在坚持独立自主的同时,强调要以宽广的时代视野观察国际风云,统筹好自身安全和共同安全,注重促进自身安全和共同安全相协调。总体国家安全观强调,在经济全球化时代,各国人民命运与共、唇齿相依,没有一个国家能实现脱离世界安全的自身安全,也没有建立在其他国家不安全基础上的安全。要积极营造良好外部环境,坚持独立自主,在国家核心利益、民族尊严问题上决不退让,坚决维护国家主权、安全、发展利益。要树立共同、综合、合作、可持续的全球安全观,加强安全领域合作,维护全球战略稳定,携手应对全球性挑战,推动构建人类命运共同体。这些都体现了中国共产党人坚持胸怀天下的世界情怀和大党大国担当。

2. 增强忧患意识,科学研判风险挑战

回顾党的百年奋斗历程可以看出,我们党之所以能战胜一个又一个困难、取得一个又一个胜利,就在于一代代中国共产党人始终有着强烈的忧患意识、风险意识,有力应对各种艰难险阻,有效防范化解各种风险挑战。心存忧患、肩扛重担,是中国共产党人的鲜明特质。我们党领导人民创造了举世瞩目的经济快速发展奇迹和社会长期稳定奇迹,这得益于我们党始终坚持发展和安全相统一,注重集中精力办好自己的事情。

增强忧患意识、始终居安思危,就是要科学预测风险、研判风险。习近平同志深刻指出:"预判风险所在是防范风险的前提,把握风险走向是谋求战略主动的关键。"①面对日益复杂多变的国际形势、越来越艰巨繁重的国内改革发展稳定任务,习近平同志反复强调必须准备进行具有许多新的历史特点的伟大斗争。他在主持党的十八大报告起草工作时,就主张把"发展中国特色社会主义是一项长期的艰巨的历史任务,必须准备进行具有许多新的历史特点的伟大斗争"这句话写上去。"新的历史特点"这个概念,含义极为深刻,是全面审视国际国内发展大势得出的重要判断。党的十八大召开后不久,习近平同志就明确提出了增强忧患意识、防范潜在风险的重大问题。2012年11月15日,习近平同志在党的十八届一中全会上,针对国际形势继续发生深刻复杂变化、我们在前进道路上面临诸多突出矛盾和问题的实际,明确提出:"我们一定要

---

① 中共中央党史和文献研究院编:《习近平关于防范风险挑战、应对突发事件论述摘编》,中央文献出版社2020年版,第213页。

居安思危,增强忧患意识、风险意识、责任意识","有效防范各种潜在风险"。①
2013年1月5日,习近平同志在新进中央委员会的委员、候补委员学习贯彻党的十八大精神研讨班上指出:"我们的事业越前进、越发展,新情况新问题就会越多,面临的风险和挑战就会越多,面对的不可预料的事情就会越多。我们必须增强忧患意识,做到居安思危。"②

2018年1月5日,习近平同志在新进中央委员会的委员、候补委员和省部级主要领导干部学习贯彻习近平新时代中国特色社会主义思想和党的十九大精神研讨班上,列举了8个方面16个具体风险,强调增强忧患意识、防范风险挑战要一以贯之。2019年1月21日,习近平同志在省部级主要领导干部坚持底线思维着力防范化解重大风险专题研讨班开班式上,强调要提高防控能力,把防范化解重大风险工作做实做细做好。习近平同志在2018年1月、2019年1月这两次研讨班上的讲话中都指出:面对波谲云诡的国际形势、复杂敏感的周边环境、艰巨繁重的改革发展稳定任务,我们"既要高度警惕'黑天鹅'事件,也要防范'灰犀牛'事件;既要有防范风险的先手,也要有应对和化解风险挑战的高招;既要打好防范和抵御风险的有准备之战,也要打好化险为夷、转危为机的战略主动战"③。这两篇讲话是习近平同志关于防范化解风险挑战、应对突发事件的代表性文献,标志着我们党对防范化解风险挑战的规律性认识更加自觉、更加科学。

在抗击新冠肺炎疫情斗争中,习近平关于防范化解风险挑战的战略思考得到检验、发展,增添了新的时代性内容。新冠肺炎疫情是新中国成立以来我国遭遇的传播速度最快、感染范围最广、防控难度最大的一次重大突发公共卫生事件,也是对我国治理体系和治理能力的一次大考。早在2018年1月5日,习近平同志在列举我们面临的风险时就曾经指出:"像非典那样的重大传染性

---

① 中共中央党史和文献研究院编:《习近平关于防范风险挑战、应对突发事件论述摘编》,中央文献出版社2020年版,第3页。

② 习近平:《关于坚持和发展中国特色社会主义的几个问题》,《求是》2019年第7期,第9页。

③ 中共中央党史和文献研究院编:《习近平关于防范风险挑战、应对突发事件论述摘编》,中央文献出版社2020年版,第213—214页。

疾病,也要时刻保持警惕、严密防范。"①突如其来的新冠肺炎疫情,表明这种忧虑并非杞人忧天。面对来势汹汹的疫情,习近平同志指出:"重大传染病和生物安全风险是事关国家安全和发展、事关社会大局稳定的重大风险挑战。"②针对这次疫情防控暴露出来的短板和不足,习近平同志强调要立足更精准更有效地预防,改革疾病预防控制体系,完善重大疫情防控救治体系,推进公共卫生体系建设,健全国家公共卫生应急管理体系,"着力提高应对重大突发公共卫生事件的能力和水平"③。这次抗击疫情斗争取得了重大战略成果,证明党和国家制定的防控举措是正确的,作出的决策部署是有效的,同时也为更好应对风险挑战积累了宝贵的经验。

3. 坚持底线思维,打好战略主动战

在前进道路上,我们要准确把握国际形势变化的规律,保持战略定力、坚持底线思维,发扬斗争精神,着力防范化解各种重大风险。

第一,要深刻把握我国面临的风险隐患日益增多的趋势,科学认识到"我国发展进入各种风险挑战不断积累甚至集中显露的时期"④。我们面对的是一个更加不确定不稳定的世界,我国发展的结构性、体制性、周期性问题相互交织,前进道路上必然会遇到各种各样的"拦路虎""绊脚石",决不能掉以轻心。我们越发展壮大、越接近奋斗目标,遇到的困难和阻力就会越大,面临的风险挑战就会越多。"这是我国由大向强发展进程中无法回避的挑战,是实现中华民族伟大复兴绕不过的门槛。"⑤

---

① 中共中央党史和文献研究院编:《习近平关于防范风险挑战、应对突发事件论述摘编》,中央文献出版社2020年版,第249页。

② 中共中央党史和文献研究院编:《习近平关于防范风险挑战、应对突发事件论述摘编》,中央文献出版社2020年版,第109页。

③ 习近平:《在全国抗击新冠肺炎疫情表彰大会上的讲话》,《人民日报》2020年9月9日,第2版。

④ 中共中央党史和文献研究院编:《习近平关于防范风险挑战、应对突发事件论述摘编》,中央文献出版社2020年版,第21页。

⑤ 中共中央党史和文献研究院编:《习近平关于防范风险挑战、应对突发事件论述摘编》,中央文献出版社2020年版,第4页。

第二,要深刻把握各种风险挑战交叉传导的复杂关系,明确"着力防范各类风险挑战内外联动、累积叠加"①的工作要求。人类社会发展的历史表明,矛盾无处不在,无时不有。人类总是在解决各种矛盾中开辟前进的道路。有矛盾并不可怕,关键是如何应对。新形势下,我国面临的各种矛盾风险挑战源、各类矛盾风险挑战点不仅大大增多,而且相互之间的联动效应日益明显,牵一发而动全身。"如果防范不及、应对不力,就会传导、叠加、演变、升级,使小的矛盾风险挑战发展成大的矛盾风险挑战,局部的矛盾风险挑战发展成系统的矛盾风险挑战,国际上的矛盾风险挑战演变为国内的矛盾风险挑战,经济、社会、文化、生态领域的矛盾风险挑战转化为政治矛盾风险挑战,最终危及党的执政地位、危及国家安全。"②必须统揽全局,妥善处理并及时阻断不同领域风险挑战的转化通道,有效防范各类风险挑战交叉感染、积累扩散、连锁联动、蔓延升级。

第三,要始终保持战略定力,坚持底线思维的思想方法和工作方法。在风险挑战面前,如果消极等待,就有可能贻误宝贵的发展时机甚至陷入被动局面,造成无法弥补的损失。底线思维正是着眼于迎接挑战、破解难题、防患于未然而提出来的。习近平同志强调,要坚持底线思维,"从最坏处着眼,做最充分的准备,朝好的方向努力,争取最好的结果"③。制定政策措施、作出决策部署时,要考虑到方方面面因素,充分估计最坏的可能性、最严重的后果。同时要实事求是、有针对性地提出应对方案,做到有备无患。通过艰苦细致、扎实有效的工作,最大限度地降低风险挑战的影响程度,减损其破坏力,确保不出现最坏的情形。

---

① 中共中央党史和文献研究院编:《习近平关于防范风险挑战、应对突发事件论述摘编》,中央文献出版社2020年版,第16页。
② 中共中央党史和文献研究院编:《习近平关于防范风险挑战、应对突发事件论述摘编》,中央文献出版社2020年版,第8页。
③ 中共中央党史和文献研究院编:《习近平关于防范风险挑战、应对突发事件论述摘编》,中央文献出版社2020年版,第12页。

第四,要明确"聚焦重点,抓纲带目""着力防范化解重大风险"①的应对思路。如果发生重大风险而又应对不了,那么国家安全势必面临重大威胁,就会导致中华民族伟大复兴的进程迟滞或被迫中断。习近平同志指出:"各种风险我们都要防控,但重点要防控那些可能迟滞或中断中华民族伟大复兴进程的全局性风险,这是我一直强调底线思维的根本含义。"②当前和今后一个时期要重点防范化解我国发展面临的政治、意识形态、经济、科技、社会、生态、外部环境、党的建设等领域重大风险。

在防范化解政治安全风险方面,必须把维护国家政治安全特别是政权安全、制度安全放在第一位,坚持中国特色社会主义政治发展道路,坚决维护国家主权和领土完整。在防范化解意识形态风险方面,必须坚持马克思主义在意识形态领域的指导地位,大力培育和践行社会主义核心价值观,加强思想政治工作,营造风清气正的网络空间。在防范化解经济发展风险方面,要在推动高质量发展中确保国家经济安全。加强经济安全风险预警、防控机制和能力建设,实现重要产业、基础设施、战略资源等关键领域安全可控,增强产业链供应链抗冲击能力,维护金融安全。在防范化解科技安全风险方面,要增强自主创新能力,强化国家战略科技力量建设,加快关键核心技术突破,防范大数据等新技术带来的风险。在防范化解社会稳定风险方面,要坚持把保护人民生命安全和身体健康摆在首位,全面提高公共安全保障能力,大力推进健康中国建设。完善和落实安全生产责任制,提高食品药品等关系人民健康的产品和服务的安全保障水平。要着力推进社会治理系统化、科学化、智能化、法治化,做好矛盾纠纷源头化解和突发事件应急处置工作。在防范化解生态安全风险方面,要以解决人民群众反映强烈的大气、水、土壤污染等突出问题为重点打赢污染防治攻坚战,加快建立健全"以生态系统良性循环和环境风险有效防控

---

① 中共中央党史和文献研究院编:《习近平关于防范风险挑战、应对突发事件论述摘编》,中央文献出版社2020年版,第19页。
② 中共中央党史和文献研究院编:《习近平关于防范风险挑战、应对突发事件论述摘编》,中央文献出版社2020年版,第16页。

为重点的生态安全体系"①,"着力提升突发环境事件应急处置能力"②。在防范化解外部环境风险方面,要加强海外利益保护,"完善安全风险防范体系,全面提高境外安全保障和应对风险能力"③,特别要注重"完善共建'一带一路'安全保障体系"④。在防范化解党的建设面临的风险方面,必须以彻底的自我革命精神推动全面从严治党向纵深发展,严加防范各种违背初心和使命、动摇党的根基的风险,坚决清除一切损害党的先进性、弱化党的纯洁性的因素,永葆党的生机活力。

近年来生物安全风险频频发生,对此必须高度警惕,要把生物安全纳入国家安全体系,加强生物安全科技攻关,切实做好安全风险防控工作,全面提高国家生物安全治理能力。"要完善国家生物安全治理体系,加强战略性、前瞻性研究谋划,完善国家生物安全战略。""要强化系统治理和全链条防控,坚持系统思维,科学施策,统筹谋划,抓好全链条治理。""要盯牢抓紧生物安全重点风险领域,强化底线思维和风险意识。"⑤

此外,要扎实做好军事、能源、粮食、安全生产等其他领域重大风险的防范化解工作。

第五,要坚持"运用制度威力应对风险挑战的冲击"⑥,"健全各方面风险防控机制"⑦。我们要打赢防范化解重大风险攻坚战,确保党和国家长治久安、社

---

① 中共中央党史和文献研究院编:《习近平关于防范风险挑战、应对突发事件论述摘编》,中央文献出版社2020年版,第104页。

② 中共中央党史和文献研究院编:《习近平关于防范风险挑战、应对突发事件论述摘编》,中央文献出版社2020年版,第105页。

③ 中共中央党史和文献研究院编:《习近平关于防范风险挑战、应对突发事件论述摘编》,中央文献出版社2020年版,第120页。

④ 中共中央党史和文献研究院编:《习近平关于防范风险挑战、应对突发事件论述摘编》,中央文献出版社2020年版,第121页。

⑤ 《习近平在中共中央政治局第三十三次集体学习时强调,加强国家生物安全风险防控和治理体系建设,提高国家生物安全治理能力》,《人民日报》2021年9月30日,第1版。

⑥ 中共中央党史和文献研究院编:《习近平关于防范风险挑战、应对突发事件论述摘编》,中央文献出版社2020年版,第197页。

⑦ 中共中央党史和文献研究院编:《习近平关于防范风险挑战、应对突发事件论述摘编》,中央文献出版社2020年版,第194页。

会真正和谐稳定,最关键的还是要靠制度。加强制度建设,构建系统完备、科学规范、运行有效的制度体系,是应对各种风险挑战、及时化解危机、赢得主动权的根本保障。"要完善风险防控机制,建立健全风险研判机制、决策风险评估机制、风险防控协同机制、风险防控责任机制"①,促进制度建设和治理效能更好转化融合,充分发挥制度指引方向、规范行为、提高效率、维护稳定、防范化解风险的重要作用。要加强和改善应急管理体制机制改革,积极推进我国应急管理体系和能力现代化,推动形成统一指挥、专常兼备、反应灵敏、上下联动、平战结合的中国特色应急管理体制。

制度建设在科技治理中发挥着极为重要的作用。这里,以科技伦理治理机制略作分析。科技伦理是开展科学研究、技术开发等科技活动需要遵循的价值理念和行为规范,是科技活动必须遵守的价值准则,是促进科技事业健康发展的重要保障。科技伦理建设事关科技安全和防范化解风险,事关科技创新的质量和我国科技界的国际声誉。党中央、国务院高度重视科技伦理治理工作,习近平同志多次对科技伦理工作作出重要指示。他强调:"要前瞻研判科技发展带来的规则冲突、社会风险、伦理挑战,完善相关法律法规、伦理审查规则及监管框架。"②我国科技伦理治理工作起步比较晚,但近年来我国逐步加大了科技伦理治理的工作力度,不断完善科技伦理治理的体制机制。这是我国科技治理的一个新领域、新任务,是伦理思想在科学研究和技术开发等科技活动中的应用。加强科技伦理治理体系建设,不仅有助于规范科技发展方向、维护科技安全,加强学风道德建设、科技诚信建设,促进经济发展、规避社会风险,对于我国深度参与国际科技竞争合作以及国际科技治理规则制定都有重要的意义。

为加强科技伦理治理的统筹规范和指导协调,推动构建覆盖全面、导向明确、规范有序、协调一致的科技伦理治理体系,党中央决定组建国家科技伦理委员会。2019年7月24日,中央全面深化改革委员会第九次会议审议通过《国

---

① 中共中央党史和文献研究院编:《习近平关于防范风险挑战、应对突发事件论述摘编》,中央文献出版社2020年版,第196页。

② 习近平:《在中国科学院第二十次院士大会、中国工程院第十五次院士大会、中国科协第十次全国代表大会上的讲话》,《人民日报》2021年5月29日,第2版。

家科技伦理委员会组建方案》。会议指出,要抓紧完善制度规范,健全治理机制,强化伦理监管,细化相关法律法规和伦理审查规则,规范各类科学研究活动。2019年10月,中共中央办公厅、国务院办公厅印发通知,成立国家科技伦理委员会。同年10月31日,党的十九届四中全会通过的《中共中央关于坚持和完善中国特色社会主义制度、推进国家治理体系和治理能力现代化若干重大问题的决定》,其中提出要健全科技伦理治理体制。将健全科技伦理治理体制作为国家治理体系的重要组成部分,是以习近平同志为核心的党中央在全球范围新一轮科技革命和产业变革蓬勃兴起、人类发展面临前所未有的新机遇和新挑战的历史时刻作出的重大部署,对于克服科技领域存在的伦理问题、促进我国科技事业健康发展,具有极为重要的意义。

在国家科技伦理委员会的指导下,科技部会同有关部门,贯彻落实习近平同志的重要指示,把科技伦理治理放在事关科技创新工作全局的重要位置,加快推进我国科技伦理治理各项工作。在健全工作机制方面,按照《国家科技伦理委员会组建方案》的部署,先后成立了人工智能、生命科学、医学三个分委员会,推动相关部门成立科技伦理专业委员会,指导各地方结合工作实际,建立或者筹建地方科技伦理委员会;在完善制度规则方面,在《中华人民共和国科学技术进步法》等相关立法中对"健全科技伦理治理体制""完善科技伦理制度规范"作出明确规定,推动相关部门出台了一批科技伦理治理制度,在国家中长期科技发展规划和"十四五"科技创新规划等制度性安排中将科技伦理与科技创新同谋划、同部署、同布局;在强化伦理监管方面,在新冠肺炎疫情暴发后,提出应急科技伦理审查原则,对新冠肺炎科研应急攻关项目开展全覆盖伦理审查,严守审查标准,提高审查效率,确保受试者权益;在开展国际交流合作方面,积极参与国际科技伦理规范的制定,加强与国际社会的交流,先后组织力量参加世界卫生组织《卫生健康领域人工智能伦理与治理指南》,联合国教科文组织《人工智能伦理问题建议书》等的起草工作,与欧盟科技创新委员会联合举办中欧科技伦理和科研诚信研讨会。

2021年7月28日,科技部发布《关于加强科技伦理治理的指导意见(征求意见稿)》,明确要健全科技伦理治理体制机制,有效防控科技创新可能带来的伦理风险,以推动科技向善,实现高水平的科技自立自强。同年12月17日,习近平同志主持召开中央全面深化改革委员会第二十三次会议,审议通过了《关于进一步提高政府监管效能推动高质量发展的指导意见》《关于深入推进世界一流大学和一流学科建设的若干意见》《关于加强科技伦理治理的指导意见》等文件。会议指出,党的十八大以来,党中央组建国家科技伦理委员会,完善治理体制机制,推动科技伦理治理取得积极进展。要坚持促进创新与防范风险相统一、制度规范与自我约束相结合,强化底线思维和风险意识,把科技伦理要求贯穿到科学研究、技术开发等科技活动全过程,覆盖到科技创新各领域,加强监测预警和前瞻研究,及时从规制上做好应对,确保科技活动风险可控。要避免把科技伦理问题泛化,努力实现科技创新高质量发展与高水平安全的良性互动。2021年12月24日,第十三届全国人民代表大会常务委员会第三十二次会议修订通过《中华人民共和国科学技术进步法》,其中,第九十八条明确规定:"国家加强科技法治化建设和科研作风学风建设,建立和完善科研诚信制度和科技监督体系,健全科技伦理治理体制,营造良好科技创新环境。"①

2022年3月20日,中共中央办公厅、国务院办公厅印发《关于加强科技伦理治理的意见》。《意见》首次对我国科技伦理治理工作作出系统部署,体现了顶层设计、覆盖全面、整体治理、导向明确的突出特点。《意见》确立了我国科技伦理治理的指导思想,强调要坚持促进创新与防范风险相统一、制度规范与自我约束相结合,强化底线思维和风险意识,努力实现科技创新高质量发展与高水平安全良性互动,为增进人类福祉、推动构建人类命运共同体提供有力的科技支撑。《意见》在充分借鉴国际社会经验、凝聚各方共识的基础上,提出了增进人类福祉、尊重生命权利、坚持公平公正、合理控制风险、保持公开透明等开展科技活动应当遵循的五项原则。《意见》提出了加强科技伦理治理的五项基本要求,即:伦理先行,推动科技伦理要求贯穿科技活动的全过程;依法依规,加快推进科技伦理治理法律制度建设;敏捷治理,快速、灵活应对科技创新带来的伦理挑战;立足国情,建立符合我国国情的科技伦理体系;开放合作,积极推进全球科技伦理治理。

---

① 《中华人民共和国科学技术进步法》,《人民日报》2021年12月27日,第15版。

在制度建设方面,《意见》从规范标准、监管制度、法律法规等不同层面对科技伦理治理的制度建设作出了顶层设计。《意见》突出问题导向,彰显我国对加强科技伦理治理的立场和态度,着力解决我国科技伦理治理体制机制不健全、制度不完善、领域发展不均衡等问题,提出了加强科技伦理治理的重大举措,围绕加强科技伦理治理部署了四个方面的重点任务。第一项任务是健全科技伦理治理体制。第二项任务是强化科技伦理治理制度保障。要求制定完善科技伦理规范和标准,建立科技伦理审查和监管制度,提高科技伦理治理的法治化水平,加强科技伦理理论研究。第三项任务是强化科技伦理审查和监管。对科技伦理审查、监管、风险预警、违规处理等作出具体规定,要求开展科技活动应进行科技伦理风险评估或审查,特别是开展涉及人、实验动物的科技活动,应当通过科技伦理委员会审查批准;研究制定科技伦理高风险科技活动清单,开展科技伦理高风险科技活动应按规定进行登记。第四项任务是深入开展科技伦理教育和宣传。对科技伦理的教育、培训、宣传等提出了具体要求,将科技伦理教育作为相关专业学科本专科生、研究生教育的重要内容,加快培养高素质、专业化的科技伦理人才队伍;要求开展面向社会公众的科技伦理宣传,鼓励公众提升科技伦理意识。

建立健全工作机制和责任体系是科技伦理治理体制机制的重要内容,也是《意见》的亮点。《意见》构建了我国科技伦理治理的基本体制,包括政府、各类创新主体、科技社团以及科技人员在科技伦理治理当中的职责,进行了明确的分工,提出了具体要求。科技伦理治理涉及的面比较广,科技工作在哪里,科学研究在哪里,就有相关的科技伦理治理工作,涉及面广,参与的主体多,需要大家共同支持、共同参与。从政府部门讲,要着力构建多方参与、协同共治的科技伦理体制机制。国家科技伦理委员会主要负责指导和统筹协调推进全国的科技伦理治理体系建设工作,国家科技伦理委员会的秘书处设在科技部,科技部承担国家科技伦理委员会秘书处日常工作。科技伦理委员会的各个成员单位按照职责分工负责科技伦理的规范制定、审查监管以及宣传教育等相关工作,各个地方和行业主管部门按照职责权限和隶属关系负责本地方和各个行业本系统的科技伦理治理工作。

从管理主体看,从事科技活动的高等学校、科研机构、医疗卫生机构、企业等单位要履行科技伦理管理主体责任,建立常态化工作机制,加强科技伦理日常管理,健全全流程的伦理管理机制以及相关的审查和监督评价机制。同时还要对本单位的科技活动进行主动风险研判,及时化解风险,根据实际情况设立本单位的科技伦理委员会,并为其独立开展工作提供必要条件。从事生命科学、医学、人工智能等科技活动的单位,研究内容涉及科技伦理敏感领域的,应设立科技伦理(审查)委员会。

从科技类社会团体看,《意见》将科技类社团组织纳入了科技伦理治理体系的重要组成部分,并提出了新的任务和要求。科技类社团是科技工作者组成的专业性组织,跟踪把握相关领域科技创新的最新进展,对因科技衍生的伦理问题有提前感知和预判风险的能力。以中国科协为例,截至2022年3月,中国科协所属的科技类学会、协会、研究会有211家,目前已经有中华医学会等多家全国学会设置了科技伦理、科学道德方面的专委会或者分支机构,陆续制定了相关的科技伦理规范或者标准。中国科协十届常委会专门设立了学风道德建设专委会,专委会的委员是来自高校院所、医疗机构、法律界、企业界等领域的专家学者,负责指导推动科协系统开展科技伦理治理和学风道德建设相关工作。《意见》强调,科技类社团要发挥好教育引导和行业自律的作用,还要加强伦理方面的学术研究,为科技伦理治理工作提供支撑。要推动设立中国科技伦理学会,健全科技伦理治理社会组织体系。要加强伦理知识的宣传普及,提高社会公众科技伦理的意识。组织动员科技人员主动参与科技伦理治理,促进行业自律,加强与高等学校、科研机构、医疗卫生机构、企业等的合作。

从科技人员看,科技人员要自觉遵守科技伦理要求,主动学习科技伦理知识,增强科技伦理意识,自觉践行科技伦理原则,坚守科技伦理底线,发现违背科技伦理要求的行为,要主动报告、坚决抵制。对于各类本专科学生、研究生,要在教学安排里设置相关的伦理课程,科研人员入职教育的时候也要把科技伦理作为重要内容。作为科研项目(课题)的负责人,要严格按照科技伦理审查批准的范围开展研究,加强对团队成员和项目实施的全过程管理,同时在发布、传播和应用涉及科技伦理敏感问题研究成果的时候,遵循有关的规定,严谨审慎。

健全科技伦理治理体制是一项系统工程。除了加强制度和体制机制方面的建设外,还必须同时营造风清气正的良好创新生态,同步配套、同步推进。要加强作风学风建设,大力弘扬科学家精神,严肃惩处违背科研诚信要求的行为。加快科技管理部门职能从研发管理向创新服务转变,加大知识产权保护力度,坚持激励与约束并重,构建科技大监督格局。加强学术普及,在全社会营造尊重知识、热爱科学、崇尚创新的浓厚氛围,厚植创新文化土壤。

第六,下好先手棋,打好主动仗。做好应急处突工作,必须加强战略谋划,讲究策略方法。习近平同志提出了"下好先手棋,打好主动仗"①的方针,强调要做好"防范风险、发现风险、消除风险"②这三个环节的工作。首先,要居安思危,科学预判风险。要常观大势、常思大局,科学预见形势发展走势和隐藏其中的风险挑战,做到觉察在先、发现在早。其次,要知危图安,主动防范风险。对容易诱发重大风险挑战和突发事件的敏感因素、苗头性倾向问题,要做到眼睛亮、见事早、行动快,下好防范风险的先手棋,做好应对任何形式的矛盾风险挑战的准备,努力消除隐患因素。"在战术上要高度重视和防范各种风险,早作谋划,未雨绸缪,及时采取应对措施,尽可能减少其负面影响。"③再次,要转危为安,有效化解风险。风险挑战一旦来了,就要沉着应对,拿出实招硬招,果断处置事态。"要提高风险化解能力,透过复杂现象把握本质,抓住要害、找准原因,果断决策,善于引导群众、组织群众,善于整合各方力量、科学排兵布阵,有效予以处理。"④

统筹发展和安全,防范化解风险挑战,是具有新的历史特点的伟大斗争的一种形式。在前进道路上,我们遇到的风险考验只会越来越复杂,我们面临的各种斗争不是短期的而是长期的,不是一时的而是持续的,至少要伴随我们实

---

① 中共中央党史和文献研究院编:《习近平关于防范风险挑战、应对突发事件论述摘编》,中央文献出版社2020年版,第209页。

② 中共中央党史和文献研究院编:《习近平关于防范风险挑战、应对突发事件论述摘编》,中央文献出版社2020年版,第236页。

③ 中共中央党史和文献研究院编:《习近平关于防范风险挑战、应对突发事件论述摘编》,中央文献出版社2020年版,第206页。

④ 中共中央党史和文献研究院编:《习近平关于防范风险挑战、应对突发事件论述摘编》,中央文献出版社2020年版,第216页。

现第二个百年奋斗目标、建设社会主义现代化强国的全过程。要充分认识防范化解风险挑战的艰巨性、长期性、复杂性,做好较长时间应对风险挑战的思想准备和工作准备。

二、筑牢国家粮食安全的科技根基

联合国粮农组织分别于1974年、1983年、1996年三次对粮食安全作过定义。1974年的定义强调粮食安全是"任何人在任何时候都能得到为了生存和健康所需要的足够食品"。1983年的定义提出粮食安全是"任何人在任何时候既能买得到又能买得起他们所需要的基本食品"。1996年的定义进一步明确粮食安全是"让所有人在任何时候都能在物质上和经济上获得充足的、安全的和有营养的食物,来满足其积极和健康生活的膳食需要及食物喜好"。

粮食安全不仅是一个经济问题,更是一个政治问题。对于我们这样一个有着14亿人口的大国来说,粮食安全始终是治国理政的头等大事。习近平同志指出:"只要粮食不出大问题,中国的事就稳得住。"[1]党的十八大以来,以习近平同志为核心的党中央提出了"确保谷物基本自给、口粮绝对安全"的新粮食安全观,确立了"以我为主、立足国内、确保产能、适度进口、科技支撑"[2]的国家粮食安全战略,先后出台了一系列政策举措,引领推动了粮食安全理论创新和实践创新,走出了一条中国特色粮食安全之路。

我国历史上是一个农业大国。虽然经过多年的持续发展,我国的产业结构不断优化,工业不断跃升,服务业迅速发展,但农业在我国现代化建设中的地位始终不能小瞧、不能放弃、不能弱化。我国已经进入了新型工业化、信息化、城镇化、农业现代化同步推进、同步发展的阶段,农业在"四化同步"中更是牵一发而动全身,影响到其他三化的发展。实现农业现代化是解决我国发展不平衡不充分问题的必然要求,是全面建设社会主义现代化强国的重大战略

---

① 习近平:《在中央农村工作会议上的讲话》,中共中央文献研究室编:《十八大以来重要文献选编》上,中央文献出版社2014年版,第659页。

② 中共中央党史和文献研究院编:《习近平关于"三农"工作论述摘编》,中央文献出版社2019年版,第67页。

任务。保障粮食等重要农产品供给安全,是"三农"工作头等大事,在这个问题上千万不可掉以轻心,一时一刻也马虎不得。我国自古以农立国,创造了源远流长、灿烂辉煌的农耕文明,长期领先世界。综览历朝历代,农业兴旺、农民安定,则国家统一、社会稳定;农业凋敝、农民不稳,则国家分裂、社会动荡。放眼世界,那些真正实力强大、没有软肋的国家,无不拥有独立解决本国吃饭问题的能力,而不用依赖世界市场。历史和现实都一再表明,稳定、自足的粮食供应是一个国家经济发展、政局稳定的重要保障。在我们这样一个14亿人口的大国,只有坚持立足自身抓好粮食生产,才能保持社会大局稳定。特别是在国内外复杂形势下,粮食安全必须得到绝对保障,必须坚持以国内稳产保供的确定性来应对外部环境的不确定性。有些人认为,有钱就能买到粮食,多进口一些农产品还可以节省自己的土地和水资源。这种看法是错误的。历史经验告诉我们,一旦发生大饥荒,有钱也没用。国际上一旦有风吹草动,各国就会先捂住自己的粮袋子。如果在吃饭问题上被"卡脖子",粮食安全出了问题,就会被一剑封喉,谁也救不了我们。"对粮食问题,要从战略上看,看得深一点、远一点。"①保障粮食安全对中国来说是一个历久弥新的永恒课题,一时一刻都松懈不得。习近平同志指出:要确保"中国人的饭碗任何时候都要牢牢端在自己手上"②,"我们的饭碗应该主要装中国粮"③。

科技进步与创新是世界农业的战略制高点。科学技术在国家粮食安全战略中扮演着"支撑点"的角色。2013年8月21日,习近平同志在听取科技部汇报时指出:"要搞大农业,走农业科技化工业化道路,还要考虑碎片化的一家一户的农业,两方面都要考虑。既要搞设施农业,也要考虑个体农户,因地制宜。总之,水资源、能源、农业都要靠科技。"④2013年11月27日,习近平同志在山东

---

① 习近平:《论坚持全面深化改革》,中央文献出版社2018年版,第400页。
② 习近平:《在中央农村工作会议上的讲话》,中共中央文献研究室编:《十八大以来重要文献选编》上,中央文献出版社2014年版,第660页。
③ 习近平:《在中央农村工作会议上的讲话》,中共中央文献研究室编:《十八大以来重要文献选编》上,中央文献出版社2014年版,第661页。
④ 中共中央文献研究室编:《习近平关于科技创新论述摘编》,中央文献出版社2016年版,第92页。

省农业科学院考察时提出:"要给农业插上科技的翅膀","加快构建适应高产、优质、高效、生态、安全农业发展要求的技术体系"①。2014年5月9日,他在河南考察时指出:"粮食生产根本在耕地,命脉在水利,出路在科技,动力在政策,这些关键点要一个一个抓落实、抓到位,努力在高基点上实现粮食生产新突破。"②2015年5月27日,他在华东七省市党委主要负责同志座谈会上指出:"要着眼于加快农业现代化步伐,在稳定粮食和重要农产品产量、保障国家粮食安全和重要农产品有效供给的同时,加快转变农业发展方式,加快农业技术创新步伐,走出一条集约、高效、安全、持续的现代农业发展道路。"③立足我国耕地、淡水、生态环境等约束日益强化的实际情况,以习近平同志为核心的党中央在谋划我国"十三五"规划时,坚持以新发展理念为指导,作出了实施藏粮于地、藏粮于技战略的重大决策。

2015年10月29日,党的十八届五中全会通过的《中共中央关于制定国民经济和社会发展第十三个五年规划的建议》,从七个方面对坚持创新发展作出了部署。其中在讲到第三个方面"深入实施创新驱动发展战略"之后,马上就讲到第四个方面"大力推进农业现代化",由此可见农业在创新发展中的重要地位。"十三五"规划《建议》强调,要推进农业标准化和信息化,健全从农田到餐桌的农产品质量安全全过程监管体系、现代农业科技创新推广体系、农业社会化服务体系,等等,这些都对农业科技发展提出了新的更高要求。解决好这些问题,必须向农业科技要答案。"十三五"规划《建议》把实施藏粮于地、藏粮于技战略作为推进农业现代化发展的一项重大战略提了出来,明确指出:"实施藏粮于地、藏粮于技战略,提高粮食产能,确保谷物基本自给、口粮绝对安

---

① 中共中央文献研究室编:《习近平关于科技创新论述摘编》,中央文献出版社2016年版,第93页。

② 中共中央党史和文献研究院编:《习近平关于"三农"工作论述摘编》,中央文献出版社2019年版,第84页。

③ 中共中央党史和文献研究院编:《习近平关于"三农"工作论述摘编》,中央文献出版社2019年版,第92页。

全。"[1]2015年12月31日,中共中央、国务院印发《关于落实发展新理念加快农业现代化实现全面小康目标的若干意见》,指出:"大力推进农业现代化,必须着力强化物质装备和技术支撑,着力构建现代农业产业体系、生产体系、经营体系,实施藏粮于地、藏粮于技战略,推动粮经饲统筹、农林牧渔结合、种养加一体、一二三产业融合发展,让农业成为充满希望的朝阳产业。"[2]

为什么在"十三五"开局之际要提出实施藏粮于地、藏粮于技战略呢?原因主要有以下几个方面:其一,在经济发展新常态下,我国经济增长速度放缓,农业面临着国内外农产品价格倒挂、生产成本"地板"抬升、资源环境约束增加的多重挤压,必须大力推进农业科技创新,加快转变农业发展方式,提高农产品供给体系的质量和效率,推动农业生产实现质的飞跃。其二,我国正处于传统农业向现代农业转变的关键时期,虽然我国粮食生产连年丰收,却处于紧平衡状态,粮食生产的各种资源要素已绷得很紧,特别是我国耕地利用和保护的矛盾较为突出。我国耕地面积占世界耕地面积的比例仅为9%,却养活着地球上近20%的人口,这必须依靠耕地始终维持高投入、高产出的生产模式来实现,这也导致大量耕地长期处于高强度、超负荷生产状态,继续开发的潜力有限。在耕地和水资源有限的情况下,发展粮食生产需要通过科技创新来提高资源利用效率。其三,长期以来,我国为了解决吃饭问题而不得不将80%以上耕地资源用于发展粮食生产,经济作物、牧草、畜禽养殖等产业发展受到很大影响,造成我国农业结构失衡、综合效益不高。必须改变以往那种以粮食收储价格支持政策为核心的"藏粮于库"模式,把产能建设作为根本,推动由注重年度产量向稳定提升粮食产能转变,实现藏粮于地、藏粮于技。其四,我国是世界上最大的粮食消费国,每年粮食消费量约为世界粮食贸易量的两倍。一旦我国粮食进口过多,不仅国际市场难以承受,也会给低收入国家的粮食安全带来不利影响。因此,必须坚持最严格的耕地保护制度,实施藏粮于地、藏粮于技战略,大规模建设高标准农田,开展耕地质量保护和提升行动,加强农田水

---

[1] 中共中央文献研究室编:《十八大以来重要文献选编》中,中央文献出版社2016年版,第796页。

[2]《中共中央、国务院关于落实发展新理念加快农业现代化实现全面小康目标的若干意见》,《人民日报》2016年1月28日,第1版。

利建设,不断提升粮食产能,加快构建更加符合我国国情、更为高效安全的粮食安全保障体系。实施藏粮于地、藏粮于技战略,既是确保我国粮食安全、提高农业质量效益的内在需要,又是提升我国农业竞争力、赢得国际竞争主动权的迫切要求。

"保障粮食安全,关键是要保粮食生产能力,确保需要时能产得出、供得上。这就要求我们守住耕地红线,把高标准农田建设好,把农田水利搞上去,把现代种业、农业机械等技术装备水平提上来,把粮食生产功能区划好建设好,真正把藏粮于地、藏粮于技战略落到实处。"①耕地向来是粮食生产的命根子,要落实最严格的耕地保护制度,像保护生命和眼睛那样爱护耕地、保护耕地,坚决严防死守18亿亩耕地红线,规范耕地占补平衡,建设国家粮食安全产业带。确保粮食稳产增产的根本出路在于科技创新,要加快推进农业关键核心技术攻关,特别是要开展种源"卡脖子"技术攻关,推动农业农村创新驱动发展。实施藏粮于地、藏粮于技战略,必须把科技进步与创新贯穿于粮食产业发展的全过程,在各个环节都注重提高粮食产业的科技含量,瞄准保量提质增效的基本方向推动粮食产业持续健康、稳定有序发展,才能确保实现谷物基本自给、口粮绝对安全的目标。坚持和实施藏粮于地、藏粮于技战略,不仅在粮食生产环节可以降低成本、增加效益,而且在粮食的储运、流通、加工乃至消费环节都可以提高效率、增加效益。总的说来,我们要摒弃拼资源、拼消耗、拼投入的传统农业发展方式,依靠农业科技创新和农业生产经营体制机制创新,提高农业的科技含量,大力发展循环农业、生态农业、节约型农业、数字农业、智慧农业,努力降低农业生产成本,提高资源投入的边际效益,大幅度提高农业综合效益。具体讲,农业发展必须选择合适的农业技术路线,推广科学的农业种植方式,大力提高土地产出率、资源利用率和劳动生产率,努力实现五个方面的转变:一是由数量增长为主向数量质量效益并重转变,二是由过度依靠要素投入向依靠创新驱动转变,三是由粗放发展向注重可持续的集约发展转变,四是由分散经营向适度规模经营转变,五是由产品生产向产业链价值链生产转变。

2018年1月2日印发的《中共中央、国务院关于实施乡村振兴战略的意见》

---

① 习近平:《论坚持全面深化改革》,中央文献出版社2018年版,第401页。

进一步指出:"深入实施藏粮于地、藏粮于技战略,严守耕地红线,确保国家粮食安全,把中国人的饭碗牢牢端在自己手中。"①《意见》强调,要加快建设国家农业科技创新体系,深化农业科技成果转化和推广应用改革,加快提升现代农作物、畜禽、水产、林木种业的自主创新能力。

2018年9月中共中央、国务院印发的《乡村振兴战略规划(2018—2022年)》指出,"深入实施藏粮于地、藏粮于技战略,提高农业综合生产能力,保障国家粮食安全和重要农产品有效供给"②。《乡村振兴战略规划(2018—2022年)》强调要加快农业科技进步,提高农业科技自主创新水平、成果转化水平,强化农业科技支撑,形成具有国际竞争力的农业高新技术产业。

农业机械化和农机装备作为农业现代化的最直观标志,直接关系到转变农业发展方式,关系到国家粮食安全基础的巩固。没有农业机械化,就没有农业农村现代化。为解决农业机械化和农机装备产业发展不平衡不充分问题,特别是农机科技创新能力不强、部分农机有效供给不足等问题,2018年12月21日,国务院印发《关于加快推进农业机械化和农机装备产业转型升级的指导意见》。《指导意见》强调:以服务乡村振兴战略、满足亿万农民对机械化生产的需要为目标,以农机农艺融合、机械化信息化融合、农机服务模式与农业适度规模经营相适应、机械化生产与农田建设相适应为路径,以科技创新、机制创新、政策创新为动力,补短板、强弱项、促协调,推动农机装备产业向高质量发展转型,推动农业机械化向全程全面高质高效升级。《指导意见》提出:"建立健全部门协调联动、覆盖关联产业的协同创新机制,增强科研院所原始创新能力,完善以企业为主体、市场为导向的农机装备创新体系,研究部署新一代智能农业装备科研项目,支持产学研推用深度融合,推进农机装备创新中心、产业技术创新联盟建设,协同开展基础前沿、关键共性技术研究,促进种养加、粮经饲全程全面机械化创新发展。""支持农机装备产业链上下游企业加强协同,攻克基础材料、基础工艺、电子信息等'卡脖子'问题。""加快精准农业、智能农

① 中共中央党史和文献研究院编:《十九大以来重要文献选编》上,中央文献出版社2019年版,第161页。
② 《中共中央、国务院印发〈乡村振兴战略规划(2018—2022年)〉》,《人民日报》2018年9月27日,第1版。

机、绿色农机等标准制定,构建现代农机装备标准体系。""促进物联网、大数据、移动互联网、智能控制、卫星定位等信息技术在农机装备和农机作业上的应用。"①

质量是农业的生命,以往我们强调农业的增产导向,而现在则要强调提质导向。为深入推进农业优质化、特色化、品牌化、绿色化,党中央、国务院强调要坚持质量兴农、绿色兴农,坚定不移走质量兴农之路。2019年,农业农村部、国家发展改革委、科技部等7部门联合印发《国家质量兴农战略规划(2018—2022年)》,明确了实施质量兴农战略的发展目标。《规划》指出,到2022年,质量兴农制度框架基本建立,初步实现产品质量高、产业效益高、生产效率高、经营者素质高、国际竞争力强,农业高质量发展取得显著成效。到2035年,质量兴农制度体系更加完善,现代农业产业体系、生产体系、经营体系全面建立,农业质量效益和竞争力大幅提升,农业高质量发展取得决定性进展,农业农村现代化基本实现。

建设高标准农田,是巩固和提高粮食生产综合能力、保障国家粮食安全的关键举措。为加强高标准农田建设,2019年11月13日,国务院办公厅印发《关于切实加强高标准农田建设提升国家粮食安全保障能力的意见》,提出了当前和今后一个时期的工作目标:到2022年,全国建成10亿亩集中连片、旱涝保收、节水高效、稳产高产、生态友好的高标准农田,以此稳定保障1万亿斤以上粮食产能;到2035年,全国高标准农田保有量进一步提高,不断夯实国家粮食安全保障基础。《意见》强调要构建"五个统一"的高效管理新体制:统一规划布局、统一建设标准、统一组织实施、统一验收考核、统一上图入库。其中特别强调要建立农田管理大数据平台,把各级农田建设项目各阶段相关信息上图入库,建成全国农田建设"一张图"和监管系统。《意见》还强调要加大高标准农田建设的科技基础支撑,"围绕农田建设关键技术问题,开展科学研究,组织科技攻关。大力引进推广高标准农田建设先进实用技术,加强工程建设与农机农

---

① 国务院:《关于加快推进农业机械化和农机装备产业转型升级的指导意见》,中华人民共和国中央人民政府网站,http://www.gov.cn/zhengce/content/2018-12/29/content_5353308.htm。

艺技术的集成和应用,推动科技创新与成果转化"①。这些都是针对高标准农田建设提出的科技方面的要求。

农业种质资源是农业科技创新的源头,综观国内外农业发展史,每次绿色革命的突破,都源于种质资源的发掘利用。农业种质资源是保障国家粮食安全与重要农产品供给的战略性资源、物质基础,我国突破性品种成功培育与推广,无不来源于优异种质资源的挖掘利用。我国虽然是种质资源大国,但还不是种质资源强国。针对我国农业种质资源丧失风险加大、数量与种类显著减少、消失速度加快、开发利用不足等问题,2019年12月30日,国务院办公厅印发《关于加强农业种质资源保护与利用的意见》,强调要"进一步明确农业种质资源保护的基础性、公益性定位,坚持保护优先、高效利用、政府主导、多元参与的原则,创新体制机制,强化责任落实、科技支撑和法治保障,构建多层次收集保护、多元化开发利用和多渠道政策支持的新格局"。《意见》强调:"以优势科研院所、高等院校为依托,搭建专业化、智能化资源鉴定评价与基因发掘平台,建立全国统筹、分工协作的农业种质资源鉴定评价体系。""加强农业种质资源保护基础理论、关键核心技术研究,强化科技支撑",提升保护能力。"组织实施优异种质资源创制与应用行动,完善创新技术体系,规模化创制突破性新种质,推进良种重大科研联合攻关",提升种业竞争力。"对种质资源保护科技人员绩效工资给予适当倾斜","对种质资源保护科技人员实行同行评价,收集保护、鉴定评价、分发共享等基础性工作可作为职称评定的依据"。②这些创新的举措为我们建设现代种业强国、保障国家粮食安全、实施乡村振兴战略奠定了坚实的科技基础与政策支持。

特派员是科技创新人才服务乡村振兴战略的一个重要改革举措。截至2020年初,我国科技特派员领办创办的企业有1.15万家,年均转化先进技术2.6万项,直接服务农民超过6500万人,已经成为我国农业科技的"传播者"和

---

① 国务院办公厅:《关于切实加强高标准农田建设提升国家粮食安全保障能力的意见》,中华人民共和国中央人民政府网站,http://www.gov.cn/zhengce/content/2019-11/21/content_5454205.htm。

② 国务院办公厅:《关于加强农业种质资源保护与利用的意见》,中华人民共和国中央人民政府网站,http://www.gov.cn/zhengce/content/2020-02/11/content_5477302.htm。

创新创业的"领头羊"。2020年3月6日,科技部印发了《关于组织动员科技特派员推成果强服务保春耕的通知》,聚焦疫情防控期间春耕生产的特点和难点,号召科技特派员强化农业科技服务。一是重点围绕"促春耕、保供给",做好技术服务,增强粮食生产和防灾减灾的能力。二是及时筛选先进适用的成果,编印科技手册,向农民推送。三是助力打赢脱贫攻坚战,科技特派员对建档立卡贫困村的科技服务和创新带动实现全覆盖,积极指导返乡农民创新创业,拓宽贫困人口的就业渠道。四是完善线上服务工作机制,通过在线平台开展培训答疑,帮助农民解决春耕生产中的技术难题。这个文件印发以后,得到了各地的积极响应,很多科技特派员来到基层,为农业生产主体、贫困村农户等提供技术指导,加快恢复农业生产。

2020年5月23日,习近平同志在参加全国政协十三届三次会议经济界委员联组会时强调,"加快推动'藏粮于地、藏粮于技'战略落地落实"[1]。2021年4月29日,十三届全国人大会常委会第二十八次会议通过的《中华人民共和国乡村振兴促进法》提出:"国家实施以我为主、立足国内、确保产能、适度进口、科技支撑的粮食安全战略,坚持藏粮于地、藏粮于技,采取措施不断提高粮食综合生产能力,建设国家粮食安全产业带,完善粮食加工、流通、储备体系,确保谷物基本自给、口粮绝对安全,保障国家粮食安全。"[2]关于如何推进农业科技创新,其中指出:"国家采取措施加强农业科技创新,培育创新主体,构建以企业为主体、产学研协同的创新机制,强化高等学校、科研机构、农业企业创新能力,建立创新平台,加强新品种、新技术、新装备、新产品研发,加强农业知识产权保护,推进生物种业、智慧农业、设施农业、农产品加工、绿色农业投入品等领域创新,建设现代农业产业技术体系,推动农业农村创新驱动发展。"[3]

科技支撑是新时代国家粮食安全的战略支点。强化粮食安全的科技支撑,就是要在推进国家粮食安全战略的过程中把科技进步与创新贯穿于粮食产业发展的全过程,不断提高粮食产业的科技含量,瞄准保量保质增效的基本

---

[1] 习近平:《论"三农"工作》,中央文献出版社2022年版,第129页。

[2]《中华人民共和国乡村振兴促进法》,《人民日报》2021年5月20日,第16版。

[3]《中华人民共和国乡村振兴促进法》,《人民日报》2021年5月20日,第16版。

方向推动粮食产业的持续稳定发展。落实藏粮于技,要做好三个方面的工作。一是增强粮食产业科技能力。国家发展和改革委员会、粮食和储备局、科技部在2018年出台的《关于"科技兴粮"的实施意见》中对农业科技创新作出了部署。要在此基础上,深入开展"五个推进",即:推进安全、绿色、智能、精细仓储科技创新,推进粮油适度加工技术和深加工技术与产品创新,推进先进装备原始创新和集成创新,推进高效物流科技创新,推进优质粮食质量和安全科技创新。二是健全粮食产业科技服务体系。我国虽基本形成了以国家农技推广机构为主体、科研单位和大专院校广泛参与的农业科技成果推广体系,但也存在诸如服务机制不健全、服务方式不完善、成果推广渠道不畅、服务质量不高和专业队伍不稳定等问题。需要从全局高度谋划农业科技服务体系建设,加快构建农业科技推广体系,加强粮食科技服务平台建设,稳定农业科技服务专业队伍。三是提升粮食产业科技运用水平。要面向粮食产业的各个环节推广使用先进适用技术,完善现代农业产业技术体系,推进国家农业科技创新联盟建设,推动建设现代农业产业科技创新中心,建设一批农业绿色提质增效技术集成示范区,打造一批乡村振兴的科技引领示范村(镇)。

强化粮食安全科技支撑的核心就是全面提高整个粮食产业链价值链的科技进步水平与科技创新能力。为促进粮食产业链价值链的科技进步与创新,党和国家作出了一系列战略部署。面对我国农业农村发展进入新的历史阶段,农业的主要矛盾由总量不足转变为结构性矛盾,主要表现为阶段性的供过于求和供给不足并存,矛盾的主要方面在供给侧的新情况,党中央、国务院作出了深入推进农业供给侧结构性改革的重大决策。习近平同志指出:"推进农业供给侧结构性改革,提高农业综合效益和竞争力,是当前和今后一个时期我国农业政策改革和完善的主要方向。要以市场需求为导向调整完善农业生产结构和产品结构,以科技为支撑走内涵式现代农业发展道路,以健全市场机制为目标改革完善农业支持保护政策,以家庭农场和农民合作社为抓手发展农业适度规模经营。"[①]面对农业科技服务机制不健全、服务方式不完善、成果推

---

① 中共中央党史和文献研究院编:《习近平关于"三农"工作论述摘编》,中央文献出版社2019年版,第93页。

广渠道不畅等问题,党中央、国务院强调加快构建农业科技推广体系,加强粮食科技服务平台建设,稳定农业科技服务专业队伍,促进农业科技创新成果尽快转化为现实生产力。强化国家粮食安全科技支撑的最终表现是科技成果在粮食产业发展中的具体应用。为此,党中央、国务院强化需求导向,面向粮食产业的各个环节推广使用先进技术,提升整个粮食产业链价值链的科技含量。充分运用现代科技成果,深入推进优质粮食工程,大力开发农业多种功能,实施农产品加工提升行动,延长产业链、提升价值链、打造供应链,健全农产品产销稳定衔接机制,大力发展农村电子商务,加快推进农村流通现代化,发展乡村共享经济、创意农业、特色文化产业。通过这些举措,我国依靠科技做好"三农"工作、保障和提升国家粮食安全的能力不断增强。值得一提的是,农村电子商务是转变农业发展方式的重要手段,是精准扶贫的重要载体,其优势在于将实体店与电商有机结合,使实体经济与互联网产生叠加效应。2015年10月31日,国务院办公厅印发的《关于促进农村电子商务加快发展的指导意见》,提出了加强政策扶持力度、鼓励和支持开拓创新、大力培养农村电商人才、加快完善农村物流体系、加强农村基础设施建设、加大金融支持力度、营造规范有序的市场环境七个方面的政策举措,极大促进了农村电子商务的健康快速发展。全国供销合作总社建设的全国性涉农电子商务平台"供销e家",扎根农村,形成了比较完整的组织体系和经营服务网络,在推动农业升级、确保农民增收等方面发挥了积极作用。

粮食流通是连接粮食生产和消费的中介环节。近几年我国每年生产粮食超过1.3万亿斤,其中70%进入流通环节,超过9200亿斤,这说明了粮食流通在产业链中的重要性。从一定意义上讲,如果缺乏畅通有效的粮食流通,就不可能拥有真正的粮食安全。2021年2月15日,国务院印发修订《粮食流通管理条例》,按照中央"粮食安全要实行党政同责,'米袋子'省长要负责,书记也要负责"的最新要求,首次在行政法规中明确规定省、自治区、直辖市应当落实粮食安全党政同责,进一步完善了多年来我们一直实行的粮食安全省长负责制。为确保粮食质量,让老百姓吃得放心,《粮食流通管理条例》突出了"六个强化"举措。一是强化监测监控,建立健全粮食质量安全风险监测体系,实行粮食产后、流通全过程监测监控。二是强化入库出库检验,按规定进行质量检验。三是强化库存质量管控,定期进行品质检验。四是强化运输过程质量管理。五是强化食用用途粮食和被污染粮食处置。六是强化法律责任追究,对违反粮食质量安全要求的行为要依法追究责任。要加强粮食流通能力建设,运用最新交通运输科技成果、新一代信息技术等提高粮食收购、储存、运输、加工以及销售等各个环节的效率。

保障国家粮食安全,除了解决好"种什么地""地怎么种"外,还要解决好"谁来种地"的问题。"核心是要解决好人的问题,通过富裕农民、提高农民、扶持农民,让农业经营有效益,让农业成为有奔头的产业,让农民成为体面的职业,让农村成为安居乐业的美丽家园。"①"要推动乡村人才振兴,把人力资本开发放在首要位置,强化乡村振兴人才支撑,加快培育新型农业经营主体,让愿意留在乡村、建设家乡的人留得安心,让愿意上山下乡、回报乡村的人更有信心,激励各类人才在农村广阔天地大施所能、大展才华、大显身手,打造一支强大的乡村振兴人才队伍,在乡村形成人才、土地、资金、产业汇聚的良性循环。"②

党的十八大以来,我们党高度重视粮食安全问题,在极为严峻复杂的国内外形势下,采取一系列有效措施维护了国家粮食安全。粮食安全为我国经济平稳运行提供了有力支撑,为我们打赢脱贫攻坚战、全面建成小康社会奠定了坚实基础。习近平同志在总结经验时指出:"对我们这样一个有着14亿人口的大国来说,农业基础地位任何时候都不能忽视和削弱,手中有粮、心中不慌在任何时候都是真理。这次新冠肺炎疫情如此严重,但我国社会始终保持稳定,粮食和重要农副产品稳定供给功不可没。"③面对14亿的庞大人口基数,稳定的粮食供应至关重要,任何时候都不能轻言粮食过关了。当前我国粮食安全形势总体向好。2015—2020年粮食产量连续6年稳定在6.5亿吨以上,人均粮食占有量稳定在470公斤以上,大幅高于国际公认的200公斤粮食安全标准线。

---

① 中共中央党史和文献研究院编:《习近平关于"三农"工作论述摘编》,中央文献出版社2019年版,第141页。

② 中共中央党史和文献研究院编:《习近平关于"三农"工作论述摘编》,中央文献出版社2019年版,第150页。

③ 习近平:《论把握新发展阶段、贯彻新发展理念、构建新发展格局》,中央文献出版社2021年版,第353—354页。

这为我们战胜发展中遇到的挑战提供了充足保障与坚实后盾。我们能够取得抗击疫情的重大战略成果,离不开粮食的稳定供应。党的十九届五中全会《建议》在对确保国家经济安全相关方面作出部署时,特别强调要确保粮食安全。国家"十四五"规划首次将粮食综合生产能力作为安全保障类约束性指标之一,并在第53章"强化国家经济安全保障"中,将"实施国家粮食安全战略"作为第1节专门作出部署。

我国脱贫攻坚已经取得全面胜利,党中央、国务院提出了全面推进乡村振兴的重大任务,并作出了战略部署。由脱贫攻坚到全面推进乡村振兴,这是"三农"工作重心的历史性转移。我们要做好巩固拓展脱贫攻坚成果同乡村振兴有效衔接,促进农业高质高效、乡村宜居宜业、农民富裕富足。要一如既往地牢牢把握住粮食安全主动权,始终坚持粮食安全年年要抓紧、须臾不放松。需要注意的是,我们不仅要在维护国家粮食安全方面发挥好科技的支撑作用,而且在乡村社会治理中也要发挥好科技的支撑作用。科技支撑是现代乡村社会治理体制的重要环节。《中华人民共和国乡村振兴促进法》指出:"建立健全党委领导、政府负责、民主协商、社会协同、公众参与、法治保障、科技支撑的现代乡村社会治理体制和自治、法治、德治相结合的乡村社会治理体系,建设充满活力、和谐有序的善治乡村。"①

我国粮食安全的治理效果经受住了实践检验。2021年,我国夏粮、早稻、秋粮产量分别为2919亿斤、560亿斤、10178亿斤,均实现增产,支持了粮食总产量再创新高。2021年全年粮食总产量13657亿斤,比上年增产267亿斤,增长2.0%,实现1.3万亿斤以上的预期目标②。当前,我国已经开启全面建设社会主义现代化国家新征程,粮食安全面临更为严峻的考验。我们必须坚决扛稳国家粮食安全这个重任,继续以新粮食安全观和国家粮食安全战略为指引,强化科技装备支撑,增强农业科技含量,实现粮食科技高水平自立自强,全面提升国家粮食安全保障能力与保障水平,筑牢维护国家粮食安全的科技根基,实现粮食安全和现代高效农业一体推进、统筹发展。

① 《中华人民共和国乡村振兴促进法》,《人民日报》2021年5月20日,第16版。
② 宁吉喆:《国民经济量增质升,"十四五"实现良好开局》,《求是》2022年第3期,第56页。

三、开展网络综合治理

　　网络安全是国家安全的重要组成部分。过去,大国之间进行博弈,往往都把核安全和核优势作为重点,而在今天,随着人类生产生活与互联网广泛融合,网络安全和信息优势的重要性与日俱增。互联网打破了传统主权国家发展和治理的边界,把全世界融合在一个共同的信息交流空间中。谁在网络安全上占领制高点,谁在国家安全上就能掌握主动。如何治理网络空间、维护国家网络安全成为我们党治国理政的新课题。

　　开展网络综合治理,是应对网络安全和信息化挑战的必然选择。当今世界正经历百年未有之大变局,不稳定不确定因素明显增加。与百年未有之大变局相伴而行并且成为其发展动力的新一轮科技革命和产业变革,正在深入发展并孕育着新的重大突破。互联网的迅猛发展和普及应用给人类社会带来的巨大而深远的影响,可以用"四个前所未有"来概括:"给生产力和生产关系带来的变革是前所未有的,给世界政治经济格局带来的深刻调整是前所未有的,给国家主权和国家安全带来的冲击是前所未有的,给不同文化和价值观念交流交融交锋产生的影响也是前所未有的。"①世界主要国家都把互联网作为谋求竞争新优势的新战场新领域,一场以信息网络技术为核心的新的全方位综合国力竞争正在全球如火如荼地展开,围绕网络空间发展主导权、制网权的争夺日趋激烈。网络安全和信息化关系党和国家长治久安,关系经济社会发展和人民群众福祉。如果网络安全出了问题,国家安全就得不到保障。如果信息化建设出了问题,国家现代化就不可能实现。习近平同志对世界互联网发展动向及竞争态势洞若观火,深刻地指出:"当今世界,谁掌握了互联网,谁就把握住了时代主动权;谁轻视互联网,谁就会被时代所抛弃。一定程度上可以说,得网络者得天下。"②他反复强调:"过不了互联网这一关,就过不了长期

---

① 中共中央党史和文献研究院编:《习近平关于网络强国论述摘编》,中央文献出版社2021年版,第41页。

② 中共中央党史和文献研究院编:《习近平关于网络强国论述摘编》,中央文献出版社2021年版,第41页。

执政这一关。"①国际上一些敌视中国的势力企图让互联网成为当代中国最大的变量,对此我们要保持高度警惕。必须坚决打好防范化解网络安全和信息化重大风险的攻坚战,为实现中华民族伟大复兴的中国梦提供牢靠安全保障。

开展网络综合治理,是推进国家治理体系和治理能力现代化的重大任务。网络信息技术的发展,给国家治理带来了许多不容忽视、亟待解决的新课题。比如,在互联网新技术新应用不断发展、互联网的社会动员功能日益增强的情况下,如何依法加强网络空间治理,建立网络综合治理体系;如何规范网络信息发布,加强网络内容建设,营造风清气正的网络空间;如何严密防范网络犯罪特别是新型网络犯罪,维护人民信息安全、财产安全以及社会大局稳定;等等。网络信息技术向前发展一步,互联网治理就要跟进一步。习近平同志深刻指出:网络信息技术"创造了人类生活新空间,拓展了国家治理新领域"②。随着越来越多的人使用互联网,信息技术越来越多地被应用在经济社会各领域,互联网不再局限于技术层面,而是深度融入社会生活中,网络空间作为虚拟空间,与现实空间的互动更为密切。从网络空间的主体来看,网络空间虽然是虚拟的,但运用网络空间的主体是现实的,网络空间不是法外之地。从意识形态看,网络意识形态斗争面临的严峻复杂形势和安全风险挑战,要求我们必须坚决打赢网络意识形态斗争,构建网上网下同心圆。从国家安全看,没有网络安全就没有国家安全,要从现实生活到虚拟空间提高公共安全体系精细化水平,切实维护网络空间安全。从国家治理看,信息已经成为国家治理的重要依据,"国家治理正逐步从线下向线下线上相结合转变"③。提高网络治理水平、推进互联网建设,本身就是我们党推进国家治理体系和治理能力现代化的题中应有之义,是提高党的长期执政能力的一个重要方面。特别是在新冠肺炎疫情防控背景下,网络治理成为党和国家推进国家治理体系和治理能力现代化的突破口。2020年,我国网络治理在助力防疫抗疫工作的基础上,以促进

---

① 中共中央党史和文献研究院编:《习近平关于网络强国论述摘编》,中央文献出版社2021年版,第3页。

② 习近平:《论党的宣传思想工作》,中央文献出版社2020年版,第170页。

③ 中共中央党史和文献研究院编:《习近平关于网络强国论述摘编》,中央文献出版社2021年版,第137页。

互联网健康发展、可持续发展为目标,加快数字化发展为方向,以重点领域为突破,进一步提升了治理能力。

对于如何治理互联网,我们党在实践中经历了一个不断探索的过程。1994年,我国正式全功能接入国际互联网,开启了网信事业快速发展进程,网络空间治理由此注定要成为国家治理的重要内容。2001年7月11日,江泽民同志在中共中央举办的法制讲座上指出,"对信息网络化问题,我们的基本方针是:积极发展,加强管理,趋利避害,为我所用"①。2007年1月23日,胡锦涛同志主持十六届中央政治局第三十八次集体学习时,强调"坚持依法管理、科学管理、有效管理","提高网络管理水平,加强对互联网的管理"②。2010年6月,《中国互联网状况》白皮书发布,明确积极利用、科学发展、依法管理、确保安全是中国政府的基本互联网政策,指出:"中国坚持依法管理、科学管理和有效管理互联网,努力完善法律规律、行政监管、行业自律、技术保障、公众监督和社会教育相结合的互联网管理体系。"③

党的十八大以来,以习近平同志为核心的党中央高度重视、不断探索互联网治理规律,推动我国网信事业取得历史性成就,走出一条中国特色治网之道。2014年2月27日,习近平同志在中央网络安全和信息化领导小组第一次会议上正式提出网络强国战略目标,要求"完善互联网信息内容管理、关键信息基础设施保护等法律法规,依法治理网络空间"④。2016年11月7日十二届全国人大常委会第二十四次会议通过的《中华人民共和国网络安全法》指出,"国家积极开展网络空间治理"⑤。2018年4月20日,习近平同志在全国网络安全和信息化工作会议上阐述了网络强国建设的原则要求,指出要"坚持创新发展、依法治理、保障安全、兴利除弊、造福人民的原则"⑥。2019年7月24日,习

① 《江泽民文选》第3卷,人民出版社2006年版,第300页。

② 《胡锦涛文选》第2卷,人民出版社2016年版,第562页。

③ 中华人民共和国国务院新闻办公室:《中国互联网状况》,《人民日报》2010年6月9日,第14版。

④ 《习近平谈治国理政》第1卷,外文出版社2018年版,第198—199页。

⑤ 《中华人民共和国网络安全法》,《人民日报》2016年11月23日,第14版。

⑥ 中共中央党史和文献研究院编:《习近平关于网络强国论述摘编》,中央文献出版社2021年版,第44页。

近平同志主持召开中央全面深化改革委员会第九次会议,审议通过《关于加快建立网络综合治理体系的意见》。会议指出:"要坚持系统性谋划、综合性治理、体系化推进,逐步建立起涵盖领导管理、正能量传播、内容管控、社会协同、网络法治、技术治网等各方面的网络综合治理体系,全方位提升网络综合治理能力。"[1]在党中央坚强有力领导下,国家网络安全屏障不断巩固,全社会网络安全意识和防护能力显著增强。

回顾历史可以看出,我们党提出"网络综合治理",既是适应网络空间规律特点的主动选择,又是立足我国信息化实践的统筹部署。

网络综合治理是一项复杂的社会系统工程。习近平同志强调,要提高网络综合治理能力,"形成党委领导、政府管理、企业履责、社会监督、网民自律等多主体参与,经济、法律、技术等多种手段相结合的综合治网格局"[2]。治理互联网、维护网络安全,要着重抓好以下几个方面的工作:

第一,加强和改善党对网信工作的集中统一领导。党的十八大以来,党领导网信工作的体制机制在实践中不断建立健全。以网络强国为战略目标,党中央通过成立改革决策议事协调机构、出台《关于加强网络安全和信息化工作的意见》等,作出一系列顶层设计,"基本理顺互联网管理领导体制机制,形成全国'一盘棋'工作格局"[3]。具体而言,2013年11月,针对管理体制存在的多头管理、职能交叉、权责不一、效率不高等弊端,党的十八届三中全会提出,加大依法管理网络力度,加快完善互联网管理领导体制。2014年,由习近平同志担任组长的中央网络安全和信息化领导小组成立,领导和统筹协调各个领域的网络安全和信息化重大问题。2018年,党中央深化党和国家机构改革,决定将中央网络安全和信息化领导小组改为委员会,目的就是为了加强党中央的集

---

① 《习近平主持召开中央全面深化改革委员会第九次会议强调,紧密结合"不忘初心、牢记使命"主题教育,推动改革补短板强弱项激活力抓落实》,《人民日报》2019年7月25日,第1版。

② 中共中央党史和文献研究院编:《习近平关于网络强国论述摘编》,中央文献出版社2021年版,第56—57页。

③ 中共中央党史和文献研究院编:《习近平关于网络强国论述摘编》,中央文献出版社2021年版,第8页。

中统一领导。习近平同志指出:"要发挥中央网络安全和信息化委员会决策和统筹协调作用,在关键问题、复杂问题、难点问题上定调、拍板、督促。委员会是决策议事协调机构,具体工作要靠中央网信办来统筹推进,相关部门也要发挥好职能作用。"①互联网治理工作政治性强,必须旗帜鲜明、毫不动摇坚持党管互联网,确保网络综合治理沿着正确方向前进。

党员、干部要着力提高用网治网能力。当今时代,如果不懂互联网、不善于运用互联网,就会出现"本领恐慌",就无法有效开展工作。习近平同志指出:"增强改革创新本领,保持锐意进取的精神风貌,善于结合实际创造性推动工作,善于运用互联网技术和信息化手段开展工作。"②广大党员、干部要主动适应信息化要求、强化互联网思维,自觉学网、懂网、用网,善于运用互联网推动和开展工作。要正确处理安全和发展、开放和自主、管理和服务的辩证关系,不断提高把握互联网规律的能力、引导网络舆论的能力、驾驭信息化发展趋势的能力、保障网络安全的能力。习近平同志强调:"必须科学认识网络传播规律,准确把握网上舆情生成演化机理,不断推进工作理念、方法手段、载体渠道、制度机制创新,提高用网治网水平,使互联网这个最大变量变成事业发展的最大增量。"③

第二,牢固树立正确的网络安全观。随着网络信息技术的大发展,新应用新业态层出不穷,网络越来越成为人们工作、学习、生活的新空间。但是与此同时,来自互联网的风险挑战也日渐突出。综观世界,各国无不受到网络安全的威胁和干扰,网络安全已从信息技术领域日益向政治、经济、文化等领域广泛渗透。具体到我国来说,互联网已经成为网络舆论斗争的主战场,一些关系国计民生的关键基础设施网络安全存在隐患,各种类型的网络违法犯罪活动频繁发生,网络治理任重道远。我们既要大力推动互联网发展,同时又要高度警惕和防范互联网所带来的安全问题。要加强网络安全能力建设,努力实现技

① 中共中央党史和文献研究院编:《习近平关于网络强国论述摘编》,中央文献出版社2021年版,第10页。
② 《习近平谈治国理政》第3卷,外文出版社2020年版,第53页。
③ 中共中央党史和文献研究院编:《习近平关于网络强国论述摘编》,中央文献出版社2021年版,第13页。

术先进、产业发达、攻防兼备、制网权尽在掌握、网络安全坚不可摧的目标要求。

思想决定实践,理念决定行动。近年来,全社会网络安全意识有了明显提高,但一些党员、干部对网络安全的认识还不到位,有的片面理解发展和安全的关系,厚此薄彼;有的只注重大上项目,快速推进网络建设,但却轻视网络防护,安全措施没有及时跟上;有的以为关起门来就万事大吉了,就绝对安全了,因而固步自封,不愿意立足开放环境搞安全;有的认为网络安全是中央和专业部门的事,与己无关;等等。这些观念都是不正确的,在实践中是极其有害的。网络安全无小事。要做好网络安全工作,首先必须科学把握当今网络安全的特征特点,在思想上不断强化网络安全意识,在头脑中真正筑起网络安全的"防火墙"。

2016年4月19日,习近平同志在网络安全和信息化工作会议上,系统阐述了网络安全观的丰富内涵和实践要求,为我们开展网络治理、维护网络安全提供了基本遵循。我们可以从五个方面加以理解。其一,"网络安全是整体的而不是割裂的"①。要清醒地认识到,在信息化时代,网络安全具有高传导性、高渗透性,对国家安全牵一发而动全身,同许多其他方面的安全互相关联、互相影响。其二,"网络安全是动态的而不是静态的"②。当今世界,信息技术日新月异,更新速度越来越快,过去分散独立的网络越来越紧密地融合在一起。在网络安全的威胁来源不断变化、攻击手段不断翻新的情况下,没有任何一种安全设备和安全软件能一劳永逸地解决所有安全问题。我们必须树立动态、综合的防护理念,时时刻刻把网络安全工作挂在心中、抓在手上。其三,"网络安全是开放的而不是封闭的"③。在绝对封闭、孤立的环境中是无法真正检验和锻炼网络安全防范能力的,"物理隔离""安全孤岛"并不能绝对确保百分之百的安全。越是处于开放环境并且善于对外交流、合作、互动、博弈,就越能学习和吸收先进技术、攻防经验,网络安全水平才会在实践、实战、实操中相应提升。其四,"网络安全是相对的而不是绝对的"④。世界上没有绝对的安全,安

① 习近平:《论党的宣传思想工作》,中央文献出版社2020年版,第202页。

② 习近平:《论党的宣传思想工作》,中央文献出版社2020年版,第202页。

③ 习近平:《论党的宣传思想工作》,中央文献出版社2020年版,第202页。

④ 习近平:《论党的宣传思想工作》,中央文献出版社2020年版,第202—203页。

全工作也永无止境。开展网络安全工作必须从基本国情出发,从实际出发,避免不计成本追求绝对安全,那样不仅会背上沉重包袱、造成沉重负担,甚至可能会顾此失彼,得不偿失。其五,"网络安全是共同的而不是孤立的"[①]。网络安全是为了人民,网络安全也必须依靠人民,维护网络安全是全社会共同责任,需要政府、企业、社会组织、广大网民共同参与,共同筑牢网络安全防线。

第三,坚决打赢网络意识形态斗争,构建网上网下同心圆。当今世界,意识形态领域看不见硝烟的战争无处不在,政治领域没有枪炮的较量未曾停止,思想文化交融交流交锋更加频繁。互联网的迅猛发展,前所未有地改变了舆论生成方式和传播途径。现在,意识形态领域许多新情况新问题往往因网而生、因网而增,互联网日益成为意识形态斗争的主阵地、主战场、最前沿。

网络意识形态安全风险问题值得高度重视。国内一些组织和个人在网上变换手法,贬低、歪曲党的历史和伟大实践,攻击、否定党的领导和社会主义制度。西方反华势力一直妄图利用互联网"扳倒中国",从美国的"棱镜""X—关键得分"等监控计划看,他们的互联网活动能量和规模远远超出了世人想象。习近平同志指出:"互联网是我们面临的最大变量,在互联网这个战场上,我们能否顶得住、打得赢,直接关系国家政治安全。"[②]只有维护好网络意识形态安全,坚决打赢网络意识形态斗争,才能切实维护以政权安全、制度安全为核心的国家政治安全。这是我们的重要使命,在这个问题上,必须以守土有责的心态做好守土尽责、守土负责的工作。

网络意识形态斗争十分复杂,与日俱增的网民数量、更新换代的信息技术、丰富发展的网络经济、广泛应用的信息化服务以及各类社会风险的传导,不断对管网治网提出新要求。互联网的健康发展离不开正确的引导和管理。提高网络综合治理水平,必须在管好治好互联网上下功夫。2013年8月19日,习近平同志在全国宣传思想工作会议上指出:"要依法加强网络社会管理,加强网络新技术新应用的管理,确保互联网可管可控,使我们的网络空间清朗起

---

① 习近平:《论党的宣传思想工作》,中央文献出版社2020年版,第203页。

② 中共中央党史和文献研究院编:《习近平关于网络强国论述摘编》,中央文献出版社2021年版,第56页。

来。"①2016年7月,《国家信息化发展战略纲要》专门对互联网管理作出规定。2019年12月15日发布的《网络信息内容生态治理规定》,旨在通过更有针对性的机制规范,构建适应全媒体传播的网络综合治理体系。我们采取一系列有效措施,通过在管网治网上出重拳、亮利剑,过去网上乱象丛生、阵地沦陷、被动挨打的局面得以根本扭转,实现网络生态治理由局部治理向全面治理转变,由分散治理向系统治理转变,由单向治理向综合治理转变,由应急治理向常态治理转变。

在信息生产方面,要重视互联网和新媒体发展,遵循运用网络传播规律,"把我们掌握的社会思想文化公共资源、社会治理大数据、政策制定权的制度优势转化为巩固壮大主流思想舆论的综合优势",理直气壮唱响网上好声音。②在舆情研判方面,要综合运用信息化手段,通过建立健全舆情收集反馈机制等,对网上舆论热点和突出意见作出准确分析、深入研判,有针对性地解决问题,及时清理网上谣言和杂音噪音。在舆论引导方面,要适应新的舆论生成传播方式,把握好网上舆论引导的时度效,尤其在面对突发事件时,要及时提供权威信息发布、引导网上舆情,决不能失语失声③。在风险防范方面,要增强忧患意识,树立底线思维,强化政治警惕性和政治鉴别力,严密防范和抵制网上攻击渗透行为④。在网络综合治理中用好互联网,必须正确认识形成网上良好舆论氛围的要求,做到听民意、惠民生、解民忧,最大范围更好凝聚社会共识。习近平同志指出:"形成良好网上舆论氛围,不是说只能有一个声音、一个调子,而是说不能搬弄是非、颠倒黑白、造谣生事、违法犯罪,不能超越了宪法法律界限。"⑤

为大力弘扬社会主义核心价值观,全面推进文明办网、文明用网、文明上

① 中共中央党史和文献研究院编:《习近平关于网络强国论述摘编》,中央文献出版社2021年版,第52页。

② 习近平:《论党的宣传思想工作》,中央文献出版社2020年版,第356页。

③ 中共中央党史和文献研究院编:《习近平关于网络强国论述摘编》,中央文献出版社2021年版,第76页。

④ 中共中央党史和文献研究院编:《习近平关于网络强国论述摘编》,中央文献出版社2021年版,第52、56页。

⑤ 习近平:《论党的宣传思想工作》,中央文献出版社2020年版,第196页。

网、文明兴网,推动形成适应新时代网络文明建设要求的思想观念、文化风尚、道德追求、行为规范、法治环境、创建机制,中共中央办公厅、国务院办公厅印发了《关于加强网络文明建设的意见》,就加强网络空间思想引领、加强网络空间文化培育、加强网络空间道德建设、加强网络空间行为规范、加强网络空间生态治理、加强网络空间文明创建等作出部署。《意见》强调,要加强网络空间生态治理。深入开展网络文明引导,大力强化网络文明意识,充分利用重要传统节日、重大节庆和纪念日组织开展网络文明主题实践活动,教育广大网民自觉抵制歪风邪气,弘扬文明风尚。进一步规范网上内容生产、信息发布和传播流程,深入推进公众账号分级分类管理,构建以中国互联网联合辟谣平台为依托的全国网络辟谣联动机制。深入推进"清朗""净网"系列专项行动,深化打击网络违法犯罪,深化公众账号、直播带货、知识问答等领域不文明问题治理,开展互联网领域虚假信息治理。健全网络不文明现象投诉举报机制,动员广大网民积极参与监督,推动网络空间共治共享。坚持依法治理网络空间,把弘扬社会主义核心价值观贯穿网络立法执法司法普法各环节,发挥法律法规对维护良好网络秩序、树立文明网络风尚的保障作用。加强个人信息保护法、数据安全法贯彻实施,加快制定修订并实施文化产业促进法、广播电视法、网络犯罪防治法、未成年人网络保护条例、互联网信息服务管理办法等法律法规。创新开展网络普法系列活动,增强公民法律意识和法治素养。

第四,坚持依法治网,持续推进网络空间法治化。网上网下没有法外之地、舆论飞地,更不允许有失控的"真空"地带。建立网络综合治理体系,依法治网是基础性手段。依法治网,就是通过网络立法推进完善互联网领域法律法规,明确各方权利义务,依法构建良好秩序,依法加强互联网管理教育,教育引导广大网民遵守秩序、依法上网,用法治力量推动网络生态不断改善、网络空间不断净化。

近年来,一些不法分子利用网络隐蔽性、远程化、非现场、无接触等特点,大搞坑蒙拐骗、敲诈勒索、假冒伪劣等违法行为,严重危害人民群众合法权益、人身和财产安全。比如,一条短信,就能骗走涉世不深的青年人的钱财,一个电话,就能卷走毫无防备之心的老年人养老钱。又比如,网上"杀猪盘"、"套路贷"、"钓鱼"网站、网络购物、兼职刷单、冒充客服、假冒QQ和微信等名目繁多的电信网络诈骗案日趋高发,有的甚至呈现"产业化"运作特点,有的诈骗团伙甚至远在国外对国内实施作案,加大了群众的识别难度,也加大了公安机关的破案难度,严重影响了社会秩序,人民群众对此反映强烈。

2014年2月27日,习近平同志在中央网络安全和信息化领导小组第一次会议上,明确指出要抓紧制定立法规划、依法治理网络空间、维护公民合法权益。同年10月,党的十八届四中全会对加强互联网领域立法、依法规范网络行为等作出部署。党的十八大以来,依法治网取得一系列成就:在立法方面,出台了以《中华人民共和国网络安全法》为代表的一批法律法规,2017年3月15日十二届全国人大五次会议通过的《中华人民共和国民法总则》对个人信息、数据、虚拟财产予以保护,中央网信办、公安部、工信部、文化部等出台的部门规章对互联网信息搜索、移动互联网应用程序等进行及时依法规范;在执法方面,开展"净网""剑网""清源""护苗"等系列专项治理行动,依法严厉打击违法犯罪行为;在司法方面,推动完善互联网司法裁判规则体系;在守法方面,实施"中国好网民"工程等,教育引导广大网民依法上网、文明上网。2020年底,党中央印发《法治社会建设实施纲要(2020—2025年)》,设置专章"依法治理网络空间",要求完善网络法律制度、培育良好的网络法治意识、保障公民依法安全用网。我们要适应形势发展,不断推动依法治网、依法办网、依法上网,依法惩治网络违法犯罪活动,确保互联网始终在法治轨道上健康运行。要坚持法治建设和道德建设两手抓、两手都要硬,在加强网络法治建设的同时,要注重发挥道德教化引导作用,一体推进网络伦理、网络道德、网络文明、网络思想政治建设,用人类文明优秀成果滋养网络空间、修复网络生态、巩固网络正能量。

第五,坚持技术治网,筑牢网络安全防线。网络治理需要经济、技术、法律等手段多管齐下。网络空间的形成和发展是以信息技术为基础和支撑的,因而,在综合运用各种手段时,尤其要注重发挥好技术的根本性作用。2016年10月9日,习近平同志在十八届中央政治局第三十六次集体学习时指出:"要大力发展核心技术,加强关键信息基础设施安全保障,完善网络治理体系。"①党的

---

① 中共中央党史和文献研究院编:《习近平关于网络强国论述摘编》,中央文献出版社2021年版,第114页。

十九大之后,习近平同志明确将技术作为形成综合治网格局的多手段之一,要求"全面提升技术治网能力和水平,规范数据资源利用,防范大数据等新技术带来的风险"①。在技术规范上,习近平同志尤其关注大数据、人工智能、区块链等新一代信息技术前沿,要求研判风险、加强引导。联系实践看,国家出台了《区块链信息服务管理规定》等,确保新技术新应用有序健康发展。有关部门也积极开展试点活动,挖掘新一代信息技术与网络安全技术融合创新的典型应用场景,提炼推广网络安全最佳实践和解决方案,促进网络安全教育、技术、产业融合发展,极大地提升了网络安全产业发展水平。比如,2020年7月30日,工业和信息化部办公厅印发了《关于开展2020年网络安全技术应用试点示范工作的通知》,强调要以5G网络安全、工业互联网安全、车联网安全、智慧城市安全、大数据安全、物联网安全、人工智能安全、区块链安全、商用密码安全、电信网络诈骗防范治理等为重要方向加强新型信息基础设施安全建设。为适应数字产业化和产业数字化发展新形势,2022年1月7日,工业和信息化部办公厅、国家互联网信息办公室秘书局等12个部门联合发出《关于开展网络安全技术应用试点示范工作的通知》,提出以新型基础设施安全、数字化应用场景安全、安全基础能力提升为主线,面向公共通信和信息服务、能源、交通、水利、应急管理、金融、医疗、广播电视等重要行业领域网络安全需求,在云安全、网络安全共性技术、网络安全创新服务、网络安全"高精尖"技术创新平台等九个重点方向加强网络安全先进技术应用引导,推动网络安全产业高质量发展。

对网络空间而言,快速更新的信息技术无疑是一把"双刃剑",一方面推动了互联网发展、丰富了治理手段,另一方面也带来了安全风险、增加了治理难度。"技术前进一小步,管理难度增加一大步。"②建立网络综合治理体系,需要把握信息技术发展趋势,充分发挥其在治理中的突出作用,做好感知态势、预警风险、研判处置等各项工作。

一是着力构建全国一体化的国家关键信息基础设施安全保障体系,筑牢

---

① 习近平:《论党的宣传思想工作》,中央文献出版社2020年版,第357页。
② 本报评论员:《构建网上网下同心圆——二论贯彻习近平总书记全国网信工作会议重要讲话》,《人民日报》2018年4月23日,第1版。

国家网络安全体系的坚实根基。公共通信和信息服务、金融、工业、能源、电力、通信、交通、水利、公共服务、电子政务、国防科技工业等重要网络设施、信息系统,关系国家安全、国计民生、公共利益和社会稳定,这些领域的关键信息基础设施是经济社会正常运行的神经中枢,是网络安全的重中之重,往往也是遭到攻击的重点目标。事实表明,"物理隔离"防线可被跨网入侵,电力调配指令可被恶意篡改,金融交易和教育等信息可被窃取,一出问题就可能导致交通中断、电力瘫痪、金融紊乱等问题,对国家安全、经济社会发展和人民群众生产生活造成极大的破坏力和杀伤力。根据《中华人民共和国网络安全法》,国家关键信息基础设施是在网络安全等级保护制度中,属于重点保护级别。"国家采取措施,监测、防御、处置来源于中华人民共和国境内外的网络安全风险和威胁,保护关键信息基础设施免受攻击、侵入、干扰和破坏。"①我们必须深入研究,加快推进科技进步与创新,切实从技术上做好关键信息基础设施安全防护。

为进一步落实《中华人民共和国网络安全法》,针对关键信息基础设施面临的安全形势日趋严峻,网络攻击威胁事件频发,事故隐患上升,安全保护工作基础薄弱、资源力量分散、技术产业支撑不足等突出问题,2021年7月30日,国务院印发《关键信息基础设施安全保护条例》。《条例》共6章51条,明确关键信息基础设施范围和保护工作原则目标、监督管理体制,完善了关键信息基础设施认定机制,明确了关键信息基础设施运营者责任义务,明确了行业安全保障和促进措施以及相关法律责任。《条例》强调,重点行业和领域重要网络设施、信息系统属于关键信息基础设施,国家对关键信息基础设施实行重点保护,采取措施,监测、防御、处置来源于中华人民共和国境内外的网络安全风险和威胁。保护工作应当坚持综合协调、分工负责、依法保护,强化和落实关键信息基础设施运营者主体责任,充分发挥政府及社会各方面的作用,共同保护关键信息基础设施安全。《条例》为我国深入开展关键信息基础设施安全保护工作提供了有力的法治保障。

二是加速推动信息领域核心技术突破,构建自主可控的信息技术体系。"互联网核心技术是我们最大的'命门',核心技术受制于人是我们最大的隐

①《中华人民共和国网络安全法》,《人民日报》2016年11月23日,第14版。

患。"①如果核心元器件掌握在别人手里，供应链的"命门"严重依赖外国，那我们的网络安全就如同建筑在沙滩上的城堡，经不起风吹浪打，甚至会不堪一击。网络信息技术在发展过程中，呈现出创新最活跃、应用最广泛、辐射带动作用最大等特征，成为全球技术创新最具魅力而又竞争性极强的战略高地，历来是兵家必争之地，也是国家比拼的志在必得之地。我们要紧紧扭住核心技术自主创新这个"牛鼻子"，抓紧突破事关安全发展的前沿技术和关键核心技术，争取在某些方面实现"弯道超车"。对核心芯片、操作系统等躲不开绕不过的基础性技术、通用性技术，要咬住不放、攻坚克难。对非对称、"杀手锏"技术，要选准方向、找准突破口，组织精锐力量集中攻关。对人工智能、量子信息、神经网络芯片等关系长远发展的前沿技术、颠覆性技术，要从国家层面超前谋划布局，争取掌握未来技术竞争的主导权。要加大核心技术研发力度和市场化引导，打造和延伸核心技术的产业链、价值链、生态链，注重从整体上强化网络安全保障能力。

三是加强网络安全防御和威慑能力，掌握攻防博弈的主动权。"网络安全的本质在对抗，对抗的本质在攻防两端能力较量。"②这就要求我们必须增强攻防兼备的能力，以技术对技术、以技术防技术、以技术管技术、以技术治技术，做到魔高一尺、道高一丈。要加强网络安全检查，摸清家底、掌握情况，明确保护层级和保护措施。要及时认清风险，发现隐患、修补漏洞，做到关口前移，防患于未然。要建立统一高效的网络安全预判机制、风险报告机制、情报共享机制、研判处置机制、经验交流机制，准确把握网络安全风险发生的规律、动向、趋势，做好预知、预测、预警、预置工作。对网络空间而言，发现力也是一种极为重要的威慑力。网络攻击具有隐蔽性、瞬时性等特征，如果感知不及时、信息不汇总，那么防范和应对的反射弧就会太长，势必贻误战机。要全方位全天候感知网络安全态势，加强网络安全事件应急指挥能力建设，不能"谁进来了不知道、是敌是友不知道、干了什么不知道"。习近平同志强调，"要充分利用大数

---

① 习近平：《论党的宣传思想工作》，中央文献出版社2020年版，第197页。
② 习近平：《论党的宣传思想工作》，中央文献出版社2020年版，第204页。

据平台,综合分析风险因素,提高对风险因素的感知、预测、防范能力"①。

四是确保人工智能安全、可靠、可控。加快发展新一代人工智能,是关系我国核心竞争力的重大战略问题,是推动我国科技跨越发展、产业优化升级、生产力整体跃升的重要战略资源,是必须紧紧抓住的战略制高点。人工智能技术发展和其他技术进步一样,也是一把"双刃剑"。由于技术的不确定和应用的广泛性,人工智能发展可能带来改变就业结构、冲击法律和社会伦理、侵犯个人隐私、挑战国际准则等问题。著名物理学家霍金就曾表示,强大人工智能的崛起,对人类来说,可能是最好的事情,也可能是最糟糕的事情。

要增加对基础性研究的投入,支持科学家勇闯人工智能科技前沿的"无人区",努力在人工智能发展方向和理论、方法、工具、系统等方面取得变革性、颠覆性突破,做出更多"从0到1"的重大独创性贡献。要加快实施人工智能重大项目,力争尽早取得突破,确保我国在人工智能这个重要领域的理论研究走在前面、关键核心技术占领制高点。"要围绕攻克关键核心技术、实现关键核心技术自主可控的战略使命,以问题为导向,增强人工智能科技创新能力,建立新一代人工智能关键共性技术体系,在补齐高端芯片、关键部件、高精度传感器等短板上抓紧布局,确保人工智能关键核心技术掌握在自己手里。"②

"当前,我国对人工智能安全问题的研究还相对薄弱,政策应对和法治建设也相对滞后,必须高度重视起来,加强前瞻预防和约束引导,最大限度降低风险。"③要加快建立人工智能安全监管和评估体系,加强人工智能对国家安全和保密领域影响的研究和评估,完善人、技、物、管配套的安全防护体系,构建人工智能安全监测预警机制。要整合多学科力量,加强人工智能相关法律、伦理、社会问题研究,建立健全保障人工智能健康发展的法律法规、制度体系、伦理道德。

---

① 中共中央党史和文献研究院编:《习近平关于网络强国论述摘编》,中央文献出版社2021年版,第135页。

② 中共中央党史和文献研究院编:《习近平关于网络强国论述摘编》,中央文献出版社2021年版,第121页。

③ 中共中央党史和文献研究院编:《习近平关于防范风险挑战、应对突发事件论述摘编》,中央文献出版社2020年版,第79页。

从现状来看,人工智能领域的应用场景蓬勃发展,在诸多领域显示出巨大的潜力。当前和今后一个时期,要结合智能机器人、智能语音交互、视频图像身份识别、影像辅助诊断、无人机等典型应用场景网络安全需求,在人工智能数据、算法、平台、应用服务等方面积极探索解决方案。面向智慧工厂、智慧通信、智慧金融、公共安全等典型应用场景,针对人工智能基础研发平台、核心算法、算法鲁棒性及公平性评测和增强、数据泄露安全防护、智能应用安全风险监测预警等方面的安全解决方案。针对金融业智能高效的交易反诈、跨行业联防联控反钓鱼等安全需求,建立事前防范、事中监管、事后处置三位一体的智能金融反欺诈安全解决方案。

五是加强数据安全治理,提高数据安全保障能力。浩瀚的数据海洋就如同工业社会的石油资源,蕴含着巨大生产力和商机,谁掌握了大数据技术,谁就掌握了发展的资源和主动权。以大数据、互联网、云计算、人工智能、区块链等为代表的新一代信息技术迅猛发展,推进人类进入信息化时代,使得数据成为继土地、劳动力、资本等关键生产要素之后的又一重要战略资源。

数据安全,是指通过采取必要措施,确保数据处于有效保护和合法利用的状态,以及具备保障持续安全状态的能力。从国家层面来说,数据属于国家命脉,要规范数据处理活动,建立健全数据安全治理体系,强化国家关键数据资源保护能力,维护国家数据安全。《中华人民共和国网络安全法》第十八条指出:"国家鼓励开发网络数据安全保护和利用技术,促进公共数据资源开放,推动技术创新和经济社会发展。国家支持创新网络安全管理方式,运用网络新技术,提升网络安全保护水平。"[1]2021年6月10日十三届全国人大常务委员会第二十九次会议通过的《中华人民共和国数据安全法》聚焦数据安全领域的风险隐患,明确了数据安全审查、数据安全风险评估、监测预警和应急处置等基本制度。其中指出:"国家建立数据分类分级保护制度";"对数据实行分类分级保护";"国家数据安全工作协调机制统筹协调有关部门制定重要数据目录,加强对重要数据的保护";"关系国家安全、国民经济命脉、重要民生、重大公共

---

[1]《中华人民共和国网络安全法》,《人民日报》2016年11月23日,第14版。

利益等数据属于国家核心数据,实行更加严格的管理制度"①。

值得注意的是,一些涉及国家利益、国家安全的数据,很多掌握在互联网企业手里,企业要高度重视并确保这些数据安全。如果企业在数据保护和安全上出了问题,不仅会给自己的信誉带来不良影响,更重要的是会严重影响和威胁到国家数据安全。从个人层面来说,互联网时代的数据安全与每个人息息相关,每个人每天都会生成大量的数据。现在,网络诈骗特别是电信诈骗案越来越多,作案手段花样翻新,技术含量越来越高。这些案件的背后,大都有一个重要原因,那就是公民个人信息被泄露、窃取,诈骗分子乘虚而入。因此,要加大个人信息保护力度,规范互联网企业和机构对个人信息的采集使用,特别是做好数据跨境流动的安全评估和监管。要增强数据安全预警和溯源能力,加大对技术专利、数字版权、数字内容产品及个人隐私等的保护力度,维护广大人民群众利益、社会稳定、国家安全。

《中华人民共和国数据安全法》第二十四条规定了数据安全审查制度。2020年6月1日起实施的《网络安全审查办法》,确立了网络安全审查制度,规定了关键信息基础设施运营者采购网络产品和服务,影响或可能影响国家安全的,应当进行网络安全审查。《中华人民共和国数据安全法》加强了对境外司法或执法机构提供存储于中国境内数据的监管,明确提出与数据跨境流动相关出口管制、数据相关反制措施、跨境数据执法的报批制度。《中华人民共和国数据安全法》第三十一条规定:"关键信息基础设施的运营者在中华人民共和国境内运营中收集和产生的重要数据的出境安全管理,适用《中华人民共和国网络安全法》的规定;其他数据处理者在中华人民共和国境内运营中收集和产生的重要数据的出境安全管理办法,由国家网信部门会同国务院有关部门制定。"②《中华人民共和国网络安全法》第三十七条规定:"关键信息基础设施的运营者在中华人民共和国境内运营中收集和产生的个人信息和重要数据应当在境内存储。因业务需要,确需向境外提供的,应当按照国家网信部门会同国务院有关部门制定的办法进行安全评估。"③

① 《中华人民共和国数据安全法》,《人民日报》2021年6月19日,第7版。
② 《中华人民共和国数据安全法》,《人民日报》2021年6月19日,第7版。
③ 《中华人民共和国网络安全法》,《人民日报》2016年11月23日,第14版。

在《网络安全审查办法》正式实施后,《中华人民共和国数据安全法》也于2021年6月10日经十三届全国人大常委会第二十九次会议审议通过,但其正式施行是在2021年9月1日。在这期间,发生了掌握国内数亿用户和国家地理位置信息的网约车平台——滴滴出行科技有限公司悄然赴美上市事件。2021年6月30日,滴滴出行科技有限公司正式在美国上市。7月2日,国家网络安全审查办公室根据《中华人民共和国网络安全法》《网络安全审查办法》,对滴滴出行实施网络安全审查,并停止新用户注册。7月4日,国家互联网信息办公室发布通告指出:根据举报,经检测核实,滴滴出行App存在严重违法违规收集使用个人信息问题。随后,滴滴出行等软件被要求在应用商店中下架。7月16日,国家网信办会同公安部、国家安全部、自然资源部、交通运输部、税务总局、市场监管总局等7部门联合进驻滴滴进行网络安全审查。这表明,国家在监管层面对数据安全、网络安全问题高度重视,及时采取举措,出重拳予以整治。现在回过头来看,即便彼时《中华人民共和国数据安全法》虽然通过但还未正式实施,但滴滴出行科技有限公司在赴美上市时,仍然应按照已经施行的《中华人民共和国网络安全法》《网络安全审查办法》,进行严格的数据安全审查。这也在一定程度上说明了我们的监管也要及时跟进,要及时掌握动态。对于新业态新模式的监管,要高度重视,加强针对性,随时研究和制定相应的措施,在动态监管中提升监管水平。

2021年8月,司法部、网信办、工业和信息化部、公安部负责人就《关键信息基础设施安全保护条例》有关问题回答了记者提问。在回答记者关于关键信息基础设施中的重要数据出境如何进行的问题时,有关负责人指出:根据网络安全法规定,关键信息基础设施的运营者在中华人民共和国境内运营中收集和产生的个人信息和重要数据应当在境内存储。因业务需要,确需向境外提供的,应当按照国家网信部门会同国务院有关部门制定的办法进行安全评估。这一回答,实际上是针对滴滴出行科技有限公司在美国上市事件的又一次官方表态和回应。

可以预见的是,随着新一代信息技术的飞速发展,数据安全问题将会越来越凸显、越来越突出,决不能在这个问题上掉以轻心。应该把数据安全上升到国家战略层面,运用系统的理念和思路进行整体部署。加强政策、监管、法律的统筹协调,加快法规制度建设。要制定数据资源确权、开放、流通、交易相关制度,完善数据产权保护制度。面对各国对数据安全、数字鸿沟、个人隐私、道德伦理等方面的关切,我们要秉持以人为中心、基于事实的政策导向,携手打造开放、公平、公正、非歧视的数字发展环境。中国发起"全球数据安全倡议",旨在共同构建和平、安全、开放、合作、有序的网络空间。要加强数据安全合作,完善国际数据治理政策储备和治理规则,确保数据的安全有序利用。

总之,要坚持网络安全与信息化发展并重,制定并不断完善网络安全战略,建立健全网络安全保障体系,创新网络新技术和网络安全治理方式,提高网络安全保护能力。

四、走中国特色强军之路

强国必须强军,军强才能国安。当今世界百年未有之大变局正在加速演进,我国正处在由大向强发展的关键阶段。从国际看,世界安全形势不容乐观,引发战争风险的不确定因素增多,国家间军事竞争日趋激烈。世界新军事革命深入发展,世界各主要国家纷纷调整安全战略、军事战略,调整军队组织形态。从国内看,改革发展稳定任务更加繁重,军队改革转型正在爬坡过坎,维护社会大局和谐稳定的压力增大。中华民族伟大复兴的前景十分光明,但是挑战也十分严峻,维护国家主权、安全和发展利益从来没有像今天这样重要。把国防和军队建设得更加强大,我国发展的底气才足、腰杆才硬。

习近平强军思想是强军兴军的科学指南和行动纲领。党的十八大以来,以习近平同志为核心的党中央全力推进国防和军队现代化建设,开创了强军兴军新局面,形成了习近平强军思想。习近平强军思想明确强国必须强军;党在新时代的强军目标是建设一支听党指挥、能打胜仗、作风优良的人民军队;党对军队绝对领导是人民军队建军之本、强军之魂;军队是要准备打仗的;作风优良是我军鲜明特色和政治优势;推进强军事业必须坚持政治建军、改革强军、科技强军、人才强军、依法治军;改革是强军的必由之路;创新是引领发展的第一动力;明确现代化军队必须构建中国特色军事法治体系;明确军民融合发展是兴国之举、强军之策。习近平强军思想是习近平新时代中国特色社会主义思想的军事篇,是人民军队的强军之道、制胜之道,升华了我们党对军事指导规律的认识。在开启全面建设社会主义现代化国家的新征程中,必须坚定不移把习近平强军思想全面贯彻到国防和军队现代化各领域全过程,坚持贯彻新时代军事战略方针,坚持党对人民军队的绝对领导,全面加强练兵备战,提高捍卫国家主权、安全、发展利益的战略能力,确保2027年实现建军百年奋斗目标,到2035年基本实现国防和军队现代化,进而为到本世纪中叶把人民军队全面建成世界一流军队奠定坚实的基础。

习近平同志在庆祝中国共产党成立100周年大会上的讲话中指出:"人民军队为党和人民建立了不朽功勋,是保卫红色江山、维护民族尊严的坚强柱石,也是维护地区和世界和平的强大力量。"[1]他强调:"以史为鉴、开创未来,必须加快国防和军队现代化。""新的征程上,我们必须全面贯彻新时代党的强军思想,贯彻新时代军事战略方针,坚持党对人民军队的绝对领导,坚持走中国特色强军之路,全面推进政治建军、改革强军、科技强军、人才强军、依法治军,把人民军队建设成为世界一流军队,以更强大的能力、更可靠的手段捍卫国家主权、安全、发展利益!"[2]

1. 贯彻新时代军事战略方针

军事战略方针,是党和国家总的军事政策,是军事斗争实施和军事力量建设的总依据。军事战略科学准确,就是最大的胜算。积极防御战略思想是我们党军事战略的基本点,要毫不动摇坚持,同时要丰富和完善其内涵。

积极防御的战略思想,最先是由毛泽东同志在国内革命战争时期提出来的,其主要依据是人民军队创立初期,处于相对劣势,面对强大的敌人,要采取攻势防御,坚持后发制人,实行人民战争,从而达到以劣势装备战胜优势装备之敌的目的。新中国成立以来,我们的军事战略方针一直是积极防御,这是我们党根据我国社会主义制度的性质和维护国家安全的需要制定的。改革开放

---

[1] 习近平:《在庆祝中国共产党成立100周年大会上的讲话》,《人民日报》2021年7月2日,第2版。

[2] 习近平:《在庆祝中国共产党成立100周年大会上的讲话》,《人民日报》2021年7月2日,第2版。

以来,以邓小平同志为核心的党的第二代中央领导集体提出,我们的战略方针仍然是积极防御。但实行积极防御的情况却发生了很大的变化:一是无产阶级和人民群众已经掌握了全国政权,提出和制定军事战略所要解决的问题已经不是夺取政权的问题,而是要维护国家主权和安全、保卫社会主义现代化建设;二是军事战略不再限于国内阶级力量对比,要把基本点放在国际战略格局和当代军事斗争的发展趋势上。以邓小平同志为核心的党的第二代中央领导集体赋予积极防御战略思想以新的军事实践意义。一是强调考虑军事战略问题,不能离开社会主义国家性质和我们所奉行的独立自主的和平外交政策。二是强调军事战略要以国家的安全利益作为最高准则。三是强调要把军事战略同国家的实际发展状况联系起来。中国是一个和平力量、制约战争的力量。中国的主要目标是要让自己尽快发展起来。同中国的特殊国情相适应,我们的战略也应该是积极防御。

进入20世纪90年代,党中央、中央军委依据我国安全环境和军事斗争任务的重大变化,确立了新时期军事战略方针,把军事斗争准备的基点放在打赢现代技术特别是高技术条件下的局部战争上来。进入21世纪后,党中央、中央军委根据世界新军事变革的发展,进一步充实和完善新时期积极防御的军事战略方针,明确把军事斗争准备的基点放到打赢信息化条件下的局部战争上,提出实现建设信息化军队、打赢信息化战争的战略目标。

强国强军,战略先行。党的十八大以来,习近平同志多次强调,要毫不动摇坚持积极防御的军事战略方针,同时要丰富和完善积极防御战略思想的内涵。2013年11月,党的十八届三中全会提出,创新发展军事理论,完善新时期军事战略方针。2014年,中央军委制定新形势下军事战略方针。"这一方针坚持积极防御,整体运筹备战与止战、维权与维稳、威慑与实战、战争行动与和平时期军事力量运用,将军事斗争准备基点放在打赢信息化局部战争上,以海上方向军事斗争为战略重心,增强了战略指导的积极性和主动性。"[1]2015年5月,首部专门阐述中国军事战略的白皮书《中国的军事战略》正式发表。白皮书聚焦新形势下积极防御军事战略方针,明确调整军事斗争准备基点、创新基本作

---

[1] 本书编写组编著:《中国共产党简史》,人民出版社、中共党史出版社2021年版,第431页。

战思想、优化军事战略布局,坚决维护国家主权、安全、发展利益,集中人民军队军事战略发展和实践成果。2019年7月,《新时代的中国国防》白皮书发表,系统阐释新时代中国防御性国防政策的时代内涵,构建了新时代中国防御性国防政策体系。2020年10月,党的十九届五中全会强调要贯彻新时代军事战略方针,加快国防和军队现代化建设,实现富国和强军相统一。

实现中华民族伟大复兴,是中国共产党一经成立就肩负起的历史使命。人民军队必须服从服务于党的历史使命,把握新时代国家安全战略需求,为实现中华民族伟大复兴提供战略支撑。习近平同志用"四个战略支撑"深刻阐明了新时代人民军队的使命任务。这"四个战略支撑"就是:为巩固中国共产党领导和我国社会主义制度提供战略支撑,为捍卫国家主权、统一、领土完整提供战略支撑,为维护我国海外利益提供战略支撑,为促进世界和平与发展提供战略支撑。

新时代我国安全的内涵外延、时空领域、内外因素发生深刻变化,安全需求的综合性、全域性、外向性特征更加突出,军事安全与其他安全领域的关联性、互动性明显增强,军队担负的使命任务不断拓展。维护国家安全,需要综合运用政治、外交、经济、文化、法理等多种手段,但军事手段始终是保底的,是起定海神针作用的。我们必须强化忧患意识、坚持底线思维,坚定不移贯彻新时代军事战略方针,以更优策略、更高效益、更快速度推进国防和军队现代化,充分发挥军事力量塑造态势、管控危机、遏制战争、打赢战争的战略功能,切实完成好党和人民赋予的新时代使命任务。能战方能止战,准备打才可能不必打,越不能打越可能挨打,这就是战争与和平的辩证法。要坚持军事斗争准备龙头地位不动摇,以国家核心安全需求为导向,用打仗的标准推进军事斗争准备,全面提高我军威慑和实战能力。做好随时打硬仗的准备,立足最困难、最复杂情况,加强各方向各领域军事斗争准备,提高军事斗争准备的针对性实效性。要贯彻新时代军事战略方针,坚持战斗力标准,坚持以战领建、抓建为战,统筹军事力量建设与运用,解决好制约战斗力生成的突出矛盾问题。

2. 坚持党在新时代的强军目标

我们党作为马克思主义执政党,深知建设一支党领导下的人民军队的极端重要性。建设强大的人民军队是我们党的不懈追求,也是我们维护国家安全利益的强大保障。在各个历史时期,我们党都根据形势任务的变化,及时提出明确的目标要求,引领我军建设不断向前发展。毛泽东同志领导制定建设优良的现代化革命军队的总方针,邓小平同志提出建设一支强大的现代化正规化革命军队的总目标,江泽民同志提出建设政治合格、军事过硬、作风优良、纪律严明、保障有力的总要求,胡锦涛同志提出按照革命化现代化正规化相统一的原则加强军队全面建设的重要思想。中国特色社会主义进入新时代,如何把国防和军队建设继续推向前进,提出什么样的奋斗目标,对我们党来说,是一个新的历史性考验。

当今世界,随着国际政治格局深刻演变,军事安全形势也呈现出复杂多变的态势。我国不断发展壮大,也随之遇到愈加多元复杂的安全威胁和风险挑战。2012年12月,习近平同志在中央军委扩大会议上提出,为建设一支听党指挥、能打胜仗、作风优良的人民军队而奋斗。2013年3月,他在参加十二届全国人大一次会议解放军代表团全体会议时,明确了党在新时代的强军目标:"建设一支听党指挥、能打胜仗、作风优良的人民军队"①。听党指挥是灵魂,决定军队建设的政治方向;能打胜仗是核心,反映军队的根本职能和军队建设的根本指向;作风优良是保证,关系军队的性质、宗旨、本色。这一强军目标,明确了新时代加强军队建设的聚集点和着力点,体现了强军梦的本质属性,回答了什么是新时代人民军队的样子。2016年12月,习近平同志在中央军委扩大会议上进一步提出了实现强军目标、建设世界一流军队的要求。

新时代的强军目标不是凭空提出的,而是在总结国防和军队建设经验、科学分析国际形势、立足我军建设实际、把握国家安全战略需求而提出来的。强军目标是军队建设的总纲,各项工作都要围绕这一目标来加强,各项部署都要服从服务于实现这一目标。新时代的强军目标是一个总体性、综合性的目标,有着丰富的内涵和明确的要求,我们必须辩证地认识和理解。

听党指挥是灵魂,决定军队建设的政治方向。听党指挥是人民军队建设

---

① 中共中央党史和文献研究院编:《习近平关于总体国家安全观论述摘编》,中央文献出版社2018年版,第53页。

的首要,是人民军队的命脉所在。历史和实践都表明,人民军队能够无往而不胜,最终战胜一切敌人而不为敌人所压倒,坚决听党指挥是人民军队的建军之魂、强军之魂。

能打胜仗是核心,反映军队的根本职能和军队建设的根本指向。人民军队永远是战斗队,人民军队的生命力也在于战斗,必须坚持一切建设和工作向能打胜仗聚焦。必须扭住能打仗、打胜仗这个强军之要,强化官兵当兵打仗、带兵打仗、练兵打仗思想,牢固树立战斗力这个唯一的根本的标准,按照打仗的要求搞建设、抓准备,坚持不懈拓展和深化军事斗争准备,确保部队召之即来、来之能战、战之必胜。

作风优良是保证,关系军队的性质、宗旨、本色。在长期的军事斗争和建设实践中,我军形成了一整套建军治军原则,发展了人民战争的战略战术,培育和形成了特有的光荣传统和优良作风。能否传承和弘扬我党我军的光荣传统和优良作风,关系党和国家事业兴衰成败,关系红色江山会不会改变颜色。部队必须夯实依法治军、从严治军这个强军之基,自觉践行人民军队根本宗旨,持之以恒加强作风建设和反腐败斗争,保持人民军队的先进性和纯洁性。

听党指导、能打胜仗、作风优良这三条明确了加强军队建设的聚焦点和着力点,决定着人民军队发展方向,也决定着人民军队生死存亡。强军目标要贯彻到部队建设各领域全过程,用以引领军队建设、改革和军事斗争准备。

3. 全面建成世界一流军队

国防和军队现代化建设是一个系统工程。面对新发展阶段面临的新机遇新挑战,我们必须坚持政治建军、改革强军、科技强军、人才强军、依法治军,努力构建联合作战指挥体系、新型军事管理体系、现代军事力量体系、新型军事训练体系、新型军事人才体系、国防科技创新体系、现代军事政策制度体系、军民融合发展体系,加快国防和军队现代化建设步伐。

第一,深入推进政治建军。政治建军是我军的立军之本,政治工作是人民军队的生命线。在长期实践中,实行革命的政治工作,保证了我军始终是党绝对领导下的革命军队,为我军战胜强大敌人和艰难险阻提供了不竭力量。党的十八大以来,习近平同志反复强调,军队政治工作只能加强不能削弱。2014

年10月30日—11月2日，新世纪第一次全军政治工作会议在福建古田召开。习近平同志在会上发表讲话，明确提出了军队政治工作的时代主题，即紧紧围绕实现中华民族伟大复兴的中国梦，为实现党在新形势下的强军目标提供坚强政治保证。2014年12月30日，中共中央转发《关于新形势下军队政治工作若干问题的决定》。2018年8月，中央军委党的建设会议召开，会后印发《关于加强新时代军队党的建设的决定》，对新时代政治建军作出战略部署。2019年11月，中央军委召开基层建设会议并印发《关于加强新时代军队基层建设的决定》，强调要全面锻造"三个过硬"基层，即全面锻造听党话、跟党走的过硬基层，能打仗、打胜仗的过硬基层，法纪严、风气正的过硬基层。2020年11月，中央政治局会议审议《军队政治工作条例》，要求全面深入贯彻军委主席负责制，确保绝对忠诚、绝对纯洁、绝对可靠。在新的征程上，我们必须全面加强我军党的领导和党的建设工作，把理想信念、党性原则、战斗力标准、政治工作威信在全军牢固树立起来，培养有灵魂、有本事、有血性、有品德的新时代革命军人，锻造具有铁一般信仰、铁一般信念、铁一般纪律、铁一般担当的过硬部队，把党的政治优势和组织优势转化为制胜优势。

第二，深入推进改革强军。深化国防和军队改革是实现中国梦强军梦的时代要求，是强军兴军的必由之路。党的十八大以来，以习近平同志为核心的党中央面对国家安全环境的深刻变化，以巨大的政治勇气和智慧作出深化国防和军队改革的重大战略部署，果断实施一系列重大改革决策。2013年11月，党的十八届三中全会通过了《中共中央关于全面深化改革若干重大问题的决定》，为深化国防和军队改革指明了大方向、绘制了总框架。2014年2月，中央军委成立深化国防和军队改革领导小组，习近平同志任组长。2015年11月，中央军委改革工作会议召开，对深化国防和军队改革进行总体部署。会后，中央军委印发《关于深化国防和军队改革的意见》，绘制了改革的路线图和时间表。自此，新一轮国防和军队改革进入实施阶段。这一轮改革总体分为三个阶段有序推进，"改革三大战役"相互衔接、相互促进、相得益彰。

2015年底开始，第一大战役——领导指挥体制改革率先展开，重在破除体制性障碍，"强大脑、健中枢"。通过"脖子以上"的改革，人民军队突破了长期实行的总部体制、大军区体制、大陆军体制，建立了军委管总、战区主战、军种主建的新格局,实现了军队组织架构的历史性变革。2016年底开始,第二大战役——军队规模结构和力量编成改革压茬推进,重在破解结构性矛盾,"强筋骨、壮肌肉"。通过"脖子以下"的改革,人民军队从根本上改变了长期以来陆战型的力量结构、国土防御型的兵力布势和重兵集团、以量取胜的制胜模式,构建起中国特色现代军事力量体系。2018年底开始,第三大战役——军事政策制度改革进入实施阶段,重在解决政策性问题,"通经络、活气血"。2018年11月,中央军委政策制度改革工作会议召开,要求构建导向鲜明、覆盖全面、结构严密、内在协调的中国特色社会主义军事政策制度体系。2019年10月,党的十九届四中全会围绕坚持和完善党对人民军队的绝对领导制度,进一步对深入推进军事政策制度改革提出明确要求。2020年的新冠肺炎疫情防控斗争,对国防和军队改革是一次实际检验,也对改革提出了新要求。2020年5月,习近平同志在出席十三届全国人大三次会议解放军和武警部队代表团全体会议时提出,要坚持方向不变、道路不偏、力度不减,扭住政策制度改革这个重点,统筹抓好各项改革工作,如期完成既定改革任务。

从以上历程可以看出,党的十八大以来,我军改革呈现大开大合、大破大立、蹄疾步稳、纵深推进的良好态势,人民军队实现了政治生态重塑、组织形态重塑、力量体系重塑、作风形象重塑,革命化现代化正规化水平不断提高。我们深刻认识到:深化国防和军队改革是决定我军发展壮大、制胜未来的关键一招,是人民军队从胜利走向胜利、永葆活力的重要法宝。人民军队靠改革创新发展壮大、走到现在,也要靠改革创新掌握发展主动权、走向未来。必须始终保持战略定力、坚持底线思维,保持改革的定力、恒心、韧劲,把军事安全牢牢抓在手上,坚定不移把改革进行到底。在新发展阶段,要以更大勇气、更大力度、更大决心,全面实施改革强军战略,完善和发展中国特色社会主义军事制度,加快构建能够打赢信息化战争、有效履行使命任务的中国特色现代军事力量体系。要注重完善体制机制,加快军队组织形态现代化,推进军事管理革命,加快军兵种和武警部队转型建设,壮大战略力量和新域新质作战力量,打造高水平战略威慑和联合作战体系,加强军事力量联合训练、联合保障、联合运用。

第三,深入推进科技强军。科学技术是核心战斗力,是军事发展中最活跃、最具革命性的因素,是支撑引领世界新军事变革的第一动力。发轫于20世纪70年代的世界新军事变革仍在加速推进,军事电子信息技术快速发展,纳米技术、临近空间技术、高超声技术不断取得突破,新概念武器向实战化方向发展。特别是在新一轮科技革命和产业变革推动下,大数据、云计算、量子信息、物联网、人工智能等前沿科技加速应用于军事领域,国际军事竞争格局正在发生历史性变化。当前,世界新军事变革迅猛发展,以信息技术为核心的军事高新技术日新月异,武器装备远程精确化、智能化、隐身化、无人化趋势更加明显,战场不断从传统空间向新型领域拓展,高超声速武器将从根本上改变传统的战争时空观念,战争形态加速由机械化向信息化战争演变,一体化联合作战成为基本作战形式,智能化战争初现端倪。与之相适应,军队规模结构和力量编成也在发生新变化,科技因素影响越来越大。

世界新军事变革的进程表明,科技创新有力推动了战争形态和作战方式发生深刻变革,推动世界军事政治格局进行深刻调整。这场新军事革命,本质是争夺战略主动权,世界主要国家都在加紧推进军事转型。"中国特色军事变革取得重大进展,但机械化建设任务尚未完成,信息化水平亟待提高,军事安全面临技术突袭和技术代差被拉大的风险,军队现代化水平与国家安全需求相比差距还很大,与世界先进军事水平相比差距还很大。"①这场世界新军事革命给我军提供了难得的历史机遇,同时也提出了严峻挑战。机遇稍纵即逝,抓不住就可能错过整整一个时代。我们要抓住机遇、乘势而上,缩小同世界强国在军事实力上的差距,努力实现突破和跨越式发展,掌握军事竞争战略主动权,决不能在当今世界激烈的军事竞争中落伍。

推进国防和军队现代化,必须牢牢抓住科技创新这个牛鼻子,把科技创新这个强大引擎发动起来。必须全面实施科技强军战略,依靠科技进步和创新把我军建设模式和战斗力生成模式转到创新驱动发展的轨道上来,努力把我军建设成为创新型人民军队。要紧跟世界新军事革命发展趋势,要着力推动实现高质量发展,把发展模式转到体系化内涵式发展上来。"以高质量武器装备、高素质军事人才、新型作战力量为重点,增加战斗力有效供给,推动军队现

---

① 中华人民共和国国务院新闻办公室:《新时代的中国国防》,《人民日报》2019年7月25日,第19版。

代化由'量'的增值转向'质'的提升。"①国防科技创新是国家创新体系的重要组成部分,具有很强的基础性、引领性、战略性。要着眼于抢占未来军事竞争战略制高点,大力发展国防科技,提高创新对战斗力增长的贡献率,培育战斗力新的增长点。新型作战力量代表着军事技术和作战方式的发展趋势,发展新型作战力量事不宜迟,必须积极培育,不能消极等待,否则就会被对手拉开差距。要加快推进以效能为核心的军事管理革命,建立健全精准高效、全面规范、刚性约束的军事管理政策制度体系,提高军事管理规范化、科学化水平。要聚焦实战,抓好科技创新成果转化运用,使科技创新更好为战斗力建设服务。

要贯彻落实创新驱动发展战略。环顾当今世界,主要发达国家高度重视推进高投入、高风险、高回报的前沿科技创新,大力发展能够大幅提升军事能力优势的颠覆性技术。我们必须见之于未萌、识之于未发,超前布局、超前谋划,下好先手棋、打好主动仗,防止同世界军事强国形成新的技术鸿沟。"在引进高新技术上不能抱任何幻想,核心技术尤其是国防科技技术是花钱买不来的。人家把核心技术当'定海神针'、'不二法器',怎么可能提供给你呢? 只有把核心技术掌握在自己手中,才能真正掌握竞争和发展的主动权,才能从根本上保障国家经济安全、国防安全和其他安全。"②我们只有通过自主创新才能掌握主动,否则只能处处受制于人。如果在军事上被人家"卡脖子",发展下去后果是极为严重的。要坚持自主创新战略基点,聚力国防科技自主创新、原始创新,加快突破关键核心技术,加快战略性前沿性颠覆性技术发展,加速武器装备升级换代和智能化武器装备发展,把我军发展命脉牢牢掌握在自己手中。要确定正确的跟进和突破策略,选准主攻方向和突破口,加快赶超步伐,加紧在一些战略必争领域形成独特优势,争取后来居上、弯道超车甚至换道超车。

要加快建设军民融合创新体系。同国家现代化发展相协调,搞好战略层面筹划,深化资源要素共享,强化政策制度协调,构建一体化国家战略体系和能力。军民融合发展既是兴国之举,又是强军之策。"把军民融合发展上升为

---

① 许其亮:《加快国防和军队现代化》,《人民日报》2020年11月26日,第6版。

② 中共中央党史和文献研究院编:《习近平关于防范风险挑战、应对突发事件论述摘编》,中央文献出版社2020年版,第66页。

国家战略,是我们长期探索经济建设和国防建设协调发展规律的重大成果,是从国家发展和安全全局出发作出的重大决策,是应对复杂安全威胁、赢得国家战略优势的重大举措。"①要把军民融合发展战略同创新驱动发展战略有机结合起来,拓展军民融合发展新空间,加快形成全要素、多领域、高效益的军民融合深度发展格局,发挥军民融合深度发展的最大效益。习近平同志强调:"要加快构建军民融合发展体系,完善军民融合组织管理体系、工作运行体系、政策制度体系,清除'民参军'、'军转民'障碍。"②《中华人民共和国国民经济和社会发展第十四个五年规划和2035年远景目标纲要》指出:要"深化军民科技协同创新,加强海洋、空天、网络空间、生物、新能源、人工智能、量子科技等领域军民统筹发展,推动军地科研设施资源共享,推进军地科研成果双向转化应用和重点产业发展"③。要推动重点区域、重点领域、新兴领域协调发展,加快实施国防科技和武器装备重大战略工程。优化国防科技工业布局,加快标准化通用化进程。

第四,深入推进人才强军。强军之道,要在得人。人才是推动我军高质量发展、赢得军事竞争和未来战争主动的关键因素,人才资源是强军兴军的宝贵战略资源。党的十八大以来,党中央和中央军委实施人才强军战略,坚持人才工作正确政治方向,聚焦备战打仗培养人才,加强军事人员现代化建设布局,深化军事人力资源政策制度改革,推动人才领域开放融合,我军人才工作取得历史性成就。党的十九届六中全会全面总结了我们党百年奋斗重大成就和历史经验,强调要坚持党管人才原则,深入实施新时代人才强国战略,加快建设世界重要人才中心和创新高地,聚天下英才而用之。

世界百年未有之大变局加速演变,新一轮科技革命和军事革命日新月异,我军正按照国防和军队现代化新"三步走"战略安排、向实现建军一百年奋斗目标迈进。要深入实施新时代人才强军战略,把党对军队绝对领导贯彻到人

---

① 中共中央党史和文献研究院编:《习近平关于总体国家安全观论述摘编》,中央文献出版社2018年版,第65页。

② 习近平:《努力成为世界主要科学中心和创新高地》,《求是》2021年第6期,第9页。

③《中华人民共和国国民经济和社会发展第十四个五年规划和2035年远景目标纲要》,人民出版社2021年版,第164页。

才工作各方面和全过程,把能打仗、打胜仗作为人才工作出发点和落脚点,面向世界军事前沿、面向国家安全重大需求、面向国防和军队现代化,全方位培养用好人才,深化军事人力资源政策制度改革,贯彻人才强国战略。切实在人才培养上投入更大精力,建强联合作战指挥人才、新型作战力量人才、高层次科技创新人才、高水平战略管理人才等各方面人才队伍,推动军事人员能力素质、结构布局、开发管理全面转型升级,锻造德才兼备的高素质、专业化新型军事人才,确保军事人员现代化取得重大进展,关键领域人才发展取得重大突破。

要贯彻新时代军事教育方针,围绕重要学科领域和创新方向,建立健全人才培养、引进、使用的体制机制和政策制度,锻造高素质、专业化新型军事人才队伍,促进各类人才创造活力竞相迸发,为全面建成世界一流军队提供坚强人才支撑和智力支持。要大力弘扬创新文化,使谋划创新、推动创新、落实创新成为全军的自觉行动,大幅提高训练科技含量,增强官兵科技素养,提高打赢现代战争实际本领。2020年10月,中央军委印发《关于加快推进三位一体新型军事人才培养体系建设的决定》。《决定》强调,着眼加快推进军队院校教育、部队训练实践、军事职业教育三位一体新型军事人才培养体系建设,健全与人力资源政策制度改革相契合的人才培养体系,推动全军办教育、全程育人才。2021年11月26日,习近平同志在中央军委人才工作会议上强调:"要坚持走好人才自主培养之路,坚持军队培养为主、多种方式相结合,形成具有我军特色的人才培养和使用模式,提高备战打仗人才供给能力和水平。"①

第五,深入推进依法治军。一个现代化的国家必然是法治国家,一支现代化军队必然是法治军队。依法治军、从严治军,是我们党建军治军的宝贵经验和基本方略。2014年10月,经习近平同志提议,党的十八届四中全会把依法治军、从严治军写入全会决定,纳入依法治国总体布局。2015年2月,中央军委印发《关于新形势下深入推进依法治军从严治军的决定》,人民军队法治化建设进入快车道。全军上下纠建并举,从《严格军队党员领导干部纪律约束的若干规定》,到关于加强干部选拔任用工作监督管理的五项制度规定;从《关于加强

---

① 《习近平在中央军委人才工作会议上强调,聚焦实现建军一百年奋斗目标,深入实施新时代人才强军战略》,《人民日报》2021年11月29日,第1版。

军队基层风气建设的意见》，到《关于进一步规范基层工作指导和管理秩序若干规定》；从《军队实行党风廉政建设责任制的规定》，到《厉行节约严格经费管理的规定》，一系列法规制度配套出台，利剑高悬，有力推进了作风建设。

法治是实现强军目标的重要依托，是治军的基本方式，也是军队建设的保障。要深入推进依法治军、从严治军，强化全军法治信仰和法治思维，在法治轨道上推进国防和军队现代化建设。要坚持依法和从严相统一，坚持法治建设和思想政治建设相结合，加快构建完善的中国特色军事法治体系，推动治军方式根本性转变，提高国防和军队建设法治化水平。要着力推动治军方式"三个根本性转变"，即"从单纯依靠行政命令的做法向依法行政的根本性转变，从单纯靠习惯和经验开展工作的方式向依靠法规和制度开展工作的根本性转变，从突击式、运动式抓工作的方式向按条令条例办事的根本性转变"[1]，在全军形成党委依法决策、机关依法指导、部队依法行动、官兵依法履职的良好局面。

---

① 习近平：《论坚持全面依法治国》，中央文献出版社2020年版，第132页。

第八章｜
深度参与全球科技治理的能力

不拒众流,方为江海。在全球化、信息化、网络化深入发展的条件下,创新要素更具有开放性、流动性,不能关起门来搞创新。在激烈的国际竞争中,积极融入全球创新网络,通过国际科技合作提高我国科技水平,也是我们党提高科技治理能力的重要内容。与国际社会一道应对人类面临的共同挑战,积极探索科学前沿,促进世界科学技术进步,体现了中国共产党胸怀天下的全球视野和世界担当。习近平同志强调,要"深度参与全球科技治理,贡献中国智慧,着力推动构建人类命运共同体"[①]。2021年12月24日十三届全国人大常委会第三十二次会议修订通过的《中华人民共和国科学技术进步法》,在第八章"国际科学技术合作"中阐明了我国开展国际科技合作的立场、原则和要求。其中,第七十九条指出:"国家促进开放包容、互惠共享的国际科学技术合作与交流,支撑构建人类命运共同体。"[②]

一、坚持推动构建人类命运共同体

推进新时代的中国国际科技合作,首先必须牢固树立明确的目标,这个总目标就是:构建人类命运共同体。

[①] 习近平:《努力成为世界主要科学中心和创新高地》,《求是》2021年第6期,第10页。
[②]《中华人民共和国科学技术进步法》,《人民日报》2021年12月27日,第15版。

1. 构建人类命运共同体重大战略思想的提出背景和形成过程

构建人类命运共同体的重大战略思想不是凭空产生的。它源自中国更属于世界,立足现实更面向未来,凝聚着习近平同志对当今世界一系列重大问题的战略思考。百年未有之大变局、日益严峻的全球性挑战,使得人类社会面临的治理赤字、信任赤字、发展赤字、和平赤字有增无减,世界发展的不稳定性不确定性大大增加,人类对未来既满怀信心又倍感困惑。"世界怎么了、我们怎么办?""面对复杂变化的世界,人类社会向何处去?""建设一个什么样的世界、怎样建设这个世界?"等成为攸关人类命运的时代之问。人类又一次站在了十字路口,面临何去何从的抉择。合作还是对抗? 开放还是封闭? 互利共赢还是零和博弈? 相互敌视还是彼此尊重? 勇立潮头还是迟疑徘徊? 主动推动国际社会继续前进还是在挑战面前犹豫不定? 携手开辟国际合作新局面还是各自渐行渐远? 大的方面看,人类有两种选择。一种是顺应时代发展潮流,齐心协力应对全球性挑战,这就将为人类共同发展创造有利条件。另一种是为了争权夺利,恶性竞争甚至兵戎相见,这将会带来更为深重的灾难危机。

面对时代之问,必须把自己摆进去,运用正确的角色观掌握形势、驾驭形势,以世界眼光统筹谋划对外工作。世界各国是相互联系的整体。中国不可能离开世界而独自存在,世界也越来越离不开中国。世界繁荣稳定为中国发展提供了良好机遇,中国自身的发展也为世界带来更多机遇。中国同世界的互联互动越来越紧密。习近平同志强调要"更好把国内发展与对外开放统一起来,把中国发展与世界发展联系起来,把中国人民利益同各国人民共同利益结合起来"[1],"始终做世界和平的建设者、全球发展的贡献者、国际秩序的维护者"[2]。这"三个把""三个者"反映了新时代中国与世界关系的历史性变化,体现了高超的策略方法和领导艺术,有助于我们妥善应对、化解我国发展历史交汇期和世界发展转型过渡期相互叠加带来的各种风险挑战。

---

[1] 习近平:《论坚持推动构建人类命运共同体》,中央文献出版社2018年版,第3页。

[2] 中共中央党史和文献研究院编:《十九大以来重要文献选编》上,中央文献出版社2019年版,第18页。

站在历史前进的十字路口,习近平同志以宽广的全球视野,深入思考了当今世界面临的一系列难题,为实现人类社会和平永续发展提供了新的方向和路径。习近平同志强调:必须"坚持同舟共济,破解和平赤字",以合作谋和平、以合作促安全,实现世界长久和平;必须"坚持互商互谅,破解信任赤字",把互尊互信挺在前头,把对话协商利用起来,加深相互理解和彼此认同;必须"坚持互利共赢,破解发展赤字",以创新驱动打造富有活力的增长模式,以协同联动打造开放共赢的合作模式,以公平包容打造平衡普惠的发展模式,让世界各国人民共享经济全球化发展成果;必须"坚持公正合理,破解治理赤字",以共商共建共享的全球治理观,依靠各国人民协商处理全球事务,积极推进全球治理规则民主化。

构建人类命运共同体,集中概括了习近平同志关于应对全球挑战的一系列理论思考和政策主张。"中国方案是:构建人类命运共同体,实现共赢共享。"①习近平同志站在人类历史发展进程的高度,以深邃的战略眼光直面人们心中的困惑迷茫,高瞻远瞩地提出了构建人类命运共同体的重大战略思想,给出了解决世界难题、回应时代之问的答案。他形象生动地指出:"在全球性危机的惊涛骇浪里,各国不是乘坐在190多条小船上,而是乘坐在一条命运与共的大船上。小船经不起风浪,巨舰才能顶住惊涛骇浪。"②

构建人类命运共同体的思想,来源于悠久的中华文明传统,具有深厚的历史文化根基。"和为贵"历来为中华民族所高度崇尚,和平、和睦、和谐的价值追求深深融化在中国人民的血脉中。"和而不同""睦邻友邦""天下太平"等理念世代相传,"仁者爱人""与人为善""己所不欲,勿施于人"等观念深深植根于中华民族的精神世界中。中国自古就提出了"国虽大,好战必亡"的箴言,留下了许多"化干戈为玉帛"的动人故事。中华民族历来信奉"万物并育而不相害,道并行而不相悖",倡导"强不执弱,富不侮贫",推崇"兼爱非攻"。"四海之内皆兄弟""计利当计天下利"体现了中华民族的博大胸怀。中国历史上曾经长期走

---

① 习近平:《论坚持推动构建人类命运共同体》,中央文献出版社2018年版,第416页。
② 习近平:《坚定信心 勇毅前行 共创后疫情时代美好世界——在2022年世界经济论坛视频会议的演讲》,《人民日报》2022年1月18日,第2版。

在世界前列,但没有留下侵略他国的记录。构建人类命运共同体,是对几千年来中华民族热爱和平的文化传统的传承和弘扬,体现了中华民族历来孜孜以求的"天下大同""协和万邦"的美好向往,彰显了"讲信修睦""兼善天下"的品德,占据了国际道义的制高点,有利于展现我国文明、民主、开放、进步的国际形象。"天下大同"等美好社会理想,也是世界许多国家和地区的文化、文明所共同主张与倡导的。构建人类命运共同体的思想,既汲取了中华优秀传统文化精髓,又继承了人类社会发展优秀成果,是对人类文明智慧的创新性发展。

构建人类命运共同体的思想,来源于中国共产党人不懈的探索追求,具有深厚的理论与实践基础。早在新中国成立之初,我们党就确立了独立自主的和平外交政策。20世纪50年代以来,我国同印度、缅甸共同倡导的和平共处五项原则,影响力从亚洲扩展到世界,成为处理国际关系的基本准则和国际法的基本原则,在国际舞台上发挥了积极作用。20世纪80年代以来,我们党高举和平、发展、合作、共赢的旗帜,始终坚持走和平发展道路,大力实施互利共赢的开放战略,积极推动建设持久和平、共同繁荣的和谐世界。我们从容应对一系列关系我国主权和安全的国际突发事件,战胜来自国际上的各种风险和挑战,为我国现代化建设争取了有利国际环境。党的十八大以来,以习近平同志为核心的党中央着眼国际形势新变化通盘谋划,创造性地提出构建人类命运共同体,有力推动了对外工作理论和实践创新。构建人类命运共同体的重大战略思想,正是在我们党长期以来特别是新时代以来艰辛探索的基础上形成的,继承、丰富和发展了新中国不同时期重大外交思想和主张,既反映了当代国际关系现实又指明了人类未来的前进方向。

习近平同志在许多重要会议和国际场合,从不同角度深刻阐述人类命运共同体理念。2013年3月23日,他在俄罗斯国际关系学院演讲时,明确提出人类"越来越成为你中有我、我中有你的命运共同体"[①]。2013年4月7日,他在博鳌亚洲论坛2013年年会上强调人类"应该牢固树立命运共同体意识"[②]。2014年5月15日,他在中国国际友好大会暨中国人民对外友好协会成立60周年纪

---

① 习近平:《论坚持推动构建人类命运共同体》,中央文献出版社2018年版,第5页。
② 习近平:《论坚持推动构建人类命运共同体》,中央文献出版社2018年版,第29页。

念活动上的讲话中,强调各国是"利益交融、兴衰相伴、安危与共"①的命运共同体。2014年11月17日,他在澳大利亚联邦议会的演讲中指出各国人民休戚与共,是市场、资金、资源、信息、人才等等都高度全球化的命运共同体。2016年4月29日,他在主持中共十八届中央政治局第三十一次集体学习时强调要"努力打造利益共同体、责任共同体、命运共同体"②。2017年5月14日,他在"一带一路"国际合作高峰论坛开幕式上的演讲中指出要"携手构建广泛的利益共同体"③。他在一系列讲话中思考和探讨了如何打造亚洲命运共同体、亚太命运共同体、周边命运共同体、中国—东盟命运共同体、中巴命运共同体、中非命运共同体、中拉命运共同体、中阿命运共同体等重大问题。他还分析和阐述了构筑东亚经济共同体、金砖国家利益共同体、网络空间命运共同体等重大议题。从中可以看出,习近平同志提出的人类命运共同体,范围、层次、领域是广泛的,他强调通过打造各种不同的命运共同体,进而整体上推动构建人类命运共同体。

随着对人类命运共同体理念的不断探索与实践,习近平同志关于构建人类命运共同体的思想日益充实、深化,愈加丰富、成熟。习近平同志2015年3月28日在博鳌亚洲论坛2015年年会上的主旨演讲、2015年9月28日在第七十届联合国大会一般性辩论时的讲话、2017年1月18日在联合国日内瓦总部的演讲、2017年12月1日在中国共产党与世界政党高层对话会上的主旨讲话、2018年4月10日在博鳌亚洲论坛2018年年会开幕式上的主旨演讲、2018年6月10日在上海合作组织成员国元首理事会第十八次会议上的讲话等6篇重要文献,从政治、安全、经济、文化、生态这五个方面集中而系统地阐述了关于构建人类命运共同体的总体布局、基本要求和实现路径。特别是在2017年10月18日党的十九大报告中,习近平同志把坚持推动构建人类命运共同体作为新时代坚持和发展中国特色社会主义"八个明确""十四个坚持"的内容之一,充分表明了构建人类命运共同体在习近平新时代中国特色社会主义思想中的重

---

① 习近平:《论坚持推动构建人类命运共同体》,中央文献出版社2018年版,第105页。
② 习近平:《论坚持推动构建人类命运共同体》,中央文献出版社2018年版,第340页。
③ 习近平:《论坚持推动构建人类命运共同体》,中央文献出版社2018年版,第437页。

要地位和作用。随后,推动构建人类命运共同体载入我们的党章和宪法,成为党和国家的意志,为中国特色大国外交树立了鲜明旗帜、指明了前进方向。

2. 以人类命运共同体理念引领中国国际科技合作

在推动构建人类命运共同体的进程中,习近平同志思考了与构建人类命运共同体息息相关的一系列方向性、根本性、全局性重大问题。这些都是当今世界发展的前沿问题、关键问题、"管总"问题,对它们的看法和理解,引导和决定着构建人类命运共同体的政策主张、策略举措、行动部署。习近平同志对这些重大问题的思考和解答,为实现人类繁荣发展贡献了富有东方智慧的中国方案、中国主张。我们必须牢牢把握构建人类命运共同体的丰富内涵,把构建人类命运共同体的思想理念、原则要求贯彻落实到科技工作实践中,为推动构建人类命运共同体作出更大的科技贡献。

以维护世界和平、促进共同发展为宗旨。和平是人类共同愿望和崇高理想,是实现繁荣发展的前提和保障。各国人民期盼的是和平而不是战争,是合作而不是对抗,是发展而不是贫穷,是稳定而不是混乱。中国奉行独立自主的和平外交政策,"坚持以维护世界和平、促进共同发展为宗旨推动构建人类命运共同体"[1]。中国向世界承诺走和平发展道路,也呼吁其他国家走和平发展道路。各国都走和平发展道路,国与国才能真正和平相处。我国科技事业是维护世界和平、促进共同发展的推动力量,开展国际科技交流合作必须有利于实现这个崇高理想。

以建立新型国际关系为基本路径。迈向命运共同体,必须坚持合作共赢、共同发展。要摒弃单边主义、零和游戏的旧思维,树立双赢、共赢的新理念,在追求自身利益时兼顾他方利益,在实现自身发展时推动共同发展。各国应该齐心协力建立以合作共赢为核心的新型国际关系,做到惠本国、利天下,努力形成相互促进、相得益彰的合作共赢格局。在科技活动尤其是国际科技合作中,要坚持以新型国际关系为遵循,注重实现包括科技交流在内的合作共赢。

以国际安全为依托。当今世界,传统安全威胁和非传统安全威胁此起彼

---

[1] 习近平:《论坚持推动构建人类命运共同体》,中央文献出版社2018年版,第538页。

伏,国际安全秩序持续受到冲击。面对动荡复杂的国际安全威胁,靠穷兵黩武、恃强凌弱、损人利己而追求自身绝对安全是行不通的,合作安全、集体安全、共同安全才是解决问题的正确选择。必须摒弃冷战思维、集团对抗,践行共同、综合、安全、可持续的新安全观,实现世界的普遍安全。科技是实现国际安全的重要手段,必须在恪守联合国宪章宗旨和原则的基础上正确地运用科技创新成果,真正让科技为人类安全造福,为人类安全提供有力保障。

以文明交流互鉴为纽带。迈向人类命运共同体,既需要经济科技力量,同时还需要文化文明力量。文明是多姿多彩的、平等的、包容的,没有优劣、高低之分,只有地域、特色之别。要秉持平等、互鉴、对话、包容的文明观,以文明交流超越文明隔阂、文明互鉴超越文明冲突、文明共存超越文明优越,使文明交流互鉴成为增进各国人民友谊的桥梁,成为维护世界和平的纽带。我们必须倡导和平、发展、公平、正义、民主、自由的全人类共同价值,坚持把经济、科技与文化贯通起来,同步推进、相向发力、协同增效,促进包括科技在内的一切人类文明有益成果交流互鉴,形成构建人类命运共同体的强大合力。

以建设持久和平、普遍安全、共同繁荣、开放包容、清洁美丽的世界为目标。这是构建人类命运共同体的核心要义。一是坚持相互尊重、平等协商,走对话而不对抗、结伴而不结盟的国与国交往新路,着力建设持久和平的世界,让和平的阳光普照大地;二是坚持以对话解决争端、以协商化解分歧,统筹应对传统和非传统安全威胁,着力建设普遍安全的世界,让人人享有安宁祥和;三是坚持同舟共济,谋求开放创新、包容互惠的发展前景,着力建设共同繁荣的世界,让人人享有富足安康;四是坚持尊重世界文明多样性,促进和而不同、兼收并蓄的文明交流,着力建设开放包容的世界,让人人享有文化滋养;五是坚持环境友好,构筑尊崇自然、绿色发展的生态体系,着力建设清洁美丽的世界,让人人都享有绿水青山。

以"一带一路"建设为重要实践平台。习近平同志指出:"我提出'一带一路'倡议,就是要实践人类命运共同体理念。"①共建"一带一路",是以互联互通为"龙头"、以产能合作为支柱、以资金融通为保障、以人文交流为纽带的全新

---

① 习近平:《论坚持推动构建人类命运共同体》,中央文献出版社2018年版,第510页。

合作模式,是中国同"一带一路"沿线各国开展全方位、宽领域、深层次合作的多元实践平台。这一实践平台为构建人类命运共同体注入了源源不断的新动力。

构建人类命运共同体倡议提出后,得到国际社会的积极响应。联合国在2017年2月将其写入联合国决议,在同年3月又先后将其载入安理会决议、联合国人权理事会决议。但是,国际上一些别有用心的人提出"中国威胁论",认为中国会走"国强必霸"的路子。面对种种误解、疑虑、偏见、歪曲甚至打压,习近平同志进行了有针对性的说服、沟通、批驳。他严正指出:中华民族的血液中没有侵略他人、称霸世界的基因,中国人民不接受"国强必霸"的逻辑,中国永不称霸、永不扩张、永不谋求势力范围。中国是一个负责任的大国,无论中国发展到什么程度,我们都不会威胁谁,都不会颠覆现行国际体系。

针对国际社会关注的中国如何发展、中国发展起来了将是一个什么样的国家等问题,习近平同志强调:"我们不'输入'外国模式,也不'输出'中国模式,不会要求别国'复制'中国的做法。"①新中国成立以来,我们从未主动挑起一场战争,没有侵占别国一寸土地。我们始终坚持和平解决领土主权和海洋权益争端,同14个邻国中的12个彻底解决了陆地边界问题。中国在很短时期内创造了世所罕见的经济快速发展和社会长期稳定奇迹,这本身就是对世界繁荣发展作出的巨大贡献。习近平同志还用花园和列车作比喻,形象生动地说,中国对外开放,不是要一家唱独角戏,而是要欢迎各方共同参与;不是要营造自己的后花园,而是要建设各国共享的百花园。中国愿意为各国提供共同发展的机遇和空间,欢迎大家搭乘中国发展的列车,搭"快车"也好,搭"便车"也好,我们都欢迎。这些重要宣示,在国际上产生了积极的影响和广泛的共鸣,提升了我国的国际话语权和道义感召力。

构建人类命运共同体,关键在行动。习近平同志坚持把构建人类命运共同体思想贯彻到国际事务中,强调要加强在联合国、世界贸易组织、二十国集团、七十七国集团等国际组织和多边机制框架内的沟通和协作,充分运用好上海合作组织、亚太经合组织、金砖国家、东亚峰会、亚信峰会、东盟地区论坛、中

---

① 习近平:《论坚持推动构建人类命运共同体》,中央文献出版社2018年版,第514页。

非合作论坛、中阿合作论坛、中拉论坛等区域合作平台和论坛。在习近平同志的推动下,构建人类命运共同体倡议得到越来越多人的赞同和支持,日益从理念转化为行动。

中国在推动构建人类命运共同体的过程中,十分注重帮助相关国家特别是发展中国家提高科技水平。科技交流合作、科技援助、技术转移转化、职业技能培训等,成为科技助力构建人类命运共同体的途径,同时也成为人文交流、友好往来的载体。这是中国为构建人类命运共同体作出的实实在在的贡献,彰显了科技对于人类文明进步的巨大力量。

在依靠科技推动构建人类命运共同体的进程中,中国十分注重创新方式手段。以对外援助为例,中国积极帮助其他发展中国家建设有经济社会效益的生产型项目和大中型基础设施,提供成套项目、机电产品、物资设备以及技术服务等。关于援建成套项目,据有关资料统计,"2013年至2018年,中国共建设成套项目423个,重点集中于基础设施、农业等领域。除传统的'中方代建'援建模式外,在部分有条件的国家试点'受援方自建'方式,即在一些有完备工程建设招投标管理体系、具有组织实施经验的国家和地区,中国提供资金和技术支持,由有关国家自行负责项目的勘察、设计和建设及过程管理"[1]。2013—2018年,中国向124个国家和地区共计提供物资援助890批,其中主要包括机械设备、检测设备、交通运输工具、药品以及医疗设备等。关于开展技术合作,"2013年至2018年,中国共在95个国家和地区完成技术合作项目414个,主要涉及工业生产和管理、农业种植养殖、文化教育、体育训练、医疗卫生、清洁能源开发、规划咨询等领域"[2]。此外,中国通过实施官员研修研讨、技术人员培训、在职学历学位教育项目等方式,积极开展援外人力资源开发合作,项目涉及政治外交、公共管理、国家发展、农业减贫、医疗卫生、教育科研、文化体育、交通运输等17个领域共百余个专业。派遣援外医疗队是中国开展对外科技援助的一个特色。"截至2019年底,中国累计向72个国家和地区派遣长期医疗

---

[1] 中华人民共和国国务院新闻办公室:《新时代的中国国际发展合作》,《人民日报》2021年1月11日,第14版。

[2] 中华人民共和国国务院新闻办公室:《新时代的中国国际发展合作》,《人民日报》2021年1月11日,第14版。

队，共1069批次27484名医疗队员，涵盖内外妇儿、中医、麻醉、护理、病理、检验、公共卫生等医疗医学全领域。目前有近千名医疗队员在非洲、亚洲、大洋洲、美洲、欧洲55个国家的111个医疗点开展对外医疗援助工作。"①

中国注重加强技术转移转化，帮助发展中国家提升科技创新能力和产业职业技能，推动发展中国家科技进步。一是共享科技成果。中国积极向其他发展中国家分享在科技领域取得的成果，开展以航天及卫星应用、3D打印技术、计量技术、海洋生物技术等为主题的培训项目。实施千余项政府间科技交流项目，通过国际杰出青年计划邀请发展中国家的青年科学家来华开展科研工作，培训来自100多个发展中国家和地区的学员7700余人。②在联合国粮农组织—中国南南合作计划下向一些发展中国家转让实用技术。二是推动技术转移。对发展中国家来说，提高技术转移转化效能的关键在于吸收消化、掌握利用。为使技术能够真正落地、产生实效，中国面向东盟、南亚、阿拉伯国家建立跨国技术转移中心，通过示范培训、技术对接等方式，推动先进适用技术转移转化。与一些发展中国家建立联合实验室或研究中心，包括生物高分子应用研究、小水电技术联合研究等，加快中国成熟适用技术在其他国家的本土化应用。三是提升职业技能。为保障发展中国家可持续发展的人才支撑，组织开展农林牧渔、加工制造、建筑、科教文卫、手工技艺等领域培训，为其他发展中国家培养更多具有一技之长的技术人才。

二、科技助力共建"一带一路"国际合作

几乎在2013年提出构建人类命运共同体的同时，习近平同志也提出了"一带一路"倡议。"一带一路"倡议源于习近平同志对世界形势的观察和思考，顺应了国际格局深刻演变和国内改革发展提出的新要求，直面全球治理体系变革和区域合作面临的新情况，是习近平同志统揽政治、外交、经济社会发展全

---

① 中华人民共和国国务院新闻办公室：《新时代的中国国际发展合作》，《人民日报》2021年1月11日，第14版。

② 中华人民共和国国务院新闻办公室：《新时代的中国国际发展合作》，《人民日报》2021年1月11日，第14版。

局作出的重大战略决策。

1. "一带一路"倡议的重大战略意义

"一带一路"倡议具有深刻的时代背景。当今世界,百年未有之大变局加速演进,国际局势正处于大发展大变革大调整之中,各种新情况新问题层出不穷。面对挑战,各国都在探讨应对之策。但是,在各国利益深度融合、全球性挑战不断增多的今天,仅凭单个国家的力量无法解决世界面临的问题。只有对接各国彼此政策,在全球范围内融合经济要素和发展资源,才能形成合力,促进世界和平安宁和共同发展。"一带一路"建设,正是习近平同志以高瞻远瞩的战略思维和宽广的全球视野,在这场百年未有之大变局中全面审视我国和世界的发展而提出的世纪工程。

"一带一路"倡议形成于世界经济和我国发展的一个关键当口。从国际看,世界经济受国际金融危机影响进入调整期,科技进步、人口增长、经济全球化等过去数十年推动经济增长的主要引擎都先后进入换挡期,对世界经济的拉动作用明显减弱,新一轮增长动能尚在孕育,新的经济增长点尚未形成。"一带一路"建设将带动各国经济更加紧密结合起来,推动各国基础设施建设和体制机制创新,创造新的经济和就业增长点,增强各国经济内生动力和抗风险能力。从国内看,20世纪90年代亚洲金融危机后,我国把扩大内需作为经济发展的立足点和长期方针,实施西部大开发战略。进入21世纪,受国际金融危机等因素影响,我国经济面临一定的下行压力,经济增长内生动力不足。特别是我国经济发展进入新常态,经济增速、经济发展方式、经济结构、经济发展动力都正在发生重大变化,迫切需要我国以新的战略举措拓展更大发展空间。"一带一路"建设强化推进西部大开发形成新格局,为我国经济发展注入了新动力,符合我国经济发展内生性要求;打通了贯穿欧亚大陆、东接亚太经济圈、西进欧洲经济圈的通道,为我国经济发展增添了新活力,拓展了改革发展新空间。更重要的是,"一带一路"建设有助于带动我国边疆民族地区发展,助推西部由过去的边缘地区成为与周边国家互联互通的辐射中心,确保国家长治久安。

"一带一路"倡议是对区域合作模式的重大创新。20世纪90年代以来,我国先后倡议成立或参与了"上海五国"进程、上海合作组织、亚太经合组织、中非合作论坛、中阿合作论坛等一系列区域合作组织和论坛,为深化区域合作、促进地区发展奠定了坚实的基础。国际金融危机后,世界经济深度调整,国际贸易和投资低迷,区域经济合作机制封闭化、规则碎片化等挑战十分突出。特别是近年来,发达国家经济全球化政策逆转,经济全球化进程放缓,全球化贸易体系正经历新一轮大重构,部分区域贸易安排排他性增强。各方需求千差万别,各类机制协调不尽如人意。"一带一路"倡议是在世界经济融合加速发展、区域合作方兴未艾的大背景下,在欧亚地区已建立起多个区域合作组织、欧亚经济共同体和上合组织发展既面临难得机遇也面临严峻挑战的形势下,在中国和东盟建立战略伙伴关系10周年、正站在新的历史起点上,在中东正在经历前所未有的大变动大调整、阿拉伯国家正在自主探索变革的关头,在中国深化南亚区域合作以及务实推进中国—中东欧国家合作的进程中,习近平同志全面审视区域合作和地区贸易安排的新变化而酝酿和提出的国际合作新倡议。"一带一路"就是为了使我国与欧亚各国经济联系更加紧密、相互合作更加深入、发展空间更加广阔而创新的合作模式,是全球价值链和产业链的重构和延伸。"一带一路"合作倡议虽然是由中国提出来的,却契合了沿线国家的发展需要。"一带一路"建设不是要替代现有地区合作机制和倡议,而是要在已有基础上推动沿线国家实现发展战略相互对接、优势互补,打造多主体、全方位、宽领域的互利合作新格局。

"一带一路"建设是我国在新的历史条件下实行全方位对外开放的重大举措、推行互利共赢的重要平台,是我国今后相当长时期对外开放和对外合作的管总规划。以开放促改革、促发展,是我国不断取得新成就的法宝。改革开放初期,我国实行的是以引进来为主的对外开放政策。20世纪末,我国开始实施引进来与走出去相结合的对外开放战略。现在,我国对外开放进入引进来和走出去更加均衡的阶段,已经出现了市场、能源资源、投资三者对外深度融合的新局面。但是也要清醒地认识到,我国对外开放水平总体上还不够高,用好国际国内两个市场、两种资源的能力还不够强,走出的领域和层次都需要拓展提升。现在的问题不是要不要对外开放,而是如何提高对外开放的质量和发展的内外联动性。这就要求我们必须以更高的站位、更宽广的视野全面谋划全方位对外开放大战略。"一带一路"倡议,是习近平同志准确把握我国对外开放新要求,进一步扩大对外开放、深度融入世界经济而作出的重大战略决策。"一带一路"建设同京津冀协同发展、长江经济带发展、粤港澳大湾区建设等国家战略的对接,同西部开发、东北振兴、中部崛起、东部率先发展、沿边开发开放的结合,推动我国开放空间从沿海、沿江向内陆、沿边延伸,助推内陆、沿边地区成为开放前沿,带动形成陆海内外联动、东西双向互济的开放新格局。

"一带一路"建设是经济外交的顶层设计,是我国积极运筹对外关系、实现对外战略目标的重要抓手,是我们着眼欧亚大舞台、世界大棋局的重大谋篇布局。提出"一带一路"倡议,就是要实现共赢共享发展。无论是发展经济、改善民生,还是应对危机、加快调整,"一带一路"沿线许多国家同我国有着共同利益。"加快'一带一路'建设,有助于促进沿线各国经济繁荣和区域经济合作,有助于加强不同文明交流互鉴,促进世界和平与发展,是一项造福沿线国家人民的伟大事业。"①只要我们秉持亲诚惠容的周边外交理念,近睦远交,集中力量办好这件大事,沿线国家必将对我们更认同、更亲近、更支持。通过"一带一路"建设把沿线国家团结起来,我们就可以在全球和地区大竞争中站稳脚跟、赢得主动。"一带一路"建设重点面向亚欧非大陆,同时向所有朋友开放,具有广泛的包容性和跨越地域的生命力。以共建"一带一路"为实践平台推动构建人类命运共同体,这是从我国改革开放和长远发展出发提出来的,占据了国际道义制高点,为构建以合作共赢为核心的新型国际关系实践注入强大动力,有助于为我国发展塑造良好的外部环境。"一带一路"是中国提出和主导的,是在国际舞台上发出更多中国声音、注入更多中国元素、维护和拓展我国发展利益的重大倡议,也是我国推动全球治理体系变革的主动作为。"一带一路"倡议提出以来,"一带一路"建设逐渐从理念转化为行动,从愿景转变为现实,建设成果丰硕,已成为中国在国际舞台上彰显大国担当的一张亮丽名片,成为开放包容的国际合作平台和受到国际社会普遍欢迎的全球公共产品。

---

① 许先春:《怀柔远人 和谐万邦——学习习近平总书记关于"一带一路"建设的重要论述》,《前线》2019年第5期,第51页。

2. "一带一路"倡议的思想内涵和实践要求

"一带一路"倡议是重大的理论创新和政策创新。"一带一路"建设作为开放包容的合作平台，彰显了同舟共济、权责共担的命运共同体意识，为推动构建人类命运共同体带来了蓬勃生机，开辟了更多空间，注入了强劲动力。

"一带一路"建设以共商共建共享为原则。共商，就是集思广益，好事大家商量着办，使"一带一路"建设兼顾双方利益和关切，体现双方智慧和创意。共建，就是各施所长，各尽所能，把双方优势和潜能充分发挥出来，聚沙成塔，积水成渊，持之以恒加以推进。共享，就是让建设成果更多更公平惠及各国人民，打造利益共同体和命运共同体。

"一带一路"以合作共赢为新理念。要摒弃零和游戏、你输我赢的旧思维，树立双赢、共赢的新理念，在追求自身利益时兼顾他方利益，在寻求自身发展时促进共同发展。"一带一路"是开放的，是穿越非洲、环连亚欧的广阔"朋友圈"，所有感兴趣的国家都可以添加进入"朋友圈"。"一带一路"是多元的，涵盖各个合作领域，合作形式也可以多种多样。"一带一路"是共赢的，各国共同参与，实现共同发展繁荣。

"一带一路"建设以丝路精神为指引。"一带一路"倡议是对古丝绸之路的传承和提升。在新的历史条件下，我们提出共建"一带一路"，就是要继承和发扬和平合作、开放包容、互学互鉴、互利共赢的丝路精神，赋予古代丝绸之路以全新的时代内涵，促进文明互鉴、尊重道路选择、坚持合作共赢、倡导对话和平，各方携手努力把"一带一路"打造为和平之路、繁荣之路、开放之路、绿色之路、创新之路、文明之路、廉洁之路、合作之路、健康之路、复苏之路、增长之路、减贫之路。

"一带一路"建设以构建人类命运共同体为最高目标。"一带一路"建设是我们推动构建人类命运共同体的重要实践平台。在"一带一路"建设国际合作框架内，各方秉持共商、共建、共享原则，携手应对世界经济面临的挑战，开创发展新机遇，谋求发展新动力，拓展发展新空间，实现优势互补、互利共赢，不断朝着人类命运共同体方向迈进。这是习近平同志提出这一倡议的初衷，也是希望通过这一倡议实现的最高目标。

"一带一路"建设以互联互通为着力点。提出"一带一路"倡议，就是要以互联互通为着力点，促进生产要素自由便利流动，实现共赢和共享发展。如果将"一带一路"比喻为亚洲腾飞的两只翅膀，那么互联互通就是两只翅膀的血脉经络。今天我们要建设的互联互通，不仅是修路架桥，不光是平面化和单线条的联通，更应该是基础设施、制度规章、人员交流三位一体，更应该是政策沟通、设施联通、贸易畅通、资金融通、民心相通五大领域齐头并进。这是全方位、立体化、网络状的大联通，是生机勃勃、群策群力的开放系统。

牢牢把握"一带一路"建设的本质和核心。共建"一带一路"，本质上是通过提高有效供给来催生新的需求，实现世界经济再平衡。共建"一带一路"倡议的核心内涵，就是促进基础设施建设和互联互通，加强经济政策协调和发展战略对接，促进协同联动发展，实现共同繁荣。

共创新型合作模式。"一带一路"倡议本身就是对合作模式的创新。习近平同志强调，以"一带一路"沿线各国发展规划对接为基础，以贸易和投资自由化便利化为纽带，以互联互通、产能合作、人文交流为支柱，以金融互利合作为重要保障，积极开展双边和区域合作，努力开创"一带一路"新型合作模式。

"一带一路"倡议提出后，得到国际社会的积极响应和广泛支持，但是也有一些别有用心的人抛出所谓的"债权帝国主义论""债务陷阱论""资源掠夺论""环境破坏论"等论调，妄图给"一带一路"建设贴上"新殖民主义论""中国版马歇尔计划""地缘政治扩张"等标签。习近平同志强调：共建"一带一路"是经济合作倡议，不是搞地缘政治联盟或军事同盟；是开放包容进程，不是要关起门来搞小圈子或者"中国俱乐部"；是不以意识形态划界，不搞零和游戏，只要各国有意愿，我们都欢迎。"一带一路"倡议没有地缘政治目的，不打地缘博弈小算盘，不针对谁也不排除谁，不是有人说的这样那样的所谓"陷阱"，而是务实合作平台；不做凌驾于人的强买强卖，不是对外援助计划，而是共商共建共享的联动发展倡议；不谋求填补"真空"，而是编织互利共赢的合作伙伴网络。"一带一路"建设不是封闭的，而是开放包容的；不是中国一家的独奏，而是沿线国家的合唱；不是某一方的私家小路，而是大家携手前进的阳光大道。"一带一路"倡议来自中国，但成效惠及世界。中国人民张开双臂欢迎各国人民搭乘中国发展的"快车""便车"，各国都是平等的参与者、贡献者、受益者。这些重要论述,有效凝聚了共识,越来越多的国家和国际组织对"一带一路"倡议投出了"信任票"和"支持票"。截至2022年6月初,已有149个国家和32个国际组织同中国签署200多份共建"一带一路"合作文件[①],"一带一路"的"朋友圈"越来越广。"一带一路"正在成为造福世界的"富裕路",惠及人民的"幸福路"。据商务部统计,2021年,我国与"一带一路"沿线国家货物贸易额达11.6万亿元,同比增长23.6%,创自2013年以来8年新高,占我国外贸总额的比重达29.7%。中欧班列全年开行1.5万列、运送146万标箱,同比分别增长22%、29%。我国始终坚持共商共建共享原则,以高标准、可持续、惠民生为目标,与相关各方一道,推动共建"一带一路"高质量发展,取得了实打实、沉甸甸的成就,实现了与共建国家共同发展、互利共赢。投资合作取得新进展。2021年,我国对沿线国家直接投资1384.5亿元,同比增长7.9%,占对外投资总额的14.8%。沿线国家企业也看好中国发展机遇,对我国直接投资首次超百亿美元,达112.5亿美元。"一带一路"项目建设稳步推进,我国企业在沿线国家承包工程完成营业额5785.7亿元,占对外承包工程总额的57.9%。[②]

3. 依靠科技推进高质量共建"一带一路"

"一带一路"建设不是空洞的口号,而是看得见、摸得着的实际行动。共建"一带一路",既要登高远望,也要脚踏实地。登高远望,就是要做好顶层设计,规划好方向和目标。脚踏实地,就是要争取早期收获,成熟一项实现一项。我们注重做好"一带一路"总体布局,提出明确的时间表、路线图,使"一带一路"建设有章可循。坚持从大局上谋划、在关键处落子,先易后难、由近及远,以点带面、从线到片,步步为营、久久为功。在具体实施过程中,我们强调要把"一带一路"国际合作同亚太经合组织、东盟、非盟、欧亚经济联盟、欧盟、拉共体区域发展规划对接起来,同有关国家提出的发展规划协调起来,形成规划衔接、发展融合、利益共享的局面,产生"一加一大于二"的效果。针对不同国家和地

---

① 陈尚文、李欣怡:《推动共建"一带一路"高质量发展》,《人民日报》2022年6月30日,第7版。

② 罗珊珊:《我国与"一带一路"沿线国家货物贸易额创新高》,《人民日报》2022年2月27日,第1版。

区资源禀赋、具体实际,以习近平同志为核心的党中央提出了"一国一策"、优势互补的合作目标和重点任务。比如,针对阿拉伯国家,要构建以能源合作为主轴,以基础设施建设、贸易和投资便利化为两翼,以核能、航天卫星、新能源三大高新领域为突破口的"1+2+3"合作格局。针对拉美和加勒比国家,要全面落实以中拉五年合作规划为指引,以贸易、投资、金融合作为动力,以能源资源、基础设施建设、农业、制造业、科技创新、信息技术为合作重点的"1+3+6"中拉务实合作新框架。针对非洲国家,要在重点推进中非工业化、农业现代化、基础设施、金融、绿色发展、贸易和投资便利化、减贫惠民、公共卫生、人文、和平与安全等"十大合作计划"。在推进中非"十大合作计划"基础上,进一步实施产业促进、设施联通、贸易便利、绿色发展、能力建设、健康卫生、人文交流、和平安全等"八大行动"。针对中东欧国家,要扎实开展"16+1合作",搭建具有南北合作特点的南南合作新平台。以"一带一路"建设为契机,推动国际产能和装备制造合作,既契合中国供给侧结构性改革方向,也满足了沿线国家的发展需求,是符合比较优势理论的多赢之举。

在推动共建"一带一路"建设过程中,我们注重将科技融入"一带一路"建设,充分发挥科技在深化政策沟通、加快设施联通、推动贸易畅通、促进资金融通、增进民心相通等方面的积极作用。一是深化政策沟通。我们本着求同存异、聚同化异的理念,重点围绕基础设施互联互通合作、国际产能和装备制造标准化、贸易便利化、技术标准化等与共建"一带一路"相关的主题,通过举办官员研修等方式,积极对接有关国家发展战略。比如,将共建"一带一路"倡议与巴基斯坦"新巴基斯坦"、老挝"变陆锁国为陆联国"、菲律宾"大建特建"、哈萨克斯坦"光明之路"、蒙古国"发展之路"等有关国家发展战略对接。二是加快设施联通。中国积极支持共建"一带一路"国家公路、铁路、港口、桥梁、通信管网等骨干通道建设,助力打造"六廊六路多国多港"互联互通大格局。三是推动贸易畅通。为增强发展中国家在全球供应链布局中的竞争力,中国积极帮助共建"一带一路"国家改善贸易基础设施,推进贸易流通现代化。四是促进资金融通。一方面,中国积极帮助有关国家优化金融环境,完善金融体系。另一方面,中国积极搭建融资合作平台,同世界银行、亚洲基础设施投资银行、亚洲开发银行、国际农业发展基金等共同成立多边开发融资合作中心,推动国际金融机构及相关发展伙伴基础设施互联互通。五是增进民心相通。在共建"一带一路"国家实施一批住房、供水、医疗、教育、乡村道路、弱势群体救助等民生项目,帮助补齐基础设施和基本公共服务短板。

为发挥科技创新在共建"一带一路"中的先导引领和技术支撑作用,2016年9月8日,科技部、国家发改委、外交部、商务部联合印发了《推进"一带一路"建设科技创新合作专项规划》。根据《规划》部署,科技部先后支持广西开展"中国—东盟技术转移中心"建设、云南开展"中国—南亚技术转移中心"建设、宁夏开展"中国—阿拉伯国家技术转移中心"建设、新疆开展"中国—中亚科技合作中心"建设、江苏开展"中国—中东欧国家技术转移虚拟中心"建设等。政府部门、科研院所与相关企业积极行动,科技人文交流、共建联合实验室、科技园区合作、技术转移等四项行动顺利推进。我国与"一带一路"沿线国家科技创新合作取得显著成效,为沿线国家培养了科学技术和管理人才,与沿线国家共建了一批联合实验室或联合研究中心,区域技术转移协作网络不断发展壮大。

在共建"一带一路"倡议推动下,中国加大了对"一带一路"沿线国家的科技支持力度,很多新兴科技运用到合作项目中,为双方合作注入新动力。比如,信息通信技术支撑"一带一路"沿线12个国家的陆海缆及骨干网建设,建成34条跨境陆缆和6条海缆。中国高铁技术、陆上复杂常规油气田勘探开发技术、发电技术和超、特高压输变电技术等实现与"一带一路"沿线30多个国家的有效对接。比如,在中东,由中国企业总承包的迪拜太阳能电站项目开始输送电能,运转良好;在非洲,中国的优质杂交水稻品种引入布隆迪,促进了当地农业生产;在拉美,中国企业生产的电动公交车成为智利首都圣地亚哥街头的独特风景,有效改善了交通运输状况。

比如,北斗卫星导航系统是中国改革开放40多年来取得的重大科技成就之一。北斗高精度导航定位,将导航与通信功能创造性结合,通过短报文应急联络,在抗震救灾、国际搜救等领域优势凸显。2018年4月10日,中国北斗卫星导航系统拥有了首个海外中心。该中心位于突尼斯首都突尼斯市北郊贾扎拉科技园内的阿拉伯信息通信技术组织总部,那里的设备可以实时采集卫星数据,并在操控屏上显示。在阿拉伯国家上空平均可见北斗卫星数达到8颗以上,北斗系统定位精度优于10米、可用性逾95%,可为该地区提供优质卫星导航服务。北斗中心助力突尼斯等阿拉伯国家培养更多卫星导航系统人才,推动数字经济发展和卫星导航技术应用,实现互利共赢。目前,北斗高精度多系统兼容的卫星导航应用产品覆盖100多个国家和地区,包括全部"一带一路"沿线国家。

比如,中国与阿拉伯国家间各领域合作愈加密切深入,除传统能源领域,在清洁能源、数字经济、园区建设等领域也不断开拓创新。清洁能源建设已经成为中国与阿拉伯国家"一带一路"合作的重要领域。沙特红海综合智慧能源项目由沙特国际电力和水务公司与中国国家电投集团黄河上游水电开发有限责任公司合作建设,该项目可提供全天候绿色能源供应及存储。该项目不仅开发太阳能和可再生能源,还为海水淡化、废水处理等提供综合基础设施,在创造经济价值的同时助力实现更加健康和安全的生活。许多中国科技企业走出国门,与阿拉伯国家开展务实合作,推动中阿数字经济合作迈上新台阶。在非洲,中国大力推动数字创新工程。2021年11月29日,习近平同志在中非合作论坛第八届部长级会议开幕式上的主旨演讲中宣布:中国将为非洲援助实施10个数字经济项目,建设中非卫星遥感应用合作中心,支持建设中非联合实验室、伙伴研究所、科技创新合作基地。中国将同非洲国家携手拓展"丝路电商"合作,举办非洲好物网购节和旅游电商推广活动,实施非洲"百店千品上平台"行动。

依托项目驱动,深化务实合作。习近平同志强调,要聚集重点国家、重点地区、重点项目,抓住发展这个最大公约数。要切实推进规划落实,周密组织,精准发力,进一步研究出台推进"一带一路"建设的具体政策措施,创新运用方式,完善配套服务,重点支持基础设施互联互通、能源资源开发利用、经贸产业合作区建设、产业核心技术研发支撑等战略性优先项目。在推进具体项目时,要有战略眼光,通过主动设点、走线、联网、布局,建立起互联互通网络、基础设施平台、金融合作架构、人文交流格局、贸易投资体系。具体合作中要做到一个"实"字,要用最明白的语言对话,用最贴心的方式合作。集体合作不追求轰动一时,而更看重打基础、谋长远的举措。在我国的大力推动下,一大批关键的标志性工程陆续启动,一大批重大合作项目顺利实施。"一带一路"建设从无到有,从谋篇布局到落地生根,进度和成果超出预期,目前正在沿着持久发展的轨道迈进。

推动共建"一带一路"高质量发展,是下一阶段工作的基本思路。如果说,过去几年共建"一带一路"完成了总体布局,绘就了一幅奔放壮丽的"大写意",那么下一步我们要做的就是精耕细作,描绘好精谨细致的"工笔画"。"世界银行有关报告认为,到2030年,共建'一带一路'有望帮助全球760万人摆脱极端贫困、3200万人摆脱中度贫困。"①这将是世界发展史上的一项壮举。共建"一带一路"虽然取得了可喜的成绩,但是也面临着新的复杂形势。世界百年未有之大变局正加速演变,新一轮科技革命和产业变革带来的激烈竞争前所未有,气候变化、疫情防控等全球性问题对人类社会带来的影响前所未有。总体上看,共建"一带一路"面临的机遇仍然大于挑战,世界政治经济格局对我仍然有利,但国际大环境却日趋复杂多变。我们要坚持稳中求进工作总基调,保持战略定力,积极应对挑战、趋利避害,一如既往地推进"一带一路"建设。关键是要统筹好发展和安全、国内和国际、合作和斗争、存量和增量、整体和重点,以高标准、可持续、惠民生为目标,"努力实现更高合作水平、更高投入效益、更高供给质量、更高发展韧性"②,推动共建"一带一路"高质量发展不断取得新成效。

一是贯彻新发展理念,更好服务构建新发展格局。要完整、准确、全面把握新发展理念,统筹考虑和谋划构建新发展格局和共建"一带一路",聚焦新发力点,塑造新结合点。要加快完善各具特色、互为补充、畅通安全的陆上通道,优化海上布局,为畅通国内国际双循环提供有力支撑。要加强产业链供应链畅通衔接,推动来源多元化。要打造标志性的民生工程,快速提升共建国家民众获得感的重要途径,形成更多接地气、聚人心的可视性合作成果。

二是巩固互联互通,夯实发展根基。互联互通是高质量共建"一带一路"的基础性工程。要深化政治互信,探索建立更多合作对接机制。要深化设施互通,推动形成陆、海、天、网"四位一体"的联通布局,特别是要注重提升规则标准等"软联通"水平,为促进全球互联互通做增量。要深化贸易畅通,扩大同

---

① 习近平:《同舟共济克时艰,命运与共创未来——在博鳌亚洲论坛2021年年会开幕式上的视频主旨演讲》,《人民日报》2021年4月21日,第2版。

② 《习近平谈治国理政》第4卷,外文出版社2022年版,第495页。

周边国家贸易规模,鼓励进口更多优质商品,促进贸易均衡共赢发展。要深化资金融通,吸引多边开发机构、发达国家金融机构参与,健全多元化投融资体系。要深化人文交流,形成多元互动的人文交流大格局。

三是拓展合作空间,稳步开辟新领域。在继续推进已部署和实施的重大项目的同时,积极开展健康、绿色、数字、创新等方面的国际合作,培育新增长点。在健康方面,要加强抗疫国际合作,继续向共建国家提供力所能及的帮助。在绿色发展方面,在支持发展中国家能源绿色低碳发展,推进绿色低碳发展信息共享和能力建设,深化生态环境和气候治理合作。在数字化转型方面,要深化数字领域合作,发展"丝路电商",构建数字合作格局。在科技创新方面,要实施好科技创新行动计划,加强知识产权保护国际合作,打造开放、公平、公正、非歧视的科技发展环境。

四是扎牢安全网络,强化风险防控。要落实风险防控制度,探索建立境外项目风险的全天候预警评估综合服务平台,及时预警、定期评估。要加强海外利益保护、国际反恐、安全保障等机制的协同协作。要统筹推进疫情防控和共建"一带一路"合作,全力保障境外人员生命安全和身心健康,突出防控措施的精准性,着力保障用工需求、人员倒班回国、物资供应、资金支持等。

三、构建开放创新生态

科学技术是世界性的、时代性的,发展科学技术必须具有全球视野。当今世界,科技创新要素相互依存、相互促进、相互联系。我们必须着力构建开放创新生态,主动布局和积极利用国际创新资源,深度参与全球科技治理,共同应对未来挑战,让科技更好增进人类福祉,促进科技互惠共享。

1. 坚持推进中国特色大国外交

习近平外交思想是习近平新时代中国特色社会主义思想的重要组成部分,是马克思主义基本原理同中国特色大国外交实践相结合的重大理论结晶。新时代开展国际科技合作,必须坚持以习近平外交思想为指导,牢牢把握坚持和平发展、促进民族复兴这条主线,积极推进中国特色大国外交,落实外交工作总体布局,不断为实现中华民族伟大复兴创造有利外部条件,为构建人类命运共同体营造良好氛围。

要统筹国内国际两个大局,不断深化全方位外交战略布局,努力打造和巩固以平等、开放、合作为特征的全球伙伴关系网络。党的十八大以来,以习近平同志为核心的党中央以周边和大国为重点,以发展中国家为基础,以多边为舞台,不断完善我国全方位、多层次、立体化的外交布局。截至2021年7月,我国已同世界上108个国家和4个地区组织建立不同形式的伙伴关系,其中战略伙伴关系达93对,各领域合作不断扩大深化。面向未来,要继续发扬遍交朋友、交好朋友的传统,在坚持不结盟原则的前提下积极发展全球伙伴关系,打造遍布全球的"朋友圈",编织更为紧密的命运共同体网络,拓展对外开放与合作共赢新局面。

要着力运筹同主要大国关系,构建总体稳定、均衡发展的大国关系框架,推进大国协调合作。中俄关系是互信程度最高、协作水平最高、战略价值最高的一对大国关系,是维护世界和平与稳定的压舱石。要继续保持高水平的中俄战略协作,深入发展中俄新时代全面战略协作伙伴关系,进一步巩固与俄罗斯的政治互信与战略共识,始终坚定支持对方维护核心利益,加强两国在重大国际问题上的协调配合与一致发声,持续开展中俄经济、能源、军事、科技、安全等各领域务实合作,为双边关系积聚更多内生动力。加大中俄科技、人文交流力度,特别是要增进年轻一代的交流互动,扩大中俄民心相通所涉领域、范围。中美关系是当今世界最重要的双边关系之一。要从总体上把握好中美关系发展的大方向,在相互尊重、互惠互利的基础上管控分歧、拓展合作,共同致力于构建不冲突不对抗、相互尊重、合作共赢的中美关系。对美方粗暴干涉中国内政、损害我国利益的言行,必须坚决斗争反制。对美方以国内法"长臂管辖",对我中概股、重要产业部门、科技企业尤其是领军企业、有关人员和实体实施限制和制裁的行为,我方丝毫不让,对其有关人员和实体开展对等制裁。对美方进行政治操弄,将新冠肺炎病毒溯源政治化、抹黑丑化中国的言行,必须针锋相对、果断予以反击,既要阐明我国关于科学溯源、反对将科学问题政治化的一贯主张,同时又注重从科学的角度同各方一道积极开展全球科学溯源,赢得国际社会支持。欧洲是多极化世界的重要一极。要牢牢把握中欧全面战略伙伴正确方向,在坚持原则的前提下以更加积极的态度加强全方位互利合作,着力打造中欧和平、增长、改革、文明四大伙伴关系。欧洲历史文化悠久,我们可以根据不同国家的历史文化特点,找到双方契合点、关切点,大力开展人文交流、友好往来。金砖国家近年来快速崛起,成为世界舞台上的重要新兴力量,极大改变了世界格局和政治生态。要站在新的基础上推进金砖国家新工业革命伙伴关系,巩固经贸财金、政治安全、人文交流"三轮驱动"合作架构,拓展"金砖＋"合作平台和内涵,与金砖国家加强在全球治理事务中的沟通合作,推动中国同金砖国家关系迈上新台阶。

无论是从地理方位、自然环境还是相互关系看,周边对我国都具有极为重要的战略意义。思考周边问题、开展周边外交要有立体、多元、跨越时空的视角。周边国家同我国邻近,我国大量机遇出现在周边,但是大量挑战也萌发在周边;富有希望、具备多种多样发展潜力的是周边,但是同时,容易出问题、影响更直接更迅速的还是周边。中国将周边邻国关系定位为安身立命之所、发展繁荣之基和对外战略依托,始终将周边置于外交全局的首要位置和优先方向,致力于同周边国家携手推进地区和平、稳定、发展。坚持亲诚惠容的周边外交理念,践行与邻为善、以邻为伴的方针和睦邻、安邻、富邻的政策,继续加强对周边国家的增信释疑和互利合作,着力打造周边命运共同体,努力使周边同我国政治关系更加友好、经济纽带更加牢固、安全合作更加深化、人文联系更加紧密。

广大发展中国家是我国在国际事务中的天然同盟军。中国作为世界上最大的发展中国家,始终高度重视同发展中国家的友好合作关系,同广大发展中国家在争取民族独立、推动国家发展的事业中相互支持、相互帮助,同呼吸、共命运、齐发展,传统友谊不断巩固,关系水平不断提升。要秉持真实亲诚理念和正确义利观,做到义利兼顾、以义为先、弘义融利。在外交工作中要妥善处理义和利的关系,政治上主持公道、伸张正义,经济上互利共赢、共同发展,国际事务中讲信义、重情义、扬正义、树道义。中国注重同发展中国家加强团结合作特别是经济技术和人文交流,携手共建更加紧密的中非、中拉、中阿命运共同体。中国积极推动南南合作、南北对话,维护发展中国家共同利益。伴随着发展中国家整体力量提升,南南合作必将在推动发展中国家崛起和促进世界经济强劲、持久、平衡、包容增长中发挥更大作用。

2. 坚定不移推进经济全球化

经济全球化作为影响和决定人类前途命运的巨大而独特的推动力量,并不是凭空产生的、无缘无故的。它既是社会生产力发展到一定阶段的客观需要,同时又是科技发展到一定程度的必然结果,契合各国人民要求和平发展、合作共赢的时代潮流。随着科学技术的迅速传播和广泛运用,知识应用、贸易投资、金融活动、文化交流、人员往来等日益国际化,促进了生产要素在全球范围内的优化配置,各国各地区之间的相互联系、相互依存日益加深。最近几十年来,经济全球化迅猛发展,为人类文明进步提供了强劲动力,为世界经济发展作出了重要贡献。但是与此同时,经济全球化双刃剑的两重属性也越来越多地表现出来,积存了不少问题和弊端。由于经济全球化是发达国家主导的,他们在经济全球化中获益最大,而广大发展中国家在全球化进程中缺少话语权,总体上处于不利地位。"弱肉强食"的丛林法则和"赢者通吃""胜者全得"的零和博弈,导致南北差距进一步扩大。特别是2008年国际金融危机后,发达国家的经济全球化政策发生逆转,保护主义上升,多边主义和自由贸易体制受到冲击,使得经济全球化进程遭受挫折。个别国家从政治和意识形态角度出发,为维护一己私利、转移国内矛盾,把内部治理问题归咎于经济全球化、归咎于其他国家,动辄采取霸凌行径、单边主义,破坏全球价值链、供应链、消费链,导致现有国际贸易秩序紊乱甚至冲突,使全球经济落入"衰退陷阱",复苏乏力。面对质疑经济全球化、反全球化以及把世界乱象归咎于经济全球化等观点,习近平同志强调,要主动作为、适度管理,消解经济全球化的负面影响,使经济全球化的正面效应更多释放出来。针对经济全球化进程既存在不足又面临深刻转变的态势,习近平同志指出经济全球化在形式和内容上要有新的调整,"理念上应该更加注重开放包容,方向上应该更加注重普惠平衡,效应上应该更加注重公正共赢"[①]。

经济全球化出现一些负面效应并不可怕,关键在于能否趋利避害,正确引

[①] 习近平:《论坚持推动构建人类命运共同体》,中央文献出版社2018年版,第498页。

导经济全球化走向。当前,西方一些国家奉行"去全球化"的策略,动辄"退群""脱钩""筑墙""断供",利用疫情搞封闭封锁,这种因噎废食的做法并不能真正解决问题,也不符合任何一方利益,其结果只能导致两败俱伤,严重影响构建人类命运共同体进程。习近平同志指出:"在经济全球化时代,开放融通是不可阻挡的历史趋势,人为'筑墙'、'脱钩'违背经济规律和市场规则,损人不利己。"①西方一些国家违背历史潮流,人为切断各国的经济、科技、文化交流,妄图让世界经济的大海退回到一个个孤立的小湖泊、小河流,最终是不可能实现的。经济全球化是时代潮流。大江奔腾向海,总会遇到逆流,但任何逆流都阻挡不了大江东去。动力助其前行,阻力促其强大。"经济全球化虽然面临不少阻力,但存在更多动力,总体看,动力胜过阻力,各国走向开放、走向合作的大势没有改变、也不会改变。"②世界各国要坚持真正的多边主义,坚持拆墙而不筑墙、开放而不隔绝、融合而不脱钩,推动构建开放型世界经济。我们必须始终保持战略定力,把支持经济全球化、积极主动融入经济全球化,作为我国对外开放基本国策一以贯之的重要内容和原则要求。面对发达国家和发展中国家在经济全球化问题上的分歧和对立,我国作为世界上最大的发展中国家,要注重引导好经济全球化走向,让经济全球化进程更有活力、更加包容、更可持续,推动构建更加开放、包容、普惠、平衡、共赢的新型经济全球化。

解铃还须系铃人。在百年未有之大变局中推动经济全球化健康发展,离不开科技手段,更需要科技力量。要抓住新一轮科技革命和产业变革的历史机遇,通过推动科技创新维护全球产业链供应链顺畅稳定,大力促进贸易和投资自由化便利化,不断完善开放、透明、包容、非歧视性的多边贸易体制。要加快构建开放型世界经济,着力推动规则、规制、管理、标准等制度型开放,不搞那种割裂贸易、投资和技术的碎片化规则、排他性标准以及种种高墙壁垒。要加强宏观经济政策协调,持续打造市场化、法治化、国际化营商环境,为各国扩大科技交流合作提供更多机遇、更多便利,使科技创新成果更好惠及每个国

---

① 习近平:《同舟共济克时艰,命运与共创未来——在博鳌亚洲论坛2021年年会开幕式上的视频主旨演讲》,《人民日报》2021年4月21日,第2版。

② 习近平:《加强政党合作,共谋人民幸福——在中国共产党与世界政党领导人峰会上的主旨讲话》,《人民日报》2021年7月7日,第2版。

家、每个民族。2022年1月17日,习近平同志在2022年世界经济论坛视频会议的演讲中指出:"要以公平正义为理念引领全球治理体系变革,维护以世界贸易组织为核心的多边贸易体制,在充分协商基础上,为人工智能、数字经济等打造各方普遍接受、行之有效的规则,为科技创新营造开放、公正、非歧视的有利环境。"[①]

随着我国经济、科技实力不断增强,我国科技企业也越来越多地走向世界。大国之间地缘竞争、科技和产业制高点竞争、贸易保护主义上升等风险因素和不稳定不确定因素持续加大,我国科技企业开展国际科技合作、拓展海外市场遇到的阻力和挑战势必增大,跨国纠纷和法律问题也将变得更加复杂。我们要甄别这些纠纷的性质,有理有利有节加以应对。有的西方国家以国内法名义对我国科技企业、法人实施所谓的"长臂管辖",在国际规则上是站不住脚的。比如,2018年,美国联邦调查局表示应减少使用华为产品和服务,政府机构和官员甚至颁布了禁止使用华为和中兴通讯产品的国防权限法。2019年5月,美国商务部将华为及70个附属公司增列入出口管制的"实体清单"。在人员方面,美方对接受中国人才计划资助的研究人员实施限制,将华人科学家作为间谍嫌疑人进行调查,收紧中国科技人员赴美签证。美国针对我国科技活动和高新技术产业采取的一系列遏制措施,不同于以前贸易争端中的加征关税等经济手段,而是采取法律、出口和投资审查等方式实施的,而且管控方式更加多样、执法针对性更强。对此,我们必须善于综合运用政治、经济、外交、法治、科技等多种手段妥善应对,加强反制能力。

面对新一轮对外开放,我国开展国际科技合作,就必须加强战略布局,加快弥补运用国际经贸规则的本领,着力提升应对国际经贸摩擦、争取国际科技话语权的能力,占领制高点、掌握主动权。一是工作应对机制要跟上。外交、司法、商务、科技等部门要加强协调和配合,及时掌握最新情况。要加强我国驻重点国家和地区使领馆科技参赞工作,建立健全相关制度,有效应对各种国际摩擦纠纷。二是企业合规管理要跟上。我国科技企业走出去都会面临经营

---

① 习近平:《坚定信心,勇毅前进,共创后疫情时代美好世界——在2022年世界经济论坛视频会议的演讲》,《人民日报》2022年1月18日,第2版。

管理合规问题。要强化企业合规意识,走出去的企业在合规方面不授人以柄才能走得远、走得好。三是科技措施储备要跟上。针对西方国家打着"法治"幌子的霸权行径,我们要加强反制理论和实践研究,建立阻断机制。尤其要注意提供科技、法律等方面的专业依据,用科技事实说话,靠法律规则行事,挫败西方国家诬蔑我国科技企业"侵权""窃取"等不实之词,为我国科技企业在反制斗争中营造有利态势。四是专业人才培养要跟上。这些年来,我国培养了一些熟谙科技、法律、专利知识产权的人才,但远远跟不上快速发展的形势需要。要改革涉外人才培养体制机制,完善人才使用制度,下决心尽快解决专业人才缺乏问题。

3. 主动融入全球创新网络

习近平同志指出:"国际科技合作是大趋势。我们要更加主动地融入全球创新网络,在开放合作中提升自身科技创新能力。"①中国积极参与国际科学技术合作与交流,一向鼓励科学技术研究开发机构、高等院校、科学技术社会团体、企业和科学技术人员等各类创新主体积极参与国际科学研究,促进国际科学技术资源开放流动。中国开展国际科技合作,目的就是要努力形成高水平的科技开放合作格局,在提升自身科技水平的同时,积极为构建人类命运共同体贡献中国的科技智慧、科技力量。

加强国际科技合作是科技全球化的必然要求。经济全球化促进了科技创新全球化,反过来,创新全球化的发展又进一步推动了经济全球化。在经济全球化的大背景下,科技扩散的速度不断加快,范围不断扩大,科技创新全球化已成为大势所趋。科技创新全球化的发展趋势表明,当今世界,任何一个国家的科技发展都不可能脱离别国科技发展而单独存在。科技创新全球化客观上要求各国开展科技交流与合作,既有助于各国取长补短、相互促进,又有助于齐心协力、共同攻克世界难题。

加强国际科技合作是我国对外开放政策的重要组成部分。对外开放是我

---

① 习近平:《论把握新发展阶段、贯彻新发展理念、构建新发展格局》,中央文献出版社2021年版,第394—395页。

国的一项长期的基本国策。扩大科技对外开放,加强国际科技交流与合作,是我国对外开放基本国策在科技领域的贯彻落实和具体体现,也是我国科技政策的重要内容之一。科学技术本身是在人类共同努力、相互交流中发展起来的,是人类的共同财富。建立在互利互惠基础上的国际科技合作,有利于各国的科技进步和经济社会发展。我们不拒绝任何科学技术,只要有利于提高我国生产力发展水平、有利于改善人民生活、有利于促进全体人民共同富裕,我们都不拒绝,都欢迎并积极加以引进,在这方面我们必须有开放的心态、宽广的胸怀、谦虚的态度。

在是否开展国际科技合作上,有三种观点值得注意。一种观点认为,要关起门来,另起炉灶,彻底摆脱对国外科技的依赖,靠自主创新谋发展,否则总跟在别人后面跑,永远也追不上人家。第二种观点认为,科技创新要有一定的基础,要站在巨人肩膀上发展我们自己的科学技术,不然也追不上人家。这两种观点都有一定道理,但也都绝对了一些,要害在于没有辩证地认识问题。一方面,市场换不来关键核心技术,有钱也买不来关键核心技术,作为国之重器的关键核心技术必须立足自主创新、自立自强。另一方面,自主创新是开放环境下的创新,决不是关起门来搞研发,而是要聚四海之气、借八方之力,在学习借鉴国外先进科技成果的基础上推进科技创新。第三种观点认为,对外科技合作主要是通过合作提高我们自身竞争能力,安全问题、风险防控问题属于次要问题。这种观点是极其有害的。越是对外开放,越要重视安全,越要统筹好发展和安全,着力提升开放监管能力、防范化解风险能力。只有把安全和发展这两件大事都抓好了,才能炼就金刚不坏之身。在发展和安全问题上,决不能顾此失彼。

历史经验一再昭示我们:开放是国家进步的前提,封闭必然导致落后。过去我们曾一度封闭落后,但今天的中国早已同世界经济和国际体系深度融合在一起,大踏步赶上了时代。总结历史教训,我们深深认识到,中国开放的大门不仅不会关闭,而且会进一步敞开,在更大范围、更宽领域、更深层次实施对外开放。我们自己绝不可能再关起门搞建设,决不会动摇对外开放的基本国策。

当今世界并不太平,煽动仇恨、偏见的言论不绝于耳,由此产生的种种围堵、打压甚至对抗对世界和平安全有百害而无一利。近年来,西方个别国家固守零和博弈,恶意炒作意识形态和政治制度差异,采取搞"小圈子""筑墙""脱钩"等战术,打压我们、封锁我们。对此,我们决不能乱了阵脚,决不能消极被动,更不能搞自我封闭、自我隔绝。国家之间难免存在矛盾和分歧,但搞你输我赢的零和博弈是无济于事的。习近平同志指出:"任何执意打造'小院高墙'、'平行体系'的行径,任何热衷于搞排他性'小圈子'、'小集团'、分裂世界的行径,任何泛化国家安全概念、对其他国家经济科技发展进行遏制的行径,任何煽动意识形态对立、把经济科技问题政治化、武器化的行径,都严重削弱国际社会应对共同挑战的努力。"①我们自己绝不会走历史回头路,决不会谋求"脱钩"或是搞封闭排他的"小圈子"。我们不仅要坚决反对西方国家对我搞科技封锁、科技脱钩、科技断供,更重要的是把自己的事情办好,持续提升科技自主创新能力,着力推动科技自立自强,以强大的科技实力打破西方国家的科技封锁。

中国开启全面建设社会主义现代化国家新征程,加快构建新发展格局,将为国际科技合作提供更为广阔的空间。我们愿与各方共同把握世界科技创新新机遇,共同挖掘世界经济增长新动能,致力于同有关各方一道推动新能源新技术、新业态新模式等各领域各方面务实合作。我们必须以全球视野谋划和推动科技创新,以更加开放的思维和举措开展国际科技合作,与一切愿意与我友好往来的国家加强国际科技合作,致力于打造开放、公平、公正、非歧视的科技发展环境。我们要以更开放的姿态融入全球科技创新网络,更加积极地参与国际分工,更加有效地融入全球产业链、供应链、价值链,更加主动地扩大对外科技合作,着力打造互利共赢、互惠共享的开放创新生态。要主动布局和积极利用国际创新资源,最大限度用好全球创新资源,加强全球公共卫生安全、应对气候变化、海洋治理等重大科学问题研究,加大共性科学技术破解,加深重点战略科学项目协作,全方位加强国际科技创新合作,全面提升我国在全球创新格局中的位势。要增强国际议题设置能力,主导中国议题、创设世界议

---

① 习近平:《坚定信心,勇毅前行,共创后疫情时代美好世界——在2022年世界经济论坛视频会议的演讲》,《人民日报》2022年1月18日,第2版。

题,提出中国方案、贡献中国智慧,提升我国在国际科技事务中的参与度和规则制定权。为把我国打造成为世界主要科学中心和创新高地,我们还要在体制机制上迈出更大步伐,比如设立面向全球的科学研究基金,逐步放开在我国境内设立国际科技组织、外籍科学家在我国科技学术组织任职等,进一步增强我国集聚科技资源的吸引力。要积极探索科技开放合作的新模式、新路径,继续拓展技术、人才、项目等方面合作空间,构建多领域、多层次、多渠道的国际科技交流合作机制,共同推动全球科技创新进程。我们既要坚定支持中国科技人员走出去、博采众长,也要进一步优化外籍人才服务,为各国科技人员来华交流、企业来华发展提供便利。

大科学计划和大科学工程既是国际科技创新合作的重要议题,同时又是科技外交的重要途径。主动设计和牵头发起国际大科学计划和大科学工程,是大力提高我国科技计划对外开放水平的必然要求,是建设创新型国家和世界科技强国的重要标志,也是增强我国科技创新实力、打造科技合作新平台的有效载体。大科学计划和大科学工程以实现重大科学问题的原创性突破为目标,面向全球吸引和集聚高端人才,在全球范围内优化科技资源布局,对于解决世界性重大科技难题、应对人类面临的全球性共同挑战具有重要支撑作用。我国主动设计和牵头组织国际大科学计划和大科学工程,有利于发挥我国主导作用,为推动世界科技进步与创新贡献中国智慧、提出中国方案、发出中国声音,对落实国家整体外交战略具有十分重要的意义。牵头组织大科学计划,有利于面向全球吸引和集聚高端人才,培养和造就一批国际同行认可的领军科学家、高水平学科带头人、学术骨干、工程师和管理人员,形成具有国际水平的管理团队和良好机制,打造高端科研试验和协同创新平台,带动我国科技创新由跟跑为主向并跑和领跑为主转变。2018年3月14日,国务院印发《积极牵头组织国际大科学计划和大科学工程方案》,提出要坚持中方主导、前瞻布局、分步推进、量力而行的整体思路,以全球视野谋划科技开放合作,积极牵头组织实施国际大科学计划和大科学工程,着力增强战略前沿领域创新能力和国际影响力,努力使我国成为国际重大科技议题和规则的倡导者、推动者和制定者,提升我国在全球科技创新领域的核心竞争力和话语权。我们要从我国现有基础条件出发,科学分析世界科技战略前沿领域发展趋势,围绕物质科学、宇宙演化、生命起源、地球系统、环境和气候变化、健康、能源、材料、空间、天文、农业、信息以及多学科交叉领域,确定优先方向,制定切实可行的国际大科技计划和大科学工程,积极有序加以推进。《方案》强调,要加强与国家重大研究布局的统筹协调,做好与"科技创新2030—重大项目"等的衔接,充分利用国家实验室、综合性国家科学中心、国家重大科技基础设施等基础条件和已有优势,实现资源开放共享和人员深入交流。2021年12月24日十三届全国人大常委会第三十二次会议修订通过的《中华人民共和国科学技术进步法》指出:"国家支持科学技术研究开发机构、高等学校、企业和科学技术人员积极参与和发起组织实施国际大科学计划和大科学工程。"①

中国坚持融入全球科技创新网络,成效显著。一方面,极大推动了我国科技共享国际科技资源,提高了我国研究能力和大科学计划组织管理水平。另一方面,我国对世界科技创新贡献率大幅提高,成为全球创新版图中日益重要的一极。截至2021年12月,中国已与160多个国家和地区建立了科技合作关系,参加国际组织和多边机制超过200个;同50多个国家和地区开展联合研究,深度参与国际热核聚变实验堆、平方公里阵列射电望远镜、国际大洋发现计划等国际大科学计划和大科学工程;"一带一路"科技创新合作计划支持8300多名外国青年科学家来华工作、建设33家联合实验室,务实推进全球疫情防控和公共卫生等领域国际科技合作,开展药物、疫苗、检测等领域的研究;等等。这些都为国际科技合作注入了强劲动力。

4. 积极参与全球治理体系变革

全球治理体系变革是国际力量对比变化提出的普遍需求,也是应对日益增多的全球性挑战的必然抉择。过去数十年,新兴市场国家和发展中国家在世界经济、全球治理中的分量迅速上升,成为影响世界政治经济版图变化的一个重要因素,构成了完善全球治理的重要力量。而现行全球治理体系本质上仍旧是二战后布雷顿森林体系的延续,代表性和包容性很不够,反映不了新格局。随着国际力量对比消长变化,全球治理体系已经落后于时代发展,不适应

---

① 《中华人民共和国科学技术进步法》,《人民日报》2021年12月27日,第14版。

的地方越来越多,推动全球治理体系变革已是大势所趋。国际金融危机后,一方面,以西方国家为主导的全球治理体系出现变革迹象,但是另一方面,内顾倾向抬头,单边主义上升,保护主义思潮蔓延,国际合作机制封闭化、规则碎片化等挑战十分突出,全球治理体系和多边机制反而受到冲击。伴随全球治理体系深刻变革,国际经贸规则主导权之争日益强化。发达国家主导世界经贸新规则制定并向服务贸易和跨境投资拓展,对全球发展格局将产生深远影响。新兴市场国家和发展中国家面临参与全球经济治理和规则制定的难得机遇,但由于自身能力相对偏弱,在全球经济治理中仍处于不利地位,短期内提升实质性话语权面临突出挑战。总体上看,西方发达国家在经济、科技、政治、军事上的优势地位仍然长期存在,国际上围绕争夺全球治理和国际规则制定主导权的较量仍然十分激烈,推动国际政治经济秩序朝着更加公正合理的方向发展仍然任重道远。如何创新完善全球治理理念,构建全球治理新格局,推动全球治理体系向着更加良性的方向转型,已经成为国际社会的当务之急。

当前全球经济治理体系变革处于何去何从的十字路口,世界人民期盼来自中国的声音、共享东方的智慧,共同构建一个更加公正合理、高效运转、充满活力的全球治理体系。我国已经具备深度参与全球治理体系变革的条件和可能,完全可以发挥更大作用,参与和引领全球治理体系变革,推动新一轮经济全球化发展,为我国经济发展营造更好的外部环境。今后一个时期,我国主动影响塑造外部环境的能力将明显增强,具备有效应对外部风险挑战和把握用好战略机遇的积极条件,我国作为全球性大国的战略地位将进一步巩固,综合竞争力将不断上升,将由被动适应外部环境逐步向主动影响塑造外部环境转变,中华民族走向伟大复兴的步伐不可阻挡,推动构建人类命运共同体面临重要历史机遇。

在全球化时代,任何人任何国家都无法独善其身,人类必须和衷共济才能有效应对全球性挑战,走出困境。面对全球治理体系在博弈中剧烈调整、深刻重塑的大势,习近平同志强调:"我们要坚持共商共建共享的全球治理观,不断改革完善全球治理体系,推动各国携手建设人类命运共同体。"①全球治理应该

---

① 习近平:《论坚持推动构建人类命运共同体》,中央文献出版社2018年版,第533—534页。

以平等为基础,确保各国权利平等、机会平等、规则平等;以开放为导向,防止治理机制封闭和规则碎片化;以合作为动力,照顾彼此利益关切;以共享为目标,提倡所有人参与、所有人受益。我们所要构建的全球治理体系,应该是彰显国际公平正义、能够充分反映大多数国家意愿和利益的治理体系,是符合变化了的世界政治经济格局、能够有效应对全球性挑战的治理体系。从推动东亚经济共同体建设到支持非洲加快一体化进程,从加强与拉美在新基建、新能源领域合作到促进全球减贫与发展事业,中国为经济全球化注入强劲动力。

多边主义是现行国际体系和国际秩序的核心理念,是有效解决全球性问题的基本立场和根本原则。近年来,西方个别国家企图将霸凌行径和单边主义凌驾于主权平等、和平解决争端、不干涉内政等国际关系基本准则之上,动辄"毁约""退群",大搞本国优先,严重损害以联合国为核心的现行国际体系。中国向来倡导坚持真正的多边主义,强调世界各国要携手深化全球治理。习近平同志在第76届联合国大会一般性辩论上的讲话中指出:"世界只有一个体系,就是以联合国为核心的国际体系。只有一个秩序,就是以国际法为基础的国际秩序。只有一套规则,就是以联合国宪章宗旨和原则为基础的国际关系基本准则。"[1]他反复强调:"不能谁胳膊粗、拳头大谁说了算,也不能以多边主义之名、行单边主义之实。要坚持原则,规则一旦确定,大家都有效遵循。'有选择的多边主义'不应成为我们的选择。"[2]

中国在推动全球治理体系变革方面身体力行,采取多种措施坚决维护以国际法为基础的国际秩序,展现了一个负责任大国的形象和担当。中国作为第一个在联合国宪章上签字的国家,着力践行联合国宪章宗旨和原则,积极参与以联合国为中心的多边活动,广泛参加多边条约和国际公约,已经加入了几乎所有普遍性政府间国际组织,签署了600多项国际公约。中国坚定奉行互利共赢的开放战略,成为130多个国家的最大贸易伙伴,同26个国家和地区签署了19个自贸协定。中国坚定维护多边自由贸易体制,超额履行加入世界贸易

---

[1] 习近平:《坚定信心,共克时艰,共建更加美好的世界——在第七十六届联合国大会一般性辩论上的讲话》,《人民日报》2021年9月22日,第2版。

[2] 习近平:《论把握新发展阶段、贯彻新发展理念、构建新发展格局》,中央文献出版社2021年版,第494页。

组织承诺,在全球率先举办国际进口博览会,以更短的负面清单、更好的营商环境、更高的开放水平同各国分享中国机遇。中国积极加入联合国维和能力待命机制,截至2021年6月,中国已参与29项联合国维和行动,成为派出维和人员最多的安理会常任理事国。中国倡导构建人类卫生健康共同体并身体力行,截至2021年6月已向100多个国家、4个国际组织提供5.4亿多剂疫苗,在全球抗疫中发挥了中流砥柱的作用。

践行共商共建共享的全球治理观,倡导多边主义和国际关系民主化,推动全球经济治理机制变革;维护联合国在全球治理中的核心地位,支持上海合作组织、金砖国家、二十国集团等平台机制化建设,推动构建更加公正合理的国际治理体系;积极参与联合国维和行动,推动落实联合国2030年可持续发展议程,引领全球气候治理进程,推动全球抗疫合作,为充满不稳定性不确定性的世界注入关键正能量……全球治理的"中国方案"日益获得广泛认同。

中国一贯主张在和平共处五项原则基础上开展国际科技合作,坚持国家无论大小、强弱、贫富,都是国际社会平等成员,都应该做世界和平的维护者和促进者。开展国际科技合作时要相互尊重、平等相待,不干预其他国家探索符合国情的发展道路,不干涉其他国家内政,不把自己的意志强加于人,不附加任何政治条件,不谋取政治私利。国与国之间相处,要始终把平等互待、互尊互信挺在前面,坚决摒弃冷战思维和霸凌行径。中国坚决反对西方一些势力内病外治、转嫁矛盾的做法,坚决反对以多边主义之名行单边主义之实的各种行为。习近平同志强调:"国际上的事应该由大家共同商量着办,世界前途命运应该由各国共同掌握,不能把一个或几个国家制定的规则强加于人,也不能由个别国家的单边主义给整个世界'带节奏'。"①我们要充分尊重和维护各国平等发展科技的权利,大力推动各国加强科技合作,采取有效措施改变和缩小科技鸿沟,提升全球发展的公平性、有效性、协同性,坚决反对那种大搞科技霸权主义、从事和纵容危害他国安全的技术行为。积极探索建立既有利于科技创新又能惠及全人类的规则和标准,着力构建和平安全、民主透明、包容普惠

---

① 习近平:《同舟共济克时艰,命运与共创未来——在博鳌亚洲论坛2021年年会开幕式上的视频主旨演讲》,《人民日报》2021年4月21日,第2版。

的技术规则体系和国际科技合作新框架。

在当前错综复杂的国际背景下开展国际科技合作,视野十分重要,理念尤其关键。科技工作要更好地贯彻党中央提出的国际秩序观、新安全观、新发展观、全球治理观,把和平、发展、公平、正义、民主、自由的全人类共同价值具体地、现实地体现到国际科技合作中,与国际社会一道共同应对未来发展、粮食安全、能源安全等人类共同挑战,推动全球范围平衡发展,构建全球科技治理新格局。要聚焦气候变化、人类健康、网络安全、生物安全、核扩散等全球性挑战,加强同各国科研人员的联合研发。加强先进制造、医疗与生物科技、新能源和新材料、环保科技、人工智能和虚拟现实、物联网和信息通信等领域的科技交流合作。

面对仍在肆虐的新冠肺炎疫情,我们要加强全球公共卫生安全治理,共同构建人类卫生健康共同体。抗击疫情是国际社会面临的最紧迫任务,必须积极推进疫情防控科技合作,运用科技力量打赢全球疫情阻击战。在当前形势下,要务实推进全球疫情防控和公共卫生领域国际科技合作,开展药物、疫苗、检测等领域的研究合作,助力世界早日彻底战胜疫情。疫苗是战胜疫情和恢复经济的有力武器。要加强疫苗研发、生产、分配等各个环节的科技合作,弥合"免疫鸿沟",让疫苗真正成为各国人民用得上、用得起的全球公共产品。中国将在传染病防控、公共卫生、传统医药等领域同各方拓展合作,建立更紧密的卫生合作伙伴关系。

面对气候变化给人类生存和发展带来的严峻挑战,我们要坚持绿色发展理念,共同推动全球可持续发展。我国引领全球气候变化谈判进程,积极推动《巴黎协定》的签署、生效、实施,宣布2030年前实现二氧化碳排放达到峰值、2060年前实现碳中和,展现我国负责任大国形象,得到了国际社会的广泛肯定。推动绿色低碳发展是国际潮流所向、大势所趋。一些西方国家对我国大打"环境牌",多方面对我国施压,围绕生态环境问题的大国博弈十分激烈。面向未来,我们要秉持人类命运共同体理念,坚持尊重自然、顺应自然、保护自然,积极推进应对气候变化国际合作,深度参与全球环境治理,为全球提供更多生态公共产品,共谋人与自然和谐共生之道。长期以来,西方发达国家在工业化过程中消费了全世界大量的能源资源,对全球气候变化负有不可推卸的责任,但现在又意图通过让发展中国家减排达到控制发展中国家发展进程和步伐的目的,并且西方国家又不肯给予发展中国家以减排资金和技术上的支持,这是不公平的。我们要坚持共同但有区别的责任原则、公平原则和各自能力原则,一方面积极参与和支持全球应对气候变化的实际工作,另一方面又要善于运用舆论揭露美国等发达国家空许诺言、不干实事、制造摩擦的事实,敦促西方发达国家承担起应尽的责任,有效应对一些西方国家对我国进行"规锁"的企图,坚决维护我国发展利益。认真履行国际公约,主动承担同国情、发展阶段和能力相适应的环境治理义务,实现义务和权利的平衡。发挥作为发展中大国的引领作用,为发展中国家提供力所能及的资金、技术支持,帮助提高环境治理能力。要勇于担当、同心协力,加强应对气候变化、海洋污染治理、生物多样性保护、疫情防控等领域国际科技合作,同各方共商全球生态治理新战略,共同开启全球生态治理新进程,共建人类绿色家园。

加强科技伦理建设,塑造科技向善的文化理念。科技具有两重性。一方面,科技是推动经济社会发展的利器,科技的迅猛发展极大地提高了人类改造自然和人类自身的能力。另一方面,科技的不当运用也可能成为风险的源头,危及人类自身。当今世界,科技的力量越来越强大,对人类生产生活产生了广泛而深刻的影响。但是与此同时,科技发展也提出了涉及人类生命健康、基因工程、公平正义、个人隐私等伦理问题。比如,克隆、合成生物医学、基因编辑、神经技术等新兴生物技术的发展和应用,在给人类带来益处的同时,也存在被滥用的风险,其引发的伦理和安全问题将受到越来越多的关注。

科技伦理的核心问题是,科技创新应服务于全人类,更好增进人类福祉,而不能危害人类自身。习近平同志指出:"科技成果应该造福全人类,而不应该成为限制、遏制其他国家发展的手段。"[1]科技伦理治理有国际性,有些基本行为规范是全世界科技工作者都要共同遵守的。中国科技工作者的总体量目前是全世界第一,中国不只是参与,中国本身就是全世界科技伦理工作的有机组成部分。2021年12月24日十三届全国人大常委会第三十二次会议修订通

---

[1] 习近平:《让多边主义的火炬照亮人类前行之路——在世界经济论坛"达沃斯议程"对话上的特别致辞》,《人民日报》2021年1月26日,第2版。

过的《中华人民共和国科学技术进步法》,在第八章"国际科学技术合作"中明确指出:"国家完善国际科学技术研究合作中的知识产权保护与科技伦理、安全审查机制。"①

　　在开展科技伦理治理国际合作交流方面,我国采取了主动、开放、积极的态度,组织专家参与起草世界卫生组织《卫生健康领域人工智能伦理与治理指南》。在联合国教科文组织的《人工智能伦理问题的建议书》起草过程中,我国也发挥了重要作用。此外,我国积极与欧盟科技创新委员会联合举办有关科技伦理、科研诚信方面的研讨会。中国发展的速度很快,科技创新进展也很快,不断地进入"无人区",国际科技同行希望中国的科学家能够发挥更好的作用,一方面在国际交流合作、开放共享中互相借鉴经验,另一方面可以为世界提供中国的伦理治理方案和智慧。我们要建立高尚的科技伦理,维护社会公平正义,确保一切科技活动都由人类主导、为人类服务、符合人类价值观,确保科技创新在法治轨道和公认的国际准则基础上运行,把科技打造为人类文明的希望之光和正能量。坚持开放发展理念,积极推进全球科技伦理治理,贡献中国智慧和中国方案。

---

① 《中华人民共和国科学技术进步法》,《人民日报》2021年12月27日,第14版。

第九章
培养造就创新型人才的能力

进入 21 世纪,新科技革命日新月异,以科技为先导的各种变革蓬勃推进,给人类的生产生活带来翻天覆地的变化。新一轮科技革命和产业变革作为影响世界百年未有之大变局的关键变量,正在重构世界政治格局、重塑世界经济版图。这场变革的一个突出特征,就是经济社会赖以发展的战略资源发生了根本性变化。在农业经济时代,土地资源被看作最重要的战略资源。在工业经济时代,原材料、能源等物质资源被看作最重要的战略资源。在信息化时代,人才成为"创新活动中最为活跃、最为积极的因素"[1],人才资源成为赢得国际竞争优势、掌握未来发展主动权最重要的核心战略资源。2021 年 12 月 24 日第十三届全国人民代表大会常务委员会第三十二次会议修订通过的《中华人民共和国科学技术进步法》,第十条明确规定:"科学技术人员是社会主义现代化建设事业的重要人才力量,应当受到全社会的尊重。国家坚持人才引领发展的战略地位,深化人才发展体制机制改革,全方位培养、引进、用好人才,营造符合科技创新规律和人才成长规律的环境,充分发挥人才第一资源作用。"[2]

能否培养好、使用好科技人才,是党的科技治理能力的重要内容。习近平同志指出:"人才是创新的根基,是创新的核心要素。创新驱动实质上是人才

---

[1] 中共中央文献研究室编:《习近平关于科技创新论述摘编》,中央文献出版社 2016 年版,第 110—111 页。

[2] 《中华人民共和国科学技术进步法》,《人民日报》2021 年 12 月 27 日,第 14 版。

驱动。"①"没有人才优势,就不可能有创新优势、科技优势、产业优势。"②他强调:"牢固确立人才引领发展的战略地位,全面聚集人才,着力夯实创新发展人才基础。"③这些重要论述,都阐明了人才资源的极端重要性,也为我们深入实施新时代人才强国战略、加快建设世界重要人才中心和创新高地提供了科学指导。

一、提高党管人才工作水平

党的十八大以来,习近平同志围绕人才工作发表了一系列重要论述,深刻回答了为什么建设人才强国、什么是人才强国、怎样建设人才强国的重大理论和实践问题,极大丰富和发展了党的人才工作理论。习近平同志关于人才工作的重要论述,内涵丰富,思想深刻,构成习近平新时代中国特色社会主义思想精彩的"人才篇"。

习近平同志对新时代人才工作倾注了大量心血。他多次主持召开中央政治局会议、中央深改组(委)会议等重要会议,研究人才议题;出席两院院士大会、"科技三会"并发表重要讲话;多次就深化人才体制机制改革、推动职业教育发展作出重要指示批示;多次主持召开会议,就重大方针政策当面听取党内外各方面专家学者的意见建议;多次深入科研院所、高等院校、企业一线,实地调研人才培养使用。他强调:要坚持党管人才原则,大兴识才爱才敬才用才之风;人才是富国之本、兴邦大计,必须建设规模宏大的高素质人才队伍,聚天下英才而用之;人才是创新的根基,是创新的核心要素,要发挥人才在创新驱动发展战略中的引领作用;要加大人才发展体制机制改革落实工作力度,加快构建具有全球竞争力的人才制度体系;要着力破除体制机制障碍,使各方面人才各得其所、尽展其长;对待特殊人才要有特殊政策;广大知识分子要充分发挥

---

① 中共中央文献研究室编:《习近平关于科技创新论述摘编》,中央文献出版社2016年版,第119页。

② 中共中央文献研究室编:《习近平关于科技创新论述摘编》,中央文献出版社2016年版,第116页。

③ 习近平:《在中国科学院第十九次院士大会、中国工程院第十四次院士大会上的讲话》,《人民日报》2018年5月29日,第2版。

自身优势,勇于担当、敢于创新,服务社会、报效人民;要大力弘扬科学家精神;等等。特别是2021年9月27日,习近平同志在中央人才工作会议上发表重要讲话,用"八个坚持"对这一系列新理念新战略新举措进行了全面总结和深刻论述,深化了对我国人才事业发展的规律性认识。"八个坚持"即坚持党对人才工作的全面领导,坚持人才引领发展的战略地位,坚持面向世界科技前沿、面向经济主战场、面向国家重大需求、面向人民生命健康,坚持全方位培养用好人才,坚持深化人才发展体制机制改革,坚持聚天下英才而用之,坚持营造识才爱才敬才用才的环境,坚持弘扬科学家精神。这"八个坚持",深刻阐明了推进新时代人才工作的根本保证、重大战略、目标方向、重点任务、重要保障、基本要求、社会条件、精神引领和思想保证。这些重要论述,为我们做好新时代人才工作、加快建设人才强国提供了根本遵循。

1. 坚持党管人才原则

习近平同志指出:"择天下英才而用之,关键是要坚持党管人才原则,遵循社会主义市场经济规律和人才成长规律,着力破除束缚人才发展的思想观念,推进体制机制改革和政策创新,充分激发各类人才的创造活力,在全社会大兴识才、爱才、敬才、用才之风,开创人人皆可成才、人人尽展其才的生动局面。"[①]

党管人才原则是党管干部原则的深化拓展。坚持党管人才原则,是我们党根据党所处历史方位的新变化,着眼中国特色社会主义事业发展的需要,适应干部队伍和人才队伍的发展趋势,在党管干部原则的基础上提出的人才工作总方针。党管人才的目的就是着力集聚爱国奉献的各方面优秀人才,努力形成人人渴望成才、人人努力成才、人人皆可成才、人人尽展其才的良好局面。落实好这一原则,进一步加强党对人才工作的全面领导,对于深入实施新时代人才强国战略、加快建成世界科技强国,意义重大而深远。

坚持党管人才的原则是我们党面对激烈的国际人才竞争的迫切需要。随着经济全球化、创新全球化的深入发展,人才国内、国际流动日益频繁,人才争

---

① 中共中央文献研究室编:《习近平关于科技创新论述摘编》,中央文献出版社2016年版,第114页。

夺已经成为各国竞争的焦点。人才竞争呈现出供需矛盾突出、竞争重心上移、空间集聚加速、跨国流动高频等鲜明特征。"哪个国家拥有人才上的优势,哪个国家最后就会拥有实力上的优势。"[1]谁能吸引到一流人才,谁就会在激烈的国际竞争中胜出;谁失去了人才,谁就会在激烈的国际竞争中落败。历史经验表明,以人才引领发展在国家实现赶超中发挥着关键作用。综观现代国家发展的轨迹,那些选择人才资本积累优先的国家,较之于选择物力资本积累优先的国家,发展速度快,而且发展质量更高、后劲更足;同时,只有不断凝聚优秀人才,坚持自主创新,才能持续领跑,避免被"反超"。19世纪美国全面赶超英国,20世纪50年代日本对标美国实施追赶,20世纪70年代韩国追赶欧洲发达国家,无一例外都是通过全面提高人才数量和质量,大力引领创新来实现的。长期以来,美国等发达国家把吸引集聚全球优秀人才作为国家战略,大量引进高水平科技人才和留学生,为创造和保持科技与经济优势提供了重要人才资源。近年来,我国人才队伍不断壮大,人才对经济社会发展贡献程度明显提高,取得载人航天、探月、北斗导航、载人深潜、量子科技等一系列标志性成果。但与发达国家相比,人才规模、质量、结构乃至创新成效上的差距还比较大,建成人才强国的任务仍然艰巨。"我国科技队伍规模是世界上最大的,这是我们必须引以为豪的。但是,我们在科技队伍上也面对着严峻挑战,就是创新型科技人才结构性不足矛盾突出,世界级科技大师缺乏,领军人才、尖子人才不足,工程技术人才培养同生产和创新实践脱节。"[2]与此同时,美国等发达国家还在科技和人才上不断加大对我国的遏制和打压,使我国人才工作面临新形势新挑战。我们要增强忧患意识,加快确立人才资源竞争优势。只有坚持党管人才原则,充分发挥党的领导优势和社会主义制度优势,才能更好地整合各方面力量、集中各方面资源,大力引进国外高层次创新创业人才,大力培养和用好国内人才,不断增强我国人才国际竞争力,形成我国人才竞争的比较优势。

坚持党管人才原则是提高党的长期执政能力、有效履行党的执政使命的

---

[1] 中共中央文献研究室编:《习近平关于科技创新论述摘编》,中央文献出版社2016年版,第107页。

[2] 中共中央文献研究室编:《习近平关于科技创新论述摘编》,中央文献出版社2016年版,第117页。

必然要求。当今世界,"人才资源作为经济社会发展第一资源的特征和作用更加明显,人才竞争已经成为综合国力竞争的核心"①。在社会的各种资源中,人才是国家发展最宝贵最重要的战略性资源。各项事业发展需要的知识、科技、资金、资源、信息、体制、环境、政策等要素和条件,只有为人所掌握、所运用,才能充分发挥作用。那些掌握着先进的前沿科学技术的科学家,具有经营管理才华的企业家,对国家最尖端技术和重要领域的发展起着举足轻重的作用。一个执政党能不能巩固执政地位,关键要看能不能源源不断地培养用好大批优秀人才。坚持党管人才原则,关系党的执政能力,关系党的执政使命。正如邓小平同志所说:"一个十亿人口的大国,教育搞上去了,人才资源的巨大优势是任何国家比不了的。有了人才优势,再加上先进的社会主义制度,我们的目标就有把握达到。"②我国自然资源和物质资源的人均占有量均低于世界平均水平,庞大的人力资源是我国最大的可持续的资源优势。我国进入新发展阶段,资源环境约束趋紧,人才作为一种可持续开发甚至无限开发的资源,越来越成为推动经济社会发展的强大动力。构建新发展格局,必须坚持人才引领发展战略地位,把人才规划、政策、投入、制度设计置于经济社会发展最前端,着眼创新发展育才聚才用才,促进人才事业与经济社会发展深度融合,为我国转变发展方式、升级产业结构打造发展"新引擎"和动力"倍增器",构建国际竞争新优势。

2. 党管人才的内涵和要求

习近平同志指出:"党管人才就是党要领导实施人才强国战略、推进高水平科技自立自强,加强对人才工作的政治引领,全方位支持人才、帮助人才,千方百计造就人才、成就人才,以识才的慧眼、爱才的诚意、用才的胆识、容才的雅量、聚才的良方,着力把党内和党外、国内和国外各方面优秀人才集聚到党和人民的伟大奋斗中来,努力建设一支规模宏大、结构合理、素质优良的人才

---

① 中共中央文献研究室编:《习近平关于科技创新论述摘编》,中央文献出版社2016年版,第112页。

② 《邓小平文选》第3卷,人民出版社1993年版,第120页。

队伍。"①这一重要论述,深刻阐明了加强党对人才工作全面领导的重大意义,抓住了团结凝聚专家人才的根本,是加快人才强国建设的政治保证和组织保障。

党的领导是我国科技事业取得成功的根本保证,也是加快建设世界重要人才中心和创新高地的根本保证。要加强科研院所党建工作,充分发挥基层党组织的战斗堡垒作用和广大党员、干部的先锋模范作用,发挥党的政治优势、组织优势和群众优势,把党中央对人才的关心、关爱、关怀传递到一线科研人员身上,把广大科技人才凝聚到全面建设社会主义现代化强国的伟大事业中来。坚持党管人才,首先就是要加强思想政治工作,强化思想引领,提升科技人员的政治能力和业务能力,确保党的科技工作始终为党和国家工作大局服务,为经济社会发展提供科技支撑,不断增强人民群众的获得感、幸福感、安全感。科技界是知识分子聚集和思想文化创新的重要群体,做好人才工作必须坚持正确政治方向,充分发挥党的思想政治工作优势,不断加强和改进知识分子工作。要深入研究新时代知识分子的特点,加大团结凝聚、教育引导、联系服务力度,引导广大科技人才始终同党和人民站在一起,鼓励科技人才继承和发扬老一辈科学家胸怀祖国、服务人民的优秀品质,心怀"国之大者",为国分忧、为国解难、为国尽责。鼓励科技人才深怀爱国之心、砥砺报国之志,主动担负起时代赋予的使命责任。鼓励科技人员把个人抱负与祖国命运结合起来,在为祖国奉献的过程中实现自己的人生追求。

党管人才,概括地讲,就是管宏观、管政策、管协调、管服务、管工程。

管宏观,就是加强人才工作和人才队伍建设的宏观指导。要把握人才为经济社会发展服务、为促进人的全面发展的大方向,制定人才发展战略规划,根据人才的成长规律和特点,加强分类指导,整体推进各类人才队伍建设。管政策,就是加强人才政策的制定、统筹和指导。要着眼于解决人才工作和人才队伍建设中亟须解决的重大问题,组织力量,牵头抓好事关人才工作全局性、战略性重大政策的研究制定和落实。同时,切实加强对制定人才政策法规的统筹和指导,使之相互配套、有机衔接,逐步建立健全具有中国特色的人才政

---

① 习近平:《深入实施新时代人才强国战略,加快建设世界重要人才中心和创新高地》,《求是》2021年第24期,第6页。

策法规体系。管协调,就是加强对人才工作的统筹协调和力量整合。要建立健全统分结合、上下联动、协调高效、整体推进的人才工作机制,努力营造有利于各类人才脱颖而出和充分发挥作用的社会环境。管服务,就是为人才提供全方位服务。要建立和完善党委及组织部门联系人才制度,了解人才的愿望和要求,帮助解决实际问题。创新服务内容和方式,针对各类人才、各种不同层次人才的特点,提供多样化、个性化服务。实施促进人才发展的公共服务政策,完善政府人才公共服务体系,建立一体化的服务体系,为各类人才创新创业提供更好条件。管工程,就是加强对重大人才工程的统筹、领导和推进。要把实施重大人才工程作为做好人才工作的战略抓手,明确各项重大人才工程的战略定位,找准切入点和着力点,充分发挥人才工程对人才发展的引领带动作用。要以实施重大人才工程为载体,抓好重大人才工程的规划设计、组织实施、管理服务,在整合资源中形成人才工作合力。要进一步建立密切配合、协调高效的推进落实机制,落实工作责任,推动各工程完成目标任务。要精心打造示范工程,形成点面结合、整体推进的人才资源开发格局。

坚持党管人才原则,决不是要党委去包揽人才工作的一切方面、代替有关职能部门抓人才工作,而是要总揽全局、协调各方,发挥核心领导作用。各级党组织和领导干部必须认真研究、准确把握和充分尊重各类人才成长的客观规律,增强各项决策和工作的科学性,防止和克服工作上的主观随意性;必须坚持市场配置人才资源的决定性作用,既要加强人才工作的宏观管理和综合协调,又要善于通过市场调节把人才资源配置到最能发挥作用的岗位上,以发挥人才的最大效能;必须坚持依法管理人才,努力把人才工作纳入法制化轨道,不断促进人才工作的制度化、规范化、程序化。

3. 健全和完善党管人才的领导体制机制

第一,健全党管人才领导体制和工作格局。党管人才的基本要求,就是构建"党委统一领导,组织部门牵头抓总,有关部门各司其职、密切配合,用人单位发挥主体作用、社会力量广泛参与的党管人才工作格局"[①]。一是充分发挥

[①]《中国共产党组织工作条例》,《人民日报》2021年6月3日,第5版。

党委统揽人才工作全局的领导核心作用。一把手亲自抓人才工作,人才工作就推动有力、成效显著。各级党委要从经济社会发展全局出发,把人才工作摆在更加突出的位置,确立人才引领发展的战略布局,谋划大局、把握方向,及时研究部署人才工作,科学制定人才工作的任务措施。党委(党组)书记要树立强烈的人才意识,增强一把手抓"第一资源"的责任感,带头开展人才工作,发挥示范作用。二是充分发挥组织部门牵头抓总作用。党委组织部门要在党委领导下,抓好战略研究、规划制定、政策统筹、人才培养等工作,统筹推进人才工作重大举措。三是大力促进职能部门各司其职、通力合作,共同推动人才工作各项任务的落实。各级党委宣传部门,各级教育、科技、工信、安全、人社、文旅、国资、金融、外事等部门,都要充分发挥职能作用,共同抓好人才工作各项任务落地落实。四是要切实发挥用人单位主体作用,促进优秀人才脱颖而出。五是要充分调动社会各方面力量参与人才工作的积极性,引导和支持工会、共青团、妇联、科协、文联、作协等人民团体和各民主党派、工商联、无党派人士等各方面力量积极参与人才工作。

第二,完善党管人才工作运行机制。党的十八大以来,以习近平同志为核心的党中央高瞻远瞩谋划人才事业布局,大刀阔斧改革创新,作出全方位培养、引进、使用人才的重大部署,推动新时代人才工作取得历史性成就、发生历史性变革。主要表现在:党对人才工作的领导全面加强,人才队伍快速增大,人才效能持续增强,人才比较优势稳步增强。经过艰辛探索和不懈努力,我国已经拥有一支规模宏大、素质优良、结构不断优化、作用日益突出的人才队伍,我国人才工作站在一个新的历史起点上。必须看到,我国人才工作同新形势新任务相比还有很多不适应的地方。比如,人才队伍结构性矛盾突出,人才政策精准化程度不高,人才发展体制机制改革还存在"最后一公里"不畅通的问题,人才评价唯论文、唯职称、唯学历、唯奖项"四唯"等问题仍然比较突出,等等。这些问题,不少是长期存在的难点,需要继续下大气力加以解决。

各级党委要善于发现和解决人才工作中带有倾向性、根本性、全局性的问题,总结实践中的新探索、新做法、新经验,推进人才发展理论和制度创新。要建立健全人才工作重大决策专家咨询、党委联系专家、党政领导干部直接联系人才等制度,建立科学的决策机制、协调机制、督促落实机制,形成统分结合、上下联动、协调高效、整体推进的人才工作机制。要建立科学决策机制,完善分工协作机制,健全督促落实机制。各级党委(党组)要树立全局观和大局观,全方位提高新时代人才工作能力和水平,认真掌握、贯彻落实好党中央、国务院关于人才工作的政策措施,做到政治上充分信任、思想上积极引导、工作上创造条件、生活上关心照顾。要增强亲和力,善于同各方面工作人员打交道,善于同专家交朋友,满腔热情为专家服务,帮助解决工作和生活中遇到的困难和问题,做专家的贴心人、知心人。要建立人才工作目标责任制,科学设置考核指标,提高各级党政领导班子综合考核指标体系中人才工作专项考核的权重,建立完善考核办法,合理运用考核结果,推动各级领导班子像重视经济工作一样重视抓人才工作。

4. 加强人才工作顶层设计

当前,我国进入了全面建设社会主义现代化国家、向第二个百年奋斗目标进军的新征程,我们比历史上任何时期都更加接近实现中华民族伟大复兴的宏伟目标,也比历史上任何时期都更加渴求人才。实现我们的奋斗目标,高水平科技自立自强是关键。党的十九届五中全会明确了到2035年我国进入创新型国家前列、建成人才强国的战略目标。习近平同志在中央人才工作会议上,明确提出了新时代人才工作的奋斗目标:深入实施新时代人才强国战略,加快建设世界重要人才中心和创新高地,为2035年基本实现社会主义现代化提供人才支撑,为2050年全面建成社会主义现代化强国打好人才基础。

世界新一轮科技革命和产业变革迅猛发展,既给我们带来了千载难逢的历史机遇,又给我们带来了史无前例的严峻挑战。现在,我国正处于政治最稳定、经济最繁荣、创新最活跃的时期,党的坚强领导和我国社会主义制度的政治优势,基础研究和应用基础研究实现重大突破,面向国家重大需求的战略高技术研究取得重要成果,应用研究引领产业向中高端迈进,为我们加快建设世界重要人才中心和创新高地创造了有利条件。

第一,把握战略主动,做好顶层设计和战略谋划。习近平同志擘画了新时代人才工作"三步走"的战略目标,即:"到2025年,全社会研发经费投入大幅增长,科技创新主力军队伍建设取得重要进展,顶尖科学家集聚水平明显提高,人才自主培养能力不断增强,在关键核心技术领域拥有一大批战略科技人才、一流科技领军人才和创新团队;到2030年,适应高质量发展的人才制度体系基本形成,创新人才自主培养能力显著提升,对世界优秀人才的吸引力明显增强,在主要科技领域有一批领跑者,在新兴前沿交叉领域有一批开拓者;到2035年,形成我国在诸多领域人才竞争比较优势,国家战略科技力量和高水平人才队伍位居世界前列。"①这是一个既宏伟壮丽、鼓舞人心而又脚踏实地、切实可行的奋斗目标,是一个循序渐进、逐步深入的奋斗目标。前一个阶段性的目标为后一个目标奠定基础,后一个目标是对前一个阶段性目标的深化拓展。

第二,进行战略布局。加快建设世界重要人才中心和创新高地,需要进行战略布局。习近平同志指出:"综合考虑,可以在北京、上海、粤港澳大湾区建设高水平人才高地,一些高层次人才集中的中心城市也要着力建设吸引和集聚人才的平台,开展人才发展体制机制综合改革试点,集中国家优质资源重点支持建设一批国家实验室和新型研发机构,发起国际大科学计划,为人才提供国际一流的创新平台,加快形成战略支点和雁阵格局。"②这里,我们要理解党中央提出的"3+N"人才高地和人才平台建设的工作构想。"3"是指支持北京、上海、粤港澳大湾区建设高水平人才高地,"N"是支持一些高层次人才集中的中心城市建设吸引和集聚人才的平台。要加强顶层设计和统筹协调,有序推进"3+N"人才高地和人才平台建设。各地既要主动作为、不等不靠,又要立足本地实际、实事求是,防止不顾客观条件一哄而上。

二、创新人才培养、引进、使用政策

科学技术是人类的伟大创造性活动。要把人才的创新活力激发出来,就必须创新人才培养、引进、使用政策,为人才健康成长创造良好条件。习近平同志指出:"为了加快形成一支规模宏大、富有创新精神、敢于承担风险的创新

---

① 习近平:《深入实施新时代人才强国战略,加快建设世界重要人才中心和创新高地》,《求是》2021年第24期,第9—10页。

② 习近平:《深入实施新时代人才强国战略,加快建设世界重要人才中心和创新高地》,《求是》2021年第24期,第10页。

型人才队伍,要重点在用好、吸引、培养上下功夫。"①

1. 改进和完善人才培养支持机制

人才培养是造就创新驱动发展生力军的"活水源头"。我国虽然拥有世界上规模最大的人口优势,但这一优势目前还没有完全转化为强国富民的人才优势。特别是与日益增长的经济社会发展需求相比,我国仍然存在人才培养模式僵化单一、培养结构与需求脱节、创新能力培养和创新文化培育不足、青年人才和有特长的专门人才培养发现机制不健全等问题,制约了我国人才队伍的高质量建设。习近平同志强调,"要按照人才成长规律改进人才培养机制"②。

一是要打造有利于创新人才大规模涌现的自主教育培养模式。我国是一个发展中大国,正处于实现中华民族伟大复兴关键时期,对人才数量、质量、结构的需求是全方位的。满足这样庞大的人才需求必须主要依靠自己培养,把人才工作的基点建立在自己培养上,提高人才供给自主可控能力。习近平同志指出:"要更加重视人才自主培养,更加重视科学精神、创新能力、批判性思维的培养培育。要更加重视青年人才培养,努力造就一批具有世界影响力的顶尖科技人才,稳定支持一批创新团队,培养更多高素质技术技能人才、能工巧匠、大国工匠。我国教育是能够培养出大师来的,我们要有这个自信!"③人才培养开发机制的改革与创新,核心是培养模式的改革与创新。要注重更新人才培养观念,遵循教育规律和人才成长规律,树立全面发展观念、人人成才观念、多样化人才观念、终身学习观念和系统培养观念,以培养社会责任感、创新精神和实践能力为核心,全面实施素质教育,切实改变重知识轻能力、重升学轻发展、重因循轻创造、重书本轻实践的落后观念,注重爱国情怀、科学精神、人文素质和终身学习能力的综合培养。要注重人才创新意识和创新能力培

① 中共中央文献研究室编:《习近平关于科技创新论述摘编》,中央文献出版社2016年版,第119—120页。
② 中共中央文献研究室编:《习近平关于科技创新论述摘编》,中央文献出版社2016年版,第118页。
③ 习近平:《在中国科学院第二十次院士大会、中国工程院第十五次院士大会、中国科协第十次全国代表大会上的讲话》,《人民日报》2021年5月29日,第2版。

养,探索建立创新创业导向的人才培养机制,积极实行启发式、讨论式教学和探究性学习,重视获取新知识、分析解决问题能力及团结协作能力,完善产学研用结合的协同育人模式。他强调:"人力资源是构建新发展格局的重要依托。要优化同新发展格局相适应的教育结构、学科专业结构、人才培养结构。"①

二是要建立与需求相适应的人才培养结构动态调控机制。目前,我国人才培养结构与经济社会展需求还不够适应。从产业结构看,第一产业现代农业科技类人才,第二产业工程技术、研发设计和现代装备制造类人才,第三产业旅游、商贸物流和现代服务类人才等,都呈稀缺状态。而从行业结构看,教育、卫生、传统制造业和建筑业等行业人才数量较多,节能环保、信息技术、新材料、新能源等战略性新兴产业人才相对不足。因此,必须建立人才需求信息监测机制,采取信息化手段对人才需求进行精准预测,对人才发展进行动态评估,确保人才供需的总量平衡和结构均衡。必须强化经济社会发展需求导向,优化教育学科专业、类型、层次结构和区域布局,统筹产业发展和人才培养开发规划,加快培育人工智能、量子信息、集成电路、生命健康、脑科学、生物育种、空天科技、深地深海等前沿领域人才。必须建立产学研用紧密结合的人才培养机制,推进在职学习、学生见习、联合培养等人才培养机制改革,促进人才培养更加贴合发展实际和需求。

2. 加快形成有吸引力的引才用才机制

习近平同志着眼党和国家事业需求,提出要实行更加积极、更加开放、更加有效的人才政策。这就是关于人才工作"三个更加"的重要要求。"三个更加"深刻阐明了人才的极端重要性,既着眼于吸引人才助力新时代中国特色社会主义事业,也将中国发展机遇开放给各方面优秀人才,彰显了海纳百川的博大胸怀。深入学习领会"三个更加"的思想内涵,着力打造群英荟萃的强磁场、拴心留人的好环境,让天下英才在中华大地受尊重、得重用、有保障,形成近悦远来的良好局面。

---

① 习近平:《在教育文化卫生体育领域专家代表座谈会上的讲话》,《人民日报》2020年9月23日,第2版。

一要以更加积极的举措发现人才。自第一次科技革命兴起以来,国际人才竞争就变得越发激烈,日趋白热化。世界各国纷纷采取有效举措,发现和吸引优秀人才,助推国家强盛。美国是以人才强国实现赶超发展的典范。19世纪前半期,随着人均GDP逐步接近英国,美国开始更加注重依靠人才和创新驱动发展。当时,美国新建一大批高等院校及职业技术学院,建立国家科学院,制定移民法案,招揽一大批外国优秀人才,其中不乏爱因斯坦等国际著名科学家。由于实施了强有力的人才策略,美国取代欧洲迅速成为世界科技中心。他山之石,可以攻玉。我们要推进新一轮高水平对外开放,更加紧密地融入全球化潮流,就必须充分借鉴国际有益经验,有效发挥市场机制和用人单位主体作用,更加及时精准有效地发现人才。二要以更加开放的胸怀使用人才。当前,信息知识、技术、人才等创新要素在全球范围内的开放流动势不可挡。蕴含信息知识、技术于一身的人才资源取代土地、资本而成为第一生产要素。世界银行研究表明,部分发达国家进入后工业时代30年的经济增长中,物质资本积累的贡献率不到30%,而知识和劳动者素质提高则创造了70%以上的贡献。为此,我们要以更开放的胸怀气度使用人才,着力完善人才发挥作用的政策"软环境",让他们大显身手、各展其长。三要以更加有效的政策保障人才。既要充分把握人才成长创新的规律,全方位培养、引进、用好人才,全周期关心爱护人才,同时又必须在适当的时候特别是人才精力最充沛、思想最敏锐的"科研黄金期""创新旺盛期"给予最充分的保障,促进人才加速成长、放手创造。要进一步完善人才管理制度、深化科研经费管理和科研项目管理改革、优化整合人才计划,在服务、支持、激励、保障上下更大的功夫,真正建立起既有中国特色又有国际竞争比较优势的人才发展体制机制,努力把人才的才华和能量充分激发释放出来。要着力营造尊重人才、求贤若渴的社会环境,待遇适当、后顾无忧的生活环境,公正平等、竞争择优的制度环境,让人才心无旁骛钻研业务,多出成果、出好成果。

畅通人才顺畅流动机制。党的十八大以来,党和国家注重市场引领、政府引导,积极为人才搭建横向流动的桥梁、纵向发展的阶梯,合理、公正、畅通、有序的社会性流动格局正在加快形成。在看到成绩的同时,我们也要清醒地认识到,传统的管理制度、管理方式还未彻底清除,人才流动不畅、市场化配置程度不高等现象仍然存在,特别是户籍、档案、社保等涉及人才切身利益的问题仍然制约着人才的顺畅流动。针对这种情况,《中华人民共和国国民经济和社会发展第十四个五年规划和2035年远景目标纲要》强调要深化户籍制度改革,"放开放宽除个别超大城市外的落户限制,试行以经常居住地登记户口制度"①。关于人才市场体系建设,"十四五"规划纲要提出:"健全统一规范的人力资源市场体系,破除劳动力和人才在城乡、区域和不同所有制单位间的流动障碍,减少人事档案管理中的不合理限制。"②要稳步提升社会保险关系转移接续、异地医保结算、外地户籍(外籍)子女入学等便利化程度,为人才跨地区、跨行业、跨体制流动提供便利条件。要破除妨碍劳动力、人才社会性流动的体制机制弊端,建立健全政府部门宏观调控、市场主体公平竞争、中介组织提供服务、人才自主择业的人才流动配置机制。

健全人才创新激励保障机制。要以更加有效的政策保障人才。在人才的支持保障上,有的地方、部门和用人单位还存有一些陈腐观念和保守现象,比如有的厚此薄彼,在科研资源配置上大搞优亲厚友、论资排辈;有的机械僵化,限定科研项目"打酱油的钱不能买醋";还有的"重物轻人",在人才支持保障上刻薄犹疑;等等。这些都让人才无法得到必要的支持保障,甚至错过成长或创新的黄金时期。习近平同志指出:"用好科研人员,既要用事业激发其创新勇气和毅力,也要重视必要的物质激励,使他们'名利双收'。名就是荣誉,利就是现实的物质利益回报,其中拥有产权是最大激励。"③他还强调:要"强化分配激励,让科技人员和创新人才得到合理回报,通过科技创新创造价值,实现财富和事业双丰收"④。坚持精神激励和物质奖励相结合,按照以政府奖励为导

---

① 《中华人民共和国国民经济和社会发展第十四个五年规划和2035年远景目标纲要》,《人民日报》2021年3月13日,第1版。

② 《中华人民共和国国民经济和社会发展第十四个五年规划和2035年远景目标纲要》,《人民日报》2021年3月13日,第1版。

③ 中共中央文献研究室编:《习近平关于科技创新论述摘编》,中央文献出版社2016年版,第121页。

④ 中共中央文献研究室编:《习近平关于科技创新论述摘编》,中央文献出版社2016年版,第123页。

向、用人单位和社会力量奖励为主体的工作思路,通过调整规范各类奖项设置、突出荣誉表彰激励功能、落实获奖者支持帮扶举措等方式,不断健全分层次、多样化的人才荣誉表彰体系,着力营造尊重人才、求贤若渴、见贤思齐、争先创新的良好社会氛围。"十四五"规划《建议》提出:"构建充分体现知识、技术等创新要素价值的收益分配机制,完善科研人员职务发明成果权益分享机制。"①2021 年 9 月 27 日,习近平同志在中央人才工作会议上强调要用好用活各类人才,指出:"对待急需紧缺的特殊人才,要有特殊政策,不要求全责备,不要论资排辈,不要都用一把尺子衡量,让有真才实学的人才英雄有用武之地。"②

3. 坚持系统观念,统筹推进各类人才队伍建设

要紧紧围绕构建新发展格局,统筹开发利用各方面人才资源。战略人才站在国际科技前沿、引领科技自主创新、承担国家战略科技任务,是支撑我国高水平科技自立自强的重要力量,要把建设战略人才力量作为重中之重来抓。高层次人才是人才队伍的核心和栋梁,是推动各项事业创新发展的领军人物,对整个人才队伍具有人才导向和示范作用。必须坚持高端引领,以培养造就高层次人才带动整个人才队伍建设协调发展。

大力培养使用战略科学家。"千军易得,一将难求。"战略科学家是科学帅才,是国家战略人才力量中的"关键少数",在科技创新活动中起着谋战略、指方向的重要作用。当前,全球进入大科学时代,科学研究的复杂性、系统性、协同性显著增强,战略科学家的重要性日益凸显。对正处于实现中华民族伟大复兴关键时期的我国来说,战略科学家极为稀缺。当年搞"两弹一星",我们虽然物资极端匮乏,但有像钱学森、钱三强、邓稼先那样的世界顶尖科学家以及一大批优秀科技人才。战略科学家从哪里来?归根到底要从科技创新主战场中涌现出来,从科技创新主力军中成长起来。要坚持实践标准,在国家重大科技任务担纲领衔者中发现具有深厚科学素养、长期奋战在科研第一线,视野开

---

① 《中共中央关于制定国民经济和社会发展第十四个五年规划和二〇三五年远景目标的建议》,《人民日报》2020 年 11 月 4 日,第 1 版。

② 习近平:《深入实施新时代人才强国战略,加快建设世界重要人才中心和创新高地》,《求是》2021 年第 24 期,第 15 页。

阔,前瞻性判断力、跨学科理解能力、大兵团作战组织领导能力强的科学家。要坚持长远眼光,有意识地发现和培养更多具有战略科学家潜质的高层次复合型人才,形成战略科学家成长梯队。今天,我们要加快建设世界重要人才中心和创新高地,加快建成世界科技强国,必须在人工智能、量子信息、集成电路、生命健康、生物育种、空天科技等战略必争领域和重要前沿基础领域,大力培养战略科学家。

打造大批一流科技领军人才和创新团队。科技领军人才是国家战略人才力量的中坚骨干,在重大科技任务中发挥着挑大梁、带队伍的重要作用。习近平同志指出:"人是科技创新最关键的因素。创新的事业呼唤创新的人才。"[①]创新型科技领军人才已经成为国际人才竞争的焦点,世界各国都围绕拥有更多的创新型科技领军人才展开激烈竞争。我国科技人才总量不少,但高层次领军人才、尖子人才、创新型科技人才仍然十分紧缺。随着科学技术不断向广度拓展、向深度迈进,多学科交叉渗透融合不断加强,科学研究的复杂性、系统性、协同性日益增强,高水平创新团队在科研活动中的作用更加凸显。必须把培养造就高层次创新型科技领军人才作为人才队伍建设的当务之急,努力造就更多国际一流的科学家、科技领军人才、工程师和高水平创新团队,注重培养一线创新人才,建设宏大的创新型科技领军人才队伍。特别是要注重充分发挥国家实验室、国家科研机构、高水平研究型大学、科技领军国家队作用,优化领军人才发现机制和项目团队遴选机制。要注重做好以下几个方面工作:一是创新人才培养模式,探索并推行创新型教育方式。二是深化科技创新体制机制改革,解放科技生产力。三是培育创新文化,倡导追求真理、勇攀高峰、宽容失败、团结协作的精神,营造科学民主、学术自由、严谨求实、开放包容的氛围。

造就规模宏大的青年科技人才队伍。青年科技人才是国家战略人才的源头活水,是我国高层次创新人才的主要后备力量。尽管我国在青年人才培养上取得了很大成绩,但青年人才的发展道路依然不够顺畅,一些青年人才处于缺资源、缺平台、缺项目、缺帮扶的状况,存在担纲机会少、成长通道窄、生活压

---

① 中共中央文献研究室编:《习近平关于科技创新论述摘编》,中央文献出版社2016年版,第117页。

力大等问题。青年人才把精力过多投入到职称评审、项目申报、"帽子"竞争上，在薪酬待遇、住房、子女入学等方面还存在不少实际困难。要把培育国家战略人才力量的政策重心放在青年科技人才上，给予青年科技人才更多的信任、更好的帮助、更有力的支持，支持青年人才挑大梁、当主角，为他们成长和发展搭建舞台、拓展空间。要树立强烈的育才意识，对青年人才在感情上"厚爱一分"、政策上"高看一眼"、平台上"多搭一片"。要建立健全对青年人才普惠性培养支持措施，打通青年人才快速成长、脱颖而出和发挥作用的"绿色通道"，营造有利于青年优秀人才脱颖而出的培养支持机制。要加大教育、科技和其他各类人才工程项目对青年人才培养支持力度，提高青年科技人才担纲领衔的比例，在各类重大人才工程项目中设立青年专项，为青年人才创新创造提供资源和平台，量身定制科研支撑保障。要拓展青年人才发展空间，坚决破除求全责备、论资排辈等陈旧观念，促进优秀青年人才在各自岗位上脱颖而出，让不同专业特长、不同职业岗位、不同成长经历、不同能力水平的青年人才各得其所、各展其长。着力解决青年科技人才事业发展和工作生活中遇到的实际困难，有针对性地帮助他们解除后顾之忧，让他们安身、安心、安业。

着力培养急需紧缺专门人才。专门人才是推动专门领域创新创业的重要力量。哪个领域拥有越多的高素质专门人才，其创新能力、市场竞争力就越强。目前我国产业领军人才、高层次技术专家和高技能人才严重匮乏，新能源、新材料等战略性新兴产业领域人才数量相对不足，人才配置结构与产业优化升级不够适应，社会管理人才、公共服务人才紧缺程度严重。因此，必须适应建设现代化经济体系、发展现代产业体系的需要，加大重点领域急需紧缺专门人才开发力度。要下大气力加快装备制造、信息、生物、新材料、航空航天、金融财会、国际商务、能源资源、现代交通运输、农业科技等经济重点领域人才培养，下大气力加快教育、政法、宣传思想文化、医药卫生、防灾减灾等社会发展重点领域人才培养，大规模开展重点领域专门人才知识更新，使重点领域各类专业人才数量充足，整体素质和创新能力显著提升，人才结构趋于合理。

注重培养大批卓越工程师。制造业是我国的立国之本、强国之基。我国是唯一拥有全部工业门类的国家，这是我们的优势。但是，我们的劣势也十分明显，我国制造业总体上处于全球价值链的中低端，许多产业的工程师数量不足、质量不高。当前人才培养过程中一定程度上存在学术研究与产业需求脱节、动手实践能力不足、工程知识积累不够等问题。这些都是我国制造业做强做优做大、向高端迈进的不利因素,严重制约了我国科技事业的整体发展。要重点培养科技人员解决当代社会、经济和产业发展中所面临的实际问题能力,兼顾专业知识的深化、学术能力的培养和综合素质的扩展。习近平同志在中央人才工作会议上强调:"要探索形成中国特色、世界水平的工程师培养体系,努力建设一支爱党报国、敬业奉献、具有突出技术创新能力、善于解决复杂工程问题的工程师队伍。"[1]立足战略性新兴产业发展需要,加快布局建设新型高水平理工科大学,加大理工科人才培养分量,探索实行高校和企业联合培养高素质复合型工科人才的有效机制。深化工程教育改革,鼓励科研院所、高校与企业共同设计培养目标、制定培养方案、实施培养过程,实行"双导师制",将科技人员、学生完成企业特定研究课题和项目作为研究、学业重要内容。完善科研院所、高校与企业之间高水平人才流动机制,确保科学家与工程师之间、科研院所和高校与企业之间在人才培养和供给方面保持持续深入的对话与合作,共同面向未来产业发展的人才需求,打造产学研用深度融合的卓越工程师培养新体系。

积极引进海外高层次人才。海外高层次人才是我国现代化建设的特需资源。引进海外高层次人才,是壮大我国人才队伍、改善人才结构的重要途径,必须坚定不移做好。习近平同志指出:"发展的中国需要更多海外人才,开放的中国欢迎来自世界各地的英才。"[2]改革开放以来,我国有大批人员出国留学。党和政府坚定不移地贯彻支持留学、鼓励回国、来去自由的方针,鼓励留学人员以不同方式为祖国服务。不断健全符合留学人员特点的引才机制,制定和支持留学人才回国创新创业的政策,重点吸引海外高层次人才回国或来华创新创业,回国或来华工作和创业的海外人才数量逐年增加,层次不断提高,为国服务活动日趋活跃。当今世界已进入人才流动时代,各主要国家都在

---

[1] 习近平:《深入实施新时代人才强国战略,加快建设世界重要人才中心和创新高地》,《求是》2021年第24期,第12页。

[2] 习近平:《在欧美同学会成立100周年庆祝大会上的讲话》,《人民日报》2013年10月22日,第2版。

围绕抢占未来科学技术制高点,积极适应"人才双向流动"的特点和规律,想方设法引进各类高层次人才。我国的改革开放和现代化建设事业需要海外高层次人才,也为海外高层次人才回国创新创业提供了千载难逢的机遇和舞台。习近平同志指出,我国要走创新发展之路,必须高度重视创新人才的聚集,择天下之英才而育之。中国要敞开大门,招四方之才。我们要适应国际人才竞争的新形势,从实现中华民族伟大复兴中国梦的战略高度,以更加主动的态度、更加有力的措施、更加开放的政策,继续大力引进海外高层次人才。要坚持以我为主、按需引进、突出重点、讲求实效,进一步健全我国留学人才的引才机制。要建立统一的海外高层次人才信息库和人才需求信息发布平台,制定完善相关特殊政策。对引进的海外高层次人才,要充分信任、放手使用。要坚持引进来和走出去相结合,继续扩大人才对外开放,使人才培养渠道更加多元化,力争为建设世界重要人才中心和创新高地储备更多优秀人才。当前,美国等西方国家在人才方面既抓紧在全球布局争夺人才资源,又对我国引进科技和人才进行遏制打压。针对这一新动向,我们必须及时完善工作思路,拓宽引才视野,优化引才方式,制定更具有吸引力和竞争力的引才政策,加强引才安全保护,提高海外引才工作的精准性、有效性、安全性。

统筹抓好各类人才队伍建设。要围绕经济社会发展需要,整体推进党政人才、专业技术人才、企业经营管理人才、农村实用人才、高技能人才以及社会工作人才队伍建设。要统筹兼顾各个层次、各个门类的人才需求,实现不同层次、不同门类、不同职业人才的协调发展。由于历史的原因,我国城市人才多、农村人才少,东部沿海等经济发达地区人才多、西部地区人才少,第一二产业人才总量多、第三产业人才总量偏少,传统行业人才多、新兴现代行业人才相对较少,国有单位人才多、非公有制经济组织人才少。必须统筹城乡、区域、产业人才资源开发,加快人才结构调整,促进人才在各地区、产业、行业和不同所有制组织中的合理流动和优化配置。引导东部地区眼光向外,避免搞无序的"抢人大战";引导西部地区坚持需求导向、以用为本。鼓励人才向边远贫困地区、边疆民族地区、革命老区和基层一线流动。要改变重体制内人才、轻体制外人才,重吸引、轻培养使用的现象,实现不同层次、不同职业、不同年龄人才的协调发展。坚持扩大人才工作对外开放,敞开大门广纳天下英才。

三、构建人才评价和激励机制

综观世界科技发展史,可以看出一个规律:创新驱动说到底是人才驱动,人才优势是最大的创新优势。中国这样一个有着14亿人口的大国实现现代化,是人类历史上没有过的,面临很多困难挑战。我们必须充分发挥我国丰富的人力人才资源优势,着力建构完备的创新型人才培养和激励机制,通过科技和科技人才创造源源不断的价值,汇聚成建设世界科技强国、全面建设社会主义现代化国家的强大力量。

1. 健全以创新能力、质量、实效、贡献为导向的科技人才评价体系

人才评价是国家发现、培养、选拔、使用优秀人才的重要手段,是运用市场配置资源引进人才的方式,也是激励人才干事创业的导向机制。一方面,国家通过科学的人才评价机制,在全社会营造并形成了人才引领发展的良好局面。另一方面,对人才价值进行客观公正的评价,给予相应的荣誉和奖励,能有力激发人才的创新活力。我国实行的院士荣誉制度、国务院政府特殊津贴专家制度等,都有效发挥了激励作用。评价体系具有风向标和指挥棒作用,评什么就会导致重视什么,以什么为标准就有什么样的科研导向和学术成果。建立科学的人才评价机制,对于树立正确用人导向、激励引导人才发展、激发人才创造活力、加快建设人才强国具有重要作用。

长期以来,各地各部门对科技人才评价体系进行了积极探索,取得了很大成效。但是由于种种历史的、复杂的原因,科技人才评价制度还存在着短板和不足,人才评价体系还不适应科技创新要求、不符合科技创新规律。在实际操作中,仍然存在评价标准不科学、分类评价不足、评价社会化程度不高、用人主体自主权落实不够等问题。在各种评价指标中,论文数量、专利数量、获奖层级等量化指标占比较大,"唯论文、唯帽子、唯职称、唯学历、唯奖项"等情况突出。一些领域论文数量多,但原创性少、"跟班式"研究多。一些部门申报的专利数量多,但质量差、市场接受程度低。在"以论文论英雄""论文通吃"的形势下,一些应用研究做得好的技术类人才由于论文少而面临被"边缘化"的危险。

一些地方和部门简单地将人才"帽子"作为引进人才的主要依据,甚至催生了人才"帽子"满天飞、"以'帽'取人"、"招来女婿、气走儿子"等现象,使人才供给和需求错配、人才结构失衡。由于一些管理部门管得太多,用人单位缺乏自主权,人才评和用脱节,造成"用的评不上,评的用不上"。有的地方名目繁多的评审评价让科技工作者应接不暇,有的考核手段单一、方法简单,有时甚至流于形式走过场。重学历轻能力、重资历轻业绩、重论文轻贡献、重数量轻质量等现象,破坏了学术生态,滋长了急功近利、浮躁浮夸等不良风气,不利于科技人才潜心研究,也严重影响到科技创新的成效。为激发科技人才的积极性主动性创造性,营造良好的创新氛围,必须健全以创新能力、质量、实效、贡献为导向的科技人才评价体系,按照实际能力和工作成效进行分类评价,鼓励科技人才在不同领域和岗位作出贡献。

习近平同志对科技人才评价标准非常重视,多次就科技人才评价体系作出论述。2018年5月28日,习近平同志在中国科学院第十九次院士大会、中国工程院第十四次院士大会上指出:"要创新人才评价机制,建立健全以创新能力、质量、贡献为导向的科技人才评价体系,形成并实施有利于科技人才潜心研究和创新的评价制度。"[1]2018年9月10日,习近平同志在全国教育大会上指出:"要坚决克服唯分数、唯升学、唯文凭、唯论文、唯帽子的顽瘴痼疾,从根本上解决教育评价指挥棒问题,扭转教育功利化倾向。"[2]2020年9月11日,习近平同志在科学家座谈会上强调:"坚决破除'唯论文、唯职称、唯学历、唯奖项'"[3]。2020年10月16日,习近平同志在十九届中央政治局第二十四次集体学习时指出:"要用好人才评价这个'指挥棒',完善科技人员绩效考核评价机制,把科研人员创造性活动从不合理的经费管理、人才评价等体制中解放出来,营造有利于激发科技人才创新的生态系统。"[4]2021年9月27日,习近平同

① 《习近平谈治国理政》第3卷,外文出版社2020年版,第253页。
② 《习近平谈论治国理政》第3卷,外文出版社2020年版,第348页。
③ 习近平:《论把握新发展阶段、贯彻新发展理念、构建新发展格局》,中央文献出版社2021年版,第394页。
④ 《习近平在中央政治局第二十四次集体学习时强调,深刻认识推进量子科技发展重大意义,加强量子科技发展战略谋划和系统布局》,《人民日报》2020年10月18日,第1版。

志在中央人才工作会议上强调要完善人才评价体系,明确指出:"要加快建立以创新价值、能力、贡献为导向的人才评价体系,基础前沿研究突出原创导向,社会公益性研究突出需求导向,应用技术开发和成果转化评价突出市场导向,形成并实施有利于科技人才潜心研究和创新的评价体系。"①

党的十八大以来,党中央遵循人才评价的规律,立足我国人才发展客观实际,连续出台一系列重要改革方案,不断优化人才评价指挥棒作用。党的十八届三中全会将"完善人才评价机制"作为全面深化改革的一项重要任务加以部署。2016年2月27日,中共中央印发《关于深化人才发展体制机制改革的意见》,明确提出要研究制定分类推进人才评价机制改革的指导意见,强调要突出创新创业导向、创新人才评价机制、强化人才激励机制。《意见》明确提出"深化职称制度改革,提高评审科学化水平",突出用人主体在职称评审中的主导作用,合理界定和下放职称评审权限。《意见》还提出对职称外语和计算机应用能力考试不作统一要求,解决了不少专业技术人才在发展过程中因外语、计算机等"硬杠杠"被卡住的问题,减轻了专业技术人才的应考负担。2017年1月8日,中共中央办公厅、国务院办公厅发布的《关于深化职称制度改革的意见》,明确提出了职称制度改革的基本原则。一是坚持服务发展、激励创新。"围绕经济社会发展和人才队伍建设需求,服务人才强国战略和创新驱动发展战略,充分发挥人才评价'指挥棒'作用,进一步简政放权,最大限度释放和激发专业技术人才创新创造创业活力,推动大众创业、万众创新。"②二是坚持遵循规律、科学评价。"遵循人才成长规律,以品德、能力、业绩为导向,完善评价标准,创新评价方式,克服唯学历、唯资历、唯论文的倾向,科学客观公正评价专业技术人才,让专业技术人才有更多时间和精力深耕专业,让作出贡献的人才有成就感和获得感。"③三是坚持问题导向、分类推进。"针对现行职称制度存在的问题特别是专业技术人才反映的突出问题,精准施策。把握不同领域、不同行业、

---

① 习近平:《深入实施新时代人才强国战略,加快建设世界重要人才中心和创新高地》,《求是》2021年第24期,第11页。
② 《中办国办〈关于深化职称制度改革的意见〉》,《人民日报》2017年1月9日,第6版。
③ 《中办国办〈关于深化职称制度改革的意见〉》,《人民日报》2017年1月9日,第6版。

不同层次专业技术人才特点,分类评价。"①四是坚持以用为本、创新机制。"围绕用好用活人才,创新人才评价机制,把人才评价与使用紧密结合,促进专业技术人才职业发展,满足各类用人单位选才用才需要。"②总的来说,职称改革确立了评价人才的新导向,就是要以品德、能力、实绩、贡献等作为评价标准,而不仅仅是靠论文、学历、资历等。

2018年1月30日,中共中央办公厅、国务院办公厅印发《关于分类推进人才评价机制改革的指导意见》,按照"干什么、评什么"原则合理设置和使用论文等评价指标,提出三项重点改革举措:一是实行分类评价;二是突出品德评价;三是注重凭能力、业绩和贡献评价人才。这些举措有利于克服"四唯"倾向,解决评价标准"一刀切"问题。随后,中共中央办公厅、国务院办公厅又印发《关于深化项目评审、人才评价、机构评估改革的意见》,聚焦项目评审、人才评价、机构评估"三评"工作中存在的突出问题作出了改革部署。在改进科技人才评价方式的问题上,《意见》指出要科学设立人才评价指标,突出品德、能力、业绩导向,克服唯论文、唯职称、唯学历、唯奖项倾向,注重标志性成果的质量、贡献、影响,强调要把学科领域活跃度和影响力、重要学术组织或期刊任职、研发成果原创性、成果转化效益、科技服务满意度等作为重要评价指标。

为落实中共中央办公厅、国务院办公厅《关于深化项目评审、人才评价、机构评估改革的意见》《关于进一步弘扬科学家精神加强作风和学风建设的意见》要求,进一步改进科技评价体系,科技部会同财政部研究制定了《关于破除科技评价中"唯论文"不良导向的若干措施(试行)》,并由科技部于2020年2月17日印发。其中强调坚持分类评价、实效导向,强调突出人才的科学精神、能力和业绩,注重评价学术道德水平以及在学科领域的活跃度和影响力、研发成果原创性、成果转化效益、科技服务满意度等。对于科技创新创业人才,注重评价创业人才创办企业带动就业、产业科技含量及经济社会效益等,不把论文作为主要的评价依据和考核指标。对于中青年科技创新领军人才,注重评价已取得核心成果的创新性和学术影响。对于重点领域创新团队,注重评价团

---

① 《中办国办〈关于深化职称制度改革的意见〉》,《人民日报》2017年1月9日,第6版。
② 《中办国办〈关于深化职称制度改革的意见〉》,《人民日报》2017年1月9日,第6版。

队协作创新能力,以及团队负责人的组织协调和领导力。其他科技人才计划也要落实分类评价要求。

近年来,有关部门动真格、出实招,采取一系列举措贯彻党中央、国务院决策部署,推动科技人才评价体系改革落地落实,起到了很好的效果,得到广大科技工作者热烈欢迎。比如,国家重点研发计划已不再将论文、专利、头衔等情况作为申报项目的限制性条件;国家自然科学基金项目申请和评审实行代表作评价制度,代表性论著上限由10篇减少为5篇;国家科技奖励评价中强调突出实际贡献,淡化"奖项""帽子"作用,不再要求填报是否曾获得省部级奖等内容;等等。今后,要继续采取有效措施为"帽子热"等不良倾向降温,避免简单以学术头衔、人才称号确定薪酬待遇、配置学术资源的倾向,加快形成并实施有助于科技人才潜心研究和创新的评价体系。

总的原则是:完善以坚守学术诚信为基础,以创新能力、质量、实效、贡献为导向,有效发挥同行、用户、市场、社会等多元评价主体的科技人才评价体系,有效反映科技原创性、科学价值、经济价值和社会效益。一是对各类人才要突出品德评价,加强对科研人员科学精神、科学伦理、职业道德的评价考核。二是要遵循科研和创新发展规律,科学合理设置评价考核目标。科学研究和创新活动是有内在规律的,健全科技人才评价体系首先就要遵循科研和创新发展规律。科研成果不是一蹴而就的,有一个从量变到质变的过程,这就需要科技工作者付出持久的努力。因而,科技考核必须坚持目标导向和需求导向、过程评价和结果评价、短期评价和长期评价相结合,突出中长期目标导向、突出成果转化实效。特别要注意适当延长对基础研究人才、青年人才等评价考核周期,鼓励持续研究和长期积累。三是要加强针对性,按照岗位特点、学科特色、研究性质等分类设置科技人才评价体系。对基础研究人才,宜以同行学术评价为主,强化国际同行评价,着重评价其提出和解决重大科学问题的原创能力、学术成果的质量水准和科学价值等,对论文的评价实行代表作制度。对应用研究和技术开发人才,宜突出市场评价,着重评价其提出新技术新工艺的突破性、技术创新与集成能力、应用解决方案的转化实效、对产业发展的实际贡献等,不把论文作为主要的评价依据和考核指标。四是要优化评价流程,减轻人才负担。尽量减少考核频次,严禁多头考核、层层考核、频繁考核、重复考核、搭车考核,让科技人才把更多的时间和精力用在科研上、用在成果转化上。五是要畅通评价渠道,进一步打破户籍、地域、所有制、身份、人事关系等限制,畅通非公有制经济组织、社会组织和新兴职业等领域科技人才申报评价渠道。《中华人民共和国国民经济和社会发展第十四个五年规划和2035年远景目标纲要》指出:"健全科技评价机制,完善自由探索型和任务导向型科技项目分类评价制度,建立非共识科技项目的评价机制,优化科技奖励项目。"①

2. 改进科技项目组织管理方式,实行"揭榜挂帅""赛马"等制度

编制和实施国家科技计划项目是解决经济社会发展、增进民生福祉、维护国家安全重大科技问题的重要手段。长期以来,国家科技计划项目主要采取组织专家编制指南、公开发布、竞争择优或定向委托的方式遴选承担团队,经实践证明,取得了很好的效果。但是随着时代和实践的发展变化,特别是面对新科技革命日新月异的态势,过去沿用多年的一些传统"选帅"方法已经不能完全适应新形势新任务的需要。一些科技计划在项目论证、团队遴选、资金使用、考核评价等组织管理中,仍然实际存在战略目标聚焦不够、管理评价不科学、企业技术创新主体作用没有充分发挥、科研投入绩效不高、成果转化应用慢等突出问题。有鉴于此,必须大力深化科技项目管理改革,进一步提高国家科技项目的创新供给能力。

2016年4月19日,习近平同志在网络安全和信息化工作座谈会上谈到打好核心技术研发攻坚战时指出:"可以探索搞揭榜挂帅,把需要的关键核心技术项目张出榜来,英雄不论出处,谁有本事谁就揭榜。"②2021年1月11日,习近平同志在省部级主要领导干部学习贯彻党的十九届五中全会精神专题研讨班上强调要"有力有序推进创新攻关的'揭榜挂帅'体制机制"。《中华人民共和国国民经济和社会发展第十四个五年规划和2035年远景目标纲要》指出:"改革重大科技项目立项和组织管理方式,给予科研单位和科研人员更多自主权,推

① 《中华人民共和国国民经济和社会发展第十四个五年规划和2035年远景目标纲要》,《人民日报》2021年3月13日,第1版。

② 习近平:《在网络安全和信息化工作座谈会上的讲话》,人民出版社2016年版,第15页。

行技术总师负责制,实行'揭榜挂帅'、'赛马'等制度,健全奖补结合的资金支持机制。"①2021年5月28日,习近平同志在中国科学院第二十次院士大会、中国工程院第十五次院士大会、中国科协第十次全国代表大会上指出:"要改革重大科技项目立项和组织管理方式,实行'揭榜挂帅'、'赛马'等制度。要研究真问题,形成真榜、实榜。要真研究问题,让那些想干事、能干事、干成事的科技领军人才挂帅出征,推行技术总师负责制、经费包干制、信用承诺制,做到不论资历、不设门槛,让有真才实学的科技人员英雄有用武之地!"②2021年9月27日,习近平同志在中央人才工作会议上特别强调:"要建立以信任为基础的人才使用机制,允许失败、宽容失败,完善科学家本位的科研组织体系,完善科研任务'揭榜挂帅'、'赛马'制度,实行目标导向的'军令状'制度,鼓励科技领军人才挂帅出征。"③

实行"揭榜挂帅""赛马"等制度,目的就是要建立既体现国家战略需求、又符合科技发展和人才成长规律的科技项目组织管理新制度。"榜"就是国家、企业或社会的客观需求,通过张榜,提高了科技创新的针对性、精准性和时效性,实现了通过需求倒逼科技创新。"帅"就是能够解决问题或者突破关键核心技术的领军型人才。揭榜挂帅,可以以更开放的视野、更广阔的胸怀,激发全球、全社会、全员创新创业的能动性,调动最有智慧、最有能力的人的积极性,加速科技创新步伐。

中华优秀传统文化博大精深,我国古代就有很多"揭榜挂帅"的案例,为我们今天实行"揭榜挂帅"提供了丰富的思想文化资源。我们可以在借鉴吸收中华传统优秀文化的基础上,进行创造性转化、创新性发展,形成有利于实现高水平科技自立自强、加快构建新发展格局、着力推动高质量发展的"揭榜挂帅"制度。"赛马"制强调的是提供公平的竞争环境,以赛场实际成绩为评价标准,

① 《中华人民共和国国民经济和社会发展第十四个五年规划和2035年远景目标纲要》,《人民日报》2021年3月13日,第1版。

② 习近平:《在中国科学院第二十次院士大会、中国工程院第十五次院士大会、中国科协第十次全国代表大会上的讲话》,《人民日报》2021年5月29日,第2版。

③ 习近平:《深入实施新时代人才强国战略,加快建设世界重要人才中心和创新高地》,《求是》2021年第24期,第15页。

变伯乐"相马"为赛马,能有效消除"相马"过程中的主观性,确保"好马用在赛场上""好钢用在刀刃上",让更多千里马竞相奔腾。"揭榜挂帅""赛马"制度,通俗地说,就是能者上、智者上,谁有真本事谁上、谁有真本事就用谁,从而让能者脱颖而出、使人才才尽其用。相较于以往科研组织管理方式,"揭榜挂帅""赛马"制度具有需求明确、导向清晰、重在实绩、参与面广、效率更高、优中选优等优势。"揭榜挂帅""赛马"制度既突出科研项目的刚性目标,从问题和需求出发引导科研攻关,同时又注重以结果和成效评价科研活动,破除了常规的"选帅"机制,科学合理、公开公平确定揭榜者、中标者。"揭榜挂帅""赛马"等制度,实质上是以重大需求为导向,以竞争机制为手段,以解决问题成效为衡量标准,通过"选帅""用马"的方式激发创新活力的一种科研管理体制机制。其特点是坚持竞争、实绩、激励并重,唯才是举、唯才是用,让有才者有位、有位者有得,从而形成竞争、实绩、激励的良性互动。

落实"揭榜挂帅""赛马"制度,首先要从国家紧迫需要和长远发展出发,建立目标导向、需求导向和问题导向的项目形成机制。要按照国家战略与安全、产业竞争力、重大民生需求确定科技攻关任务的优先顺序,强化政府在国家战略与安全方面自上而下的重大任务的顶层设计,聚集产业发展短板、战略必争领域、民生重大需求领域凝练任务。其次,要坚持分类施策,改革完善项目组织实施方式。对支撑国家重大战略需求的项目,一般宜由国家战略科技力量牵头实施,实行"揭榜挂帅""军令状"等管理方式;对支撑经济社会发展的项目,探索完善"悬赏制""赛马制"等任务管理方式;对科技创新前沿特别是新兴学科和交叉学科领域探索的任务,一般采用开放竞争方式,在择优遴选科学家和研究团队的基础上鼓励自由探索。再次,要建立以需求为牵引、以能够解决问题为评价标准的新机制。坚决打破繁文缛节、条条框框,破除科研"小圈子"和论资排辈,以更加开放的方式选拔有能力、有担当的团队承担任务。必须给予揭榜者充分信任和授权,明确目标责任、强化问责考核,用好激励和奖惩机制,建立责权统一、激励和约束并重的管理机制。在人才管理机制上,要建立健全放权松绑与约束监督相结合的人才管理机制,根据需要和实际向用人主体充分授权,既真授、授到位,又确保下放的权限接得住、用得好。

第十章 |
领导和统揽科技工作的能力

科技事业是党和人民的重要事业,科技战线是党和人民的重要战线。加强和改善党对科技工作的领导,是建设世界科技强国的根本政治保证。当前,我国发展不平衡不充分问题仍然突出,同时又面临着不稳定不确定性显著增加的外部环境,能不能在深刻复杂变化的国内外环境中实现建成世界科技强国的宏伟目标,从根本上讲取决于党在科技工作中的领导核心作用发挥得好不好,取决于党的科技治理能力强不强。我们要从全局和战略高度,着眼于最广大人民根本利益,牢牢把握科技进步大方向、产业革命大趋势,及时提出政策措施,不断推进以科技创新为核心的全面创新。

一、坚持党对科技事业的全面领导

坚持党对一切工作的领导,是习近平新时代中国特色社会主义思想的重要内容,是新时代坚持和发展中国特色社会主义十四条基本方略的第一条。习近平同志指出:"各级党委和政府以及各级领导干部要认真贯彻党中央关于科技创新的决策部署,落实好创新驱动发展战略,尊重劳动、尊重知识、尊重人才、尊重创造,遵循科学发展规律,推动科技创新成果不断涌现,并转化为现实生产力。"①

---

① 习近平:《在科学家座谈会上的讲话》,《人民日报》2020年9月12日,第2版。

1. 坚持党的全面领导的必然要求

坚持党的领导,是无产阶级政党的理论逻辑、历史逻辑和实践逻辑的辩证统一。马克思、恩格斯在《共产党宣言》等著作中告诉我们,工人阶级要完成自己的历史使命,实现共产主义,必须要有无产阶级政党的领导。坚持和改善党的领导是被实践证明了的确保中国革命、建设和改革不断取得胜利的正确经验总结和重要政治原则。回顾近代以来中国发展的历史进程,可以得出一个基本结论:办好中国的事情,关键在党。提出"关键在党"这个问题,有着重大的政治意义,也有着深刻内涵。中国共产党的领导是历史的选择、人民的选择。党的领导是中国革命、建设和改革事业取得胜利的根本保证。在我们这样一个多民族的发展中大国,要把全体人民的意志和力量凝聚成为齐心协力实现中华民族伟大复兴中国梦的磅礴力量,就必须毫不放松地坚持和改善党的领导。这是无数历史事实昭示的真理。习近平同志指出:"中华民族近代以来180多年的历史、中国共产党成立以来100年的历史、中华人民共和国成立以来70多年的历史都充分证明,没有中国共产党,就没有新中国,就没有中华民族伟大复兴。"[①]

党的十九届四中全会鲜明指出了我国国家制度和国家治理体系所具有的多方面显著优势,其中第一条就是"坚持党的集中统一领导,坚持党的科学理论,保持政治稳定,确保国家始终沿着社会主义方向前进的显著优势"[②]。把坚持党的集中统一领导放在首要位置写进全会决定并作为首要的显著优势,这就十分明确地提出了党的领导制度在中国特色社会主义制度和国家治理体系中的统领地位。党的十九届四中全会强调:"必须坚持党政军民学、东西南北中,党是领导一切的,坚决维护党中央权威,健全总揽全局、协调各方的党的领

---

① 习近平:《在庆祝中国共产党成立100周年大会上的讲话》,《人民日报》2021年7月2日,第2版。

② 《中共中央关于坚持和完善中国特色社会主义制度、推进国家治理体系和治理能力现代化若干重大问题的决定》,《人民日报》2019年11月6日,第1版。

导制度体系,把党的领导落实到国家治理各领域各方面各环节。"①党的十九届五中全会提出了"十四五"时期我国经济社会发展必须遵循的五条原则,坚持党的全面领导是其中第一条原则。

习近平同志指出:"中国最大的国情就是中国共产党的领导。什么是中国特色? 这就是中国特色。"②中国共产党领导的制度是我们自己的,不是从哪里克隆来的,也不是亦步亦趋效仿别人的。我们说推进国家治理体系和治理能力现代化,国家治理体系是由众多子系统构成的复杂系统,这个系统的核心是中国共产党,人大、政府、政协、监察机关、审判机关、检察机关、武装力量,各民主党派和无党派人士,各企事业单位,工会、共青团、妇联等群团组织,都是在党的集中统一领导下开展工作。我们要立足新时代,坚持和完善党的领导制度体系,贯彻落实维护党中央权威和集中统一领导的各项制度,不断提高党科学执政、民主执政、依法执政水平。坚持党的领导,是一个重大的原则问题,在这个问题上决不能有任何动摇,决不能有任何犹豫,决不能有任何松懈。在这个问题上犯错误往往是灾难性的、颠覆性的。

科技工作是我们党治国理政的一个重要领域,是党和国家事业全局中的一个重要方面。坚持党对科技工作的集中统一领导,是党的领导在科技领域中的具体体现,是推进我国科技事业创新发展、建设世界科技强国的根本政治保证。2021年12月24日第十三届全国人民代表大会常务委员会第三十二次会议修订通过的《中华人民共和国科学技术进步法》第二条明确规定:"坚持中国共产党对科学技术事业的全面领导。国家坚持新发展理念,坚持科技创新在国家现代化建设全局中的核心地位,把科技自立自强作为国家发展的战略支撑,实施科教兴国战略、人才强国战略和创新驱动发展战略,走中国特色自主创新道路,建设科技强国。"③加强和改善党对科技工作的领导,制定正确的科技政策和科技发展战略,充分发挥科技人员的积极性主动性创造性,运用一切科技成果服务人民、推动中国特色主义事业发展,是我们党的历史责任。党

① 《中共中央关于坚持和完善中国特色社会主义制度、推进国家治理体系和治理能力现代化若干重大问题的决定》,《人民日报》2019年11月6日,第1版。
② 习近平:《论坚持党对一切工作的领导》,中央文献出版社2019年版,第57页。
③ 《中华人民共和国科学技术进步法》,《人民日报》2021年12月27日,第14版。

对科技工作的领导优势,体现在党的科学理论和正确路线方针政策、党的科技治理能力、党的严密组织体系和强大组织能力等各方面。党充分调动一切可以调动的积极因素,团结一切可以团结的力量,在全体科技战线、全体科研人员、全社会中凝聚起建设世界科技强国的磅礴力量。

2. 我国科技事业发展经验的科学总结

在长期的革命、建设和改革实践中,中国共产党始终注重加强和改善党对科技工作的领导。中国共产党是以马克思主义为指导的无产阶级政党,而科学技术则是马克思主义产生和发展的基本前提。五四运动有力地推动了马克思主义在中国的广泛传播,为中国共产党的诞生做了思想准备。当时提出"民主"与"科学"两大口号,既包含着用科学技术来发展生产力、救国家于贫困的意思,又突出地强调科学作为新思想、新文化同旧思想、旧文化相对立的革命的精神。可以说,中国共产党从一诞生就秉承着马克思主义关于"科学是一种在历史上起推动作用的、革命的力量"[①]的思想理论。以毛泽东同志为代表的党的早期领导人身体力行,深入工厂、农村,组织工人、农民办学堂、讲习班,传播革命道理,传播科学知识。在延安,我们党在国民党的封锁中白手起家,建起了党的历史上第一个新型科技机构——自然科学院,开始用自己的力量培养科技工作者。新中国刚刚成立一个月,党中央就决定组建国家最高学术领导机构——中国科学院。中央要求,以中国科学院作为全国科学研究的中心,指导建立地方科研机构,同时发展高等学校和产业部门的科研机构,逐步形成比较完整的科研体系。党和政府主要在思想上、政策上对全国科技工作进行领导,给科技工作者创造良好的科研条件。随后,党在增强科技工作者凝聚力,加强与科技工作者的联系,以及制定科技工作方针政策等方面做了大量工作。1950年,在北京召开了中华全国自然科学工作者代表会议,提出了我国科技工作的路线和方针,提倡科学为人民服务,科学理论和研究同国家建设的实际相结合。到1959年,这一路线和方针调整确定为:科学研究必须为社会主义建设服务,必须由党来领导,必须走群众路线,与工农群众相结合;科学研究活

---

① 《马克思恩格斯选集》第3卷,人民出版社2012年版,第1003页。

动要土洋并举,普及与提高相结合,生产、教学、科研三者相结合。科学技术在社会主义建设中,担当起了复兴中华民族的历史重任。

1956年1月,党中央召开关于知识分子问题的专门工作会议。周恩来同志在会议的报告中向全国人民发出了"向科学进军"的伟大号召,鼓舞激励了无数科技工作者。同年,党中央制定了《1956—1967年全国科学技术发展远景规划》(又称《十二年科学规划》)。这个《规划》比较全面地反映了社会主义建设对科学技术的迫切要求,客观分析了世界科技发展趋势,实事求是地评估了我国现有的科技水平和力量,提出了切实可行的奋斗目标。在这个《规划》的推动下,我国许多新学科、新技术从无到有,及时地建立和完善起来。特别值得一提的是,20世纪五六十年代,在我国受到外部封锁的条件下,党带领广大科技工作者,充分发挥社会主义制度集中力量办大事的优势,在国防、高技术和基础研究等领域取得了一系列重大成果,实现了科学技术的跨越式发展。1975年,周恩来同志在四届人大作《政府工作报告》时,代表党中央提出"本世纪内全面实现农业、工业、国防和科学技术的现代化"的宏伟目标。从此,包括"科学技术现代化"在内的"四个现代化"成为中华大地上妇孺皆知、激励人心的奋斗目标。

党的十一届三中全会决定把工作重心转移到经济建设上来,开启了我国科技事业发展的新时期。邓小平同志提出的"科学技术是第一生产力"的论断,成为我们党制定科技政策和科技发展战略的一个重要指导思想。20世纪80年代经济体制改革、科技体制改革相继实施,我们党制定了大力发展高科技的"863计划",以及"火炬计划""星火计划""攀登计划"等,在改革开放的时代大潮中有力推动了科技事业的大发展。20世纪90年代,我们党提出科教兴国战略、可持续发展战略、知识创新、技术创新、面向21世纪的教育振兴计划等,推动了我国科技事业的蓬勃发展。进入21世纪后,党中央深入实施知识创新工程、科教兴国战略、人才强国战略,不断完善国家创新体系,提出了走中国特色自主创新道路、建设创新型国家的奋斗目标。党的十八大以来,以习近平同志为核心的党中央提出创新是引领发展第一动力、全面实施创新驱动发展战略、建设世界科技强国,大力推进以科技创新为核心的全面创新,全面深化科技体制改革,加强科技人才工作,推动我国科技事业取得历史性成就、发生历史性变革。正是由于有了科技的强大支撑,我国在各个方面各个领域都取得了令人刮目相看的巨大成就。全面建成小康社会是中华民族发展史上的一个重要里程碑,在迈向全面小康的进程中,我们遇到数不清的困难。科技在全面建成小康社会的进程中发挥了巨大的驱动、引领作用,离开了科技的强大支撑,全面建成小康社会的进程将不可能顺利实现。

回顾我们党领导科技工作的历程,可以看出:正是在党的坚强领导下,在全国科技界和社会各界共同努力下,我国科技事业从无到有、从有到好,科技创新能力不断提升,重大科技成果竞相涌现,科技实力实现了整体性跃升。

这里,以2020年为例加以分析。2020年是新中国历史上、中华民族历史上,也是人类历史上极不寻常的一年。新冠肺炎疫情突如其来,洪涝灾害多地发生,经济发展备受冲击,外部环境风高浪急,来自政治、经济、文化、军事、社会、国际、自然等领域的挑战纷至沓来。在泰山压顶的危难时刻,以习近平同志为核心的党中央保持战略定力,高瞻远瞩、审时度势,精心谋划、科学部署,在这极不寻常的年份以极不寻常的领导力创造了极不寻常的辉煌,交出了一份人民满意、世界瞩目、可以载入史册的答卷。我们克服疫情影响,统筹疫情防控和经济社会发展取得重大成果。我国在世界主要经济体中率先实现正增长,2020年国内生产总值迈上百万亿元新台阶,人均国内生产总值超过1万美元,形成世界上规模最大的消费品零售市场。165项重大工程项目基本完成,国家发展物质基础更加雄厚。粮食生产喜获"十七连丰"。教育公平和质量较大提升。"天问一号""嫦娥五号""奋斗者"号等科学探测实现重大突破。海南自由贸易港建设蓬勃展开。我们还抵御了严重洪涝灾害,广大军民不畏艰险,同心协力抗洪救灾,努力把损失降到了最低。我们隆重庆祝深圳等经济特区建立40周年、上海浦东开发开放30周年,各地区各部门全力以赴创新创造,神州大地一派只争朝夕、生机勃勃的景象。2020年,我们向深度贫困堡垒发起总攻,啃下了最难啃的"硬骨头",决战脱贫攻坚取得决定性胜利。党中央统筹深化改革开放和应对外部压力,加大"六稳"工作力度,扎实做好稳就业、稳金融、稳外贸、稳外资、稳投资、稳预期工作;全面落实"六保"任务,保居民就业、保基本民生、保市场主体、保粮食能源安全、保产业链供应链稳定、保基层运转,各方面工作取得新的进展。2020年是"十三五"规划圆满收官之年。经过五年持续奋斗,我国经济社会发展取得新的历史性成就。党的十九届五中全会胜利召开,"十四五"规划全面擘画。新发展格局加快构建,高质量发展深入实施。

实践昭示我们:党中央权威是危难时刻全党全国各族人民迎难而上的根本依靠。重大历史关头,重大考验面前,领导力是最关键的条件,党中央的判断力、决策力、行动力具有决定性作用。坚定维护习近平总书记党中央的核心、全党的核心地位,坚定维护党中央权威和集中统一领导,是中国特色社会主义事业胜利前进的根本保证。当前,我国已进入新发展阶段,面临的内部条件和外部环境正在发生深刻复杂变化。越是风高浪急、挑战严峻,越要发挥党中央集中统一领导的定海神针作用,加强党对科技工作的集中统一领导。我们必须增强"四个意识"、坚定"四个自信"、做到"两个维护",把党的领导更好地贯彻和体现到科技工作中,确保我国科技事业始终沿着正确航向破浪前行。

二、坚持和完善党领导科技发展的体制机制

制度更带有根本性、全局性、稳定性、长期性。提高党领导和统筹科技工作的能力,体制机制十分重要、十分关键。习近平同志指出:"国家治理体系是由众多子系统构成的复杂系统。这个系统的核心是中国共产党,党是领导一切的"。①他强调:"加强党对一切工作的领导,这一要求不是空洞的、抽象的,要在各方面各环节落实和体现。"②

1. 从体制机制上加强和改善党对科技工作的领导

坚持党对科技工作的集中统一领导,切实把党的领导落实到科技工作各方面各环节,就必须注重制度建设,从体制机制上加强和改善党对科技工作的领导。要加强党委领导科技工作的制度化建设,完善党委研究科技发展战略、定期分析科技形势、研究重大方针政策的工作机制,推动党领导科技工作制度化、规范化、程序化,确保党中央关于科技工作的决策部署落到实处。

---

① 习近平:《论坚持党对一切工作的领导》,中央文献出版社2019年版,第9页。
② 习近平:《论坚持党对一切工作的领导》,中央文献出版社2019年版,第11页。

习近平同志在谈到坚持党的坚强领导时,特别强调要"不断提高党科学执政、民主执政、依法执政水平"①。坚持科学执政、民主执政、依法执政,是推进国家治理体系和治理能力现代化的必然要求和重大任务。科学、民主、法治,是人类认识世界和改造世界的重要成果,是社会文明进步的重要标志。共产党执政,必须积极采用人类文明进步的成果,坚持科学执政、民主执政、依法执政。科学执政,就是按照科学的思想、理论和科学的制度、方法来治国理政,把治国理政建立在更加自觉地运用客观规律的基础上,使执政活动符合实际情况,在实践中能取得成效。民主执政,就是要坚持人民主体地位、坚持以人民为中心,坚持为人民执政、靠人民执政,支持和保证人民当家作主,坚持和完善民主集中制,使执政活动建立在广泛听取意见、充分吸收各方面建议的基础之上,确保决策符合人民愿望,得到最广泛的拥护与支持。依法执政,就是要坚持全面依法治国,以法治思维和法治方式治国理政,筑法治之基、行法治之力、积法治之势,在法治轨道上推进国家治理体系和治理能力现代化。科学执政、民主执政、依法执政是辩证统一的。科学执政是基本前提,民主执政是本质所在,依法执政是基本途径,三者紧密联系、有机结合。坚持和发展中国特色社会主义,离不开制度,也离不开治理。只有把制度与治理有机结合起来,才能把我国制度优势更好转化为国家治理效能。这其中,党的治理能力、执政能力发挥着极为重要的作用。提高党的科学执政、民主执政、依法执政水平,是推进国家治理体系和治理能力现代化的题中应有之义。

第一,建立不忘初心、牢记使命的制度,在科技创新实践中践行党的初心使命。为中国人民谋幸福、为中华民族谋复兴的初心使命,集中体现了中国共产党人的性质宗旨、理想信念和奋斗目标。发展我国科技事业,推动科技创新,根本的出发点、落脚点就是满足人民日益增长的美好生活需要。必须坚持科技为民、科技惠民的理念,着力解决发展不平衡不充分问题和人民群众急难愁盼问题,推动人的全面发展、全体人民共同富裕取得更为明显的实质性进展。初心易得,始终难守。习近平同志指出:"不忘初心、牢记使命,必须完善

---

① 习近平:《在庆祝中国共产党成立100周年大会上的讲话》,《人民日报》2021年7月2日,第2版。

和发展党内制度,形成长效机制。"①建立不忘初心、牢记使命的制度,是确保我们党在新时代新征程始终充满蓬勃生机和旺盛活力的重大战略决策。一是要夯实不忘初心、牢记使命的思想基础,确保全党遵守党章,恪守党的性质和宗旨,坚持用共产主义远大理想和中国特色社会主义共同理想凝聚全党、团结人民,用习近平新时代中国特色社会主义思想武装全党、教育人民、指导工作。二是要用初心使命坚持不懈锤炼党员、干部忠诚干净担当的政治品格,把不忘初心、牢记使命作为加强党的建设的永恒课题和全体党员、干部的终身课题,形成长效机制。三是在与时俱进的创新创造中践行初心使命,全面贯彻党的基本理论、基本路线、基本方略,大力推进以科技创新为核心的全面创新,使科技工作顺应时代潮流、符合发展规律、体现人民愿望,确保科技成果造福人民。

第二,完善坚定维护党中央权威和集中统一领导的各项制度,在科技发展各方面全过程切实贯彻"两个维护"的要求。事在四方,要在中央。坚持党对科技发展的集中统一领导,首先就要做到"两个维护"。当前,科技领域落实"两个维护"总体是好的,同时也存在一些值得注意的现象。比如,有的人认为"两个维护"主要是政治态度问题,与科技发展的具体工作关系不大;有的人对党中央关于科技创新的决策部署表态快、调门高,但当中央要求与自己的习惯思维、习惯做法不一致时,贯彻落实就犹豫迟疑、拖拖拉拉,甚至变着花样搞"上有政策、下有对策";有的人自作主张、瞒天过海,对党中央决策部署打折扣、做选择、搞变通,致使党中央决策部署在贯彻执行中变形走样、落不了地;等等。必须认识到,"两个维护"是全方位的而不只是某个领域的,是具体的而不是抽象的,必须付诸实践、见之于行动,决不能空喊口号、搞形式走过场。对党中央关于科技发展的决策部署,要严肃认真贯彻落实,做到令行禁止。在涉及科技发展的方向性原则性问题上,要自觉向党中央看齐、向党的理论和路线方针政策看齐、向党中央决策部署看齐。要切实把"两个维护"贯彻落实到科技发展各方面各环节,体现到扎扎实实做好科技工作的实际行动中。一是要

---

① 中共中央党史和文献研究院编:《习近平关于力戒形式主义官僚主义重要论述选编》,中央文献出版社2020年版,第14页。

推动全党增强"四个意识"、坚定"四个自信"、做到"两个维护",自觉在思想上政治上行动上同以习近平同志为核心的党中央保持高度一致。二是要健全党中央对科技领域重大工作的领导体制,完善推动党中央重大决策落实机制,确保令行禁止。三是要健全维护党的集中统一的组织制度,形成党的中央组织、地方组织、基层组织上下贯通、执行有力的严密体系,实现党的组织和党的工作全覆盖。

第三,健全为人民执政、靠人民执政各项制度,推动科技发展成果由人民共享。人民立场是我们党的根本政治立场,必须始终坚持把以人民为中心的发展思想贯穿科技创新各个环节,让广大人民共享科技发展成果,不断增强人民的获得感、幸福感、安全感。一是要坚持立党为公、执政为民,始终保持党同人民群众的血肉联系,把尊重民意、汇集民智、凝聚民力、改善民生贯穿于科技决策、科技攻关、成果转化等工作之中,巩固党执政的阶级基础,厚植党执政的群众基础,着力防范脱离群众的危险。二是要贯彻党的群众路线,完善党员、干部联系群众制度,创新互联网时代群众工作机制,始终做到为了群众、相信群众、依靠群众、引领群众、深入群众、深入基层。三是要健全联系广泛、服务群众的群团工作体系,推动人民团体增强政治性、先进性、群众性,把各自联系的群众紧紧团结在党的周围。

第四,健全提高党的执政能力和领导水平制度,提升科技治理效能。党的执政能力和领导水平直接决定和影响国家治理能力,国家治理能力现代化必然集中体现在党的执政能力和领导水平上。必须适应国家现代化总进程,着力提高党执政能力和领导水平,把我国制度优势更好转化为国家治理效能。一是要坚持民主集中制,完善发展党内民主和实行正确集中的相关制度,提高党把方向、谋大局、定政策、促改革的能力。健全决策机制,加强重大决策的调查研究、科学论证、风险评估,强化决策执行、评估、监督。二是要改进党的领导方式和执政方式,增强各级党组织政治功能和组织力。三是要完善担当作为的激励机制,以正确用人导向引领干事创业导向,让那些想干事、肯干事、能干成事的干部有更好的用武之地。

第五,完善全面从严治党制度,加强科技战线干部队伍建设。打铁必须自身硬。必须坚持党要管党、全面从严治党,增强忧患意识,不断推进党的自我革命,永葆党的先进性和纯洁性。必须贯彻新时代党的建设总要求,深化党的建设制度改革,坚持制度治党、依规治党。一是要建立健全以党的政治建设为统领,全面推进党的各方面建设的体制机制。二是要全面贯彻新时代党的组织路线,健全党管干部、选贤任能制度,促进各级领导干部增强学习本领、政治领导本领、改革创新本领、科学发展本领、依法执政本领、群众工作本领、狠抓落实本领、驾驭风险本领,发扬斗争精神、增强斗争本领。三是要规范党内政治生活,严明政治纪律和政治规矩,全面净化党内政治生态。四是要完善和落实全面从严治党责任制度。五是要坚决同一切影响党的先进性、弱化党的纯洁性的现象作斗争,大力纠治形式主义、官僚主义,不断增强党的创造力、凝聚力、战斗力,确保党始终成为中国特色社会主义事业的坚强领导核心。

2. 建立健全统一领导、全面覆盖、权威高效的科技治理体系

如何构建党委统一领导下的科技治理体系?这既是一个重大的理论问题,也是一个重大的实践问题。这里,我们不妨先看看发达国家的科技治理体系,从中寻找借鉴。发达国家的科技治理体系,主要分为三种:分散型、高度集中型、分散与集中相结合型。

第一,分散型的科技治理体系。这一类型的科技治理体系,主要体现在市场经济发展完善的国家。由于市场发展较为完善,政府对科技管理的直接介入较少,通常采用分散型的科技管理体制。代表国家是美国。

美国科技治理模式经历了五个时期的演变。在建国后至南北战争时期,美国政府采取自由开放式的科技政策,减少对科技发展的干预。在南北战争至第二次世界大战爆发前,美国实施的是干预指导模式。在第二次世界大战至20世纪60年代末,美国政府的科技治理模式可称之为全面制度化模式,加大了对基础研究的投入力度,制定了一系列科技发展政策和制度以促进科技进步。在20世纪70年代至90年代末,美国政府对科技治理模式进行了改革调整,科技研究的重点转向推动科技进步和服务社会,形成了立体网络化的科技治理模式。进入21世纪,美国政府加强科技战略指导,大力发展以信息化为代表的高新技术产业,以保证美国在经济和科技方面的世界霸主地位,由此导致美国的科技政策逐渐回归到竞争与创新两大主题上,形成了基于集成创新的

"回归"模式。①

美国宏观科技管理体制主要是由总统(白宫)、国会(参议院和众议院)以及联邦各部门科技机构组成。白宫的科技管理机构主要包括科技政策办公室、国家科技委员会(NSTC)、总统顾问委员会(PCAST)等组成。国会是美国立法机构,参议院和众议院都有负责科技事务的委员会。众议院负责科技事务的是科学与技术委员会,参议院负责科技事务的授权委员会是商务、科学与运输委员会。在美国的科技治理结构中,没有设立国家层面的统一的宏观科技管理部门,科技管理职能分散于政府的各个职能部门中,这种科技管理职能上的分散便于政府各部门根据自己的目的或职能领域来确定本部门工作的使命,并能对各种问题作出较快的反应,使科技发展更多地以外部需求为导向,在促进科技发展方面保持较高的效率。②美国科技治理体制的主要特点是:行政部门拥有庞大的科技管理队伍和详尽的科技管理细则,但是行政部门并不是科技活动的最大投资者。美国是私有经济高度发达的国家,私有企业是科技活动最重要的投资者、承担者和成果占有者。

第二,高度集中型的科技治理体系。这一类型的科技治理体系,是指政府较多地参与到国家的科技科研活动中,发挥着主导作用。比较典型的国家有日本和韩国。

日本之所以能在第二次世界大战后的一片废墟上实现经济腾飞的奇迹,其中一个重要原因就是依靠有效的科技创新政策推动产业结构转型升级与优势产业崛起,形成了强大的科技创新能力。日本在二战后实行"引进—消化—吸收—创新"的技术追赶战略,在20世纪七八十年代实施"技术立国"战略,到20世纪90年代实施"创新立国"战略,从这个演变过程中可以看出日本对创新越来越重视。在日本的科技治理体系中,科学技术振兴机构(JST)隶属文部科学省,主要职责是根据文部科学省确定的方向,自上而下分配科研经费。学术振兴会(JSPS)隶属文部科学省,主要职责是开展研究活动和学术振兴,分配由

① 中国科学技术发展战略研究院课题组:《国内外科技治理比较研究》,《科学发展》2017年第6期,第35—36页。

② 刘远翔:《美国科技体系治理结构特点及其对我国的启示》,《科技进步与对策》2012年第6期,第98页。

文部科学省拨款的科技研究补助金、个人研究者的自由想象和研究方案的补助金等。新能源与产业技术研发组织（NEOD）隶属经济产业省,主要职责是根据经济产业省确定的政策和计划,制定战略技术地图,确定战略优先顺序,推进技术转让。日本还设有重大关键技术攻关机构,以及为数众多的科技服务机构。日本特别重视科学城的建设,比如著名的筑波科学城是国家级研究基地,完全由中央政府资助,主要从事基础研究。日本的科技治理体系是在政府的有效支持和干预下,对国立大学和科研机构、大型企业研发部门等进行整合与规划而建立起的有市场针对性的创新研发体系。其独特之处在于,它是典型的民间主导创新模式,但政府影响又显而易见。日本围绕发展经济、增强国力这条主线制定科学技术政策,采取"官民分立"和"部门分割"的科研管理体制。日本政府所属的研究机构、特殊法人以及国立大学及其附属研究所等科研机构,由各省厅自主管辖。民间企业和私立大学、民营研究机构等的科研活动,完全由各机构自主管理。政府通过省厅等间接地对民间科研活动进行引导、调节和协助。

韩国政府在科技管理的进程中显示了强大的行政推动、政策引导力量。总统直接领衔的国家科学技术委员会作为国家科技管理体系中最高的政策审议与协调机构,主要职责是研究制定国家重大科技决策及具体规划。国家科学技术委员会下设关键产业技术、大规模技术、国家领导型技术、交叉学科和多学科技术、基础设施技术五个专家委员会。总统教育科学技术顾问委员会主要负责就科技政策及发展向总统提供咨询和建议,为总统及相关科技部委提供系统改革方案等。教育科学技术部主要负责国内技术委员会的主要工作,同时管理科技设计、分析、预算审核与考核等工作。韩国政府将科技管理提升到国家层面的战略高度,强化了科技部作为科技主管部门的宏观决策和计划调控职能。政府大力建立和资助国有研究机构。对企业的科研活动,韩国政府给予积极的扶持。韩国企业在政府的推动下纷纷建立技术研究所,这使得企业成为研发活动的真正主体,成为主要的研发经费投入者。

第三,分散与集中相结合型的科技治理体系。分散与集中相结合型是介于分散型与集中型之间,这种科技治理体系在欧洲国家、欧盟国家中较为常见,比如英国、法国和德国等。

英国历史上曾引领了世界第一次科技革命和第二次科技革命,在世界科技史上做出过重大贡献。在英国科技治理体系中,英国政府是科技活动的主要投资者、大学和企业合作的服务者、创新的管理者和公众科学信仰的推动者。政府机构中并未设立科学技术部,但主要部门都有相关领域科研开发的管理机构。科学技术办公室的主要职责是负责对国家科技政策与科技创新活动作出战略规划、进行宏观指导和调控。英国科学技术委员会相当于英国首相的顾问班子,主要职责是向首相提供战略政策咨询,甄选和确定科技发展的重点领域。英国技术战略委员会(TSB)是非营利性的咨询机构,归属于创新、大学与技术部。贸工部和就业部在全国范围建立了多个地区技术中心,为企业提供技术转让、培训和专家咨询服务。英国还有一些私人营利性中介机构,负责将政府的科研成果转入市场,提供申请专利、技术转让、评估和实施专利授权等业务。英国各大高校也设有校办专职企业,负责将高校的研发成果商业化。由此可见,"英国的政治体制决定了其科技治理体制也必然是分散与集中相结合型,介于多元分散型和高度集中型之间"。[①]

法国在20世纪之前,政府的科技管理工作几乎是空白。直到20世纪中叶,政府才在科技界人士的呼吁和经济理事会和计划委员会的干预下,成立了第一个科技管理部门——科技研究委员会。20世纪80年代,法国改革创建科技部门,成立研究与技术部,创建研究评价委员会等科技部门。在法国科技治理体系中,高等教育与研究部负责研究政策的协调,但不负责具体的各类研究工作。研究与技术委员会(CSRT)和科学与技术高级委员会(HCST)是负责科技发展和技术创新的政府咨询机构,前者负责研究和为高等教育预算、科技预测与分析、科技机构设立提供咨询,并负责编写研究与技术发展报告,还包括研究机构与社会的协调和技术向社会的扩散。科学与技术高级委员会负责提供国家的研究与创新战略并向总统和政府提供建议。国家研究署(ANR)主要负责研究重点科研项目,对其支持并开展创新活动。法国在各地都有区域性创新与技术转移中心,服务于中小企业的技术需求和技术咨询等。此外,法国

---

① 中国科学技术发展战略研究院课题组:《国内外科技治理比较研究》,《科学发展》2017年第6期,第38页。

政府扶持了各类行业的科技园区,也称"竞争力集群",主要用于政府研发机构直接参与项目研发,向企业转让技术和研究成果等。总体上看,法国是一种政府统筹科技发展的模式,政府制定了很多科技发展的计划,同时非常注意通过国家支持和同欧盟其他国家合作这两股力量来推动科技创新。

在德国科技治理体系中,联邦与各州议会及政府负责制定执行与教育、技术和创新相关的政策,并负责创新外部环境的建设。德国的科研机构、高校与企业拥有相应的独立决策权,这使得德国国家创新体系的半自治特征非常明显。德国的行业协会主要包括雇主协会、专业协会和工商协会,主要负责信息咨询和职业教育。德国有很多技术转移中心或平台,一部分是企业化运作的私人机构,另一部分是政府运作的科技服务机构。德国在各大学和研究机构都设有技术转让办公室,负责将科技成果商业化。大学附近建立的科技园,主要承担着转化大学高科技成果、孵化高科技企业的使命。可以说,德国科技治理体系最大的特点在于集中与分散相结合。

以上分析表明,发达国家都根据自身国情建立了主管科技决策的相关机构,同时形成了与其政治体制、经济社会发展状况、历史文化传统密切相关的科技治理体系。在尊重本国国情的基础上,学习借鉴发达国家的科技治理经验,是十分必要的。对于我国而言,在设置相应的科技研发体系时,同样应当积极结合国情实际,学习借鉴国外科技治理中较为适宜的成分,在此基础上形成我国的科技治理体系。

中国特色社会主义制度是一个严密完整的科学制度体系,起四梁八柱的是根本制度、基本制度、重要制度,其中具有统领地位的是党的领导制度。党的领导制度是我们党和国家的根本领导制度。我国是社会主义国家,必须坚持宪法确定的中国共产党领导地位不动摇,在这个最根本的问题上决不能有丝毫含糊、丝毫动摇。人民代表大会制度是我国的根本政治制度,坚持马克思主义在意识形态领域的指导地位是我国的根本文化制度。公有制为主体、多种所有制经济共同发展,按劳分配为主体、多种分配方式并存,社会主义市场经济体制等是我国的基本经济制度。中国共产党领导的多党合作和政治协商制度、民族区域自治制度以及基层群众自治制度,是我国的基本政治制度。我国在经济体制、政治体制、文化体制、社会体制、生态文明体制、法治体制、党的建设制度等各方面,都建立了一系列重要制度。这些重要制度是治国理政的政策举措赖以落细落实的重要规范,是影响国家治理效能的重要因素。中国特色社会主义的根本制度、基本制度和重要制度,是对党和国家各方面事业作出的制度安排。开展科技治理,必须遵照这些制度,不能有任何偏差。

历史一再告诉我们,世界上没有放之四海而皆准的具体发展模式,也没有一成不变的发展道路。历史条件的多样性,决定了各国选择发展道路的多样性。一个国家选择什么样的治理体系,是由这个国家的历史传统、文化传统、经济社会发展水平决定的,是由这个国家的人民决定的。习近平同志指出:"我国今天的国家治理体系,是在我国历史传承、文化传统、经济社会发展的基础上长期发展、渐进改进、内生性演化的结果。"①在科技治理方面,也是如此。今天,我们构建科技治理体系,必须从我国国情出发,使科技治理体系与我国历史文化传统、经济社会发展状况、科技创新态势紧密结合起来。

开展我国科技治理,必须始终坚持党的领导,建立健全统一领导、全面覆盖、权威高效的科技治理体系。统一领导,是指我国科技治理必须在党的统一领导下进行,决不能像西方一些国家那样采取分散型的治理方式。坚持党对一切工作的领导,自然也包括党对科技工作的集中统一领导。全面覆盖,是指党对科技工作的领导必须体现在科技工作的方方面面、全过程各环节,不能有空白区、真空地带。权威高效,是指党必须坚持科学治理、民主治理、依法治理,各部门各地方必须坚决贯彻落实党中央决策部署,相互配合、协同高效地完成各项任务。西方治理理论中有一种观点强调多主体协同而主张治理的去中心化,我们必须予以高度警惕。在我国,科技治理必须始终坚持党的集中统一领导,这是根本原则问题。

科技治理体系是对科技治理结构和功能的总体描述,呈现的是整体性。如果从各主体相互关系上看,科技治理体系就表现为主体相互作用、相互影响的治理格局。科技治理格局呈现的主体间性,标定了整体与局部的关系。科技治理体系反映在工作格局,就是科技治理格局。我们要建构的,就是党委统一领导、党政齐抓共管、科技部门组织协调、科研单位与企业各负其责、社会公

---

① 《习近平谈治国理政》第1卷,外文出版社2018年版,第105页。

众广泛参与的科技治理大格局。

党委统一领导,既是执政党的领导职能的正确体现,同时又是提升科技治理效能的必然要求。我国科技治理必须始终在党的统一领导下进行,通过党的坚强领导把各种力量和资源有机结合起来,把各方面的积极性主动性创造性充分发挥出来。党政齐抓共管,是指党既要发挥领导作用,政府又要发挥职能作用。各级政府是贯彻执行党的路线方针政策和开展各项工作的领导单位,它们在科技治理中与党委相互配合,齐抓共管,共同推进科技工作。科技部门组织协调,是指科技部、中国科学院、中国科协等承担着组织实施科技攻关项目、重大科技工程、科技专项等职责,协调相关科研院所、企业在科技活动中遇到的问题。需要注意的是,党委和政府齐抓共管,并不等于党委和政府包揽一切,并不意味着事无巨细都由党委和政府操办。党委和政府主要从更高层次上谋划和领导科技工作,而具体的组织实施工作,则由各级科技部门、各创新主体、创新单元来承担和完成。科研单位与企业各负其责,是对科技工作一线创新主体而言的,它们是科技创新的具体承担者、落实者。各科研单位、各企业要找准自己在科技创新中的定位,充分发挥自身的特长和优势,高质量地完成承担的任务。社会公众广泛参与,是指要激发广大公众参与科技治理的热情,提升广大公众的科技素质,凝聚起全民推动科技创新的磅礴力量。科技治理一切为了人民,也必须一切依靠人民。科学规范、运行有序的科技治理,能够使人民群众的获得感更加充分、幸福感更可持续、安全感更有保障。

三、总揽全局,协调各方

习近平同志在庆祝中国共产党成立100周年大会上的讲话中特别强调要"充分发挥党总揽全局、协调各方的领导核心作用"[①]。我们要坚持党总揽全局、协调各方的领导核心作用,统筹科技创新各项工作,确保党的主张贯彻到科技事业各方面全过程。

---

① 习近平:《在庆祝中国共产党成立100周年大会上的讲话》,《人民日报》2021年7月2日,第2版。

古人讲的"六合同风,九州共贯",在当代中国,没有中国共产党的领导,这个是绝对做不到的。"中国共产党是中国特色社会主义的领导核心,处在总揽全局、协调各方的地位。"①我国宪法确认了中国共产党的执政地位,确认了党在国家政权结构中总揽全局、协调各方的核心地位。这是我们推进科技工作最根本的政治保证,绝对不能有丝毫动摇。中央委员会,中央政治局,中央政治局常委会,这是党的领导决策核心。党中央作出的决策部署,党的组织、宣传、统战等部门要贯彻落实,人大、政府、政协、监察机关、审判机关、检察机关的党组织要贯彻落实,科技部门、科研院所的党组织要贯彻落实,各级党组织都要发挥作用。各方面党组织应该对党委负责、向党委报告工作。这里需要特别注意的是,在深化科研院所分类改革,必须认真研究、区分不同类型,在有条件的科研院所探索完善党组织领导下的院(所)长负责制。这也是加强和改善党对科技工作领导、建设和完善具有中国特色的现代科研院所治理体系中一个极其重要的理论和实践问题。

习近平同志指出:"中国特色社会主义大厦需要四梁八柱来支撑,党是贯穿其中的总的骨架,党中央是顶梁柱。"②在谈到坚持党的领导时,习近平同志还使用了一个生动的比喻,指出:"我国社会主义政治制度优越性的一个突出特点是党总揽全局、协调各方的领导核心作用,形象地说是'众星捧月',这个'月'就是中国共产党。在国家治理体系的大棋局中,党中央是坐镇中军帐的'帅',车马炮各展其长,一盘棋大局分明。"③他强调:"如果中国出现了各自为政、一盘散沙的局面,不仅我们确定的目标不能实现,而且必定会产生灾难性后果。"④

领导干部必须自觉从政治的高度来认识和把握科技工作,必须始终保持政治上的清醒和坚定,确保科技工作更好地沿着正确的方向发展。列宁指出:"一个阶级如果不从政治上正确地看问题,就不能维持它的统治,因而也就不

---

① 习近平:《论坚持党对一切工作的领导》,中央文献出版社2019年版,第8页。
② 习近平:《论坚持党对一切工作的领导》,中央文献出版社2019年版,第11页。
③ 习近平:《论坚持党对一切工作的领导》,中央文献出版社2019年版,第9页。
④ 中共中央党史和文献研究院编:《习近平关于防范风险挑战、应对突发事件论述摘编》,中央文献出版社2020年版,第29页。

能完成它的生产任务。"①科技工作从来都不是抽象的、孤立的,而是具体的、联系的。科技发展需要有坚强的政治保证和充分的政治条件,否则科技工作是难以搞好的。科技工作、经济工作和其他各项业务工作中都有政治。党员、干部特别是领导干部,必须善于用政治眼光观察、分析和处理科技问题,绝不能单纯地就科技论科技、就业务谈业务。那样,不仅工作不可能做好,而且会给党和人民的事业带来损失。如果不善于从政治的高度、从全局和战略的高度来认识我国科技发展的状况,认识当今国际局势变化对我国科技产生的影响,审时度势,正确决策,就难以把握正确的前进方向,也难以贯彻落实党中央关于科技工作的决策部署。广大党员、干部必须不断提高政治敏锐性和政治鉴别力,对国之大者要心中有数,切实把增强"四个意识"、坚定"四个自信"、做到"两个维护"落到行动上。

坚持党对科技工作的领导,最关键的就是要坚持党总揽全局、协调各方的领导核心地位。总揽,不是事无巨细都抓在手上。要统筹抓好,但不能陷入事务主义,不是包办具体事务,不要越俎代庖。要善于议大事、抓大事、谋全局。要把重点放在把方向、谋全局、定政策、促改革、抓大事上。

把方向,就是要自觉在思想上政治上行动上同党中央保持高度一致,坚决贯彻党中央关于科技工作的重大方针和战略部署,确保科技工作的正确方向。把方向涉及根本,关系全局,决定长远。党的领导第一位的就是举旗定向、掌舵领航。党领导人民治国理政,最重要的就是坚持正确政治方向,指引党和国家的前进方向,确保各项事业始终沿着中国特色社会主义道路胜利前进。要切实提高政治判断力,做到在重大问题和关键环节上头脑特别清醒、眼睛特别明亮,坚持政治立场不移、政治方向不偏。要切实提高政治领悟力,坚持用党中央精神分析形势、推动工作。要切实提高政治执行力,坚决维护党中央权威和集中统一领导,坚决执行党中央各项决策部署。在政治方向问题上,决不能有任何迷糊和动摇。党员、干部要坚定理想信念、坚定"四个自信",廓清思想迷雾,澄清模糊认识,排除各种干扰,把思想和力量凝聚到新时代坚持和发展中国特色社会主义伟大事业中来。各级党委要加强政治引领,坚持把正确政

---

① 《列宁选集》第4卷,人民出版社2012年版,第408页。

治方向贯彻到谋划重大科技战略、制定重大科技政策、部署重大科技任务、推进重大科技项目的实践中去,经常对表对标、及时校准偏差,坚决纠正偏离和违背党的政治方向的行为,确保科技事业始终沿着正确政治方向发展。

谋全局,就是要坚持在大局下行动。谋全局既体现了辩证唯物主义和历史唯物主义思想方法和工作方法,也体现了中华优秀传统文化的思维方法。党员、干部要坚持正确的历史观、大局观、发展观,善于在纷繁复杂的现象中抓住本质和主流,提高观大势、谋大局、抓大事的能力,自觉在大局下想问题、办事情、做工作。牢固树立大局意识,自觉把工作放到大局中去思考、定位、安排,做到正确认识大局、自觉服从大局、坚决维护大局。什么是大局呢?从国内看,就是坚持和发展中国特色社会主义,实现中华民族伟大复兴的中国梦。从国际看,就是为我国发展争取良好外部条件,维护国家主权、安全、发展利益,维护世界和平、促进共同发展。从党的建设看,就是坚持和巩固党的领导地位和执政地位,确保党总揽全局、协调各方的领导核心地位。要坚持在大局下思考、在大局下行动,从大局出发分析我们面临的机遇和挑战,统筹研究部署,更加主动地做好我们自己的事情。对"国之大者"要心中有数,关注党中央在科技发展方面关心什么、强调什么,思考经济社会发展急需什么、人民群众迫切盼望什么,深入研究从哪些重要领域、关键核心环节推进科技创新。

定政策,就是要立足我国科技实践,顺应新一轮科技革命和产业变革趋势,研究和制定我国科技发展的方针政策和战略部署。要加强前瞻性思考、全局性谋划,就事关我国科技发展的方向性原则性问题作出规划、提出方案、拿出举措。制定政策时,要坚持目标引领和问题导向有机统一,既要以目标为着眼点,在统筹谋划、顶层设计上下功夫,以增强方向感、计划性;又要以问题为着力点,在补短板、强弱项上持续用力,以增强精准性、实效性。

科技治理是极为复杂、极为庞大的系统工程,而制定科技政策是其中一项十分重要的工作,是流程完整的闭环反馈式循环过程。作为治理主体的党,既指党的整体,也涉及各级党组织,涉及广大党员、干部。党除了要作出科技战略部署并组织实施外,还要听取和了解"两个反馈"。一是了解各项科技决策、战略部署的执行情况、实施效果,称之为实践反馈。二是社会各界特别是科技界的反馈,各级党组织以及广大党员、干部要深入基层、深入一线,随时了解社会各界特别是科技界的需求,听取社会各界特别是科技界的意见建议,比如科技工作面临哪些难题、政策是否切合实际,等等,我们将其称之为舆情反馈。定政策,就是要从这"两个反馈"中得到借鉴和启发,在总结经验、广开门路征求意见的基础上作出正确的、符合实际的科技决策。从认识论的角度讲,这就是"实践—认识—实践"的无限往复过程。

科学决策的过程,实质上也是民主决策的过程。在决策事项、议题提出环节,要开展严谨细致的调查研究,广开言路向科技专家虚心学习请教,收集与决策事项、议题相关的方方面面信息,为作出正确、科学的决策奠定基础。在决策酝酿环节,要采取座谈会、听证会、实地走访、问卷调查、书面征求意见、向社会公开征求意见等多种形式,广泛听取各方面意见。在论证阶段,要充分发挥专家、研究咨询机构的作用,认真听取专家的论证意见,采取专家咨询会、专家论证会等形式多样的会议,组织专家论证决策事项的必要性、可行性、科学性等。在经过合法性审查和集体讨论决定后,除依法不予公开的,决策事项都要向社会公示。在决策实施后,还要听取相关专家的意见,了解在实施过程中遇到的问题、完善和改进科技工作的建议。

健全完善科技决策机制,对于提升决策效能十分关键,这也是我们面临的一个重大问题。2015年10月29日,习近平同志在党的十八届五中全会第二次全体会议上指出:"要更加注重对国内外经济形势的分析和预判,完善决策机制,注重发挥智库和专业研究机构作用,提高科学决策能力,确保制定的重大战略、出台的重要政策措施符合客观规律。"[1]2016年5月30日,习近平同志在全国科技创新大会、两院院士大会、中国科协第九次全国代表大会上指出:"要加快建立科技咨询支撑行政决策的科技决策机制,加强科技决策咨询系统,建设高水平科技智库。要加快推进重大科技决策制度化,解决好实际存在的部门领导拍脑袋、科技专家看眼色行事等问题。"[2]2017年5月,中央办公厅印发《关于进一步加强党委联系服务专家工作的意见》,要求各级党委(党组)要根

---

① 习近平:《论把握新发展阶段、贯彻新发展理念、构建新发展格局》,中央文献出版社2021年版,第52页。

② 习近平:《论把握新发展阶段、贯彻新发展理念、构建新发展格局》,中央文献出版社2021年版,第119页。

据本地区本行业实际分层分类确定联系服务专家对象,强调要把专家咨询作为科学决策、民主决策、依法决策的重要方式之一,支持专家积极参与中国特色新型智库建设。2018年5月28日,习近平同志在中国科学院第十九次院士大会、中国工程院第十四次院士大会上强调:"要加快建立科技咨询支撑行政决策的科技决策机制,注重发挥智库和专业研究机构作用,完善科技决策机制,提高科学决策能力。"①

为什么要加快建立科技咨询支撑机制呢? 这是因为,一些项目在立项、实施时存在着领导拍脑袋、专家看眼色等现象,导致决策失误或效果不佳。还要看到,科技工作具有高度专业性和复杂性,学科分工日益细化、交叉融合日趋密切、知识更新加速迭代等特点决定了难以完全照搬行政管理模式进行决策和考核。因此,必须建立以专家为基础、凝聚吸纳各方智慧的科技决策机制。

一些国家十分注重发挥智库和专业研究机构在国家重大科技决策中的作用,值得我们借鉴。比如,有的国家通过"综合科学技术创新会议"吸纳来自教育界、科技界、产业界的专家,强化"外脑"在科技预算、科技战略等方面的建议功能;有的国家设立首席科学家办公室,在政府部门设立科学顾问或首席科学家,为相关决策提供科学咨询服务。在我国,近年来除了中国科学院、中国工程院、中国科协等发力完善科技智库外,高校院所和各种学会也相继组建各具特色的科技智库。需要正视的是,与科技创新对科学决策的要求相比,我国科技智库建设还需要进一步强化。立足现实国情,借鉴国际经验,完善科技决策机制,构建起多层次、多方位、多专业、高质量的决策咨询体系,不断提高科学决策的水平。

促改革,就是要用足用好改革这个关键一招,保持风雨无阻、勇往直前的战略定力,坚持守正创新、开拓进取,推动改革向纵深推进,取得更大突破。"改革永远在路上,改革之路无坦途。"②必须以更大的政治勇气和智慧,坚持摸着石头过河和加强顶层设计相结合,不失时机、蹄疾步稳深化科技发展重要领域

---

① 习近平:《论把握新发展阶段、贯彻新发展理念、构建新发展格局》,中央文献出版社2021年版,第275页。

② 习近平:《在深圳经济特区建立40周年庆祝大会上的讲话》,《人民日报》2020年10月15日,第2版。

和关键环节改革。要加强改革前瞻性研究,把握科技工作规律,善于运用改革思维和改革办法,制定基础性、战略性和具有重大牵引作用的改革举措,科学谋划推动落实改革的时机、方式、节奏,既要在战略上布好局,又要在关键处落好子。要坚持问题导向、目标导向和需求导向有机结合,明确改革的主攻方向、重点任务、方法路径,加快推进有利于科技资源高效配置的改革,有利于提高科技工作质量和效益的改革,有利于调动各类创新主体积极性的改革,源源不断增加科技供给,激发科技发展的内生动能。要以全局观念和系统思维谋划推进改革,有力有序解决科技发展各方面体制性障碍、机制性梗阻、政策性创新等问题,更加精准地出台改革方案,加强改革举措的系统集成、协同高效,使各项改革举措在政策取向上相互配合、在实施过程中相互促进、在改革成效上相得益彰,提高改革综合效能。

抓大事,就是要注重抓主要矛盾和矛盾的主要方面,注重抓重要领域和关键环节,通过解决突出问题、做好重点工作推进全局工作。科技已经渗透到经济、政治、文化、社会、生态等方方面面,成为引领发展的第一动力。深入实施创新驱动发展战略、建设世界科技强国,是复杂的社会系统工程。既要坚持整体推进,统筹谋划,又要根据不同时期、不同阶段的发展形势找出工作的重点、难点和关键环节,实现重点突破。

协调各方,总体上讲,是指党要统筹协调好人大、政府、政协、监察机关、审判机关、检察机关以及各人民团体和各方面的关系,使各领域各方面都能在党的集中统一领导下各司其职、各尽其责,相互配合、形成合力。党的领导必须是全面的、系统的、整体的。党总揽全局、协调各方的领导地位必须落到实处,必须体现到经济建设、政治建设、文化建设、社会建设、生态文明建设和国防军队、祖国统一、外交工作、党的建设等各方面。哪个领域、哪个方面、哪个环节缺失了弱化了,都会削弱党的力量,损害党和国家事业。具体到科技工作来说,加强党对科技工作的领导,是贯彻落实党的全面领导的必然要求,是党的领导在科技领域的体现。各级党委要统筹协调、牵头抓总,优化科技资源配置,把科技战线的力量凝聚起来,引导全社会都来关心支持科技工作,大力营造推动科技创新的良好氛围。需要注意的是,协调各方决不意味着事无巨细都要党委亲自去办。党委要做到总揽全局但不包揽,协调各方但不代替。各方都按党中央的科技决策部署开展工作,各方的事情由各方具体去办,各方之间的事由党委来统筹协调以提高效能。这样,各方在党中央的集中领导下,统一思想、统一行动,步调一致向前进。

当今世界,围绕科技创新的博弈日趋激烈,我们能否抢占未来发展的制高点,在激烈的国际竞争中掌握主动权,关系到中华民族伟大复兴能否顺利实现。各级党委和政府要认真贯彻党中央决策部署,结合本地区本部门的实际,把推动科技创新作为重大任务,摆到重要议事日程,研究、制定切实可行的具体实施方案和举措。党政一把手要率先垂范,亲自抓科技这个引领发展的第一动力。各级领导干部特别是党政一把手必须有时不我待的紧迫感,牢固树立起狠抓科技创新的责任感。要把科技工作和经济工作等整体谋划、同步落实、一起推进,使各项举措在部署上相互配合、在实施中相互促进,坚决摒弃那种单纯抓经济工作而忽视科技工作的片面做法。如果不重视科技创新,即便经济一时取得了较大发展,但由于经济发展中的科技含量不高,经济发展的质量和效益最终必然不理想,国民经济整体竞争力仍然不强。同理,科技的发展也会因为缺乏经济的后劲支撑而减缓发展步伐,甚至陷入停顿。长此以往,我们和国际先进水平的差距不仅难以缩小,甚至还会越拉越大。因此,要实现经济社会高质量发展,就必须坚持创新在我国现代化建设全局中的核心地位,推动我国科技迈上新台阶,为全面建设社会主义现代化强国提供新动能。

各地区各部门既要发挥好自身优势,更要大力协同、密切配合,形成推动科技创新的大合唱。科技主管部门要加强综合管理,制定科技发展规划,并使其与经济社会发展规划相协调。财政部门要在力所能及的范围内逐步增加对科技的投入。金融部门要努力解决科技研发、成果转化等推动科技创新所必需的资金问题。税务部门要进一步制定鼓励科技创新的税收政策。各地区各部门要根据国家经济和社会发展长期规划,制定本地区本部门的科技发展规划,结合实际把各项科技工作和科技发展规划落到实处。各地方各部门要积极开展调查研究,全面摸底了解本地区本部门的科技状况,及时掌握科技发展中遇到的新情况新问题,科学制定和完善本地区本部门的具体政策和措施。要有明确的目标和切实可行的政策保障措施,把总体规划落实到年度计划之中,从工作布局和支撑条件上给予切实保障。要完善相应的督查和考核制度,确保各项目标任务和各种措施落实到位。要坚持尊重劳动、尊重知识、尊重人才、尊重创造,在全社会营造促使更多优秀人才脱颖而出的良好环境。积极帮助科技人员解决工作、学习和生活上的实际问题,为他们排忧解难、多办实事,使他们能集中精力进行科研工作。

要充分发挥中国特色新型智库作用,推进科技决策的科学化、民主化。随着新一轮科技革命和产业变革日新月异的发展,科技以其支撑、驱动和引领经济社会发展的功能,越来越多地进入国家决策层面,成为国家决策不可或缺的重要因素。在当今时代,研究、制定中国未来发展战略,不能单纯着眼于政治、经济、文化、军事、外交等某一个具体领域,而应该将科技决策纳入各领域决策的视野,实现经济社会发展各领域决策与科技决策的深度融合。国内外的经验表明,思想库、智库不仅仅提供决策咨询、研究政策,更重要的是创造思想、提供创意,制定未来战略。科研机构是我国的国家科技思想库。长期以来,科技界充分发挥人才、专业、智力、组织等方面的突出优势,深入调查研究,开展决策咨询,积极建言献策,为国家作出重大科技决策提供了科学依据和建议。中国特色新型智库是党和政府科学民主依法决策的重要支撑,承担着资政建言、理论创新、舆论引导、社会服务、公共外交等重要职能。当前,我国正处于实现中华民族伟大复兴关键时期,世情、国情、民情、党情都在发生深刻复杂变化,党中央、国务院对科学决策、民主决策、依法决策及政策的要求越来越高。必须统筹党校(行政学院)、高校、科研院所和企业、社会智库协调发展,形成定位明晰、特色鲜明、规模适度、布局合理的中国特色新型智库体系。科技智库是中国特色新型智库一个重要组成部分。各级党委和政府必须大力支持和加强中国特色新型科技智库建设,努力建设一批高端科技智库、一大批高水平科技创新智库。高端科技智库是指中国科学院、中国工程院、中国科协等在推动科技创新方面的优势,在国家科技发展战略、规划、布局、政策等方面发挥支撑作用,使其成为创新引领、国家倚重、社会信任的高端科技智库。高水平的科技智库在把握世界科技发展大势、研判发展方向上,往往能够提供科学、准确、前瞻、及时的建议。在事关国家创新发展全局和长远发展的重大问题上,世界科技强国都高度重视并充分发挥科技智库的作用,并将此作为制定国家科技发展战略、布局重大创新领域、统筹协调创新要素等国家重大决策的必备程序。国家科技智库一般将国家高端科研机构作为核心,以协调发挥高水平科技专家、科技政策专家的综合研判能力与集成效应。同时,注重民间智库的建立、规范发展与作用发挥,以更全面地支撑政府决策。要大力支持科研院所、企业兴办产学研用相结合的新型智库,重点面向行业产业开展决策咨询研究,促进科技创新与经济社会发展深度融合。

四、提升科学素质

进入新发展阶段,贯彻新发展理念、构建新发展格局、推动高质量发展的任务艰巨繁重,对党领导科技工作的能力和水平提出了新的更高要求。无论是分析科技发展形势还是作出科技决策,无论是打赢关键核心技术攻坚战还是满足人民高品质生活需要,都需要专业思维、专业素养、专业方法。过去那种习惯于拍脑袋决策、习惯于靠行政命令等方式来管理科技、习惯于用超越法律法规的手段和方式来抓科技的做法,已经适应不了新形势新任务的需要,也解决不了面临的新情况新问题。要更加自觉地运用法治思维和法治方式来深化科技体制改革、推动科技创新,确保科技工作在法治轨道上有序运行。要更加注重对国内外科技形势的分析和预判,完善科技决策机制,注重发挥智库和专业研究机构作用,提高科学决策能力,确保提出的重大科技战略、制定的重要科技政策、出台的科技发展措施更加符合客观规律、更加符合实际。广大党员、干部特别是领导干部要加强学习,加强调研思考,加强实践历练,增强把握和运用市场经济规律、科技发展规律、自然规律的能力,努力成为领导科技工作、推动科技创新的行家里手。

各级党委要把科技工作摆到更加重要的位置,纳入重要议事日程,加强政治领导和工作指导,一手抓科技创新、一手抓引导治理。要深化科技体制改革,形成既能把握正确方向又能激发科研活力的体制机制,统筹管理好重要人才、重要阵地、重大研究规划、重大研究项目、重大资金分配、重大评价评奖活动。要统筹国家层面研究和地方层面研究,优化科研布局,合理配置资源,处理好投入和效益、数量和质量、规模和结构的关系,增强科技发展的能力。党员、干部特别是领导干部,既要有比较丰富的自然科学知识,又要有比较丰富的社会科学知识,以不断提高决策和领导水平,使党对科技工作的领导更加自觉、更加有效。

广大党员、干部的科学素质,对于推动我国科技事业的创新发展至关重要。领导中国特色社会主义科技事业,关键在党,关键在人,关键在于我们党能不能适应完成历史任务的要求,建立一支高素质专业化的干部队伍,关键在于我们的领导干部能不能在深化改革、扩大开放、完善社会主义市场经济的条件下,在科技进步日新月异、综合国力竞争日趋激烈的环境中,不断提高科学文化素质,不断提高领导水平和执政能力。大量事实表明,如果不了解世界科技发展状况、发展趋势和竞争态势,不熟悉新科技革命知识,没有较高的科学文化素质,就不可能作出正确的决策,更谈不上综观全局、审时度势、洞悉未来。

1. 加强学习,提升自身科学素质

在推进我国科技事业不断前进的进程中,广大党员、干部勤奋好学、刻苦钻研,与时俱进、开拓创新,自身科学素质总体上有了很大提升。但是与新一轮科技革命和产业变革迅猛发展的态势相比,与全面建设社会主义现代化国家的需求相比,我们的知识储备、科学素质、思想观念、决策水平等都还有很大的差距。当今世界正在经历百年未有之大变局,科技创新是其中一个关键变量,各国围绕科技创新的博弈空前激烈。要在激烈的国际竞争中立于不败之地,我们党就必须提高领导科技工作的水平,提高科技治理能力。这其中,影响和决定我们党科技治理能力的一个重要因素,就是广大党员、干部特别是领导干部的科学素质。

习近平同志指出:"领导干部要加强对新科学知识的学习,关注全球科技发展趋势。"[①]当今时代,科技发展日新月异,新发明新理论层出不穷,知识更新速度不断加快,科技创新的广度和深度不断拓展,社会分工日益细化,新技术新业态新模式层出不穷。这既为我们党领导科技工作、进行科技治理提供了广阔舞台,同时也对党的科技治理能力和素质提出了新的更高要求。学习是

---

① 习近平:《在科学家座谈会上的讲话》,《人民日报》2020年9月12日,第2版。

我们开阔视野、增长才干、提高领导水平和科技治理能力的基本途径。党员、干部要始终做到热爱学习、勤于学习、善于学习。我们要适应新形势新任务新要求，浓厚学习空气，完善学习机制，提高学习效果，着力提高政治素质、理论素质、战略素质、科学素质。

第一，学习马克思主义基本原理特别是党的理论创新最新成果。当今世界发展变化很快，当代中国发展变化也很快，新情况新问题新事物层出不穷。要应对好各种复杂局面，关键是要善于运用规律来处理问题。这就要求我们首先要掌握科学理论，掌握马克思主义的立场观点方法。"理论修养是干部综合素质的核心，理论上的成熟是政治上成熟的基础，政治上的坚定源于理论上的清醒。从一定意义上说，掌握马克思主义理论的深度，决定着政治敏感的程度、思维视野的广度、思想境界的高度。"①要认真学习马克思列宁主义、毛泽东思想、邓小平理论、"三个代表"重要思想、科学发展观，深入学习贯彻习近平新时代中国特色社会主义思想，全面掌握辩证唯物主义和历史唯物主义的世界观和方法论，增强领导科技工作的原则性、系统性、预见性、创造性。要静下心来学原文、读原著、悟原理，在思想和行动上不断有所收获、有所提高，增强贯彻党的基本理论、基本路线、基本方略的自觉性和坚定性。学习的过程本身就是创新创造的过程。中国特色社会主义是前无古人的伟大事业，我们要学习马克思主义，但当今时代变化和我国发展的广度和深度已远远超出了马克思主义经典作家当时的想象，马克思主义经典著作不可能给出解决当今世界现实问题的现成答案，只能运用它的基本原理和立场观点方法，通过我们自己的思考、探索、创新来提出答案。广大党员、干部要在深入学习领会马克思主义基本原理特别是党的创新理论的基础上，进一步强化对科教兴国、创新驱动发展等国家重大战略的认识，切实找准将新发展理念转化为实践的切入点、结合点和着力点，增强推进国家治理体系和治理能力现代化的本领，提高科学履职水平。

第二，学习新的科技知识。抓紧学习和掌握现代科技知识特别是新科技

---

① 中共中央党史和文献研究院编：《习近平关于全面从严治党论述摘编(2021年版)》，中央文献出版社2021年版，第190页。

革命知识，是摆在我们面前的一项重要任务。当今世界，科技创新以前所未有的广度、深度加速推进，知识传播、应用的速度越来越快，知识更新的频率越来越高。如果对新的科技知识熟视无睹、了解不多，必将落后于时代前进的步伐。党员、干部要从事关国家富强、民族复兴、人民幸福的战略高度来认识学习科技知识的重要性、紧迫性，增强学习的主动性、自觉性，如饥似渴、孜孜不倦、锲而不舍地学习，不断汲取新的科技知识。党的干部特别是领导干部虽然不一定要去实验室从事具体的科研工作，但对科技工作必须有相当的了解，必须成为科技创新活动的优秀组织者、优秀推动者，必须扎实抓好科技治理工作。广大党员、干部特别是领导干部要带头学习科技知识，自觉用科学思想武装自己，增强科技意识，树立科学精神，掌握科学方法，提高内在素质，使自己的思维视野、思想观念、认识水平跟上越来越快的时代发展，自觉赶上时代潮流。各级党委要认真贯彻落实《干部教育培训工作条例》《公务员培训规定》，加强科学素质教育培训。在教育培训中，要注重加强前沿科技知识和全球科技发展趋势学习，突出科学精神、科学思想培养，增强把握科学发展规律的能力。大力开展面向基层领导干部和公务员，特别是革命老区、民族地区、边疆地区、脱贫地区干部的科学素质培训工作。

第三，学习各方面知识，完善知识结构。我国科技发展到今天这样的水平，做好科技领导工作，比历史上任何时期都更需要有专业化能力支撑。我们的干部队伍有学历、有书本知识的人不少，但也有相当一部分同志管用的专业知识和素养很不扎实，实际工作岗位历练少，对实际问题钻研不深，难以适应不断变化的新形势新任务。领导干部要胜任科技领导工作，不说外行话、不干外行事，必须下大气力改善知识结构、提升综合素质。除了学习马克思主义理论、现代科技知识，我们还要加强其他方面知识的学习。面对快速发展的时代，一些党员、干部程度不同地存在"知识恐慌""能力恐慌"问题，主要表现就是老办法不管用、新办法不会用。形势在发展，任务在变化，不思进取、得过且过、以不变应万变是不行的。我们不能满足于过去的经验和做法，一定要增强补课充电的危机感紧迫感，加强各方面知识学习，增强把握和适应新形势新情况新任务的能力，使自己的思想言行、思想观念不断与时俱进。学习应该是全面的、系统的、完整的，既要抓住学习重点，也要注意拓展学习领域。要坚持干什么就学什么、缺什么就补什么,经济、政治、法律、文化、历史、社会、生态、军事、国际、战略、心理等方面的知识都要学习,不断丰富做好领导工作所需的各方面知识,丰富知识储备,掌握工作主动权。特别要注重结合工作需要来学习,用各种知识把自己更好武装起来,着力提高自己的知识化、专业化水平,努力使自己真正成为行家里手、内行领导,把工作做得更好、更加符合规律。

既要善于向书本学习,更要虚心向专家学习,向实践学习。科技是人类文明创造的智慧结晶,是改造自然、造福社会的强大力量,是富于创造性探索性的工作,这些特质决定了党员、干部要多向科技人员、专家学者学习。广大科技工作者长期奋战在科技一线,天天与科技打交道,对世界科技发展大势、我国科技发展需求有着深入、专业、独到的理解。从他们身上,党员、干部可以学习到很多知识,汲取奋进的力量。各级党委和广大党员、干部要与专家真诚交朋友、结对子,虚心向专家学习,拓展科技视野和知识面。各级党校(行政学院)也应设置相应的专业课程,补齐短板,注重专业化深度培训,加强培训教育的针对性。要加大力度选派机关干部到基层科技单位挂职学习,注重在科技创新一线培养锻炼干部。

第四,大力弘扬科学精神。科学精神是科学文化素质的灵魂和核心,沉淀在意识深处,但又无时无刻不影响着人们对科技的态度,从根本上决定着人们的科技行为。有没有科学精神、有什么样的科学精神,对于党员、干部特别是领导干部做好科技工作极为重要。科学精神不仅可以激励人们学习、掌握和应用科学技术,鼓舞人们不断在科学的道路上登攀前进,而且对树立正确的世界观、人生观、价值观,掌握科学的工作方法,做好经济、政治、文化、生态、社会等各方面工作,都具有十分重要的意义。全面建设社会主义现代化国家,要求我们的思想方法和思维方式也必须符合现代化建设的要求,本身也应该现代化。而思想方法和思维方式的现代化,也就是要按照科学精神来观察、思考和解决各种问题。现在,我们工作中存在的一些突出问题,很多就是因为没有按照科学精神办事造成的。党员、干部特别是领导干部必须筑牢科学精神的思想根基,始终坚持用科学精神来开展科技工作,推动科技创新沿着健康轨道发展。弘扬科学精神,人人有责。建设世界科技强国,客观上要求每个人都必须大力弘扬科学精神,提高科学素养。

伟大事业孕育伟大精神,伟大精神引领伟大事业。在迎接新科技革命挑战、发展我国科技事业的进程中,党领导广大科技工作者和全国人民团结奋斗,铸就了一系列伟大精神,比如"两弹一星"精神、"八六三"精神、星火精神、火炬精神、载人航天精神等。党的十八大以来,以习近平同志为核心的党中央深刻总结并提炼了科学家精神、探月精神,丰富了党的科学精神的内涵。这些伟大精神一脉相承,是中国共产党人精神谱系的重要组成部分,是党和人民的宝贵精神财富,为激励我们向第二个百年奋斗目标前进、建成世界科技强国提供了更为主动的精神力量。

关于大力弘扬科学家精神。"科学家精神是科技工作者在长期科学实践中积累的宝贵精神财富。"[1]长期以来,从李四光、钱学森、钱三强、邓稼先等一大批老一辈科学家,到陈景润、黄大年、南仁东等一大批新中国成立后成长起来的杰出科学家,一代又一代矢志报国的科学家怀着深厚的爱国主义情怀,凭借精湛的学术造诣、宽广的科学视野,前赴后继、接续奋斗,为祖国和人民作出了彪炳史册的重大贡献。广大科技工作者胸怀祖国、服务人民,献身科研、矢志创新,在祖国大地上树立起一座座丰碑,也铸就了独特的精神气质。2019年5月28日,中共中央办公厅、国务院办公厅印发《关于进一步弘扬科学家精神加强作风和学风建设的意见》,要求大力弘扬"胸怀祖国、服务人民的爱国精神,勇攀高峰、敢为人先的创新精神,追求真理、严谨治学的求实精神,淡泊名利、潜心研究的奉献精神,集智攻关、团结协作的协同精神,甘为人梯、奖掖后学的育人精神"。这六个方面,构成了科学家精神的主要内涵,是我国科技工作者在长期实践中积累的宝贵精神财富,成为中国共产党人精神谱系的重要组成部分。2021年5月28日,习近平同志在中国科学院第二十次院士大会、中国工程院第十五次院士大会、中国科协第十次全国代表大会上的讲话中强调:"新时代更需要继承发扬以国家民族命运为己任的爱国主义精神,更需要继续发扬以爱国主义为底色的科学家精神。"[2]大力弘扬科学家精神,有利于在全社会

---

[1] 习近平:《论把握新发展阶段、贯彻新发展理念、构建新发展格局》,中央文献出版社2021年版,第395页。

[2] 习近平:《在中国科学院第二十次院士大会、中国工程院第十五次院士大会、中国科协第十次全国代表大会上的讲话》,《人民日报》2021年5月29日,第2版。

形成尊重知识、崇尚创新、尊重人才、热爱科学、献身科学的浓厚氛围,有利于进一步鼓舞和激励广大科技工作者争做重大科研成果的创造者、建设科技强国的奉献者、崇高思想品格的践行者、良好社会风尚的引领者,不断向科学技术广度和深度进军,汇聚建设世界科技强国的磅礴力量。

关于大力弘扬探月精神。探索浩瀚宇宙、和平利用太空,是中华民族的千年梦想和不渝追求。作为我国首次开展对地球以外天体的直接探测,探月工程规模宏大、系统复杂、高度集成,是世界科技领域的前沿项目。面对复杂未知的地月空间环境,面对深远空间的测控通信等难题,从2004年1月我国探月工程立项开始,参与研制建设的全体人员不畏艰难、勇于创新,创造了月球探测的中国奇迹,孕育形成了追逐梦想、勇于探索、协同攻坚、合作共赢的探月精神。2007年,嫦娥一号绕月探测成功,成为中国航天第三个里程碑;2010年,嫦娥二号获得当时国际最高7米分辨率全月影像图;2013年,嫦娥三号成功落月并开展月面巡视勘察,实现我国首次对地外天体的软着陆直接探测;2014年,再入返回飞行试验任务圆满成功,突破和掌握了航天器以接近第二宇宙速度再入返回关键技术;2019年,嫦娥四号首次实现人类航天器在月球背面软着陆和巡视探测,月球背面与地球的中继通信;2020年12月17日凌晨,携带月球土壤样品的嫦娥五号返回器成功返回地球,这是人类时隔44年再次成功采集到月壤,标志着我国探月工程"绕、落、回"三步走规划圆满收官,是我国航天强国建设征程中的重要里程碑。从2004年正式开展探月工程以来,中国航天人以"飞天揽月"的豪情壮志,不断抵达更加浩瀚深远的星辰大海,在奋力拼搏和接续奋斗中谱写了一曲又一曲凯歌。2021年2月22日,习近平同志在会见探月工程嫦娥五号任务参研参试人员代表并参观月球样品和探月工程成果展览时,强调:"要弘扬探月精神,发挥新型举国体制优势,勇攀科技高峰,服务国家发展大局,一步一个脚印开启星际探测新征程,不断推进中国航天事业创新发展,为人类和平利用太空作出新的更大贡献。"①

---

① 《习近平在会见探月工程嫦娥五号任务参研参试人员代表并参观月球样品和探月工程成果展览时强调,勇攀科技高峰,服务国家发展大局,为人类和平利用太空作出新的更大贡献》,《人民日报》2021年2月23日,第1版。

2. 开展全民科普工作

做好科普工作,既是我们党领导科技工作的一项重要内容,同时也是各级科协和广大科技工作者肩负的光荣职责。2021年12月24日第十三届全国人民代表大会常务委员会第三十二次会议修订通过的《中华人民共和国科学技术进步法》明确规定:"科学技术普及是全社会的共同责任。国家建立健全科学技术普及激励机制,鼓励科学技术研究开发机构、高等学校、企业事业单位、社会组织、科学技术人员等积极参与和支持科学技术普及活动。"①

科学素质的高低,直接影响和决定着人们运用科技知识、进行科学思维和提高科技创新的能力,决定着一个国家综合国力和国际竞争力的提高。科技创新、科学普及是实现创新发展的"一体之两翼"。科学素质是国民素质的重要组成部分,是社会文明进步的基础。公民具备科学素质是指崇尚科学精神,树立科学思想,掌握基本科学方法,了解必要科技知识,并具有应用其分析判断事物和解决实际问题的能力。没有全民科学素质普遍提高,就难以建立起宏大的高素质创新大军,难以实现科技成果快速转化,难以为构建新发展格局、实现高质量发展提供支撑。因此,必须把科学普及放在与科技创新同等重要的位置,一体谋划、一体部署、一体实施。我们必须把提高全民族的科学文化素质作为一项重要的基础性工程,全面加以推进。要在广大干部群众中大力普及科学知识,弘扬科学精神,宣传科学思想,提倡科学方法,在全社会进一步形成爱科学、学科学、用科学的良好氛围。

近年来,我国科普工作持续推进,成效显著。据科技部发布的全国科普统计数据显示,2020年各级政府部门拨款科普经费达138.39亿元,比上年提高0.97个百分点。从科普人员队伍看,2020年全国科普人员规模为181.3万人,科普人员结构持续优化,专职人员数量持续增加。中级职称及以上或大学本科及以上学历人员在专职人员、兼职人员中的占比持续上升,2020年这两项指标分别达到62.45%、55.21%。从科普场馆建设看,科普硬件设施不断改善,现代科技场馆建设加速推进,场馆数量和展厅面积不断增加。2020年全国共有

---

① 《中华人民共和国科学技术进步法》,《人民日报》2021年12月27日,第14版。

科技馆和科学技术类博物馆1525个,场馆展厅面积549.63万平方米。①

从科普方式看,科普工作日益数字化、网络化、智能化,呈现三个鲜明特点。一是线下与线上科普活动紧密结合成为常态,产生广泛社会影响。全国各地通过科技活动周、科普(技)讲座、科普(技)展览、科普(技)竞赛等多种形式,引导社会公众参与。2020年全国线下与线上各类科普活动共计27.36亿人次参与。二是传统媒体渠道与新媒体平台联动融合,形成立体化科普传媒矩阵。2020年全国共发行科技类报纸1.58亿份,出版科普图书9853.60万册,发行科普期刊1.31亿份,广播电台播出科普(技)节目12.83万小时,电视台播出科普(技)节目16.46万小时,共建设科普网站2732个、科普类微博3282个、科普类微信公众号8632个。三是从图文到漫画,从公众号到短视频,丰富多彩、形象生动的科普形式,拉近了科技与老百姓的距离,增强了科普的互动性、参与感,营造出多渠道全媒体广覆盖的大科普氛围。

虽然我国科学素质建设取得了显著成绩,但也存在一些问题和不足。一是不平衡不充分。与构建新发展格局、实现高质量发展的要求相比,科学素质总体水平偏低,还有很大的提升空间。城乡、区域发展不平衡,农村科学素质远远落后于城市。二是科学精神弘扬不够,科学理性的社会氛围不够浓厚。三是科普有效供给不足,尤其是基层基础薄弱,科普服务体系不够健全,社会科普资源向革命老区、民族地区、边疆边远地区、脱贫地区倾斜不够、扶持也不够。四是制度建设还存在短板。落实科学普及与科技创新同等重要的制度安排尚未完全形成,组织领导、条件保障等有待加强。

我国已进入新发展阶段,正在加快构建以国内大循环为主体、国内国际双循环相互促进的新发展格局。国民素质全面提升已经成为经济社会发展的先决条件。与此相应,科学素质建设站在了新的历史起点上,开启了跻身创新型国家前列、建设世界科技强国的新征程,承担着更加重要的使命。新形势新使命对科学素质建设提出了新任务新要求。2021年6月3日,国务院印发《全民科学素质行动规划纲要(2021—2035年)》,明确了提高全民科学素质的目标。

① 赵永新:《我国科普人员超181万,科普经费达138亿元》,《人民日报》2021年11月26日,第17版。

到2025年的目标是:我国公民具备科学素质的比例超过15%,各地区、各人群科学素质发展不均衡明显改善。科普供给侧改革成效显著,科学素质标准和评估体系不断完善,科学素质建设国际合作取得新进展,"科学普及与科技创新同等重要"的制度安排基本形成,科学精神在全社会广泛弘扬,崇尚创新的社会氛围日益浓厚,社会文明程度实现新提高。到2035年的远景目标是:我国公民具备科学素质的比例达到25%,城乡、区域科学素质发展差距显著缩小,为进入创新型国家前列奠定坚实社会基础。科普公共服务均等化基本实现,科普服务社会治理的体制机制基本完善,科普参与全球治理的能力显著提高,创新生态建设实现新发展,科学文化软实力显著增强,人的全面发展和社会文明程度达到新高度,为基本实现社会主义现代化提供有力支撑。

开展科普工作、提高全民科学素质的路径选择是:以服务高质量发展为目标,以践行社会主义核心价值观、弘扬科学精神为主线,以深化科普供给侧改革为重点,着力打造社会化协同、智慧化传播、规范化建设和国际化合作的科学素质建设生态,营造热爱科学、崇尚创新的社会氛围,提升社会文明程度,为全面建设社会主义现代化强国提供基础支撑。

第一,以服务高质量发展为目标。高质量发展是我国经济社会发展的主题,是全面建设社会主义现代化国家的需要。高质量发展就是体现新发展理念的发展,是创新成为第一动力、协调成为内生特点、绿色成为普遍形态、开放成为必由之路、共享成为根本目的的发展,是坚持以人民为中心、在"有没有"的基础上实现"好不好"的发展。加快构建新发展格局,客观上需要科学素质建设在服务经济社会发展中发挥重要作用,以高素质创新大军支撑高质量发展。在更高水平上满足人民对美好生活的新需求,迫切需要科学素质建设彰显价值引领作用,提高公众终身学习能力,不断丰富人民精神家园,促进人的全面发展。开展科普工作、必须始终紧紧盯住高质量发展这个目标,紧紧围绕高质量发展来谋划科普工作,以提高全民科学素质的实际成效助推高质量发展、服务高质量发展。

第二,以践行社会主义核心价值观、弘扬科学精神为主线。核心价值观是科学文化软实力的灵魂、科学素质最深层的内核。一个国家的科学文化软实力,从根本上说,取决于其核心价值观的生命力、凝聚力、感召力。培育和弘扬核心价值观,有效整合社会意识,是社会系统得以正常运转、社会秩序得以有效维护的重要途径,也是国家治理体系和治理能力的重要方面。社会主义核心价值观集中体现了当代中国的精神风貌,凝结着全体人民共同的价值追求,具有深厚的民族性、鲜明的时代性、内在的先进性、广泛的包容性,在我国科学素质建设中居于主导和引领地位。科学精神产生于科学实践,是科学知识的升华。知识积累并不能自动带来科学素质提升,如果不以科学精神贯穿其中,不去了解更深层次的科学精神和科学理性,仅仅满足于传播零碎的科学知识,科普效果将十分有限。发挥科学精神的引领作用,有助于更好获取科学知识、应用科学方法、学会科学思维。培育和弘扬科学精神,就是要坚持实事求是、求真务实的科学立场,秉持理性、严谨的科学态度。让科学精神在全社会深入人心。广大党员、干部要自觉做科学精神的维护者、传播者、践行者,推动全社会形成讲科学、爱科学、学科学、用科学的良好氛围。

当前和今后一个时期,要重点围绕践行社会主义核心价值观,大力弘扬科学精神,培育理性思维,养成文明、健康、绿色、环保的科学生活方式,提高劳动、生产、创新创造的技能,大力实施5项科学素质提升行动。一是针对青少年,以激发好奇心和想象力为重点,实施青少年科学素质提升行动,增强科学兴趣、创新意识和创新能力,培育一大批具备科学家潜质的青少年群体,为加快建设科技强国夯实人才基础。二是针对农民,以提升科技文化素质为重点,实施农民科学素质提升行动,提高农民文明生活、科学生产、科学经营能力,造就一支适应农业农村现代化发展要求的高素质农民队伍,加快推进乡村全面振兴。三是针对工人,以提升技能素质为重点,实施产业工人科学素质提升行动,提高产业工人职业技能和创新能力,打造一支有理想守信念、懂技术会创新、敢担当讲奉献的高素质产业工人队伍,更好服务制造强国、质量强国和现代化经济体系建设。四是针对老年人,以提升信息素养和健康素养为重点,实施老年人科学素质提升行动,提高老年人适应社会发展能力,增强获得感、幸福感、安全感,实现老有所乐、老有所学、老有所为。五是针对领导干部和公务员,以提高科学决策能力、树立科学执政理念为重点,实施领导干部和公务员科学素质提升行动,增强推进国家治理体系和治理能力现代化的本领,更好服务党和国家事业发展。

　　第三,以深化科普供给侧改革为重点。我国科学素质建设面临的主要矛盾在供给侧,实现高质量发展关键在于提升供给体系的水平和质量,更好适应、引领和创造新需求。这就要求我们必须着力破除制约科普高质量发展的体制机制障碍,突出价值导向,创新组织动员机制,强化政策法规保障,推动科普内容、形式和手段等创新提升,提高科普的知识含量,满足全社会对高质量科普的需求。

　　当前和今后一个时期,要围绕深化科普供给侧改革,提高供给效能,着力固根基、扬优势、补短板、强弱项,构建主体多元、手段多样、供给优质、机制有效的全域、全时科学素质建设体系,实施5项重点工程。一是实施科技资源科普化工程,建立完善科技资源科普化机制,不断增强科技创新主体科普责任意识,充分发挥科技设施科普功能,提升科技工作者科普能力。二是实施科普信息化提升工程,提升优质科普内容资源创作和传播能力,推动传统媒体与新媒体深度融合,建设即时、泛在、精准的信息化全媒体传播网络,服务数字社会建设。三是实施科普基础设施工程,加强科普基础设施建设,建立政府引导、多渠道投入的机制,实现资源合理配置和服务均衡化、广覆盖。四是实施基层科普能力提升工程,建立健全应急科普协调联动机制,显著提升基层科普工作能力,基本建成平战结合应急科普体系。五是实施科学素质国际交流合作工程,拓展科学素质建设交流渠道,搭建开放合作平台,丰富交流合作内容,增进文明互鉴,推动价值认同,提升开放交流水平,参与全球治理。

结　语｜
坚持中国特色科技治理道路

一个国家选择什么样的科技治理道路、建设什么样的科技治理体系,是由这个国家的历史文化、基本国情、经济社会发展水平、科技发展状况以及科技事业所处的历史方位等因素决定的,这是内因。同时,还受外因——世界科技革命和产业变革形势所影响。在内外因交互作用的过程中,科技治理主体的主观能动性十分重要、十分关键,特别是在面临重大科技选择的时候。党的十八大以来,以习近平同志为核心的党中央以宽广的视野分析和把握新一轮科技革命和产业变革的新特点新趋势,紧密结合我国科技创新实践,围绕实现高水平科技自立自强、建设世界科技强国的战略目标,制定实施一系列促进科技创新的战略部署、政策举措,推动我国科技事业取得历史性成就、发生历史性变革,走出了一条中国特色的科技治理道路。

中国特色科技治理道路,内涵十分丰富,是一个有着内在逻辑的有机整体,本课题将其概括为"十个坚持"。中国特色科技治理道路,深刻回答了"建设什么样的科技治理体系、怎样开展科技治理"这个根本问题,科学揭示了我国科技事业发展的内在规律,凝聚着我们党探索科技治理的思想结晶和实践成果,反映了我们党对共产党执政规律、社会主义建设规律、人类社会发展规律认识的深化与升华。

第一,坚持党对科技事业的全面领导,不断提高党的科技治理能力。这是中国特色科技治理道路的最本质特征,是我国科技治理体系与西方资本主义国家科技治理体系的最根本区别。我国科技治理体系的最大优势也体现在这里,我国科技治理的一切成效都根源于党的坚强领导。

中国共产党是中国特色社会主义事业的领导核心,是中国人民和中华民族应对国内外各种风险考验的主心骨。坚持和加强党的全面领导,是党和国家的根本所在、命脉所在,是全国各族人民的利益所系、命运所系,在这个问题上犯错误往往是灾难性的、颠覆性的。党的领导是党和国家事业不断发展的"定海神针"。习近平同志深刻指出:"中国特色社会主义最本质的特征是中国共产党领导,中国特色社会主义制度的最大优势是中国共产党领导,党是最高政治领导力量。"①我们的全部事业都建立在这个基础之上,都根植于这个最本质特征和最大优势。坚持党对科技工作的全面领导,是党的领导在科技治理中的贯彻落实。党的十八大以来,以习近平同志为核心的党中央坚持党对科技事业的全面领导,健全党领导科技事业的体制机制,充分发挥党总揽全局、协调各方的政治优势,观大势、把方向、谋全局,抓根本、抓尖端、抓基础,不断深化对创新发展规律、科技治理规律、人才成长规律的认识,形成协同高效的组织动员体系和科技资源配置模式,为我国科技事业发展提供了坚强政治保证。

党对科技事业的全面领导,主要包含三层意思。一是必须坚持党的集中统一领导。事在四方,要在中央。党是我国科技事业的领导核心,统领科技创新各项工作。我国科技事业发展的路线方针政策、各项战略部署,都是在党中央统一领导下制定的,最高决策权集中在中央,重大顶层设计都由中央研究决定。在这个问题上,必须确保全党定于一尊,决不能自行其是、各自为政。二是必须把党的主张贯彻到科技事业各方面全过程。党对科技事业的领导是全面的、全方位的,而不是局部的、一时一事的。科技战线各部门、各方面力量、各创新主体都要认真落实党中央关于科技工作的决策部署,在严格执行党中央决策部署的基础上结合本地区本部门本项目实际创造性地开展工作。要把党的领导贯穿到科技事业的各个领域、各个环节之中,决不能出现盲点、堵点。三是必须发挥好党总揽全局、协调各方的作用。加强党对科技事业的全面领导,并不意味着事无巨细都要党委去包办,具体事务应该由具体部门、创新主体去办,各方之间的事由党委来牵头协调。党对科技事业的领导重在把方向、谋全局、定政策、促改革、抓大事,就我国科技发展的方向性原则性重大问题进

---

① 习近平:《论坚持党对一切工作的领导》,中央文献出版社2019年版,第253页。

行前瞻研究、制定精准方案、拿出有效措施。要善于用干部、育人才、选贤任能,充分调动各方面积极性、主动性、创造性。各级党委和政府要把科技工作摆上议事日程,做好重大科技任务布局规划,组织实施重大科技任务攻关,发挥宏观指导、统筹协调、服务保障作用。

第二,坚持以人民为中心的发展思想,不断满足人民对高品质生活的需要。这是中国特色科技治理道路最鲜明的价值取向,也是我国科技治理的出发点、落脚点,生动彰显了中国共产党的根本宗旨和人民情怀。

全心全意为人民服务是我们党的根本宗旨,立党为公、执政为民是我们党的政治主张和执政理念,也是我们党永葆生机活力、永远赢得人民群众信赖和支持的政治优势。科技事业涉及全体人民的民生福祉,各项方针政策和战略部署只有得到人民群众真心拥护,才能顺利实施并取得实效。充分发挥人民群众中蕴藏着的巨大智慧和创造力,科技改革发展的各项工作才能获得最广泛、最深厚的力量源泉。带领人民创造美好幸福生活,是我们党始终不渝的奋斗目标。我们党始终秉持创新为民、创新惠民、创新利民,把为民造福作为科技工作最重要的政绩,把党的群众路线贯彻到科技工作全部活动之中,不断实现好、维护好、发展好最广大人民的根本利益。

坚持以人民为中心的发展思想,体现了党的理想信念、性质宗旨、初心使命,是中国共产党百年奋斗的实质所在,是贯穿中国共产党科技工作的一根红线。只有牢固树立以人民为中心的发展思想,才会有正确的科技发展观。在科技治理中,我们党始终坚守党的初心使命,着力践行以人民为中心的发展思想,从科技理念到科技实践都充分展现了我国科技治理的人民性。我国科技治理的人民性具有三个特征。一是始终把人民放在心中最高位置谋划科技发展。人民至上,集中体现了我们党对人民的根本立场、情感和态度。在制定科技发展规划和战略、选择重大科技攻关项目时,我们党坚持人民至上,充分尊重人民的主体地位,把人民利益看得高于一切、重于一切、大于一切,把人民作为党的科技工作的最高裁决者和最终评判者。在任何时候任何情况下,人民都是我们党考虑的第一因素,即使是面临重大风险挑战和突发事件时也毫不例外。二是始终站在人民立场深化科技改革开放。科技领域的改革开放已进入攻坚期和深水区,面对的更多是体制机制的深层次问题,各方面关系错综复杂,牵一发而动全身。我们党坚决站在人民立场处理好涉及科技改革开放的重大问题,坚决破除一切阻碍科技创新的体制机制障碍,"做到老百姓关心什么、期盼什么,改革就要抓住什么、推进什么"①,着力推出一批叫得响、立得住、人民认可的硬招实招。三是着眼人民美好生活需要发展民生科技。生活过得好不好,人民群众最有发言权。我们党坚持把创新为民惠民、利民富民作为科技治理的重要方向,注重从人民群众普遍关注、反映强烈的问题出发,大力发展与人民群众生产生活密切关联的民生科技,在幼有所育、学有所教、劳有所得、病有所医、老有所养、住有所居、弱有所扶上不断取得新进展,依靠科技的力量提升人民生活品质、生活品位,让广大人民群众享受科技创新带来的便利、舒适、快捷、高效,努力让人民群众的获得感成色更足、幸福感更可持续、安全感更有保障。

第三,坚持建设世界科技强国的奋斗目标,着力提升我国科技整体实力和国际竞争力。这是中国特色科技治理道路的目标导向,凝聚着中国共产党强烈的时代感、责任感、使命感,激励着我们勇于拼搏、不懈奋斗。

目标是奋斗方向,是指引路途、催人奋进的灯塔。我们党总是善于根据人民意愿和事业发展需要,立足面临的形势和任务,适时提出既富有感召力又切实可行的奋斗目标。这是一条宝贵经验。开展科技治理,必须有明确的奋斗目标。有了明确的奋斗目标,就有了前进的动力和方向,在这个基础上就会形成顶层设计以及实现宏伟目标的一系列战略部署、政策举措。科技创新的一切活动,都要围绕着科技发展的奋斗目标来进行,朝着奋斗目标来聚力。党的十八大以来,以习近平同志为核心的党中央牢牢把握建设世界科技强国的奋斗目标,抢抓全球科技竞争先机,健全国家创新体系,在更高层次、更大范围谋划和部署科技工作,不断强化科技对经济社会发展的战略支撑。

以习近平同志为核心的党中央在加快建设创新型国家的历史进程中,奏响了建设世界科技强国的雄浑乐章。习近平同志科学分析我国科技事业所处的历史方位,作出了"三跑并存、两个飞跃"的重大判断。经过一代又一代科技工作者的努力,我国科技整体实力大幅提升,已由跟跑开始进入并跑、领跑阶

---

① 《习近平谈治国理政》第2卷,外文出版社2017年版,第103页。

段,正处于从量的积累向质的飞跃、点的突破向系统能力提升的重要时期。这是我国科技实力已经有了一定的坚实基础,量变正在积蓄力量,即将引起质变,进而实现跨越发展的关键时期。在这个由大变强、将强未强的阶段,确立什么样的长远目标对于科技发展具有举旗定向的作用。目标远大而又符合实际、实事求是,则能激励人心、凝聚力量,更好地引领科技事业向前发展。建设世界科技强国的战略目标,就是立足我国科技发展的历史方位而提出的科学的宏伟目标。提出建设世界科技强国,实质上是坚持目标引领、强化战略导向,对关系根本和全局的科技问题作出前瞻性部署、进行战略性安排,力争实现弯道超车、跨越发展,推动我国整体科技水平从跟跑向并跑、领跑转变,在重要科技领域成为先行者、领跑者,在新兴前沿交叉领域成为开拓者,创造出更多竞争优势。

建设世界科技强国的战略目标具有三个特点。一是着眼于中华民族伟大复兴中国梦而提出的奋斗目标,是中国梦在科技方面的具体体现。二是循序渐进、层层深化的奋斗目标,表现为"三步走"的战略安排。"三步走"的第一步是到2020年进入创新型国家行列,这个阶段性的目标已经顺利实现。第二步是到2035年跻身创新型国家前列,这个阶段性的目标已经随着全面建设社会主义现代化国家新征程的开启而展开。第三步是到2050年建成世界科技强国。三是有着确定要求、内涵不断提升的总体目标。我们要建设的世界科技强国,是自主创新能力强、能够实现高水平科技自立自强的科技强国,是拥有关键领域核心技术和标志性科技成果的科技强国,是世界主要科学中心和创新高地。

第四,坚持以新发展理念为引领,着力推动经济社会高质量发展。这是中国特色科技治理道路的核心理念,揭示了科技治理的内在结构和关系,集中反映了我们党对科技治理的规律性认识。

发展理念是否对头,从根本上决定着发展成效乃至成败。一定的发展实践都是由一定的发展理念来引导。发展理念是发展行动的先导,是战略性、纲领性、引领性的东西,是管全局、管根本、管方向、管长远的东西。发展理念搞对了,目标任务就好定了,政策举措也就跟着好定了。党的十八大以来,以习近平同志为核心的党中央提出了关于经济社会发展的一系列重大理论和理念,其中最重要、最主要的就是提出了创新、协调、绿色、开放、共享的新发展理念。新发展理念是关系我国发展全局的一场深刻变革,是我国发展思路、发展方向、发展着力点的集中体现,也是改革开放以来我国发展经验的集中体现,反映了我们党对经济社会发展规律认识的深化。习近平同志强调:"新发展理念是一个系统的理论体系,回答了关于发展的目的、动力、方式、路径等一系列理论和实践问题,阐明了我们党关于发展的政治立场、价值导向、发展模式、发展道路等重大政治问题。"①

开展科技治理,必须坚定不移贯彻新发展理念,把新发展理念贯穿到科技治理各领域和全过程,推动经济社会高质量发展。一是要完整、准确、全面理解和贯彻新发展理念。五大发展理念相互联系、相互贯通、相互促进,必须一体坚持、一体贯彻,不能顾此失彼、畸轻畸重,也不能相互替代。要以新发展理念为遵循,更加精准地拿出务实举措,切实解决好发展不平衡不充分问题,真正实现高质量发展。二是要在科技治理各方面各环节落实和体现新发展理念。在科技治理活动中,要坚持创新发展,深入实施创新驱动发展战略,塑造更多依靠创新驱动、更多发挥先发优势的引领型发展。坚持协调发展,促进新型工业化、信息化、城镇化、农业现代化同步发展,推动各区域各领域各方面实现协同配合、均衡一体发展。坚持绿色发展,依靠科技创新破解绿色低碳、循环经济难题,努力建设人与自然和谐共生的现代化。坚持开放发展,积极融入全球创新网络,深度参与全球科技治理。坚持共享发展,充分运用科技创新保障和改善民生,着力增加就业、收入分配、教育、社保、医疗、养老等方面公共科技产品供给,为人民群众提供更多信息化、智能化、精准化、均等化、普惠化、便捷化的优质科技服务。三是要以新发展理念推动新技术新产品新业态新模式健康发展。新一轮科技革命和产业变革给人类社会的生产生活带来了翻天覆地的变化,其中一个重要现象就是新的经济形态、组织方式、就业模式频频出现。对此,既要以新发展理念制定政策支持、健全规则,更要按照包容审慎的原则强化监管、规范秩序。

---

① 习近平:《论把握新发展阶段、贯彻新发展理念、构建新发展格局》,中央文献出版社2021年版,第479页。

第五，坚持走中国特色自主创新道路，努力实现高水平科技自立自强。这是中国特色科技治理道路的根本要求，是建设世界科技强国、赢得国际竞争主动权的客观需要。

科学的本质就是创新。一部科技发展史，同时就是一部科技创新的历史。重大科技成果密集涌现，技术更新换代愈加频繁，一个个创新活动前后相继，构成了科技发展的主旋律。向未知进军，探索新的领域，开辟新的前沿，这正是科技的奥秘和魅力所在。无数历史事实一再表明：创新是引领发展的第一动力，自主创新是决定一个民族生存和发展状况的关键因素，是一个国家永远立于世界先进民族之林的重要保证。我国与世界发达国家的差距，最主要的就体现在自主创新能力上。当今世界，全球科技创新高度活跃，自主创新成为国家竞争力的核心，带动国际政治经济格局加速重构，深刻影响着国家力量对比。我国既面临着千载难逢的赶超机遇，又面临着差距拉大的严峻挑战。形势逼人，不进则退。习近平同志特别强调："自力更生是中华民族自立于世界民族之林的奋斗基点，自主创新是我们攀登世界科技高峰的必由之路。"①党的十八大以来，以习近平同志为核心的党中央坚定不移走中国特色自主创新道路，坚持抓创新就是抓发展、谋创新就是谋未来，着力发挥科技创新的驱动引领作用，明确我国科技创新主攻方向和突破口，努力在原始创新上取得新突破、在重要科技领域实现跨越发展，推动关键核心技术自主可控、主要创新指标进入世界前列，加强创新链产业链供应链融合，不断增强我国科技竞争力。

中国特色自主创新道路是中国共产党在领导科技事业过程中逐步探索而形成的。一是要有强烈的创新自信。习近平同志在继承我们党关于"创新是一个民族进步的灵魂，是一个国家兴旺发达的不竭动力"②的思想基础上，进一步指出创新"也是中华民族最深沉的民族禀赋"③。这就深刻揭示了中华民族内在的创新禀赋和特质。虽然我国自主创新能力与西方发达国家相比还有很大差距，但我国已经是世界上具有重要影响力的科技大国，很多成就走在世界

---

① 习近平：《努力成为世界主要科学中心和创新高地》，《求是》2021年第6期，第6页。

② 《江泽民文选》第3卷，人民出版社2006年版，第103页。

③ 中共中央文献研究室编：《习近平关于科技创新论述摘编》，中央文献出版社2016年版，第3页。

前列,具备很好的基础和条件。在自主创新这个问题上,我们不能悲观失望,更不能等待观望。我国科技发展的方向就是创新、创新、再创新,必须以只争朝夕的干劲、锲而不舍的韧劲,在独创独有上下功夫,全面增强自主创新能力。二是要把立足点放在自主创新上,努力实现高水平科技自立自强。实现高水平科技自立自强,是构建新发展格局最本质的特征。我国经济水平、科技实力和综合国力日益壮大,发展到现在这个阶段,别人不仅不会将关键核心技术给我们,甚至连一般的高技术也不可能给我们。西方国家本来就有一种教会了徒弟、饿死了师傅的心理,不愿意看到社会主义中国强大,再加上个别国家近年来对我大搞"筑墙""脱钩""断供"战术,封锁、打压、排斥我们,我们更要将立足点放在自主创新上,增强自主研发、自主发展的能力。三是走符合中国国情的创新之路。关键核心技术是要不来、买不来、讨不来的,要加强原创性、引领性科技攻关,坚决打赢关键核心技术攻坚战,加快解决"卡脖子"问题。强化基础研究,多出"从0到1"的原创性成果,形成和发展我国自身的科技优势。发展高科技,加快培育战略性新兴产业。

第六,坚持深化科技体制改革,充分激发创新活力。这是中国特色科技治理道路的动力源泉,强调的是以改革激发广大科技人员的积极性、主动性、创造性。

早在改革开放之初,以邓小平同志为核心的党的第二代中央领导集体在启动经济体制改革之后,就迅速启动了科技体制改革。邓小平同志指出:"经济体制,科技体制,这两方面的改革都是为了解放生产力。"[①]他把科技体制改革摆到与经济改革同等重要的地位来考虑,认为"双管齐下,长期存在的科技与经济脱节的问题,有可能得到比较好的解决"[②]。从那时候起,我们党就以前所未有的决心和力度,开始了气势如虹、波澜壮阔的科技体制改革历程。党的十八大以来,科技体制改革继续深化,呈现出大开大合、大破大立、蹄疾步稳、纵深推进的良好态势,国家创新体系效能整体性跃升。

新时代科技体制改革具有四个特点。一是在资源配置方式上,更加强调

---

① 《邓小平文选》第3卷,人民出版社1993年版,第108页。
② 《邓小平文选》第3卷,人民出版社1993年版,第108页。

系统集成。科技体制改革本质上是创新资源和要素的优化组合,目的是以深化改革激发创新活力。长期以来,我国科技计划管理存在资源碎片化、取向不聚焦等问题。通过改革,创新资源和要素得以统筹协调、高效集成,凝聚合力,形成运行有序、富有活力的国家创新体系。二是在政府与市场关系上,既注重发挥政府作用又注重发挥市场作用,实现有为政府和有效市场有机结合。我国长期以来形成了集中力量办大事的优势,运用举国体制开展科技攻关。在新的历史条件下,我们不仅继续发扬这一优势,而且还结合社会主义市场经济的特点,通过市场的决定性作用来优化科技创新的资源配置,不断健全社会主义市场经济条件下的新型举国体制,使之成为新发展阶段科技治理尤其是涉及国家战略需求领域的重要组织实施方式。三是在改革取向上,有放有收。放,表现为我们实施了一系列以权力下放、自主权下放为核心的改革举措,比如赋予科研人员以经费管理权、技术路线自主决定权等。收,是指将一些不符合形势发展或效果不佳的改革收回,重新设计改革。比如,一些公益性的科研院所在按市场化方向改革后,在市场经济的大潮中无法集中精力抓主业主责,原有的优势失去了,创新能力反而降低了。有鉴于此,将其中一些基础能力较强的科研院所重新定位,引导其回归公益属性,更多承担国家交付的任务,成为国家战略科技力量的一部分。四是在动力机制上,坚持科技创新和制度创新"双轮驱动",注重把深化改革攻坚同促进制度集成结合起来,在推进创新资源优化配置时,更加注重制度安排、政策保障、环境营造。可以说,新时代的科技体制改革是科技制度和科技治理体系的深刻变革,制度建设在科技体制改革中发挥了重要作用。比如,针对长期以来存在的科技评价中"唯论文、唯职称、唯学历、唯奖项"现象,我们强调要坚持质量、绩效、贡献为核心的评价导向,正确评价科技成果的科学与技术价值、经济价值、社会价值、文化价值等,更加注重科研项目完成、管理、产出、效果、影响等绩效,开展分类评价、多层次评价、差别化评价,全面提升科技评价的科学性、客观性和实效性。从中还可看出,我国在科技评价改革方面,已由过去注重考核转为注重激励,由单一因素评价转为多维综合评价。

　　第七,坚持系统观念,增强科技治理的系统性、整体性、协同性。这是中国特色科技治理道路的辩证特色,为我国科技事业发展提供了科学的方法论。

　　系统观念是马克思主义的辩证唯物主义认识论,我们党将其作为根本性、基础性的思想方法和工作方法运用于实践。马克思主义认为,事物是发展的而不是静止的,事物之间是普遍联系的而不是孤立存在的,要注重从整体上、全局上全面地观察和把握事物。我们党在领导革命、建设和改革的进程中,始终坚持系统、辩证地看问题、抓工作、作决策。党的十八大以来,以习近平同志为核心的党中央在坚持和运用系统观念方面积累了很多宝贵经验。比如,坚持统筹推进"五位一体"总体布局、协调推进"四个全面"战略布局,统筹推进改革发展稳定、内政外交国防、治党治国治军,统筹稳增长、促改革、调结构、惠民生、防风险、保稳定,着力构建系统完备、科学规范、运行有效的制度体系,等等,这些都为我国科技事业创新发展奠定了坚实的基础。

　　在科技治理中,坚持系统观念具有极为重要的意义,关系到科技治理能否顺利推进,能否真正取得实效。科技治理是一项复杂的系统工程,涉及科技领域方方面面,需要加强前瞻性思考、全局性谋划、战略性布局、整体性推进。一是要坚持大局观、全局观,切实加强统筹谋划和顶层设计。我们党始终将科技事业置于国际国内相互联系的大局、国内各方面各因素相互作用的关系中通盘考虑,把历史、现实和未来贯通起来审视,把近期、中期、远期目标统筹起来把握,有序推进各项科技工作。二是要增强科技治理的整体性系统性协同性。随着改革开放不断深入和我国科技事业创新发展,科技治理的关联性和互动性明显增强,每一项科技政策既需要其他改革协同配合,同时又不可避免地对其他改革产生重要影响。这就要求我们更加注重各项改革的关联耦合、相互促进、良性互动,善于把推进科技创新同理论创新、制度创新、文化创新以及各方面创新有机衔接起来,把科技治理同推进经济、政治、文化、社会、生态等各方面改革开放有机结合起来,形成以科技治理推动经济社会高质量发展的强大合力。三是着力锻长板、补短板,全面推进科技事业。我国科技事业继续发展具有多方面优势和条件,但也面临着发展不平衡不充分问题。这就要求我们坚持系统观念,统筹谋划科技工作各个方面、各个层次、各个要素、各个环节,一体推进、一体发力,提高科技治理整体成效,决不能单打一、顾此失彼,决不能"只见树木,不见森林"。一方面要巩固和厚植原有优势,以优势引领带动发展。另一方面要补齐短板,采取针对性的措施推动薄弱环节后来居上、实现赶超,避免产生"木桶效应"。总的说来,是要扬长避短。

　　第八,坚持统筹发展和安全,有效防范化解风险挑战。这是中国特色科技治理道路的重大原则,是开展科技治理必须妥善应对、须臾不能忽略的重大问题。

　　"备豫不虞,为国常道"。历史昭示我们:面临的国内外形势越复杂,就越要处理好发展和安全的辩证关系,决不能顾此失彼、畸轻畸重。如果单纯注重发展而忽视安全问题,那样的发展是不可持续的。我们党将统筹发展和安全确立为党治国理政的一个重大原则,强调要坚持底线思维,增强忧患意识,时刻准备应对重大挑战、抵御重大风险、克服重大阻力、化解重大矛盾、解决重大问题。我国已经进入了一个风险挑战日益增多并且可能集中爆发的时期,越是接近中华民族伟大复兴的宏伟目标,我们面临的各种考验就越多。由于社会发展的复杂性,各种风险挑战连锁联动,交叉传导,极可能形成危及党和国家安全的重大风险,影响和阻碍中华民族伟大复兴的进程,对此决不可掉以轻心。聚焦重点,抓纲带目,着力防范各类风险挑战累积叠加、演变升级,打好防范化解风险挑战的战略主动仗,本身就是进行具有许多新的历史特点的伟大斗争的一种形式。

　　在各种风险挑战中,科技安全是其中最难应对并且波及面很广的重大风险之一,新科技革命和产业变革是最难掌控并且是必须解决好的不确定性因素之一。科技已经深深渗透到人类社会生产生活各个方面,科技安全可以说是牵一发而动全身。政治、经济、军事、文化、社会、生态等各领域安全,都与科技工作密切相关。科技安全是国家安全的重要组成部分,是塑造中国特色国家安全的物质技术基础,是支撑和保障其他领域安全的关键实力要素,是解决各种传统安全和非传统安全的核心力量。比如,网络安全是当今我们不得不面对、甚至是每天要面对的风险挑战之一,科技既是网络安全和信息化发展的推动力量,同时又是维护网络安全的根本手段。我们党在提出网络综合治理时,特别强调坚持技术治网,充分发挥其在网络治理中的突出作用。

　　开展科技治理,一个重要方面就是运用科技力量维护国家安全,筑牢国家安全的科技根基。一是坚持以总体国家安全观为遵循,构建大安全格局。要以人民安全为宗旨,以政治安全为根本,以经济安全为基础,以军事、科技、文化、社会安全为保障,以促进国际安全为依托,牢固树立大安全理念,加强国家安全体系和能力建设,构筑起维护国家安全的铜墙铁壁。二是保持战略定力,坚持底线思维,着力防范化解各种重大风险。越是形势复杂,越要坚持底线思维,未雨绸缪,提前做好应对方案,精准分析形势变化,下好先手棋,打好主动仗,把危害减少到最小程度,促进人民安居乐业、社会安定有序、国家长治久安。三是发扬斗争精神,增强驾驭风险本领,提高应对风险挑战能力。在各种各样的风险挑战面前,要敢挑重担、敢于出击、敢战能胜。这就要求我们要提高自身能力和素质,推进风险防控工作的专业化、精细化、科学化。我们要着力完善知识结构,不仅要学习科技知识、管理知识,也要多学一些文化、法律、国际、战略、心理等方面知识,努力成为又博又专、兼收并蓄、融会贯通的通达之才。

第九,坚持融入全球创新网络,深度参与全球科技治理。这是中国特色科技治理道路的开放特征,是我们学习世界科技成果、在对外合作中发展壮大自己的必然要求。

当今世界,科技创新要素相互依存、相互促进,创新全球化已经成为不可阻挡的大趋势。虽然目前由于西方发达国家政策逆转的原因,创新全球化在曲折中发展,但总的趋势是不可避免的。科学技术是世界性的、时代性的,任何一个国家要发展科学技术,必须具有全球视野,必须以开放的眼光、谦逊的态度借鉴吸收世界各国先进的科学技术为我所用。只有加强国际科技合作,科技成果只有为全人类所用,才能发挥其最大价值,促进科技互惠共享。我国是发展中国家,经济和科技实力都不如发达国家,更应该学习人类文明的一切先进成果,实现跨越式发展。党的十八大以来,我们坚持扩大科技领域开放合作,牢固树立人类命运共同体理念,主动融入全球科技创新网络,深度参与全球科技治理,着力解决人类面临的重大挑战,努力提高我国科技创新的全球化水平和国际影响力,形成了全方位多层次宽领域的科技开放合作格局,不断推动科技创新成果惠及更多国家和人民。

立足新的形势任务,我们要大力加强国际科技合作,为世界科技发展贡献中国智慧、中国方案、中国力量。一是积极推进中国特色大国外交。开展对外科技合作,必须坚持以习近平外交思想为指导,全方位推进中国特色大国外交,积极发展全球伙伴关系,打造遍布全球的"朋友圈",编织更为紧密的命运共同体网络。要着力运筹同主要大国关系,构建总体稳定、均衡发展的大国关系框架。坚持亲诚惠容的周边外交理念,践行与邻为善、以邻为伴的方针和睦邻、安邻、富邻的政策,着力打造周边命运共同体。秉持真实亲诚理念和正确义利观,做到义利兼顾、以义为先、弘义融利,同发展中国家加强团结合作。二是积极融入全球创新网络。以全球视野谋划和推动科技创新,实施更加开放包容、互惠共享的国际科技合作战略。以更加开放的心态参与国际科技合作,以更加积极的行动融入全球创新链产业链供应链,同各国一道携手打造开放、公平、公正、非歧视的科技发展环境,致力营造互利共赢、互惠共享的开放创新生态。要注重科技合作新平台,特别是要主动设计和牵头发起由我国主导的国际大科学计划和大科学工程,使之成为增强我国科技创新实力、提升国际科技合作水平的有效载体。当前,西方个别国家对我国实行科技封锁、科技"脱钩",我们要增强反制能力,着力推动科技自立自强,以强大的科技实力打破西方国家的科技封锁。三是积极参与全球科技治理。我们所倡导的全球治理观,是各国平等参与、共商共建共享的全球治理观。我们所倡导的全球治理体系,是彰显国际公平正义、能够充分反映大多数国家意愿和利益的治理体系。在参与全球科技治理过程中,我们要贯彻落实党中央提出的国际秩序观、全球治理观、新安全观、新发展观、人权观、生态观、文明观等重要理念,把和平、发展、公平、正义、民主、自由的全人类共同价值具体地、现实地体现到国际科技合作中,与国际社会一道共同应对未来发展、粮食安全、能源安全等人类共同挑战,构建全球科技治理新格局,推动构建人类命运共同体。

第十,坚持深入实施新时代人才强国战略,着力培养创新型人才。这是中国特色科技治理道路的人才保障,为我国科技创新提供源源不断的智力支撑、创新支撑。

新一轮科技革命和产业变革是影响世界百年未有之大变局的关键变量,正在重构世界政治格局、重塑世界经济版图。当今世界的竞争说到底是人才竞争,人才资源成为赢得国际竞争主动权最重要的核心战略资源。党的十八大以来,以习近平同志为核心的党中央着力实施新时代人才强国战略,坚持创新驱动实质是人才驱动、人才是创新的第一资源,不断改善人才发展环境、激发人才创造活力,大兴识才爱才敬才用才之风,营造良好人才创新生态环境,聚天下英才而用之,大力加强科技人才队伍建设,充分激发广大科技人员积极性、主动性、创造性,不断为科技人才施展才华提供更加广阔的天地。

我国已进入新发展阶段,新发展阶段是全面建设社会主义现代化国家、向第二个百年奋斗目标进军的发展阶段。新发展阶段我国面临的机遇和挑战,对我国人才工作提出了新的更高要求,同时也对我国科技治理提出了新的更高要求。一是要提高党管人才工作水平。坚持党管人才原则是提高党的长期执政能力、实现党的执政使命的必然要求。从根本上说,党管人才的目的就是着力集聚爱国奉献的各方面优秀人才,努力形成人人渴望成才、人人努力成才、人人皆可成才、人人尽展其才的良好局面,让一切创造活力竞相迸发、一切聪明才智充分涌流。坚持党管人才,就是要管宏观、管政策、管协调、管服务、管工程,提升人才工作整体效能。要健全完善党管人才的体制机制,着力构建党委统一领导,组织部门牵头抓总,有关部门各司其职、密切配合,用人单位发挥主体作用、社会力量广泛参与的党管人才工作格局。二是坚持与时俱进,创新人才培养、吸引、使用政策,做到事业引人、平台助人、保障宜人、感情暖人。要牢固确立人才引领发展的战略地位,全面聚集人才,着力夯实创新发展人才基础。要极大调动和充分尊重广大科技人员的创造精神,激励他们争当创新的推动者和实践者,使谋划创新、推动创新、落实创新成为自觉行动。改进和完善人才培养支持机制,加快形成有吸引力的引才用才机制,统筹开发利用各类人才队伍、各方面人才资源。三是完善人才评价和激励机制,健全以创新能力、质量、实效、贡献为导向的科技人才评价体系,营造识才爱才敬才用才的良好环境和氛围。近年来,我国在改进科技项目组织管理方式方面进行了有益的探索,实行"揭榜挂帅""赛马"等制度。我们要在总结实践经验的基础上,建立既体现国家战略需求、又符合科技发展和人才成长规律的科技项目组织管理新制度。

中国特色科技治理道路是我们党艰辛探索的结果,具有鲜明的中国特色,符合中国国情,彰显了中国特色科技治理体系的显著优势。我国已进入全面建设社会主义现代化国家、向第二个百年奋斗目标进军的新发展阶段,面临着新的机遇和挑战,危机并存、危中有机、危可转机。提高党的科技治理能力就是在危机中育先机、于变局中开新局的"突围""突破"之举。长期向好的经济、雄厚的物质基础、丰富的人力资源、广阔的市场空间、稳定的社会大局,再加上日益健全完善的科技治理体系、强大而高效的科技治理能力,我们就一定能够在构建新发展格局中不断开拓发展新境界,在全面建设社会主义现代化国家新征程上不断取得新胜利。

主要参考文献

《马克思恩格斯选集》第1—4卷，人民出版社2012年版。

《邓小平文选》第1—3卷，人民出版社1994年版、1993年版。

《江泽民文选》第1—3卷，人民出版社2006年版。

《胡锦涛文选》第1—3卷，人民出版社2016年版。

《习近平谈治国理政》第1卷，外文出版社2018年版。

《习近平谈治国理政》第2卷，外文出版社2017年版。

《习近平谈治国理政》第3卷，外文出版社2020年版。

《习近平谈治国理政》第4卷，外文出版社2022年版。

习近平：《论坚持推动构建人类命运共同体》，中央文献出版社2018年版。

习近平：《习近平谈"一带一路"》，中央文献出版社2018年版。

习近平：《论坚持党对一切工作的领导》，中央文献出版社2019年版。

习近平：《论坚持全面依法治国》，中央文献出版社2020年版。

习近平：《论把握新发展阶段、贯彻新发展理念、构建新发展格局》，中央文献出版社2021年版。

习近平：《论坚持人与自然和谐共生》，中央文献出版社2022年版。

《习近平外交演讲集》第1卷，中央文献出版社2022年版。

《习近平外交演讲集》第2卷，中央文献出版社2022年版。

中共中央文献研究室编：《习近平关于科技创新论述摘编》，中央文献出版社2016年版。

中共中央党史和文献研究院编：《习近平关于防范风险挑战、应对突发事件论述摘编》，中央文献出版社2020年版。

中共中央党史和文献研究院编：《习近平关于全面从严治党论述摘编（2021年版）》，中央文献出版社2021年版。

中共中央党史和文献研究院编：《习近平关于网络强国论述摘编》，中央文献出版社2021年版。

中共中央党史和文献研究院编:《习近平关于总体国家安全观论述摘编》,中央文献出版社2018年版。

中共中央文献研究室编:《十八大以来重要文献选编》上,中央文献出版社2014年版。

中共中央文献研究室编:《十八大以来重要文献选编》中,中央文献出版社2016年版。

中共中央文献研究室编:《十八大以来重要文献选编》下,中央文献出版社2018年版。

中共中央党史和文献研究院编:《十九大以来重要文献选编》上,中央文献出版社2019年版。

中共中央党史和文献研究院编:《十九大以来重要文献选编》中,中央文献出版社2021年版。

中共中央文献研究室编:《新时期科学技术工作重要文献选编》,中央文献出版社1995年版。

中共中央党校哲学教研部编:《马克思主义经典作家论科学技术和生产力》,中共中央党校出版社1991年版。

本书编写组编著:《党的十九届六中全会〈决议〉学习辅导百问》,党建读物出版社、学习出版社2021年版。

本书编写组编著:《党的十九届四中全会〈决议〉学习辅导百问》,党建读物出版社、学习出版社2019年版。

中共中央党史和文献研究院著:《中国共产党的一百年》全4册,中共党史出版社2022年版。

本书编写组编著:《中国共产党简史》,人民出版社、中共党史出版社2021年版。

中共中央办公厅调研室编:《新科技革命的趋势和对策》,法律出版社1991年版。

当代中国研究所著:《中华人民共和国史稿》第1—5卷,人民出版社、当代中国出版社2012年版。

中国科学院:《科技强国建设之路:中国与世界》,科学出版社2018年版。

中国科学院:《科技强国建设之路:战略与思考》,科学出版社2019年版。

中国科学院、中国工程院编:《百名院士谈建设科技强国》,人民出版社2019年版。

中国科学院编:《科技革命与中国的现代化:关于中国面向2050年科技发展战略的思考》,科学出版社2009年版。

中华人民共和国科学技术部创新发展司编:《中华人民共和国科学技术发展规划纲要(1956—2000)》,科学技术文献出版社2019年版。

中华人民共和国科学技术部创新发展司编:《中华人民共和国科学技术发展规划纲要(2001—2010)》,科学技术文献出版社2019年版。

中华人民共和国科学技术部创新发展司编:《中华人民共和国科学技术发展规划纲要(2011—2015)》,科学技术文献出版社2019年版。

中华人民共和国科学技术部创新发展司编:《中华人民共和国科学技术发展规划纲要(2016—2020)》,科学技术文献出版社2019年版。

全国干部培训教材编审指导委员会组织编写,李学勇主编:《自主创新》,人民出版社、党建读物出版社2011年版。

全国干部培训教材编审指导委员会办公室组织编写:《构建新发展格局干部读本》,党建读物出版社2021年版。

宋健主编:《现代科学技术基础知识(干部选读)》,科学出版社、中共中央党校出版社1994年版。

朱丽兰等编著:《科教兴国:中国迈向21世纪的重大战略决策》,中共中央党校出版社1995年版。

万钢主编:《中国科技改革开放30年》,科学出版社2008年版。

中华人民共和国科学技术部编著:《中国科技发展70年(1949—2019)》,科学技术文献出版社2019年版。

中国科学技术发展战略研究院著:《国家创新指数报告2020》,科学技术文献出版社2021年版。

《十年决策:世界主要国家(地区)宏观科技政策研究》研究组编著:《十年决策:世界主要国家(地区)宏观科技政策研究》,科学出版社2014年版。

路甬祥著:《回眸与展望:路甬祥科技创新文集》,科学出版社2016年版。

薛澜等著:《中国科技发展与政策:1978—2018》,社会科学文献出版社2018年版。

何传启主编:《第六次科技革命的战略机遇》,科学出版社2011年版。

饶毅、刘亚东主编:《破局与变革:中国科技的升级之路》,科学出版社2018年版。

唐莉、李瑞昌编著:《全球科技治理与负责任创新》,上海人民出版社2021年版。

刘益东、高璐、李斌著:《科技革命与英国现代化》,山东教育出版社2020年版。

鲍鸥、周宇、王芳著:《科技革命与俄罗斯(苏联)现代化》,山东教育出版社2020年版。

方在庆、朱崇开、孙烈、崔家岭、朱慧涓、黄佳著:《科技革命与德国现代化》,山东教育出版社2020年版。

王作跃著:《科技革命与美国现代化》,山东教育出版社2020年版。

田森、方一兵、陈悦、李昂、马可·切卡莱利著:《科技革命与意大利现代化》,山东教育出版社2020年版。

姚大志、孙承晟著:《科技革命与法国现代化》,山东教育出版社2020年版。

张柏春、田淼、张久春著:《科技革命与中国现代化》,山东教育出版社2020年版。

李昊、徐源著:《国家使命:美国国家实验室科技创新》,清华大学出版社2021年版。

聂继凯著:《国家重点实验室创新资源捕获过程研究》,中国社会科学出版社2021年版。

赵岩主编:《人工智能发展报告(2020—2021)》,电子工业出版社2021年版。

张蕴岭主编:《百年大变局:世界与中国》,中共中央党校出版社2019年版。

王伯鲁等著:《建设世界科技教育强国》,中国人民大学出版社2017年版。

路风著:《走向自主创新:寻求中国力量的源泉》,中国人民大学出版社2019年版。

许先春著:《新科技革命与中国特色社会主义理论体系》,浙江人民出版社2020年版。

许先春编著:《中国之治的制度奥秘》,党建读物出版社2020年版。

潘教峰主编:《中国创新战略与政策研究2019》,科学出版社2019年版。

张志强主编:《科技强国科技发展战略与规划研究》,科学出版社2020年版。

张先恩主编:《科技创新与强国之路》,化学工业出版社2010年版。

科学技术部火炬高技术产业开发中心编:《中国国家高新区开放创新发展报告2020》,科学技术文献出版社2021年版。

科学技术部人才中心编:《现代科技创新管理概论》,科学出版社2018年版。

中国科技发展战略研究小组、中国科学院大学中国创新创业管理研究中心著:《中国区域创新能力评价报告2021》,科学技术文献出版社2022年版。

《中国科技创新政策体系报告》研究编写组编著:《中国科技创新政策体系报告》,科学出版社2018年版。

丛书编写组编著:《深入实施创新驱动发展战略》,中国计划出版社、中国市场出版社2020年版。

蔡昉等著:《双循环论纲》,广东人民出版社2021年版。

经济学家圈编著:《十四五与双循环》,中国广播影视出版社2021年版。

穆荣平、陈凯华主编:《2019国家创新发展报告》,科学出版社2020年版。

李哲著:《中国的科技创新之路:经验与反思》,科学出版社2020年版。

陈芳、董瑞丰著:《巨变:中国科技70年的历史跨越》,人民出版社2020年版。

陈劲、吴欣桐著:《大国创新》,中国人民大学出版社2021年版。

陈劲主编:《中国创新发展报告(2020—2021)》,社会科学文献出版社2021年版。

陈劲著:《科技创新:中国未来30年强国之路》,中国大百科全书出版社2020年版。

李应博著:《科技创新资源配置:理论与实践》,清华大学出版社2021年版。

高峰、贾蓓妮、赵绘存著:《科技创新政策过程研究》,知识产权出版社2018

年版。

张士运等著:《国际科技创新中心建设战略研究》,经济管理出版社2021年版。

张士运等著:《京沪深科技创新中心功能评价研究》,经济管理出版社2020年版。

吕拉昌、李志坚著:《粤港澳大湾区全球科技创新中心建设的理论与实践》,华南理工大学出版社2021年版。

汤书昆、李林子、徐雁龙著:《中国科技共同体协同创新发展研究》,中国科学技术大学出版社2018年版。

本书编写组编著:《新时代党的组织路线读本》,党建读物出版社2021年版。

王浦劬、臧雷振编译:《治理理论与实践:经典议题研究新解》,中央编译出版社2017年版。

陈芳、董瑞丰编著:《"芯"想事成:中国芯片产业的博弈与突围》,人民邮电出版社2018年版。

徐忠、孙国峰、姚前主编:《金融科技:发展趋势与监管》,中国金融出版社2017年版。

陈建可、礼翔著:《金融科技:重塑金融生态新格局》,天津人民出版社2019年版。

巴曙松、朱元倩、乔若羽、王珂著:《区块链新时代:赋能金融场景》,科学出版社2019年版。

任泽平、马家进、连一席著:《新基建:全球大变局下的中国经济新引擎》,中信出版社2020年版。

张莉主编,中国电子信息产业发展研究院编著:《数据治理与数据安全》,人民邮电出版社2019年版。

寿步、黄东东、陈龙主编:《网络空间治理前沿》第1卷,上海交通大学出版社2020年版。

金江军编著:《数字经济引领高质量发展》,中信出版社2019年版。

叶秀敏著:《平台经济理论与实践》,中国社会科学出版社2018年版。

邱婕著:《灵活就业:数字经济浪潮下的人与社会》,中国工人出版社2020年版。

涂子沛、郑磊编著:《善数者成:大数据改变中国》,人民邮电出版社2019年版。

本书编写组编著:《粮食安全干部读本》,人民出版社2021年版。

韩长赋主编:《新中国农业发展70年:科学技术卷》,中国农业出版社2019年版。

信乃诠编著:《新中国农业科技70年发展研究》,中国农业出版社2020年版。

朱军文、刘莉、朱佳妮、杨希著:《国际科技政策发展报告:科技评价卷》,上海交通大学出版社2015年版。

[美]杰里米·里夫金著,张体伟、孙豫宁译:《第三次工业革命:新经济模式如何改变世界》,中信出版社2012年版。

[美]达尔·尼夫著,大数据文摘翻译组译:《数字经济2.0:引爆大数据生态红利》,中国人民大学出版社2018年版。

[美]约翰·切尼-利波尔德著,张昌宏译:《数据失控:算法时代的个体危机》,电子工业出版社2019年版。

[英]A.N.怀特海著,傅佩荣译:《科学与现代世界》,上海人民出版社2019年版。

[英]马特·里德利著,王大鹏、张智慧译:《创新的起源:一部科学技术进步史》,机械工业出版社2021年版。

[英]玛格丽特·博登著,孙诗惠译:《AI:人工智能的本质与未来》,中国人民大学出版社2017年版。

[日]田中道昭著,李竺楠、蒋奇武译:《中美科技巨头:从BATH×GAFA看中美高科技竞争》,浙江人民出版社2019年版。

[日]田中道昭著,杨晨译:《新金融帝国:智能时代全球金融变局》,浙江人民出版社2020年版。

[瑞士]约万·库尔巴里贾著,鲁传颖、惠志斌、刘越译:《互联网治理》,清华大学出版社2019年版。

后　记

　　本书是笔者开展"中国共产党科技思想研究"系列课题之二,是继《新科技革命与中国特色社会主义理论体系》之后的又一项科研成果。

　　从时间段看,本书重点研究中国特色社会主义进入新时代以来,中国共产党关于科技治理的理论探索与实践进展。书中所涉及的重大科技政策、战略部署,主要发生在2012年党的十八大以后。而《新科技革命与中国特色社会主义理论体系》主要研究中国共产党在改革开放和社会主义现代化建设新时期的科技理论与实践,时间跨度是从1978年至2012年。在某种意义上可以说,本书是《新科技革命与中国特色社会主义理论体系》的姊妹篇。如果将这两本书结合在一起阅读,就可以大体了解改革开放以来中国共产党致力于发展科技事业、推动科技创新的奋斗历程,可以看出一些重大思想观点、决策部署在时间上的先后展开、行动上的接续推进、内容上的深化拓展,从中进一步理解新时代中国共产党关于科技治理的原创性思想、变革性实践、突破性进展、标志性成果。

　　本书为什么选择党的科技治理能力作为研究对象? 当今时代,百年未有之大变局正在加速演进,国际形势继续发生深刻复杂变化,不稳定不确定因素明显增多,世界进入新的动荡变革期。新一轮科技革命和产业变革既是百年未有之大变局的重要推动力量,同时又成为影响和决定百年未有之大变局走向的关键变量。习近平同志指出:"面向未来,可以说,新科技革命和产业变革将是最难掌控但必须面对的不确定性因素之一,抓住了就是机遇,抓不住就是挑战。"提高党的科技治理能力,是统筹中华民族伟大复兴战略全局和世界百年未有之大变局作出的战略部署,是加强党的长期执政能力建设的重大任务,是推进科技治理体系和治理能力现代化的客观要求,是中国共产党发展科技事业的经验总结,是推动经济社会高质量发展的迫切需要。一言以蔽之,科技治理是新时代党治国理政的重大课题。

本书采用何种理念、思路和视野来研究党的科技治理能力?党的十八大以来,以习近平同志为核心的党中央坚持把科技作为引领发展的第一动力,深入实施科教兴国战略、创新驱动发展战略、新时代人才强国战略,我国成功进入创新型国家行列。我国科技实力正在从量的积累迈向质的飞跃、从点的突破迈向系统能力提升,科技事业实现了历史性、整体性、格局性重大变化。对这一波澜壮阔的探索进程与伟大成就,可以从许多角度展开研究。本书在研究方法上,不是沿袭传统的科技管理思路来论述新时代党的科技工作,而是注重从治理的角度来开展研究,出发点、落脚点始终聚焦在治理这个维度。管理与治理,一字之差但理念迥异,昭示着现代治理理论的研究转向。本书正是在吸收借鉴国内外关于治理理论研究的基础上,试图从治理角度展现党的科技探索历程,从科技治理层面来观照和解读党的科技活动。因而,本书既可以说是新时代科技理论与实践的治理解读,又可以说是国家治理体系和治理能力现代化的科技解读。

事非经过不知难。回想这本书的写作过程,感慨颇多。本书是在"提高党的科技治理能力研究"课题的基础上,经过反复修改而成。该课题自2015年立项以来,初期稳步推进,进展良好。但后来情况有了变化。2016年3月,根据组织安排,我到四川泸州挂职锻炼两年。在四川工作、学习的这两年,是我人生中的一段宝贵经历,我从地方干部群众身上、从基层这个大舞台学习到了很多知识。其中一个特别重要的收获就是,深入调研地方科技创新工作,广泛接触基层科研单位、科技战线的同志,对党和国家科技政策在地方的贯彻落实情况有了更多的了解。这些都为我的课题研究积累了丰富的资料。但是美中不足的是,由于地方工作非常繁忙,我对科技治理的理论思考只能是在工作之余以断断续续、零零散散的方式进行,以致不够系统全面,亟须将感性认识上升到理性层面。2018年5月结束挂职回到北京后,正碰上机构改革,我到了新组建的部门,从事党的十八大以来党和国家领导人重要文献的编辑、研究和宣传工作。研究新时代党的理论与实践创新,成了我的专业方向,这正好为我开展课题研究提供了新的契机。这期间,我承担了单位及部门的诸多重大项目,时间和精力全部用在保质保量完成工作任务上。由于很多工作时间紧、任务重,原本设想静下心来研究新时代党的科技治理理论与实践,并未能完全付诸实施,课题虽然有所进展但离结项的要求还有较大差距。与此同时,新一轮科技革命和产业变革深入推进,科技治理深深渗透到经济社会发展各方面,导致本课题的研究范围不断拓展,难度不断加大。由于新一代信息技术飞速发展及广泛应用,科技治理领域出现了许多新情况新问题,比如共享经济、平台经济等的规范发展等,可资参考的现成资料不多,大量的、鲜活的新事物新现象需要我们去分析、研判,导致本课题需要做的开创性工作很多。基于此,我适时调整研究计划,抓紧时间收集资料、采集数据,分期分批开展实地调研,陆续撰写并发表了一批阶段性学术成果。2021年3月到8月的半年时间里,我每天都工作到深夜,节假日也不休息,终于完成了统稿工作。此后,又按照有关专家的审读意见,对书稿作了修改、充实和完善。

在研究过程中,笔者立足文献资料,认真细致地开展科技工作重要文献的收集、研究工作。一是系统地收集习近平同志关于科技创新的重要论述,形成研究资料《习近平关于科技创新的重要论述汇编》,约60余万字。二是广泛收集整理党的十八大以来党中央、国务院以及有关部委公开发布的关于科技工作的重要文献,约200份。这些文献范围广泛,涉及科技工作方方面面、各行各业,见证了新时代的科技治理历程,为我们研究党中央、国务院重大战略决策以及相关部门的工作部署提供了丰富翔实的材料。三是通过各种途径收集理论界近年来关于新科技革命的研究著作、介绍最新科技进展的书籍近百本,以及有关专家学者撰写的论文300余篇,开阔了研究视野。

为了使研究成果更符合客观实际、更接地气,笔者坚持问题导向,开展了一系列实地调研。近年来,各地各部门在贯彻落实党中央决策部署、推进科技创新方面进行了许多有益的探索和实践。为了解科技工作进展情况,笔者赴广东、浙江、福建、天津、云南、贵州、新疆等地开展调查研究,深入到有关科技创新中心、自主创新示范区、高新区、自贸区、科技城、科研单位、科技企业以及贫困县、乡、村开展调研,收集到不少第一手材料。这些实地调研,有助于了解和分析科技决策的实施情况及成效。

本课题初衷是:从学理上建构党的科技治理能力体系,从规律上揭示加强党的科技治理能力建设的内在规律,从对策上探寻新形势下提高党的科技治理能力的途径和方法。本书是否真正达到了这样的目标,将由专家和读者们作出判断。对我个人而言,觉得当初设定的目标很宏大,但是限于学识和水平,这些目标还远远没有达到,有待进一步深化研究。我所做的,只是在科技治理研究的征途上,做了一点铺垫性和基础性的工作,以期抛砖引玉。

本书写作期间,我沉迷于一章一节的写作,满足于一个个材料的收集,醉心于一份份文献的研究,欣喜于我国科技事业的每一个新进展新突破,感悟于一点一滴的研究心得。如今,当书稿即将出版之际,我尝试将新时代科技治理作为一个整体进行再思考,我的头绪却不再清晰,反而被一些需要攻克的难题所笼罩。仔细想来,困扰着我的学术问题不是一个而是许多,不是属于某一个章节、某一个时段的,而是宏观性的、整体性的,然而又是具体的。当这些学术问题集中起来、汇聚起来,我丝毫没有成功的喜悦,反而深切地觉察到开启新探索、开展新研究的紧迫性。

在一次次修改、一遍遍校对书稿的过程中,我想起了许多人和事。单位的领导和同事一直关注我的研究,给我提供了各种各样的指导和帮助。这本书之所以能够完成,离不开单位和同志们的大力支持。我在四川挂职期间,当地的领导和同事们工作上支持我、生活上关心我,使我能够在断断续续的思考中继续开展课题研究。与我一同到四川挂职的"挂友"们,分别来自中央和国家机关、重点高校和科研单位,他们给我的科技调研提供了宝贵的帮助,丰富和拓展了我的视野。在工作中,我还有幸接触到国家发改委、科技部等部门的同志,当我就有关问题征询和请教时,他们的帮助无疑是一场场"及时雨"。审读专家们提出了中肯的修改意见,给予了无私的指导与点拨,使得本书大为增色,提升了质量。

浙江人民出版社叶国斌社长对本课题极为重视,十分关心和支持本书的编辑出版工作。在他的大力推动下,本书申报并成功列入国家出版基金项目。责任编辑郦鸣枫、特约编辑傅越为本书付出了辛勤劳动,每一个环节都渗透着他们的汗水与努力。书中的许多修改、订正来自他们细心的编校。他们也是我上一本著作《新科技革命与中国特色社会主义理论体系》的责任编辑。

一切的艰辛和不容易,都在执着的坚持、不懈的探索中黯然失色、随风而去。而领导、同事、朋友以及家人们的关心关怀,在我心里愈益温暖、鲜明亮丽。在本书出版之际,促使我提笔写下这些文字的,是深藏心底的浓厚感恩之情。在此,谨向所有关心、支持本书的人士致以崇高的谢意!

需要说明的是,提高党的科技治理能力是一个分量很重、意义重大的学术课题,理论性、实践性、现实性都很强,有相当的难度。由于专门论及科技治理能力的论著十分有限,也由于涉及诸多专业的科技知识,因而它对于学养并不深厚的笔者而言是一个很大的挑战。在研究过程中,笔者常常感到在思考的角度、内容的取舍方面,在材料的驾驭、章节的安排方面,在论证的深入、表述的到位方面,并不是很有把握。笔者对于这一课题的概括、解读和分析、研究,还相当表层,缺乏透彻的洞察。本书还存在着不少疏漏、不当之处,恳请有关专家学者多多指教。

许先春

2022 年 8 月于北京

图书在版编目（CIP）数据

新时代提高党的科技治理能力研究 / 许先春著. —
杭州 ：浙江人民出版社，2022.9
ISBN 978-7-213-10606-4

Ⅰ. ①新… Ⅱ. ①许… Ⅲ. ①科技政策–研究–中
国 ②科技发展–研究–中国 Ⅳ. ①G322

中国版本图书馆CIP数据核字（2022）第080493号

新时代提高党的科技治理能力研究

许先春　著

出版发行	浙江人民出版社 (杭州市体育场路347号　邮编　310006)	
	市场部电话：(0571)85061682　85176516	
责任编辑	郦鸣枫	
特约编辑	傅　越	
责任校对	陈　春	
责任印务	幸天骄	
封面设计	张合涛　厉　琳	
电脑制版	杭州兴邦电子印务有限公司	
印　　刷	浙江新华数码印务有限公司	
开　　本	710毫米×1000毫米　1/16	
印　　张	30	
字　　数	459千字	
插　　页	5	
版　　次	2022年9月第1版	
印　　次	2022年9月第1次印刷	
书　　号	ISBN 978-7-213-10606-4	
定　　价	128.00元	

如发现印装质量问题，影响阅读，请与市场部联系调换。